新概念建筑结构设计丛书

地下与基础工程软件操作实例

（含 PKPM 和理正及 SAP2000）

庄　伟　李恒通　谢　俊　编著

中国建筑工业出版社

图书在版编目（CIP）数据

地下与基础工程软件操作实例（含PKPM和理正及SAP2000）/庄伟等编著. —北京：中国建筑工业出版社，2016.11（2021.2重印）
（新概念建筑结构设计丛书）
ISBN 978-7-112-19900-6

Ⅰ.①地… Ⅱ.①庄… Ⅲ.①地下工程-建筑结构-结构设计-应用软件②基础（工程）-建筑结构-结构设计-应用软件 Ⅳ.①TU93-39②TU47-39

中国版本图书馆CIP数据核字（2016）第228368号

本书为《新概念建筑结构设计丛书》之一，全书共分为四章及附录，主要内容包括：地下室；基础；地基处理问答及实例；挡土墙、水池问答及实例；SAP2000在土木工程设计中的应用总结。本书将结构设计理论、规范、软件应用和施工图绘制实际工程联系起来，使软件初学者尽快入门和提高。

本书可供从事建筑结构设计的年轻结构工程师及高等院校相关专业学生参考使用。

* * *

责任编辑：郭　栋　辛海丽
责任校对：王宇枢　党　蕾

新概念建筑结构设计丛书
地下与基础工程软件操作实例
（含PKPM和理正及SAP2000）
庄　伟　李恒通　谢　俊　编著

*

中国建筑工业出版社出版、发行（北京海淀三里河路9号）
各地新华书店、建筑书店经销
北京科地亚盟排版公司制版
北京建筑工业印刷厂印刷

*

开本：787×1092毫米　1/16　印张：19　字数：459千字
2017年2月第一版　2021年2月第二次印刷
定价：**50.00**元
ISBN 978-7-112-19900-6
（29417）

前　　言

地下室、基础、地基处理及挡土墙、水池设计是结构设计中五个重点及难点，本书分成四个章节，以实战的形式，把一些常遇到的类似的设计详细过程展示给读者，把理论、规范、软件应用（PKPM 及理正）和施工图绘制实际工程的设计过程完整地串起来，让一个结构设计的入门者建立起基本的结构概念，学会上机操作（CAD、PKPM 及理正），能进行基本的分析判断，并完成施工图的绘制，指导初学者尽快进入结构设计师的行列而不仅仅是一个学结构的学生或是没有涉及概念的结构设计员，懂怎么操作的同时，更明白其中的道理和有关要求。现在工程越来越复杂，要求计算分析精度越来越高，附录中作者把多年使用 SAP2000 的经验技巧总结出来，希望能给一些想学习 SAP2000 的初学者或者需要提高 SAP2000 水平的初学者一些帮助。

本书由中南大学土木工程学院庄伟、李恒通及中南大学建筑与艺术学院谢俊博士编写，在书的编写过程中参考了大量的书籍、文献及所在公司的一些技术措施，在书的编辑及修改过程中，得到了中南大学土木工程学院余志武教授、卫军教授、周朝阳教授、匡亚川教授、卢朝辉教授、丁发兴教授、刘小洁教授、李耀庄教授，北京市建筑设计研究院戴夫聪，华阳国际设计集团（长沙）田伟、吴应昊，中机国际工程设计研究院有限责任公司（原机械工业第八设计研究院）罗炳贵、吴建高、廖平平、刘栋、李清元，中国轻工业长沙工程有限公司张露、余宽，湖南省建筑设计研究院黄子瑜，广东博意建筑设计院长沙分公司黄喜新、程良，湖南方圆建筑工程设计有限公司姜亚鹏、陈荔枝，湖南中大建设工程检测技术有限公司技术部副总工李刚，北京清城华筑建筑设计研究院徐珂，香港邵贤伟建筑结构事务所顾问唐习龙，中科院建筑设计研究院有限公司（上海）鲁钟富，淄博格匠设计顾问公司徐传亮，广州容柏生建筑结构设计事务所、广州老庄结构院邓孝祥，长房集团曾宪芳，保利地产（长沙）姜波，湖南省建筑科学研究院段红蜜，中南大学土木工程学院硕士研究生黄静、汪亚、徐阳等人的帮助和鼓励，同行鞠小奇、邬亮、余宏、庄波、林求昌、刘强、谢杰光、彭汶、李子运、李佳瑶、姚松学、文艾、谢东江、郭枫、李伟、邱杰、杨志、苏霞、谭细生等参与了全书内容收集、编写及图片绘制，在此表示感谢。

由于作者理论水平和实践经验有限，时间紧迫，书中难免存在不足甚至是谬误之处，恳请读者批评指正。

目　录

1 地 下 室

1.1 地下室设计实例 1（十字梁体系）

1.1.1 工程概况

湖南省长沙市某住宅小区，地上部分为 6 栋剪力墙住宅结构，地下部分为一层地下停车库，层高为 4.0m，各楼均选取地下室顶板为上部结构嵌固端。

本工程抗震设防烈度为 6 度，抗震类别为丙类，设计地震分组：第一组，设计基本地震加速度值为 0.05g，场地类别为二类，基本风压为 0.35kN/m^2，基本雪压为 0.45kN/m^2。

1.1.2 方案选择

（1）地下室楼板体系

一般来说，地下室均有 1.2～1.5m 的覆土（也有覆土小于 1m 的工程），当柱网为 8m×8m 左右时，地下室顶板采用无梁楼盖体系最经济，其次是双向次梁布置方案（有人防时，由于层高限制，可能采用井字梁）及十字梁布置方案。无梁楼盖体系经济的前提是基于大荷载（1.2～1.5m 覆土或者 1.2～1.5m 覆土加上消防车荷载等），8m 左右柱网、厚板，减少层高从而减少土方开挖梁的前提下的。十字梁布置方案经济的前提是覆土小于 1.0m，小荷载，薄板（板厚≤200mm）。一般来说，井字梁方案最浪费，但也存在一些特殊的情况，井字梁方案是比较好的选择方案（比如间距很小的密肋梁等）。

本工程柱网为 7.9m×7.9m，有 1.2m 覆土，地下室顶板次梁采用十字梁布置方案。

（2）防水板方案

本工程抗浮水位低于地下室底板，不用进行抗浮设计，做 250mm 厚的构造防水板即可。

（3）基础方案

本工程基础持力层选择为强风化泥质粉砂岩④，或以中风化泥质粉砂岩⑤，其承载力特征值 f_{ak}分别为 400kPa、1500kPa，采用独立基础。

1.1.3 构件截面取值

本工程地下室不走消防车部分柱网为 7.9m×7.9m，1.2m 覆土，地下室顶板次梁采用十字梁布置方案，根据经验，次梁高度按（$L/10$～$L/8$）取，宽度一般取 300mm（如果取 350mm，则要配三肢或者四肢箍），则次梁截面可取 300mm×900mm；根据经验，主梁高度按（$L/8$～$L/7$）取，宽度一般取 450mm，则主梁截面可取 450mm×1000mm，如图 1-1 所示。

地下室走消防车部分柱网为 7.9m×5.2m，1.2m 覆土，地下室顶板次梁采用十字梁布置方案，根据经验，次梁高度按（$L/10\sim L/8$）取，宽度一般取 300mm（如果取 350mm，则要配三肢或者四肢箍），则次梁截面可取 300mm×700mm；根据经验，主梁高度按（$L/8\sim L/7$）取，宽度一般取 350mm，则主梁截面可取 350mm×800mm，其中地下室不走消防车部分柱网为 7.9m×7.9m 的有一部分 450mm×1000mm 的主梁支撑 300mm×700mm 的次梁，如图 1-1所示。其他局部的主、次梁截面尺寸选用应根据实际情况、经验及计算结果选取与调整。

一般地下室柱子截面尺寸取 600mm×600mm，当地下室一层时，不是由轴压比控制，由于主梁宽度一般做到 450mm 左右，为了方便施工，一般柱截面宽度取 500～600mm。本工程优化地下室柱网时，在满足柱子轴压比的前提下取 500mm×600mm，地下室外墙处柱子取 500mm×500mm，如图 1-1 所示。

地下室顶板作为嵌固端时，地下室顶板应≥180mm，在实际工程中，地下室一般采用建筑柔性防水，常见的工程地下室顶板作为嵌固端时，厚度一般取 180mm、200mm，本工程取 200mm。

地下室外墙的截面，根据经验，4m 层高时地下室外墙宽度可取 300mm，4～5m 层高时，可取 350～400mm。本工程地下室层高为 4m，地下室外墙宽度取 300mm。塔楼层高为 5～5.7m，地下室内墙宽度取 300mm。

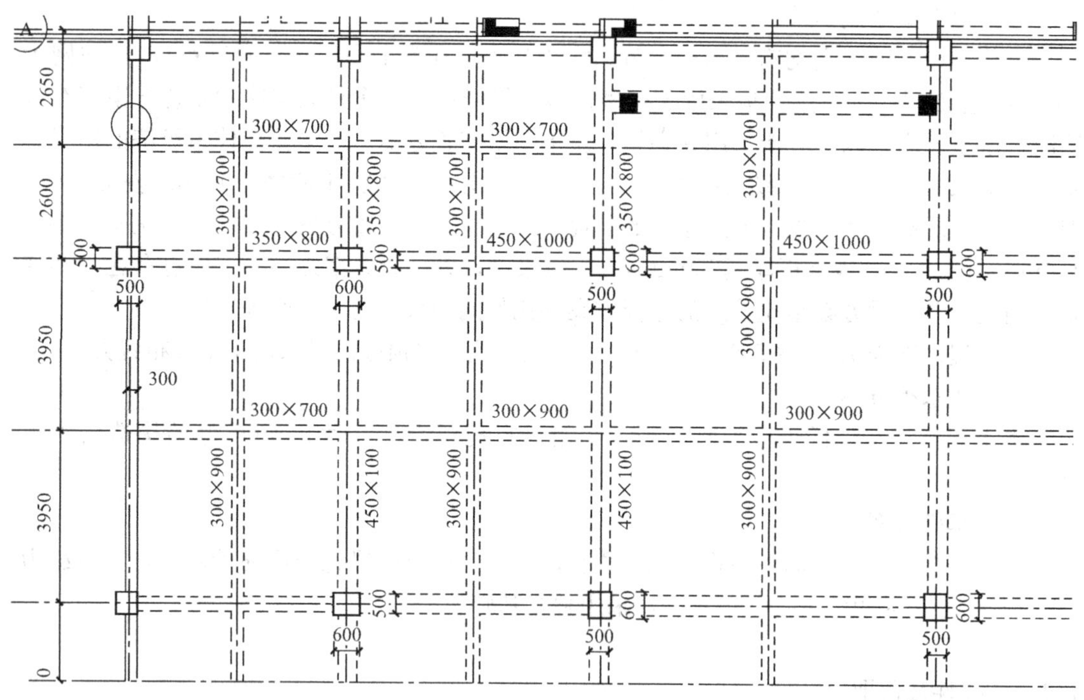

图 1-1　地下室构件截面选取（局部）

本工程抗浮水位为 78.50m，纯地下室底板底标高为 82.8m，塔楼地下室底板最低标高为 78.45m，地下室不考虑进行抗浮设计，地下室底板做 250mm 厚的防水板。

1.1.4　荷载取值

本工程覆土 1.2m，按恒载考虑，覆土重度为 18kN/m^3，则覆土恒荷载为 21.6kN/m^2，地下室顶板下面的管道的附加恒载取 1.0kN/m^2（很多设计院由于覆土的有利作用，也没有考虑此附加恒荷载）。

车库活荷载取 5.0kN/m^2，主楼一层楼面活荷载取 5.0kN/m^2；消防车荷载为 30kN/m^2，李永康《建筑工程施工图审查常见问题详解》一书中建议：不分单向板、双向板及消防车，覆土厚度大于 2.0m 时等效活荷载取 13kN/m^2，覆土厚度在 1.5～2.0m 之间时宜取 15kN/m^2，覆土厚度在 1.1～1.5m 时宜取 20kN/m^2，本工程覆土厚度为 1.2m，在计算地下室顶板、框架梁柱时，消防车活荷载取 20kN/m^2；计算基础时，消防车活荷载取 10.0kN/m^2。

1.1.5 建模与 SATWE 计算

1. 首先在 F 盘新建一个文件夹，命令为"地下室 1"，打开桌面上"PKPM"，点击【改变目录】，选择"地下室 1"，点击"确认"。

2. 点击【应用】→【输入工程名（123），也可随意填写）】→【确定】。

3. 点击【轴线输入/正交轴网】或在屏幕的左下方输入定义的"轴网快捷命令"（图 1-2），再参照建筑图的轴网尺寸在"正交轴网"对话框中输入轴网尺寸（先输入柱网尺寸），如图 1-3 所示。

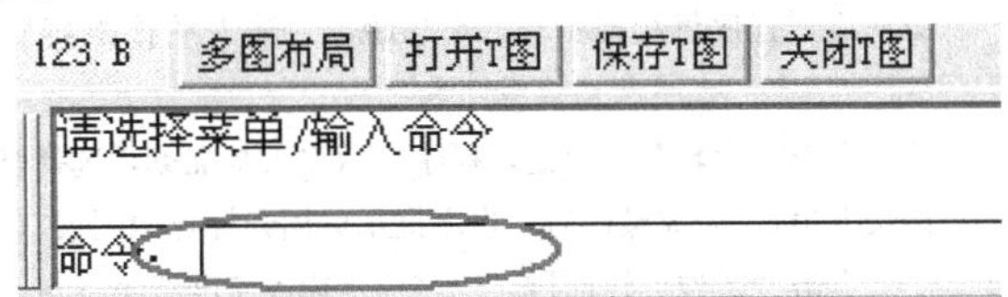

图 1-2 PMCAD"快捷命令"输入对话框

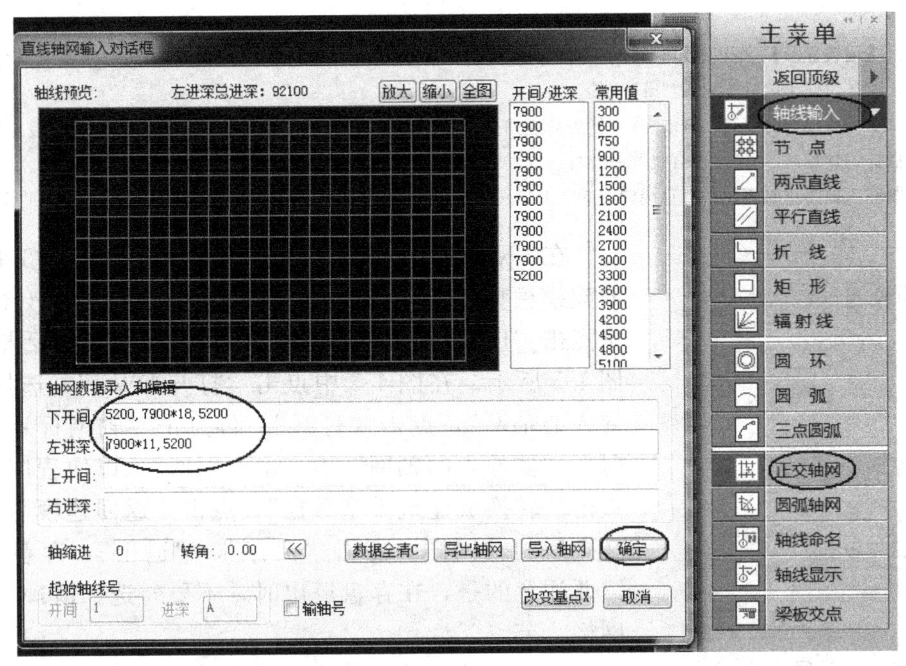

图 1-3 直线轴网输入对话框

注：1. 开间指沿着 X 方向（水平方向），进深指沿着 Y 方向（竖直方向）；"正交轴网"对话框中的旋转角度以逆时针为正，可以点击"改变基点"命令改变轴网旋转的基点。

2. 在 PMCAD 中建模时应选择具有代表性的轴网建模，建模时应根据建筑图选择"正交轴网"或"圆弧轴网"建模，再进行局部修改，局部修改时可以用“两点直线”、“平行直线”、“平移复制”、“拖动复制”、“镜像复制”等命令。

点击“删除”快捷键，程序有5种选择，分别为“光标点取图素”、“窗口围取图素”、“直线截取图素”、“带窗围取图素”、“围栏”，一般采用“光标点取图素”、“窗口围取图素”居多。“光标点取图素”要和轴线一起框选，才能删除掉构件。“窗口围取图素”要注意“从左上向右下”框选和“从右下向左上”框选的区别。“从左上向右下”只删除被完整选择到的轴线与构件，而“从右下向左上”框选，只要构件与轴线被框选到，则被删除掉。

点击“拖动复制”快捷键，程序有5种选择图素的方法，分别为“光标点取图素”、“窗口围取图素”、“直线截取图素”、“带窗围取图素”、“围栏”，一般采用“光标点取图素”、“窗口围取图素”居多。选取图素构件后，程序提示：请移动光标拖动图素，用窗口的方式选取后，应点击键盘上的字母A（继续选择），继续框选要选择的构件，按ESC键退出，程序会提示输入基准点，选择基准点后，自己选择拖动复制的方向，按F4键（轴线垂直），可以输入拖动复制的距离。拖动复制即复制后原构件还存在。也可以在屏幕左上方点击【图素编辑/拖点复制】。

点击“移动”快捷键，程序提示选择基准点，选择基准点后，程序提示请用光标点明要平移的方向，选择方向后，程序继续提示输入平移距离，输入平移距离后，程序提示请用光标点取图素（可以用窗口的方式选取）。

点击“旋转”快捷键，程序提示输入基准点，选择基准点后，程序提示输入选择角度（逆时针为正，Esc取两线夹角），完成操作后，程序提示请用光标点取图素（Tab窗口方式）。

点击“镜像”快捷键，程序提示输入基准线第一点，完成操作后，程序提示输入基准线第二点，按F4键（轴线垂直），完成操作后，程序提示请用光标点取图素（Tab窗口方式）。

点击“延伸”快捷键，分别点取延伸边界线和用光标点取图素（Tab窗口方式），即可完成延伸。

3. 点击【网点编辑/删除网格】，可以删掉轴线。点击【轴线输入/两点直线】，可以输入两点之间的距离，完成直线的绘制，由于直线绘制完成后，程序会自动在直线的两端点生成节点，故此操作也可以完成特殊节点的定位。

4. 点击【轴线显示】，可以显示轴线间的间距。在屏幕的左上方点击【工具/点点距离】，可以测量两点之间的距离，或在快捷菜单栏中输入“di”命令。

5. 用“平行直线”命令时，点击F4切换为角度捕捉，可以布置0°、90°或设置的其他角度的直线（按F9可设置要捕捉的角度）；用“平行直线”命令时，首先输入第一点，再输入下一点，输入复制间距和复制次数，复制间距输入值为正时表示平行直线向右或向上平移，复制间距输入值为负时表示平行直线向左或向下平移。

图1-4 “DWG平面图向建模模型转化（CFG版）”菜单

在PKPM主菜单中点击：PMCAD→6. DWG平面图向建模模型转化（CFG版），在弹出的主菜单（图1-4）中点击“DWG转图”，进入“DWG转图”对话框，如图1-5所示。在图1-5中点击“打开DWG”，选择“要导入的轴网”，点击“打开”；再点击“轴网标示”，同时在“要导入的轴网”中点击“轴网”，以便程序识别；点击“转换成建筑模型数据”，点击“返回建模”，出现转换后的轴网图，点击“保存”，“退出”，存盘退出。需要注意的是，在存盘退出时，不要勾选“清理无用的网格、节点”。

4. 点击【楼层定义/柱布置】或输入“柱布置”快捷键命令，在弹出的对话框中定义柱子的尺寸，然后选择合适的布置方式布置，如图1-6～图1-10所示。

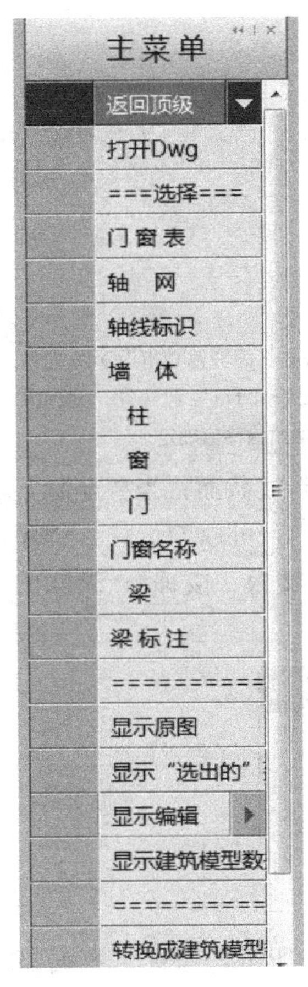

图 1-5 “DWG 转图”

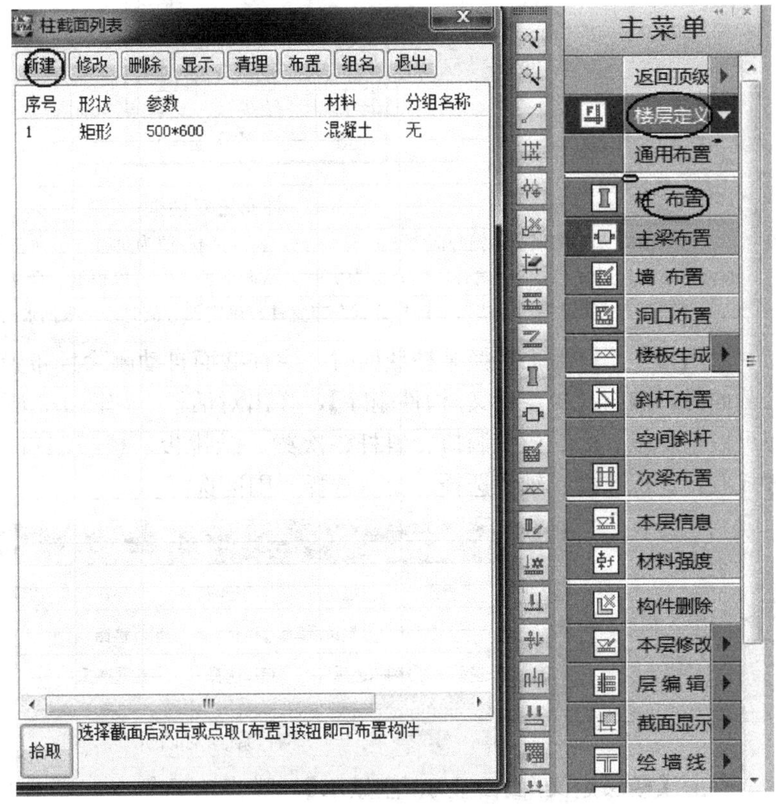

图 1-6 柱截面列表对话框

注：1. 所有柱截面都在此对话框中点击“新建”命令定义，选择“截面类型”，填写“矩形截面宽度”、“矩形截面高度”、“材料类别”（6 为混凝土），如图 1-7 所示。

2. 布置柱子，如果绘制施工图不用 PKPM 的模板，由于 PKPM 是节点传力，一般可不理会柱子的偏心，柱子布置时可以不偏心。

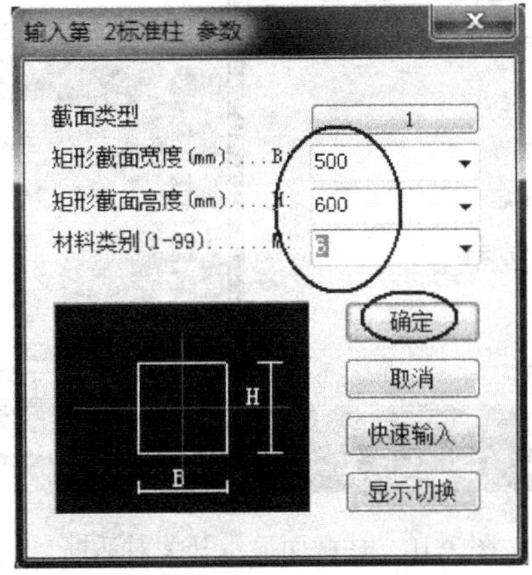

图 1-7 标准柱参数对话框

注：填写参数后，点击“确定”，选择要布置的柱截面，再点击“布置”，如图 1-6、图 1-8 所示。

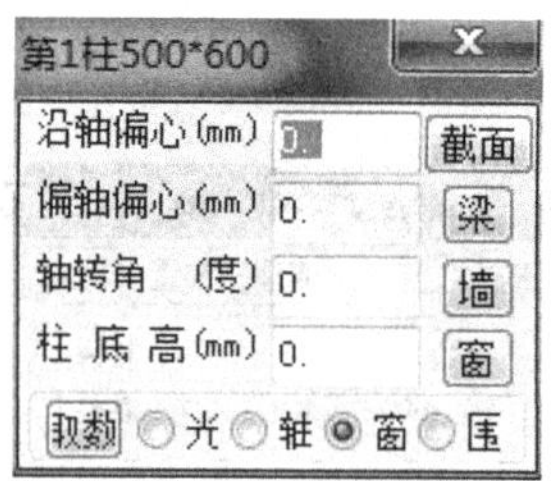

图 1-8 柱布置对话框

注：沿轴偏心指沿 X 方向偏心，偏心值为正时表示向右偏心，偏心值为负时表示向左偏心。偏轴偏心指沿 Y 方向偏心，偏心值为正时表示向上偏心，偏心值为负时表示向下偏心。可以根据实际需要按“Tab”键选择“光标方式”、“轴线方式”、“窗口方式”、“围栏方式”布置柱。确定偏心值时，可根据形心轴的偏移值确定。

当用另一个柱截面替换某柱截面时，原柱截面自动删除且布置新柱截面；当要删除某柱截面时，点击【楼层定义/构件删除】，弹出对话框，如图 1-9 所示，可以勾选柱（程序还可以选择梁、墙、门窗洞口、斜杆、次梁、悬挑板、楼板洞口、楼板、楼梯）；删除的方式有：光标选择、轴线选择、窗口选择、围区选择。

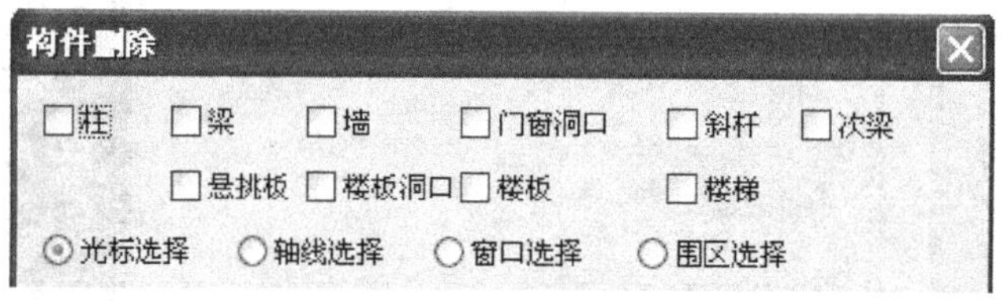

图 1-9 构件删除对话框

点击【楼层定义/截面显示/柱显示】，弹出对话框，如图 1-10 所示，勾选“数据显示”，可以查看布置柱子的截面大小，方便检查与修改，输入“Y”，则字符放大，输入“N”，则字符缩小。还可以显示“主梁”、“墙”、“洞口”、“斜杆”、“次梁”。

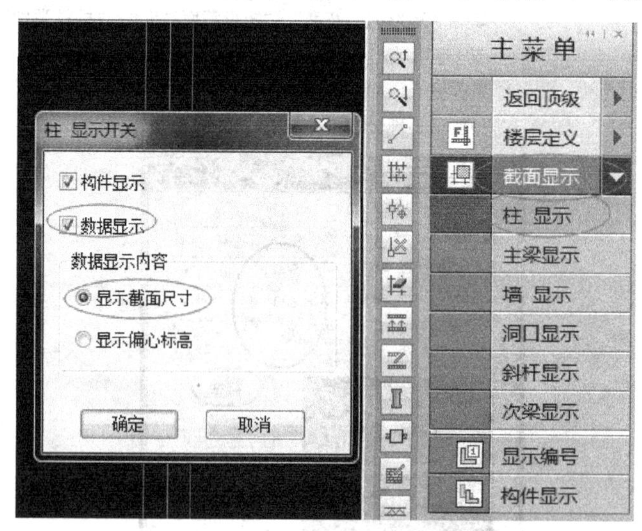

图 1-10 柱截面显示开关对话框

5. 点击【楼层定义/主梁布置】或输入“主梁”快捷键命令，在弹出的对话框中定义主梁尺寸，然后选择合适的布置方式，如图 1-11～图 1-13 所示。

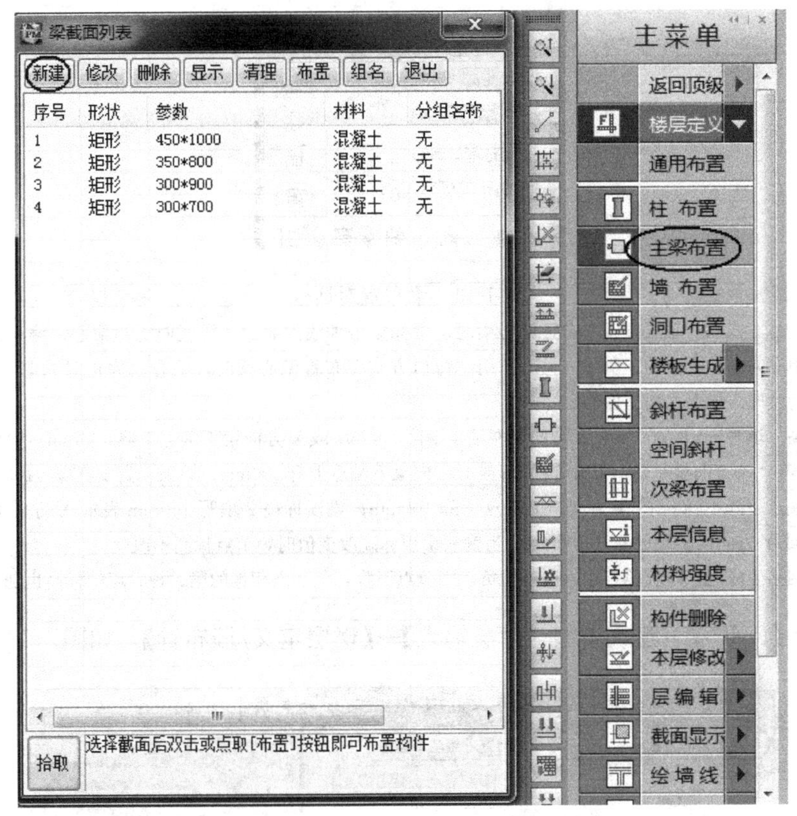

图 1-11 梁截面列表对话框

注：1. 所有梁截面都在此对话框中点击"新建"命令定义，选择"截面类型"，填写"矩形截面宽度"、"矩形截面高度"、"材料类别"（6 为混凝土），如图 1-12 所示。

2. 可以参照柱子程序操作，进行"构件删除"、"截面显示"操作。

3. 布置梁，如果绘制施工图不用 PKPM 的模板，由于 PKPM 是节点传力，一般不用理会梁的偏心，梁布置时可以不偏心。在实际设计中，如果采用无梁楼盖（柱支承体系），柱间不布置主梁，而布置 100mm×100mm 的虚梁。对于地下室结构，四周都有墙体，不用布置主梁，对于上部结构，一般需要布置外框梁。

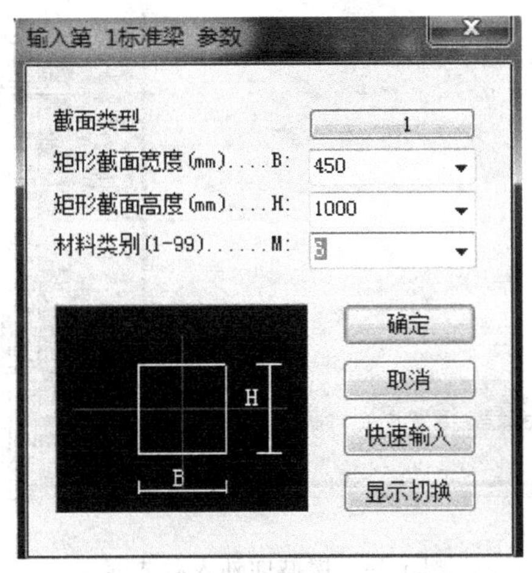

图 1-12 标准梁参数对话框

注：填写参数后，点击"确定"，选择要布置的梁截面，再点击"布置"，如图 1-11、图 1-13 所示。

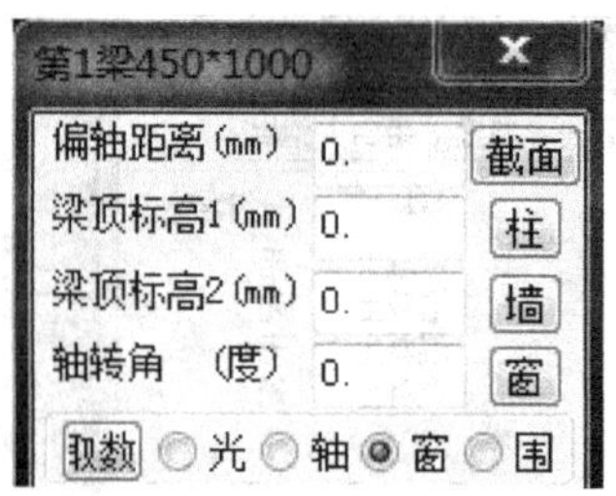

图 1-13　梁布置对话框

注：1. 当用“光标方式”、“轴线方式”布置偏心梁时，鼠标点击轴线的哪边，梁就向哪边偏心，偏心值在“偏轴距离”中填写，与输入值的正负号无关。当用“窗口方式”布置偏心梁时，偏心值为正时梁向上、向左偏心，偏心值为负时梁向下、向右偏心。

2. 梁顶标高 1 填写－100mm 表示 X 方向梁左端点下降 100mm 或 Y 方向梁下端点下降 100mm；梁顶标高 1 填写 100mm 表示 X 方向梁左端点上升 100mm 或 Y 方向梁下端点上升 100mm；梁顶标高 2 填写－100mm 表示 X 方向梁右端点下降 100mm 或 Y 方向梁上端点下降 100mm；梁顶标高 2 填写 100mm 表示 X 方向梁右端点上升 100mm 或 Y 方向梁上端点上升 100mm。当输入梁顶标高改变值时，节点标高不改变。

3. 点击【网格生成/上节点高】，输入值若为负，则节点下降，与节点相连的梁、柱、墙的标高也随之下降。

6. 点击【PMCAD/建筑模型与荷载输入】→【楼层定义/墙布置】，如图 1-14 所示。

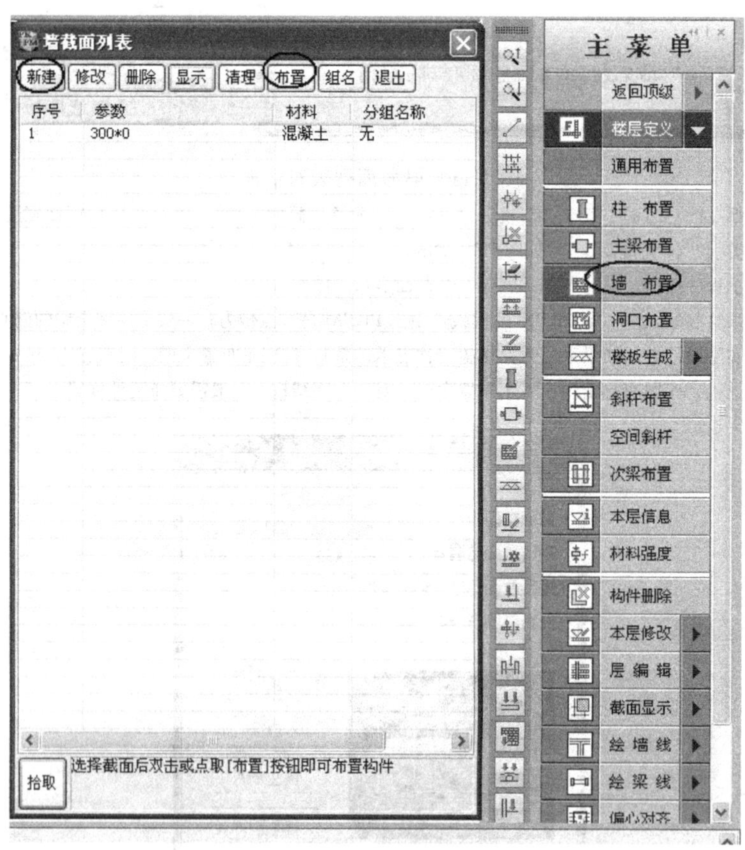

图 1-14　墙截面列表对话框

注：所有墙截面都在此对话框中，点击“新建”，定义墙截面，选择“截面类型”，填写“厚度”、“材料类别”（6 为混凝土），如图 1-15 所示。

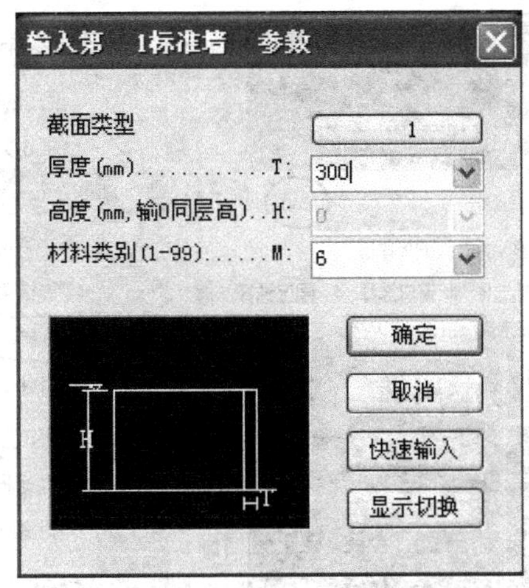

图 1-15 标准墙参数对话框

注：填写参数后，点击“确定”，选择要布置的墙截面，再点击“布置”，如图 1-14、图 1-16 所示。

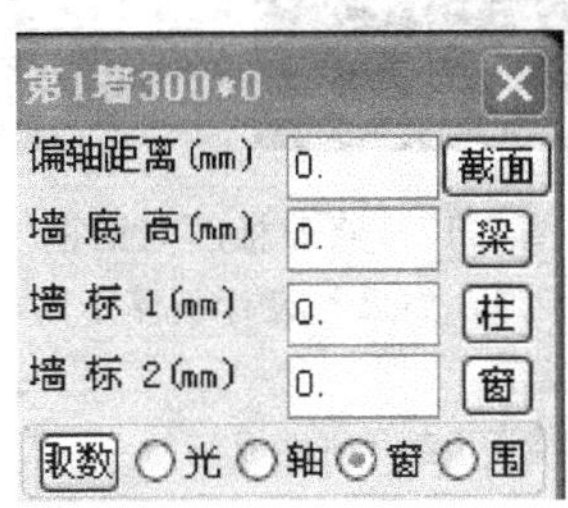

图 1-16 墙布置对话框

注：1. 当用“光标方式”、“轴线方式”布置偏心墙时，鼠标点击轴线的哪边墙就向哪边偏心，偏心值在“偏轴距离”中填写，与输入值的正负号无关。当用“窗口方式”布置偏心墙时，偏心值为正时墙向上、向左偏心，偏心值为负时墙向下、向右偏心，用“窗口方式”布置偏心墙时，必须从右向左、从下向上框选墙。

2. 墙标 1 填写－100mm 表示 X 方向墙左端点下沉 100mm 或 Y 方向墙下端点下沉 100mm；墙标 1 填写 100mm 表示 X 方向墙左端点上升 100mm 或 Y 方向墙下端点上升 100mm；墙标 2 填写－100mm 表示 X 方向墙右端点下沉 100mm 或 Y 方向墙上端点下沉 100mm；墙标 2 填写 100mm 表示 X 方向墙右端点上升 100mm 或 Y 方向墙上端点上升 100mm。当输入墙标高改变值时，节点标高不改变。

3. 布置墙时，首先应点击【轴线输入/两点直线】，把墙两端的节点布置好，用【轴线输入/两点直线】命令布置节点时，应按 F4 键（切换角度），并输入两个节点之间的距离。剪力墙布置好后，可以输入拉伸命令，对剪力墙的长度进行拉伸。

7. 点击【楼层定义/楼板生成/生成楼板/修改板厚】布置楼板。程序默认板厚为 100mm，应在“修改板厚”对话框中填写板厚度 200mm，用“窗口”方式框选板厚为 200mm 的位置，如图 1-17 所示。

8. 点击【楼层定义/本层信息】，弹出对话框，如图 1-18 所示。

9. 点击【楼层定义/材料强度】，弹出对话框，如图 1-19 所示，可以显示在“本层信息”中定义的各构件混凝土强度等级，在此对话框中，可以通过点击不同构件查看其混凝土强度等级，也可以单独设定某构件的混凝土强度等级，通过：光标选择、轴线选择、窗口选择、围区选择来布置构件的混凝土强度等级。

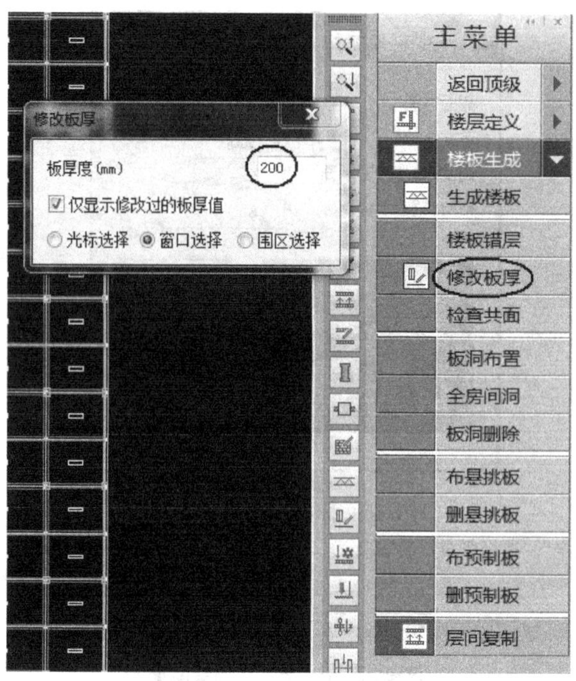

图 1-17　修改板厚对话框

注：1. 点击【楼板生成/生成楼板】，查看板厚，如果与设计板厚不同，则点击【修改板厚】，填写实际板厚值(mm)，也可以布置悬挑板、错层楼板等。

2. 除非定义弹性板，程序默认所有的现浇楼板都是刚性板。

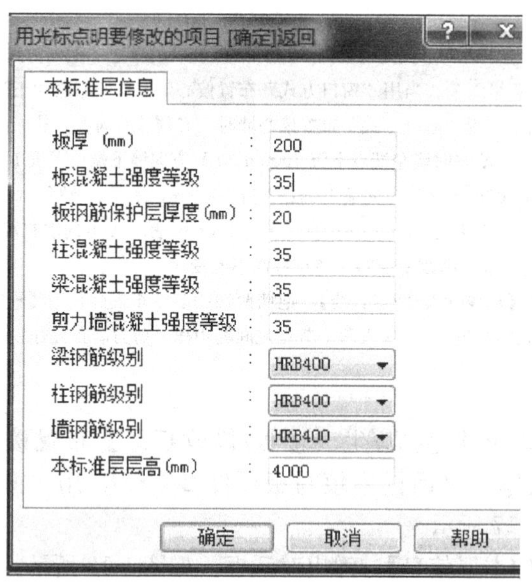

图 1-18　本层信息对话框

参数注释：

1. “板厚”是指软件自动生成的板厚，本标准层填写 200。

2. “板混凝土强度等级”：对于普通的传统混凝土结构，“板混凝土强度等级”应根据实际工程填写，一般可取 C25 或 C30。本工程填写 C35。

3. “板钢筋保护层厚度”：本工程填写 20。

4. “柱混凝土强度等级”：按实际工程填写，本工程填写 C35。

5. “梁混凝土强度等级”：按实际工程填写，本工程填写 C35。

6. “剪力墙混凝土强度等级”：按实际工程填写。本工程填写 C35。此参数对框架结构不起作用。“剪力墙混凝土强度等级”可以在“特殊构件补充定义”中修改。

7. “梁柱墙钢筋级别”：按实际工程填写，现在大多填写三级钢 HRB400，本工程采用三级钢 HRB400。

8. “本标准层层高”：可随意填写一个数字。本工程标准层高以楼层组装时的层高为准。

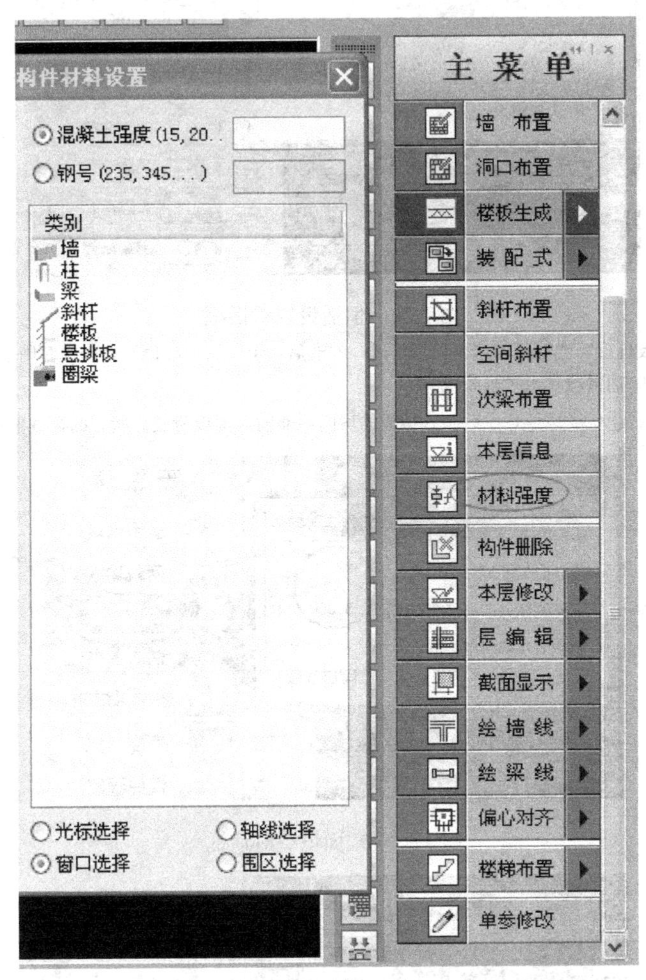

图 1-19　材料强度对话框

10. 点击【荷载输入/恒活设置】，如图 1-20 所示。

点击【荷载输入/楼面荷载/楼面恒载】，弹出对话框，如图 1-21 所示，可以输入恒载值，恒载布置方式有三种：光标选择、窗口选择、围区选择。

点击【荷载输入/楼面荷载/楼面活载】，弹出对话框，如图 1-22 所示；可以输入活载值，活载布置方式有三种：光标选择、窗口选择、围区选择。

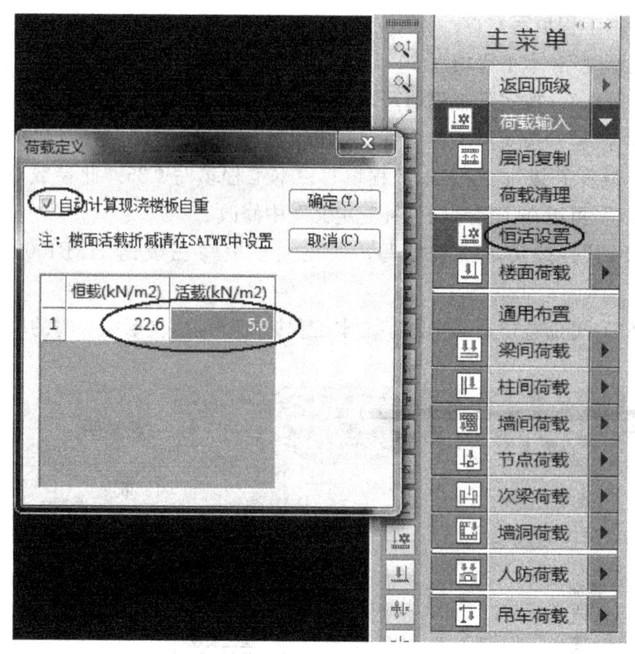

图 1-20　恒活设置对话框

注：1.“自动计算现浇板自重”选项可勾选也可不勾选。勾选后，恒载（标准值）只需填写附加恒载，不勾选，则恒载为：板自重＋附加恒载。本工程勾选。

2. 输入楼板荷载前必须生成楼板，没有布置楼板的房间不能输入楼板荷载。所有的荷载值均为标准值。

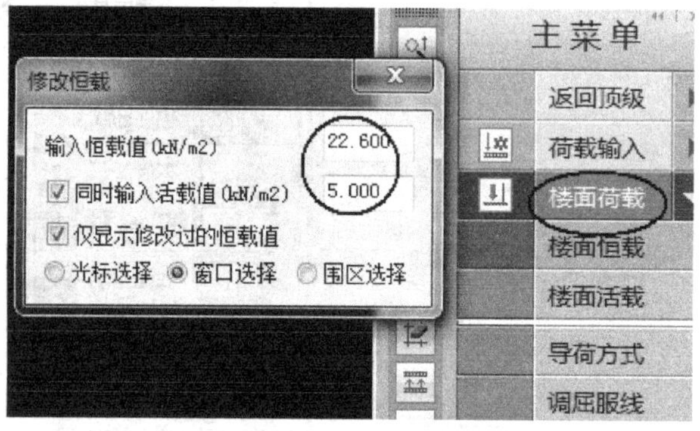

图 1-21　楼面恒载对话框

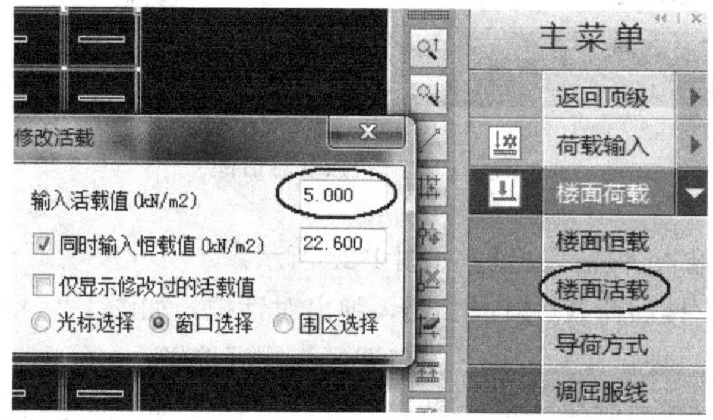

图 1-22　楼面活载对话框

11. 点击【设计参数】，如图 1-23～图 1-27 所示。点击【总信息】，如图 1-23 所示。

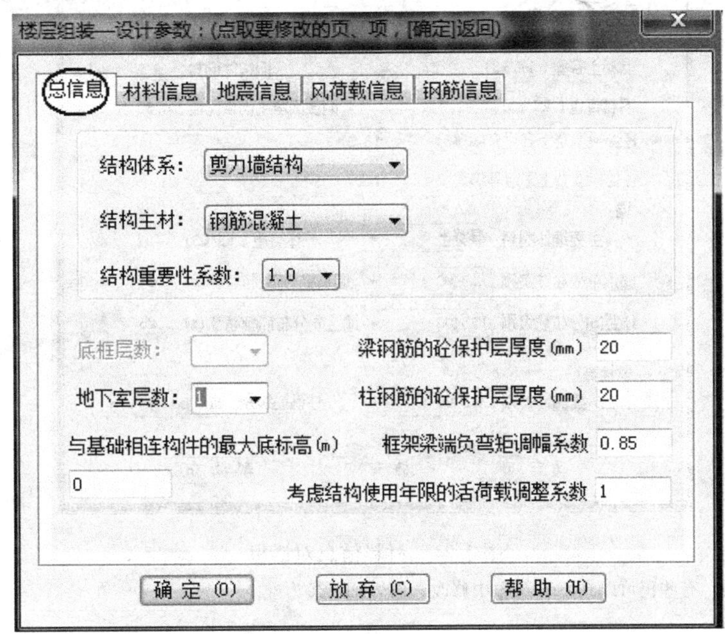

图 1-23　总信息对话框

注：以上参数填写后，有些仍可以在 SATWE 中修改，以 SATWE 为准。

参数注释：

1. 结构体系：根据工程实际填写，本工程上部塔楼均为剪力墙结构，选择剪力墙结构，也可以在 SATWE 参数设置中修改。

2. 结构主材：根据实际工程填写。框架、框架-剪力墙、剪力墙、框筒、框支剪力墙等混凝土结构可选择“钢筋混凝土”；对于砌体与底框，可选择“砌体”；对于单层、多层钢结构厂房及钢框架结构，可选择“砌体”，本工程为钢筋混凝土。

3. 结构重要性系数：1.1、1.0、0.9 三个选项，《建筑结构可靠度设计统一标准》GB 50068—2001 规定：对安全等级分别为一、二、三级或设计使用年限分别为 100 年及以上、50 年、5 年时，重要性安全系数分别不应小于 1.1、1.0、0.9。一般工程科填写 1.0；本工程填写 1.0。

4. 地下室层数：如实填写，本工程填写 1。

5. 梁、柱钢筋的混凝土保护层厚度：根据《混规》第 8.2.1 条、《混规》第 3.5.2 条如实填写，对于普通的混凝土结构，梁、柱钢筋的混凝土保护层厚度一般可取 20mm，规范规定纵筋保护层厚度不应小于纵筋公称直径，20mm＋箍筋直径，一般都能大于纵筋公称直径，本工程此处的梁、柱保护层厚度主要是计算上部结构的，地下室外墙一般是单独用小软件计算。本工程填写 20mm。

6. 框架梁端负弯矩调幅系数：一般可填写 0.85，本工程填写 0.85。

7. 考虑结构使用年限的活荷载调整系数：一般可填写 1.0，本工程填写 1.0。

8. 与基础相连构件的最大底标高（m）：程序默认值为 0。某坡地框架结构，若局部基础顶标高分别为－2.00mm，－6.00mm，楼层组装时底标高为 0.00 时，则“与基础相连构件的最大底标高”填写 4.00m 时程序才能分析正确，程序会把低于此数值的构件节点设为嵌固，这样就能兼顾不同基础埋深的情况。如果楼层组装时底标高填写－6.00，则与基础相邻构件的最大底标高填写－2.00 才能分析正确。本工程填写 0。

点击【材料信息】，如图 1-24 所示。

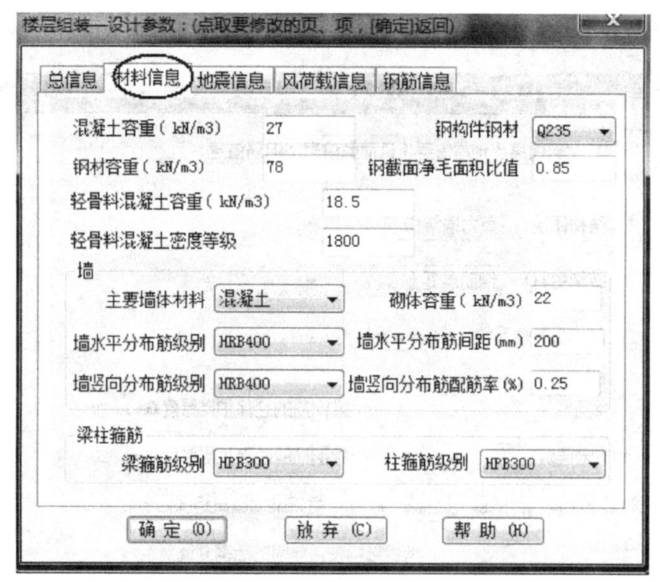

图 1-24 材料信息对话框

注：以上参数填写后，有些仍可以在 SATWE 中修改，以 SATWE 为准。

参数注释：

1. 混凝土容重：对于框架结构，可取 26kN/m^3，对于框剪结构，可取 26.5kN/m^3，对于剪力墙结构，可取 27kN/m^3，本工程填写 27；

2. “墙”：“主要墙体材料”一般可填写混凝土；“墙水平分布筋类别、墙竖向分布筋类别”应按实际工程填写，一般可填写 HRB400；当结构为框架结构时，各个参数对框架结构不起控制作用，如框架结构中有少量的墙，应如实填写；本工程可按默认值；

3. “梁、柱箍筋类别”：应按设计院规定或当地习惯、市场购买情况填写；规范规定 HPB300 级钢筋为箍筋的最小强度等级；钢筋强度等级越低延性越好，强度等级越高，一般比较省钢筋。现多数设计院在设计时，梁、柱箍筋类别一栏填写 HRB400，有的设计院也习惯选取 HPB300，本工程不是由抗剪强度控制，填写 HPB300；

4. “钢构件钢材”：按实际工程填写。此参数对混凝土结构不起作用，本工程可按默认值；

5. “钢截面净毛面积比重”：按实际工程填写，一般可填写 0.85～1.0，此参数对混凝土结构不起作用；一般来说，为了安全，可以取 0.85，在实际工程中，由于钢结构开孔比较少，为了节省材料，可取 0.9；本工程按默认值；

6. “钢材容重”：按实际工程填写，此参数对混凝土结构不起作用；对于钢结构，可按默认值 78；本工程按默认值；

7. “轻骨料混凝土容重”、“轻骨料混凝土密度等级”、“砌体容重”：可按默认值，分别为 18.5、1800、22；

8. “墙水平分布筋间距”：一般可填写 200mm。此参数对框架结构不起作用，本工程可按默认值；

9. “墙竖向分布筋配筋率”：《抗规》6.4.3：一、二、三级抗震墙的竖向和横向分布钢筋最小配筋率均不应小于 0.25%，四级抗震墙分布钢筋最小配筋率不应小于 0.2%；需要注意的是，高度小于 24m 且剪压比很小的四级抗震墙，其竖向分布筋的最小配筋率允许按 0.15%采用，本工程可按填写 0.25%。

点击【地震信息】，如图 1-25 所示。

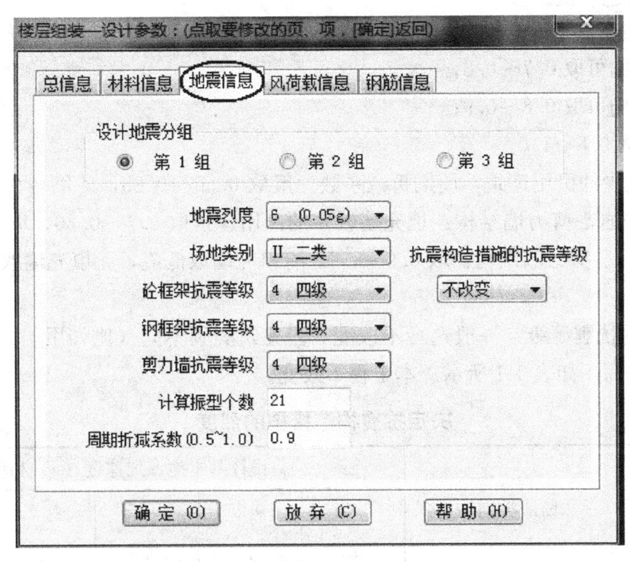

图 1-25　地震信息对话框

注：以上参数填写后，有些仍可以在 SATWE 中修改，以 SATWE 为准。

参数注释：

1. 设计地震分组：根据实际工程情况查看《抗规》附录 A；本工程为第一组。

2. 地震烈度：根据实际工程情况查看《抗规》附录 A；本工程为 6 度设防。

3. 场地类别：根据《地质勘测报告》测试数据计算判定；本工程为Ⅱ类。

注：地震烈度度、设计地震分组、场地土类型三项直接决定了地震计算所采用的反应谱形状，对水平地震力的大小起到决定性作用。

4. 混凝土框架抗震等级、剪力墙抗震等级、钢框架抗震等级。

丙类建筑按本地区抗震设防烈度计算，根据《抗规》表 6.1.2 或《高规》3.9.3 条选择。

乙类建筑，(常见乙类建筑：学校、医院）按本地区抗震设防烈度提高一度查表选择。建筑分类见《建筑工程抗震设防分类标准》GB 50223—2008。

“混凝土框架抗震等级”、“剪力墙抗震等级”根据实际工程情况查看《抗规》表 6.1.2。本工程剪力墙抗震等级为四级。当地下室顶板作为上部结构的嵌固端时，地下一层相先关范围（“相关范围”在朱炳寅“问答书”一书中有说明，即距主楼两跨且不小于 15m 的范围。也可近似地计入沿主楼周边外扩二跨，或 45°线延伸至底板范围内的竖向构件的抗侧刚度。）的抗震等级应与上部结构相同，地下一层以下抗震构造措施的抗震等级可逐层降低一级，且不低于四级。地下室中无上部结构的部分，可根据具体情况采用三级或四级；本工程均填写为四级。

5. 计算振型个数：地震力振型数至少取 3，由于程序按三个阵型一页输出，所以振型数最好为 3 的倍数。一般对于进行耦联计算的高层建筑，所选振型数不应小于 9 个，对于高层建筑应至少取 15 个；多塔结构计算阵型数应取更多，但要注意此处的阵型数不能超过结构的固有阵型的总数（刚性楼板假定时），比如一个规则的两层结构，采用刚性楼板假定，共 6 个有效自由度，此时阵型个数最多取 6，否则会造成地震力计算异常。对于复杂、多塔以及平面不规则的建筑计算振型个数要多选，一般要求“有效质量数大于 90%”。振型数取得越多，计算一次时间越长。本工程取 21。

6. 计算各振型地震影响系数所采用的结构自振周期应考虑非承重填充墙体对结构刚度增强的影响，采用周期折减予以反映。因此当承重墙体为填充砖墙时，高层建筑结构的计算自振周期折减系数可按《高规》4.3.17 取值：

① 框架结构可取 0.6～0.7；

② 框架-剪力墙结构可取 0.7～0.8；

③ 框架-核心筒结构可取 0.8～0.9；

④ 剪力墙结构可取 0.8～1.0。

注：厂房和砖墙较少的民用建筑，周期折减系数一般取 0.80～0.85，砖墙较多的民用建筑取 0.6～0.7，(一般取 0.65)。框架-剪力墙结构：填充墙较多的民用建筑取 0.7～0.80，填充墙较少的公共建筑可取大些（0.80～0.85)。剪力墙结构：取 0.9～1.0，有填充墙取低值，无填充墙取高值，一般取 0.95。

本工程填写 0.9；

7. 抗震构造措施的抗震等级：一般选择不改变。当建筑类别不同（比如甲类、乙类），场地类别不同时，应按相关规定填写，如表 1-1 所示。本工程不改变。

决定抗震构造措施的烈度　　表 1-1

建筑类别	场地类别	设计基本地震加速度（g）和设防烈度					
		0.05	0.1	0.15	0.2	0.3	0.4
		6	7	7	8	8	9
甲、乙类	Ⅰ	6	7	7	8	8	9
	Ⅱ	7	8	8	9	9	9+
	Ⅲ、Ⅳ	7	8	8+	9	9+	9+
丙类	Ⅰ	6	6	6	7	7	8
	Ⅱ	6	7	7	8	8	9
	Ⅲ、Ⅳ	6	7	8	8	9	9

点击【风荷载信息】，如图 1-26 所示。

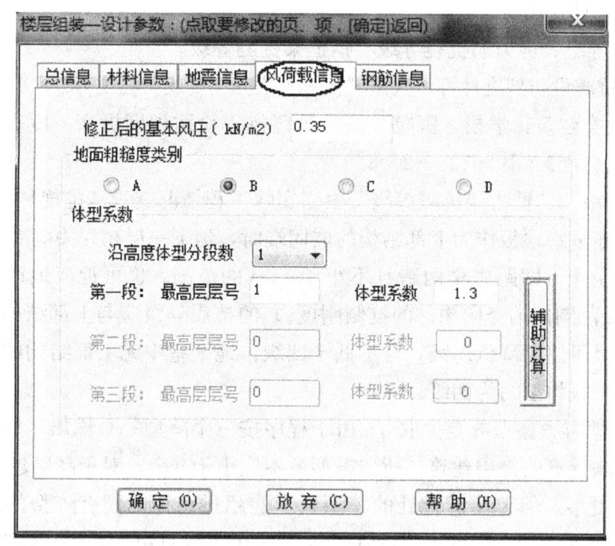

图 1-26　风荷载信息对话框

注：以上参数填写后，有些仍可以在 SATWE 中修改，以 SATWE 为准。

参数注释：

1. 修正后的基本风压

一般工程按荷载规范给出的 50 年一遇的风压采用（直接查荷载规范）；对于沿海地区或强风地带等，应将基本风压放大 1.1～1.2 倍；本工程为 0.35。

注：风荷载计算自动扣除地下室的高度。

2. 地面粗糙类别

该选项是用来判定风场的边界条件，直接决定了风荷载的沿建筑高度的分布情况，必须按照建筑物所处环境正确选择。相同高度建筑风荷载 A>B>C>D。本工程为 B 类。

A 类：近海海面，海岛、海岸、湖岸及沙漠地区。

B 类：指田野、乡村、丛林、丘陵及中小城镇和大城市郊区。

C 类：指有密集建筑群的城市市区。

D 类：指有密集建筑群且房屋较高的城市市区。

3. 体型分段数

默认 1，一般不改。现代多、高层结构立面变化较大，不同的区段内的体型系数可能不一样，程序限定体型系数最多可分三段取值。若建筑物立面体型无变化时填 1。对于（基础梁与上部结构共同分析计算的）多层框架或（地下室顶板不作为上部结构嵌固端的）高层当定义底层为地下室后，体形分段数应只考虑上部结构，程序会自动扣除地下室部分的风载。

点击【钢筋信息】，如图 1-27 所示。

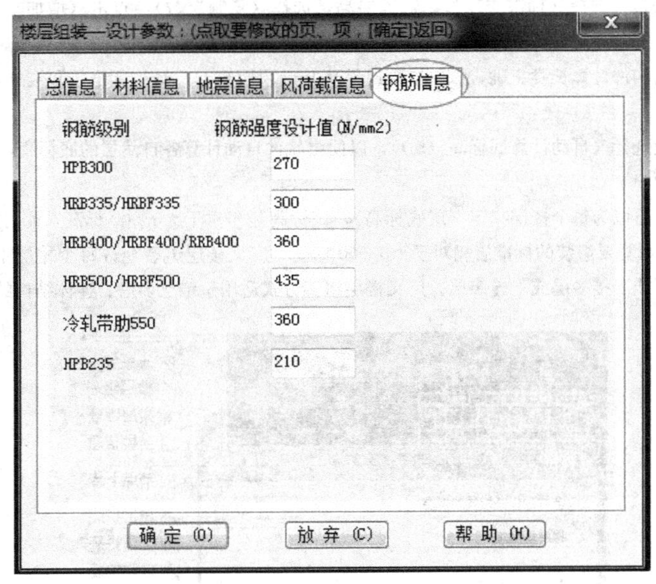

图 1-27　钢筋信息对话框

注：以上参数填写后，有些仍可以在 SATWE 中修改，以 SATWE 为准。

参数注释：

一般可采用默认值，如图 1-27 所示，不用修改。

12. 点击【楼层组装/楼层组装】，弹出对话框，如图 1-28 所示。

由于在计算地下室时，一般要整体建模，于是需要与上部剪力墙结构塔楼进行拼装，需要注意的是，在拼装前，应检查要拼装的上部结构第一层底标高是否为 0.000m。

在 PMCAD 中打开地下室模型，点击【楼层组装/工程拼装】，弹出“工程拼装”对话框（图 1-29），选择“合并顶标高相同的楼层”，点击“确定”，弹出“选择工程名”对话框，选择“3”，点击“打开”，如图 1-30 所示。

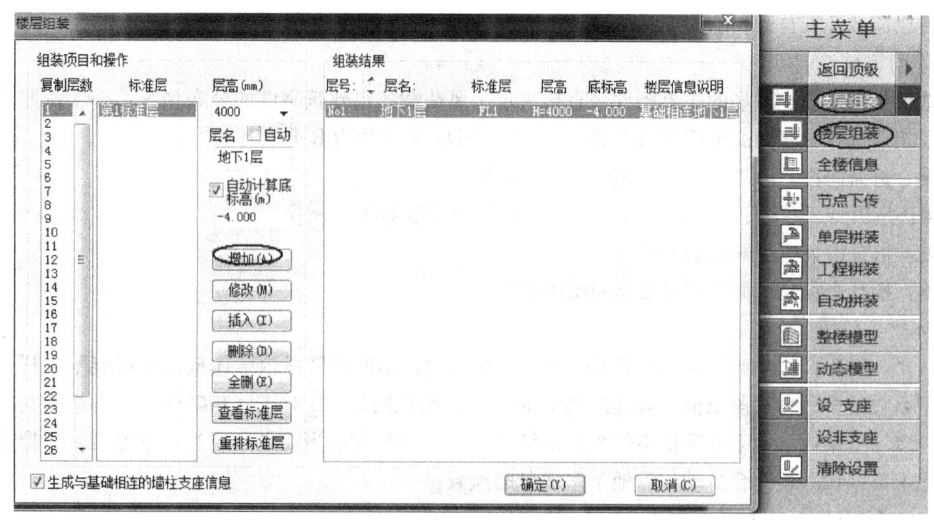

图 1-28 楼层组装对话框

注：1. 楼层组装的方法是：选择〈标准层〉号，输入层高，选择〈复制层数〉，点击〈增加〉，在右侧〈组装结果〉栏中显示组装后的自然楼层。需要修改组装后的自然楼层，可以点击〈修改〉、〈插入〉、〈删除〉等进行操作。为保证首层竖向构件计算长度正确，该层层高通常从基础顶面算起。结构标准层仅要求平面布置相同，不要求层高相同。

2. 普通楼层组装应选择〈自动计算底标高（m）〉，以便由软件自动计算各自然层的底标高，如采用广义楼层组装方式不选择该项。

3. 广义楼层组装时可以为每个楼层指定〈层底标高〉，该标高是相对于±0.000标高，此时应不勾选〈自动计算底标高（m）〉，填写要组装的标准层相对于±0.000标高。广义楼层组装允许每个楼层不局限于和唯一的上、下层相连，而可能上接多层或下连多层。广义楼层组装方式适用于错层多塔、连体结构的建模。

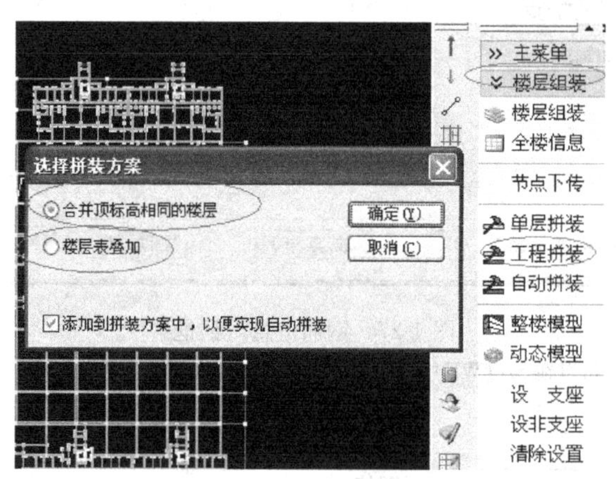

图 1-29 选择拼装方案

注：1. 工程拼装的对象是若干独立的工程模型，控制的是各工程模型底标高。如果不是塔与塔之间进行拼装，比如地下室与上部结构进行拼装，选择“合并顶标高相同的楼层”与“楼层表叠加”都可以。进行拼装时，拼装的标准层可以切换。

2. 当是切割的多塔与多塔之间进行拼装时，选择“合并顶标高相同的楼层”方式，拼装的塔楼层高若相同，则程序会把在同一标高处的塔楼设为同一标准层。如果层高不相同，不进行合并标准层操作（不同塔楼之间不能进行合并），此时应选择“楼层表叠加”拼装方案，程序提示要求输入“合并的最高层号”，程序会自动对≤楼层号的标准层合并，>层号的楼层采用楼层表叠加方式拼装（即广义楼层组装方式）。没有要合并的标准层，则输入0。

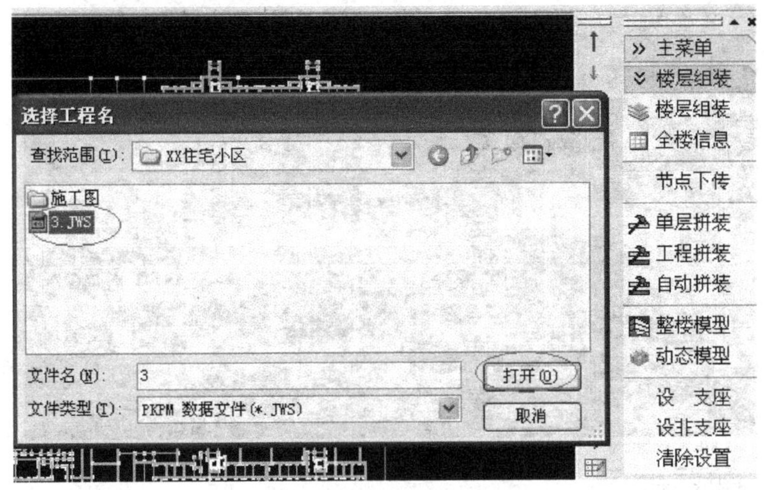

图 1-30 选择工程名对话框

此时程序自动进入“3”模型中，PMCAD 屏幕中左下方提示：“请输入基准点”，点取图 1-31 中的 A 点，程序又提示“输入旋转角度”(逆时针为正)，输入“0”，按回车键。程序自动进入“地下室”模型中，并提示选择在地下室中的插入点，如图 1-32 所示。

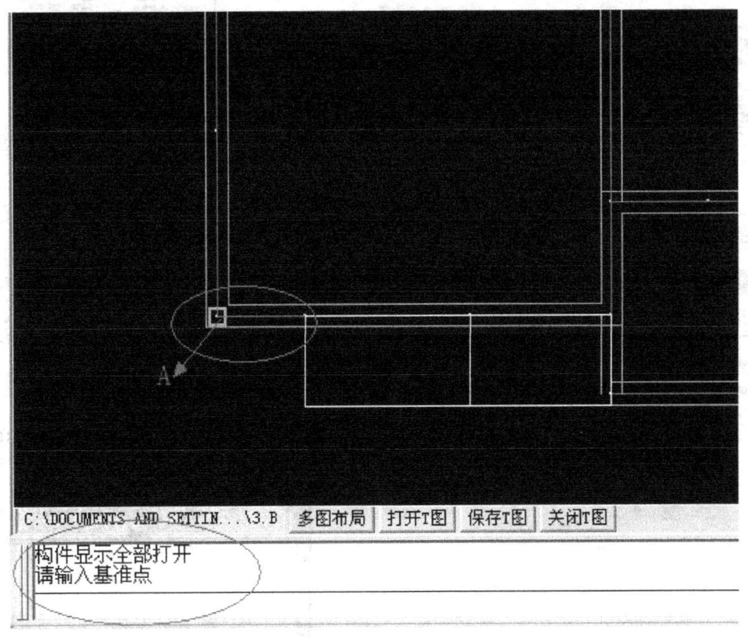

图 1-31 输入基准点（上部结构模型）

完成以上操作后，程序自动进行了拼装。点击【整楼模型】，弹出“组装方案对话框”，如图 1-33 所示。点击确定，出现该工程三维模型。

13. 最后点击“保存”并退出 PMCAD，如图 1-34～图 1-36 所示。

14. 上部结构完成建模后，点击【接 PM 生成 SATWE 数据】→【分析与设计参数补充定义（必须执行）】，如图 1-37 所示，进入 SATWE 参数填写对话框，按照实际工程填写相关的参数，如图 1-38～图 1-46 所示。

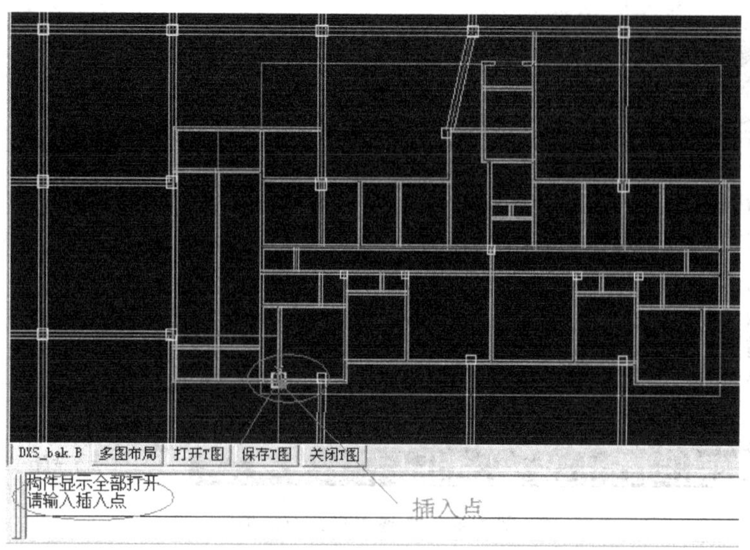

图 1-32　在地下室模型中选择插入点

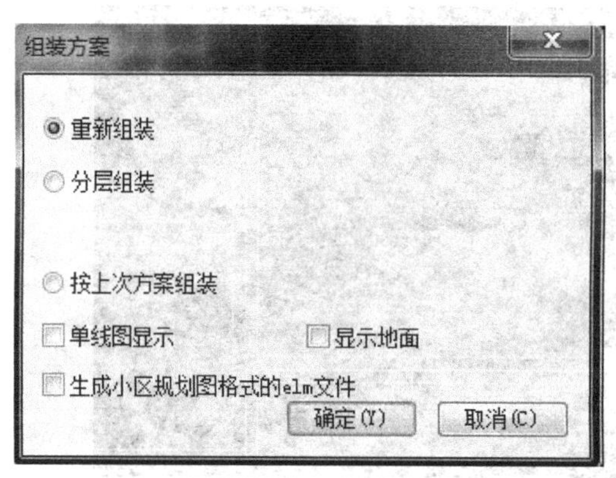

图 1-33　组装方案对话框

图 1-34　PMCAD 主菜单

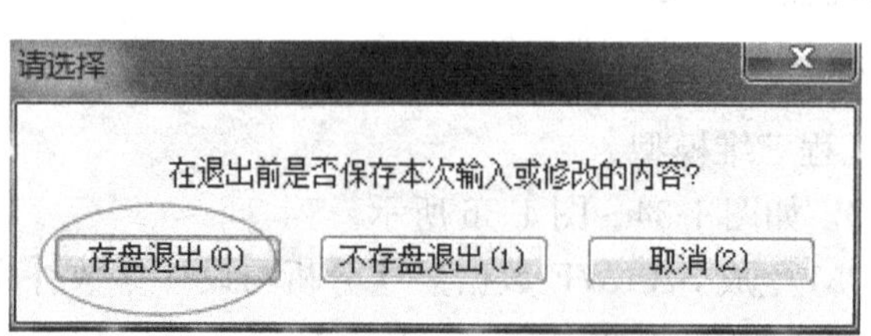

图 1-35　存盘退出（1）

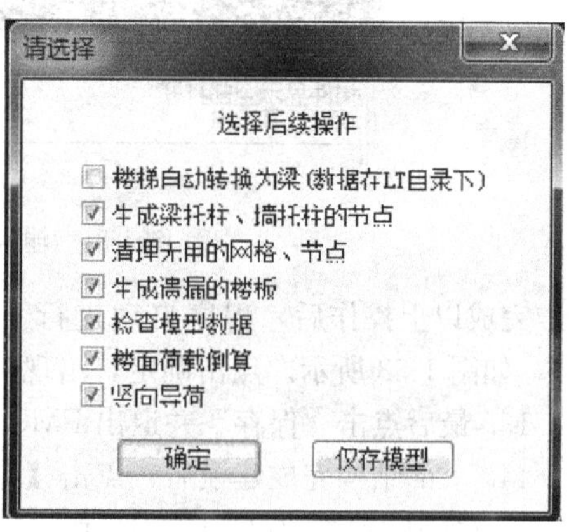

图 1-36　存盘退出（2）

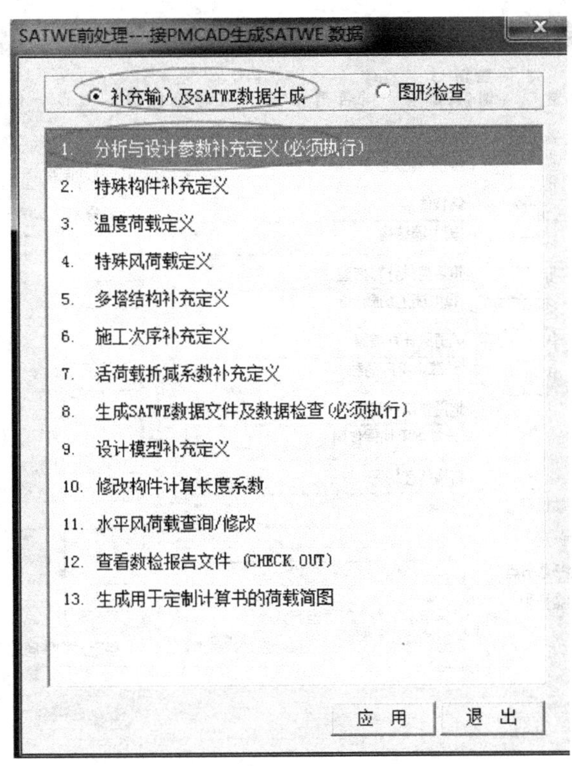

图 1-37 SATWE 前处理-接 PMCAD 生成 SATWE 数据

(1) 总信息（图 1-38)

1) 水平力与整体坐标角

通常情况下，对结构计算分析，都是将水平地震沿结构 X、Y 两个方向施加，所以一般情况下水平力与整体坐标角取 0°。由于地震沿着不同的方向作用，结构地震反应的大小一般也不同，结构地震反应是地震作用方向角的函数。因此当结构平面复杂（如 L 形、三角形）或抗侧力结构非正交时，根据《抗规》5.1.1-2 规定，当结构存在相交角大于 15°的抗侧力构件时，应分别计算各抗侧力构件方向的水平地震作用，但实际上按 0°、45°各算一次即可；当程序给出最大地震力作用方向时，可按该方向角输入计算，配筋取三者的大值。

SATWE 软件对输入的不同角度进行计算所得到的结果不能自动取最不利情况，为了简化设计过程，可以把这个角度作为斜交抗侧力构件地震作用方向之一，即在“斜交抗侧力构件方向的附加地震数”参数项内，增填这个角度（最大地震作用方向大于 15°的角度）与 45°，附加地震数中输 3，进行结构整体分析，以提高结构的抗震安全性。

一般并不建议用户修改该参数，原因有三：①考虑该角度后，输出结果的整个图形会旋转一个角度，会给识图带来不便；②构件的配筋应按“考虑该角度”和“不考虑该角度”两次的计算结果做包络设计；③旋转后的方向并不一定是用户所希望的风荷载作用方向。综上所述，建议用户将“最不利地震作用方向角”填到“斜交抗侧力构件夹角”栏，这样程序可以自动按最不利工况进行包络设计。

本工程初始计算时，填写 0°。

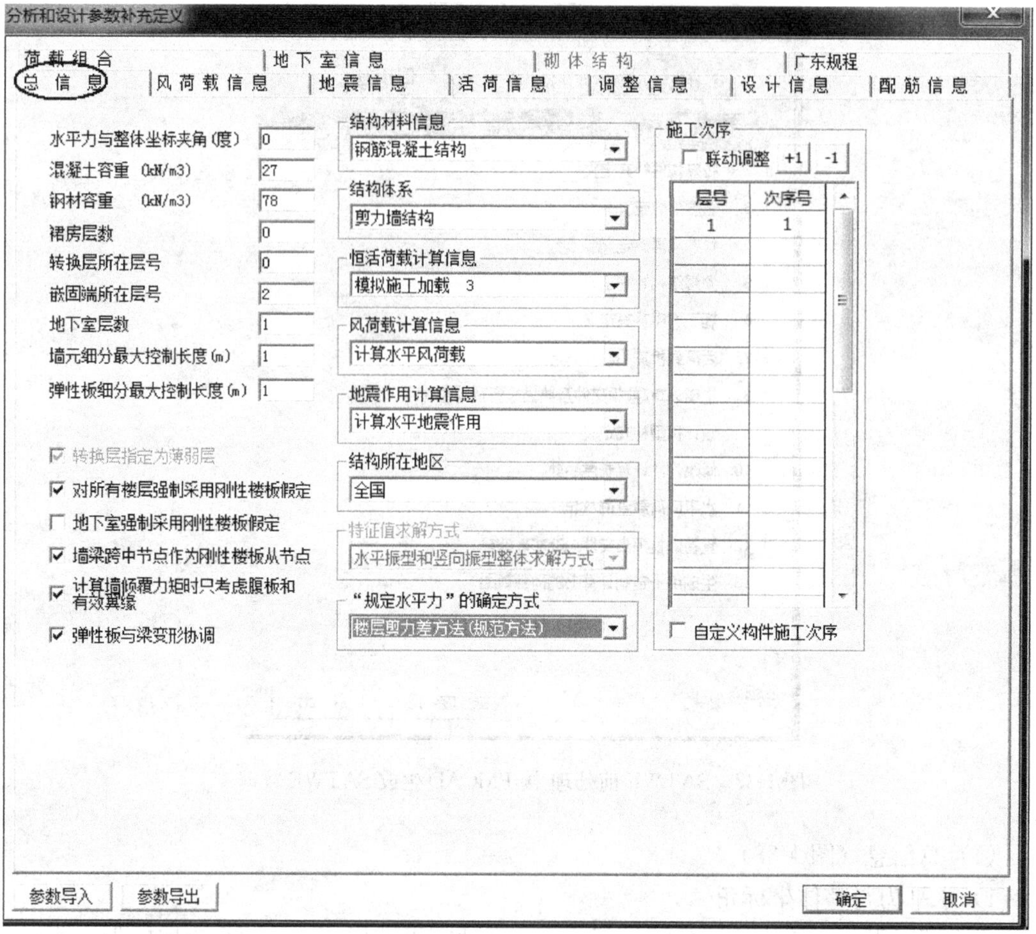

图 1-38　SATWE 总信息页

2）混凝土容重（kN/m³）

由于建模时没有考虑墙面的装饰面层，因此钢筋混凝土计算重度，考虑饰面的影响应大于 25，不同结构构件的表面积与体积比不同饰面的影响不同，一般按结构类型取值：

结构类型	框架结构	框剪结构	剪力墙结构
重度	26	26～27	27

注：1. 中国建筑设计研究院姜学诗在“SATWE 结构整体计算时设计参数合理选取（一）”做了相关规定：钢筋混凝土容重应根据工程实际取，其增大系数一般可取 1.04～1.10，钢材容重的增大系数一般可取 1.04～1.18。即结构整体计算时，输入的钢筋混凝土材料的容重可取为 26～27.5。

2. PKPM 程序在计算混凝土容重时，没有扣除板、梁、柱、墙之间重叠的部分。

本工程属于剪力墙结构，计算时，填写 27。

3）钢材容重（kN/m³）

一般取 78，不必改变。钢结构工程时要改，钢结构时因装修荷载钢材连接附加重量及防火、防腐等影响通常放大 1.04～1.18，即取 82～93。

本工程按默认值 78。

4）裙房层数

按实际情况输入。《抗规》6.1.10条文说明指出：有裙房时，加强部位的高度也可以延伸至裙房以上一层。SATWE在确定剪力墙底部加强部位高度时，总是将裙房以上一层作为加强区高度判定的一个条件，如果不需要，直接将该层数填零即可。

SATWE软件规定，裙房层数应包括地下室层数（包括人防地下室层数）。例如，建筑物在±0.000以下有2层地下室，在±0.000以上有3层裙房，则在总信息的参数“裙房层数”项内应填5。

本工程没有裙房，则填写0。

5）转换层所在层号

按实际情况输入。该指定只为程序决定底部加强部位及转换层上下刚度比的计算和内力调整提供信息，同时，当转换层号大于等于3层时，程序自动对落地剪力墙、框支柱抗震等级增加一级，对转换层梁、柱及该层的弹性板定义仍要人工指定。若有地下室，转换层号从地下室算起，假设地上第三层为转换层，地下2层，则转换层号填：5。

本工程没有转换层，填写0。

6）嵌固端所在层号

《抗规》6.1.3-3条规定了地下室作为上部结构嵌固部位时应满足的要求；6.1.10条规定剪力墙底部加强部位的确定与嵌固端有关；6.1.14条提出了地下室顶板作为上部结构的嵌固部位时的相关计算要求；《高规》3.5.2-2条规定结构底部嵌固层的刚度比不宜小于1.5。

当地下室顶板作为嵌固部位时，那么嵌固端所在层为地上一层，即地下室层数+1；而如果在基础顶面嵌固时，嵌固端所在层号为1。如果修改了地下室层数，应注意确认嵌固端所在层号是否需相应修改。

注：1. 一般可以认为嵌固端为力学概念，即约束所有自由度，嵌固部位是预期塑性铰出现的部位，其水平位移为零，规范和众多文章中对与嵌固端和嵌固部位的用词不做区分不是很合理，规范中确定剪力墙底部加强部位的嵌固端可以认为是嵌固部位。在设计时，地下一层与首层侧向刚度比不宜小于2，加上覆土的约束作用，预期塑性铰会出现在地下室顶板部位。

2. 满足刚度比时，不考虑覆土的作用，地下室水平位移比较小。覆土的作用是约束地下室的水平扭转变形，逐步“吃掉”上部结构的地震作用，不约束竖向位移和竖向转动。在设计时，我们要用程序模拟结构受力，就要符合程序计算的边界条件，程序是采用弹簧刚度法，将上部结构和地下室作为整体考虑，嵌固端取基础底板处，并在每层的地下室楼板处引入水平土弹簧刚度，反映回填土对地下室的约束作用，所以在实际设计中，嵌固端设在地下室顶板时，除了满足刚度比、板厚、梁板楼盖、水平力传递要连续的要求外，还要满足四周均有覆土，或者三面有覆土且基本上能约束住地下室部分的水平扭转变形的要求，某些局部构件的设计应进行包络设计（三面有覆土时，将嵌固端下移）。如果实际情况与程序计算的边界条件不符，应将嵌固端下移。

3. SATWE中有“嵌固端所在层号”此项重要参数，程序根据此参数实现以下功能：①确定剪力墙底部加强部位，延伸到嵌固层下一层。②根据《抗规》6.1.14条和《高规》12.2.1条将嵌固端下一层的柱纵向钢筋相对上层相应位置柱纵筋增大10%；梁端弯矩设计值放大1.3倍。③按《高规》3.5.2-2条规定，当嵌固层为模型底层时，刚度比限值取1.5；④涉及“底层”的内力调整等，程序针对嵌固层进行调整。

4. 在计算地下一层与首层侧向刚度比，可用剪切刚度计算，如用“地震剪力与地震层间位移比值（抗震规范方法）”，应将地下室层数填写0或将“土层水平抗力系数的比值系数”填为0。新版本的PKPM已在SATWE“结构设计信息”中自动输入“Ratx，Raty：X，Y方向本层塔侧移刚度与下一层相应塔侧移刚度的比值（剪切刚度）”，不必再人为更改参数设置。

规范规定：

《抗规》6.1.3-3 条：当地下室顶板作为上部结构的嵌固部位时，地下一层的抗震等级应与上部结构相同，地下一层以下抗震构造措施的抗震等级可逐层降低一级，但不应低于四级。地下室中无上部结构的部分，抗震构造措施的抗震等级可根据具体情况采用三级或四级。

《抗规》6.1.10 条：抗震墙底部加强部位的范围，应符合下列规定：

① 底部加强部位的高度，应从地下室顶板算起。

② 部分框支抗震墙结构的抗震墙，其底部加强部位的高度，可取框支层加框支层以上两层的高度及落地抗震墙总高度的 1/10 二者的较大值。其他结构的抗震墙，房屋高度大于 24m 时，底部加强部位的高度可取底部两层和墙体总高度的 1/10 二者的较大值；房屋高度不大于 24m 时，底部加强部位可取底部一层。

③ 当结构计算嵌固端位于地下一层的底板或以下时，底部加强部位尚宜向下延伸到计算嵌固端。

《抗规》6.1.3-14 条：地下室顶板作为上部结构的嵌固部位时，应符合下列要求：

① 地下室顶板应避免开设大洞口；地下室在地上结构相关范围的顶板应采用现浇梁板结构，相关范围以外的地下室顶板宜采用现浇梁板结构；其楼板厚度不宜小于 180mm，混凝土强度等级不宜小于 C30，应采用双层双向配筋，且每层每个方向的配筋率不宜小于 0.25%。

② 结构地上一层的侧向刚度，不宜大于相关范围地下一层侧向刚度的 0.5 倍；地下室周边宜有与其顶板相连的抗震墙。

③ 地下室顶板对应于地上框架柱的梁柱节点除应满足抗震计算要求外，尚应符合下列规定之一：

a. 地下一层柱截面每侧纵向钢筋不应小于地上一层柱对应纵向钢筋的 1.1 倍，且地下一层柱上端和节点左右梁端实配的抗震受弯承载力之和应大于地上一层柱下端实配的抗震受弯承载力的 1.3 倍。

b. 地下一层梁刚度较大时，柱截面每侧的纵向钢筋面积应大于地上一层对应柱每侧纵向钢筋面积的 1.1 倍；同时梁端顶面和底面的纵向钢筋面积均应比计算增大 10%以上。

④ 地下一层抗震墙墙肢端部边缘构件纵向钢筋的截面面积，不应少于地上一层对应墙肢端部边缘构件纵向钢筋的截面面积。

本工程嵌固端在地下室顶板，地下一层，则嵌固端层号为 2。

7）地下室层数

此参数按工程实际情况填写。程序据此信息决定底部加强区范围和内力调整。当地下室局部层数不同时，以主楼地下室层数输入。地下室一般与上部共同作用分析；地下室刚度大于上部层刚度的 2 倍，可不采用共同分析。

本工程地下室层数为 1，填写 1。

8）墙元细分最大控制长度

一般可按默认值 1.0。长度控制越短计算精度越高，但计算耗时越多。当高层调方案时此参数可改为 2，振型数可改小（如 9 个），地震分析方法可改为侧刚，当仅看参数而不用看配筋时“SATWE计算参数”也可不选“构件配筋及验算”，以达到加快计算速度的目的。

本工程“墙元细分最大控制长度”填写1。

9）弹性板细分最大控制长度：可按默认值1m。

本工程“弹性板细分最大控制长度”填写1.0。

10）转换层指定为薄弱层

默认不让选，填转换层后，默认勾选，不需要改。软件默认转换层不作为薄弱层，需要用户人工指定。此项打勾与在“调整信息”栏中“指定薄弱层号”中直接填写转换层号的效果一样。转换层不论层刚度比如何，都应强制指定为薄弱层。

本工程“转换层所在层号”填写为0，故程序默认为“转换层指定为薄弱层”为灰色，不可填写该选项。

11）对所有楼层强制采用刚性楼板假定

“强制刚性楼板假定”和“刚性楼板假定”是两个相关但不等同的概念。“刚性楼板假定”指楼板平面内无限刚，平面外刚度为零的假定，每快刚性楼板有三个公共的自由度(两个平动，一个转角)，而“强制刚性楼板假定”则不区分刚性板、弹性板，或独立的弹性节点，只要位于该层楼面处的所有节点，在计算时都将强制从属同一刚性板。

“强制刚性楼板假定”可能改变结构初始的分析模型，一般仅在计算位移比和周期比的时候采用，而在进行结构内力分析与配筋计算时，仍要遵循结构的真实模型，不再选择“强制刚性楼板假定”。

本工程勾选“对所有楼层强制采用刚性楼板假定”。

12）地下室强制采用刚性楼板假定

一般可以勾选。如果地下室顶板开大洞，强制刚性板假定会使跃层柱的计算长度系数判断错误，从而影响柱内力及配筋。此时应取消勾选，由程序自动判断柱计算长度。本参数将影响周期、内力、长度系数等。如不勾选，则相当于旧版程序中“强制刚性板假定时保留弹性板面外刚度”。如已勾选“对所有楼层强制采用刚性楼板假定”，则本参数是否勾选已无意义。

本工程勾选“地下室强制采用刚性楼板假定”。

13）墙梁跨中节点作为刚性板楼板从节点

一般可按默认值勾选。如不勾选，则认为墙梁跨中节点为弹性节点，其水平面内位移不受刚性板约束，即类似于框架梁的算法，此时墙梁剪力一般比勾选时小，但相应结构整体刚度变小、周期加长，侧移加大。

本工程勾选。

14）计算墙倾覆力矩时只考虑腹板和有效翼缘

一般应勾选，程序默认不勾选。此参数用来调整倾覆力矩的统计方式。勾选后，墙的无效翼缘部分内力计入框架部分，这使结构中框架、短肢墙、普通墙倾覆力矩结果更为合理。墙的有效翼缘定义见《混规》9.4.3条及《抗规》6.2.13条文说明。

规范规定：

《抗规》6.2.13条文说明：抗震墙应计入腹板与翼墙共同工作。对于翼墙的有效长度，89规范和2001规范有不同的具体规定，本次修订不再给出具体规定。2001规范规定："每侧由墙面算起可取相邻抗震墙净间距的一半、至门窗洞口的墙长度及抗震墙总高度的15%三者的最小值"，可供参考。

本工程勾选。

15）弹性板与梁变形协调

此参数应勾选。此参数相当于旧版程序中的"强制刚性板假定时保留弹性板面外刚度"。勾选后，程序在进行弹性板划分时自动实现梁、板边界变形协调，计算结果符合实际受力。

本工程勾选。

16）参数导入、参数导出

此参数可以把参数设置导入或导出的制定文件，以便形成统一设计参数。

17）结构材料信息

程序提供钢筋混凝土结构、钢与混凝土混合结构、钢结构、砌体结构共4个选项。应根据实际项目选择该选项，现在做的住宅、高层等一般都是钢筋混凝土结构。

本工程为"钢筋混凝土结构"。

18）结构体系

软件共提供多个选项，常用的是：框架、框剪、框筒、筒中筒、剪力墙、砌体结构、底框结构、部分框支剪力墙结构等。对于装配式结构，程序提供了四个选项：装配整体式框架结构、装配整体式剪力墙结构、装配整体上部分框支剪力墙结构及装配整体式预制框架-现浇剪力墙结构。本工程选择：剪力墙结构。

19）恒活荷载计算信息

① 一次性加载计算

主要用于多层结构，而且多层结构最好采用这种加载计算法。因为施工的层层找平对多层结构的竖向变位影响很小，所以不要采用模拟施工方法计算。对于框架-核心筒类结构，由于框架和核心筒的刚度相差较大，使核心筒承受较大的竖向荷载，导致二者之间产生较大的竖向位移差。这种位移差常会使结构中间支柱出现较大沉降，从而使上部楼层与之相连的框架梁端负弯矩很小或不出现负弯矩，造成配筋困难。一次性加载的计算方法仅适合用于低层结构或有上传荷载的结构，如吊柱以及采用悬挑脚手架施工的长悬臂结构等。

② 模拟施工方法1加载

按一般的模拟施工方法加载，对高层结构，一般都采用这种方法计算。但是对于"框架-剪力墙结构"，采用这种方法计算在导给基础的内力中剪力墙下的内力特别大，使得其下面的基础难于设计。于是就有了下一种竖向荷载加载法。

③ 模拟施工方法2加载

这是在"模拟施工方法1"的基础上将竖向构件（柱墙）的刚度增大10倍的情况下再进行结构的内力计算，也就是再按模拟施工方法1加载的情况下进行计算。采用这种方法计算出的传给基础的力比较均匀合理，可以避免墙的轴力远远大于柱的轴力的不合理情况。由于竖向构件的刚度放大，使得水平梁的两端的竖向位移差减少，从而其剪力减少，这样就削弱了楼面荷载因刚度不均而导致的内力重分配，所以这种方法更接近手工计算。在进行上部结构计算时采用"模拟施工方法1"或"模拟施工方法3"；在基础计算时，用"模拟施工方法2"的计算结果。

④ 模拟施工加载 3

采用分层刚度、分层加载型，适用于多高层无吊车结构，更符合工程实际情况，推荐使用；模拟施工加载 1 和 3 的比较计算表明，模拟施工加载 3 计算的梁端弯矩，角柱弯矩更大，因此，在进行结构整体计算时，如条件许可，应优先选择模拟施工加载 3 来进行结构的竖向荷载计算，以保证结构的安全。模拟施工加载 3 的缺点是计算工作量大。

本工程选择“模拟施工加载 3”。

20）风荷载计算信息

SATWE 提供三类风荷载，一是程序依据《建筑结构荷载规范》GB 50009－2012 风荷载的公式在“生成 SATWE 数据和数据检查”时自动计算的水平风荷载；二是在“特殊风荷载定义”菜单中自定义的特殊风荷载；三是计算水平和特殊风荷载。

一般来说，大部分工程采用 SATWE 默认的“计算水平风荷载”即可，如需考虑更细致的风荷载，则可通过“特殊风荷载”实现或选择计算水平和特殊风荷载。

本工程选择“计算水平风荷载”。

21）地震作用计算信息

程序提供 4 个选项，分别是：不计算地震作用、计算水平地震作用、计算水平和规范简化方法竖向地震、计算水平和反应谱方法竖向地震。

不计算地震作用：对于不进行抗震设防的地区或者地震设防烈度为 6 度时的部分结构，《抗规》3.1.2 条规定可以不进行地震作用计算。《抗规》5.1.6 条规定：6 度时的部分建筑，应允许不进行截面抗震验算，但应符合有关的抗震措施要求。因此在选择“不计算地震作用”的同时，仍要在“地震信息”页中指定抗震等级，以满足抗震构造措施的要求。

计算水平地震作用：计算 X、Y 两个方向的地震作用。普通工程选择该项；

计算水平和规范简化方法竖向地震：按《抗规》5.3.1 条规定的简化方法计算竖向地震；

计算水平和反应谱方法竖向地震：《抗规》4.3.14 条规定：跨度大于 24m 的楼盖结构、跨度大于 12m 的转换结构和连体结构，悬挑长度大于 5m 的悬挑结构，结构竖向地震作用效应标准值宜采用时程分析方法或振型分解反应谱方法进行计算。

本工程选择“计算水平地震作用”。

22）特征值求解方法

默认不让选，一般不用改，仅需计算反应谱法竖向时选；仅在选择了“计算水平和反应谱方法竖向地震”时，此参数才激活。当采用“整体求解”时，在“地震信息”栏中输入的振型数为水平与竖向振型数的总和；且“竖向地震参与振型数”选项为灰，用户不能修改。当采用“独立求解”时，在“地震信息”栏中需分别输入水平与竖向的振型个数。注意：计算用振型数一定要足够多，以使得水平和竖向地震的有效质量系数都满足 90%。振型数一定的情况下，选择“独立求解”可以有效克服“整体求解”无法得到足够竖向振动、竖向振动有效系数不够的问题。一般首选“独立求解”，当选择“整体求解”时，与水平地震力振型相同给出每个振型的竖向地震力；而选择“独立求解方式”时，还给出竖向振型的各个周期值。计算后程序给出每个楼层、各塔的竖向总地震力，且在最后给出按《高规》4.3.15 条进行的调整信息。

23）结构所在地区

一般选择全国，上海、广州的工程可采用当地的规范。B类建筑选项和A类建筑选项只在鉴定加固版本中才选择。

本工程选择“全国”。

24）规定水平力的确定方式

默认规范算法一般不改，仅楼层概念不清晰时改，规定水平力主要用于新规范中位移比和倾覆力矩的计算，详见《抗规》3.4.3条、6.1.3条和《高规》3.4.5条、8.1.3条；计算方法见《抗规》3.4.3-2条文说明和《高规》3.4.5条文说明。程序中“规范算法”适用于大多数结构；“CQC算法”（由CQC组合的各个有质量节点上的地震力）主要用于不规则结构，即楼层概念不清晰，剪力差无法计算的情况。

本工程选择“楼层剪力差方法（规范方法）”。

25）施工次序/联动调整

程序默认不勾选，只当需要考虑构件施工次序时才需要勾选。本工程不勾选。

（2）风荷载信息（图1-39）

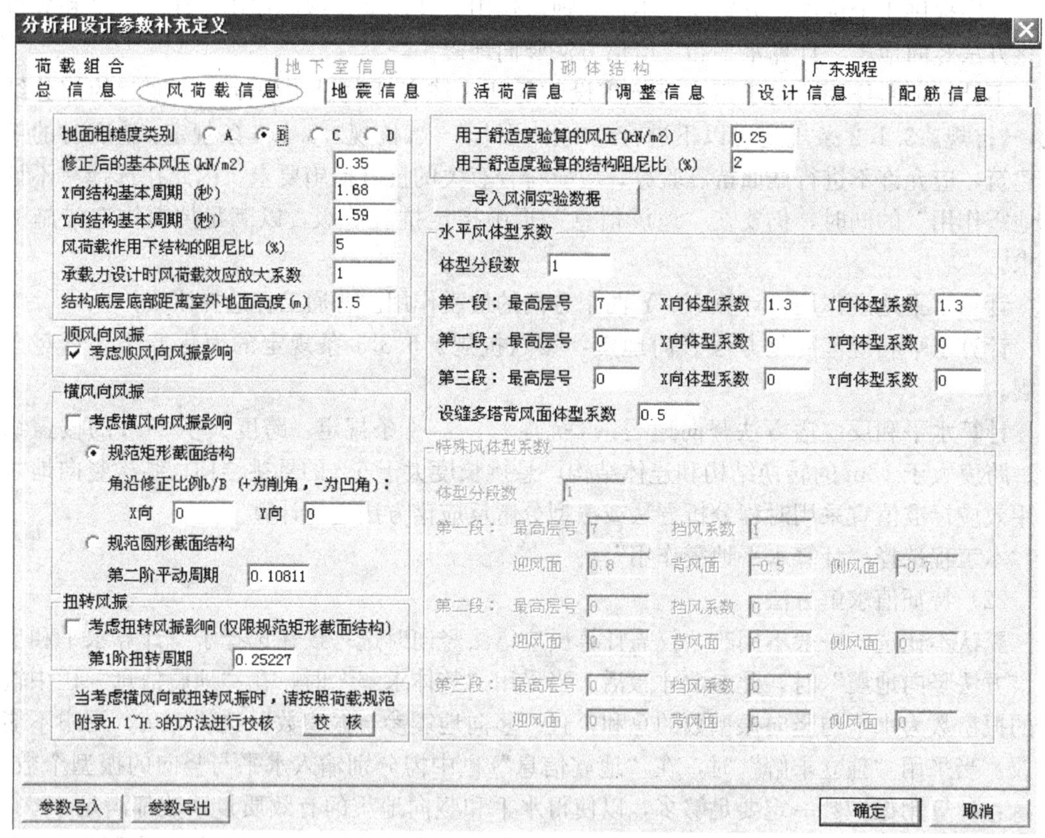

图1-39　SATWE风荷载信息页

1）地面粗糙类别

该选项是用来判定风场的边界条件，直接决定了风荷载的沿建筑高度的分布情况，必须按照建筑物所处环境正确选择。相同高度建筑风荷载A>B>C>D。

A类：近海海面，海岛、海岸、湖岸及沙漠地区。

B类：指田野、乡村、丛林、丘陵及中小城镇和大城市郊区。

C类：指有密集建筑群的城市市区。

D类：指有密集建筑群且房屋较高的城市市区。

本工程按地勘报告，填写B类。

2）修正后的基本风压

修正后的基本风压主要考虑的是地形条件的影响，与楼层数直接关系不大。对于平地建筑修正系数为1，即等于基本风压。对于山区的建筑应乘以修正系数。

一般工程按荷载规范给出的50年一遇的风压采用（直接查荷载规范），不用乘以修正系数；对于沿海地区或强风地带等，应将基本风压放大1.1～1.2倍，

注：风荷载计算自动扣除地下室的高度。

本工程基本风压为0.35kN/m^2，则修正后的风压填写基本风压0.35kN/m^2。

3）X、Y向结构基本周期

X、Y向结构基本周期（s）可以先按程序给定的默认值按《高规》近似公式对结构进行计算。计算完成后再将程序输出的第一平动周期值（可在WZQ.OUT文件中查询）填入再算一遍即可。风荷载计算与否并不会影响结构自振周期的大小。新版程序可以分别指定X向和Y向的基本周期，用于X向和Y向风载的详细计算。参照《高规》4.2条自振周期是：结构的振动周期；基本周期是：结构按照基本振型，完成一个振动的时间（周期）。

注：1. 此处周期值应为估（或计）算所得数值，而不应为考虑周期折减后的数值。可按《荷载规范》附录E.2的有关公式估算。

2. 另外需要注意的是，结构的自振周期应与场地的特征周期错开，避免共振造成灾害。

本工程将程序输出的第一平动周期值（可在WZQ.OUT文件中查询）填入再算一遍即可。

4）风荷载作用下结构的阻尼比

程序默认为5，一般情况取5。

根据《抗规》5.1.5条1款及《高规》4.3.8条1款："混凝土结构一般取0.05（即5%）对有墙体材料填充的房屋钢结构的阻尼比取0.02；对钢筋混凝土及砖石砌体结构取0.05"。《抗规》8.2.2条规定："钢结构在多遇地震下的计算，高度不大于50m时可取0.04；高度大于50m且小于200m时，可取0.03；高度不小于200m时，宜取0.02；在罕遇地震下的分析，阻尼比可采0.05"。对于采用消能减振器的结构，在计算时可填入消能减震结构的阻尼比（消能减震结构的阻尼比＝原结构的阻尼比＋消能部件附加有效阻尼比）而不必改变特定场地土的特性值α_{max}，程序会根据用户输入的阻尼比进行地震影响系数α的自动修正计算。

本工程填写5。

5）承载力设计时风荷载效应放大系数

部分高层建筑在风荷载承载力设计和正常使用极限状态设计时，需要采用两个不同的风压值。《高规》4.2.2条：基本风压应按照现行国家标准《建筑结构荷载规范》GB 50009—2012的规定采用。对风荷载比较敏感的高层建筑，承载力设计时应按基本风压的1.1倍采用。

本工程填写 1.0。

6）结构底层底部距离室外地面高度（m）

程序默认为地下室高度，也可以填写地下室的高度。此参数用于计算风荷载时准确计算其有效高度。当输入负值时，可用于高出地面的子结构风荷载计算。

本工程地下室层高为 4，填写 4。

7）考虑顺风向风振影响

根据《荷规》8.4.1 条，对于高度大于 30m 且高宽比大于 1.5 的房屋，及结构基本自振周期 T_1 大于 0.25s 的高耸结构，应考虑顺风向风振影响。当符合《荷规》8.4.3 条规定时，可采用风振系数法计算顺风向荷载。一般宜勾选。

本工程勾选。

8）考虑横风向风振影响

根据《荷规》8.5.1 条，对于高度超过 150m 或高宽比大于 5 的高层建筑，以及高度超过 30m 且高宽比大于 4 的构筑物，宜考虑横风向风振的影响。一般常规工程不应勾选。

本工程不勾选。

9）考虑扭转风振影响

根据《荷规》8.5.4 条，一般不超过 150m 的高层建筑不考虑，超过 150m 的高层建筑也应满足《荷规》8.5.4 条相关规定才考虑。

本工程不勾选。

10）用于舒适度验算的风压、阻尼比

《高规》3.7.6：房屋高度不小于 150m 的高层混凝土建筑结构应满足风振舒适度要求。在现行国家标准《建筑结构荷载规范》GB 50009—2012 规定的 10 年一遇的风荷载标准值作用下，结构顶点的顺风向和横风向振动最大加速度计算值不应超过表 3. 7. 6 的限值。结构顶点的顺风向和横风向振动最大加速度可按现行行业标准《高层民用建筑钢结构技术规程》JGJ 99 的有关规定计算，也可通过风洞试验结果判断确定，计算时结构阻尼比宜取 0.01～0.02。

验算风振舒适度时结构阻尼比宜取 0.01～0.02，程序缺省取 0.02，“风压”则缺省与风荷载计算的“基本风压”取值相同，用户均可修改。

本工程“用舒适度验算的阻尼比”填写 2。

11）导入风洞实验数据

方便与外部表格软件导入导出，也可以直接按文本方式编辑。

12）体型分段数

默认 1，一般不改。现代多、高层结构立面变化较大，不同的区段内的体型系数可能不一样，程序限定体型系数最多可分三段取值。若建筑物立面体型无变化时填 1。对于（基础梁与上部结构共同分析计算的）多层框架或（地下室顶板不作为上部结构嵌固端的）高层当定义底层为地下室后，体形分段数应只考虑上部结构，程序会自动扣除地下室部分的风载。

13）最高层号

程序默认为最高层号，不需要修改，按各分段内各层的最高层层号填写。

14）水平风体形系数

程序默认为 1.30，按《荷规》表 7.3.1 一般取 1.30。按《荷规》表 7.3.1 取值；规则建筑（高宽比 H/B 不大于 4 的矩形、方形、十字形平面建筑）取 1.3（详见《高规》3.2.5 条 3 款）处于密集建筑群中的单体建筑体型系数应考虑相互增大影响，详见《工程抗风设计计算手册》张相庭）。

15）设缝多塔背风面体型系数

程序默认为 0.5，仅多塔时有用。该参数主要应用在带变形缝的结构关于风荷载的计算中。对于设缝多塔结构，用户可以在＜多塔结构补充定义＞中指定各塔的挡风面，程序在计算风荷载时会自动考虑挡风面的影响，并采用此处输入的背风面体型系数对风荷载进行修正。“挡风面”的定义方法参见《PKPM 新天地》05 年 4 期中“关于‘遮挡定义’功能简介”一文。需要注意的是，如果用户将此参数填为 0，则表示背风面不考虑风荷载影响。对风荷载比较敏感的结构建议修正；对风荷载不敏感的结构可以不用修正。

注意：在缝隙两侧的网格长度及结构布置不尽相同时，为了较为准确地考虑遮挡范围，当遮挡位置在杆件中间时，在建模时人工在该位置增加一个节点，保证计算遮挡范围的准确性。

16）特殊风体型系数

程序默认为灰色，一般不用更改。

（3）地震信息（图 1-40）

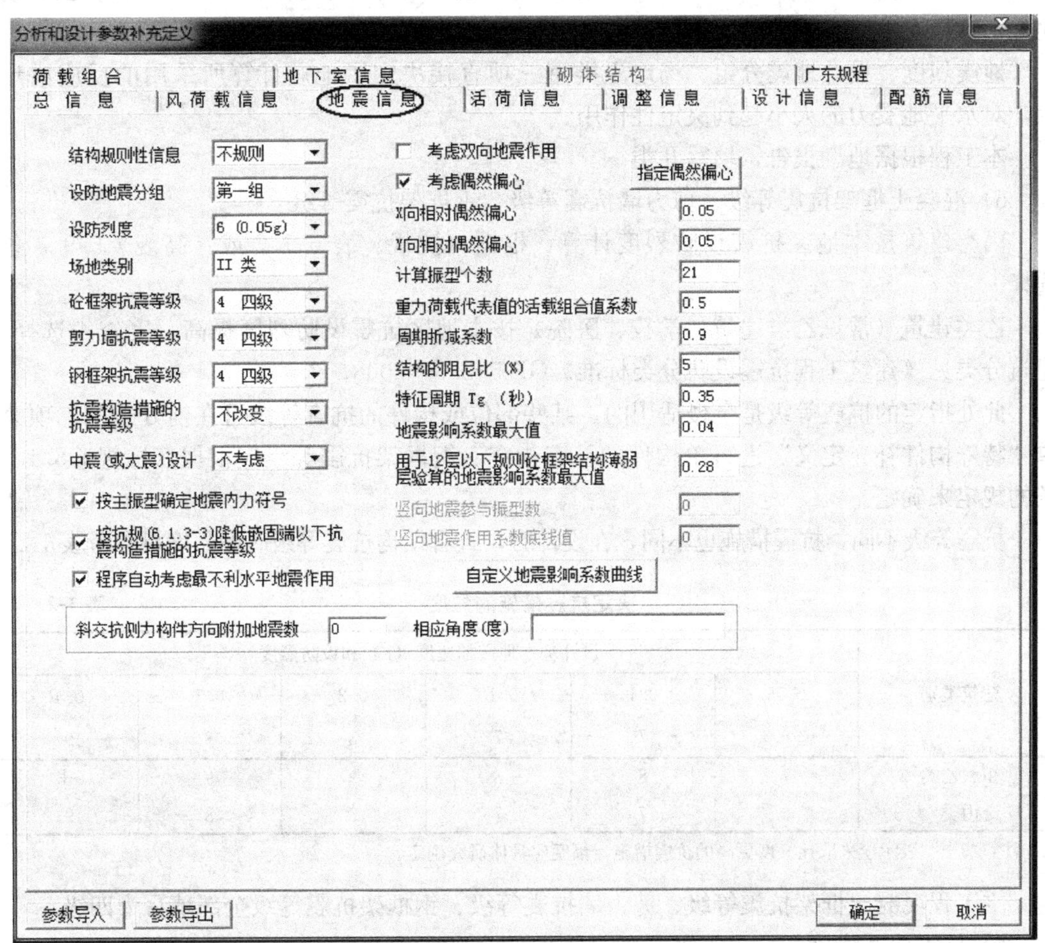

图 1-40　SATWE 地震信息页

1）结构规则性信息

根据结构的规则性选取。默认不规则，该参数在程序内部不起作用。

本工程填写“不规则”。

2）设防地震分组

根据实际工程情况查看《抗规》附录A。

本工程填写“第一组”。

3）设防烈度

根据实际工程情况查看《抗规》附录A。

本工程填写“6（0.05g）”。

4）场地类别

根据《地质勘测报告》测试数据计算判定。场地类别一般可分为四类：Ⅰ类场地土：岩石，紧密的碎石土；Ⅱ类场地土：中密、松散的碎石土，密实、中密的砾、粗、中砂；地基土容许承载力＞250kPa的黏性土；Ⅲ类场地土：松散的砾、粗、中砂，密实、中密的细、粉砂，地基土容许承载力≤250kPa的黏性土和≥130kPa的填土；Ⅳ类场地土：淤泥质土，松散的细、粉砂，新近沉积的黏性土；地基土容许承载力＜130kPa的填土。场地类别越高，地基承载力越低。

地震烈度、设计地震分组、场地土类型三项直接决定了地震计算所采用的反应谱形状，对水平地震力的大小起到决定性作用。

本工程根据地勘报告，填写Ⅱ类。

5）混凝土框架抗震等级、剪力墙抗震等级、钢框架抗震等级

丙类建筑按本地区抗震设防烈度计算，根据《抗规》表6.1.2或《高规》3.9.3条选择。

乙类建筑（常见乙类建筑：学校、医院）按本地区抗震设防烈度提高一度查表选择。建筑分类见《建筑工程抗震设防分类标准》GB 50223—2008。

此处指定的抗震等级是全楼适用的。某些部位或构件的抗震等级可在前处理第二项菜单“特殊构件补充定义”进行单构件的补充指定。钢框架抗震等级应根据《抗规》8.1.3条的规定来确定。

抗震等级不同，抗震措施也不同，在设计时，查看结构抗震等级时的烈度可参考表1-2。

决定抗震措施的烈度 **表1-2**

建筑类别	设计基本地震加速度（g）和设防烈度					
	0.05 6	0.1 7	0.15 7	0.2 8	0.3 8	0.4 9
甲、乙类	7	8	8	9	9	9+
丙类	6	7	7	8	8	9

注：“9+”表示应采取比9度更高的抗震措施，幅度应具体研究确定。

本工程混凝土框架抗震等级、剪力墙抗震等级、钢框架抗震等级全部填写为四级。

6）抗震构造措施的抗震等级

在某些情况下，抗震构造措施的抗震等级与抗震措施的抗震等级不一致，可在此指定

抗震构造措施的抗震等级，在实际设计中可参考表 1-1。

本工程查表 1-1，抗震构造措施的设防烈度还是 6 度，则“抗震构造措施的抗震等级”不改变。

7）中震或大震的弹性设计

依据《高规》3.11 节规定，SATWE 提供了中震（或大震）弹性设计、中震（或大震）不屈服设计两种方法。

无论选择弹性设计还是不屈服设计，均应在“地震影响系数最大值”中填入中震或大震的地震影响系数最大值，可参照表 1-3。

水平地震影响系数最大值 **表 1-3**

地震影响	6 度	7 度	7.5 度	8 度	8.5 度	9 度
多遇地震	0.04	0.08	0.12	0.16	0.24	0.32
基本烈度地震	0.11	0.23	0.33	0.46	0.66	0.91
罕遇地震	—	0.20	0.72	0.90	1.20	1.40

中震验算包括中震弹性验算和中震不屈服验算，在设计中的要求如表 1-4 所示。

中震弹性验算和中震不屈服验算的基本要求 **表 1-4**

设计参数	中震弹性	中震不屈服
水平地震影响系数最大值	按表 1-3 基本烈度地震	按表 1-3 基本烈度地震
内力调整系数	1.0（四级抗震等级）	1.0（四级抗震等级）
荷载分项系数	按规范要求	1.0
承载力抗震调整系数	按规范要求	1.0
材料强度取值	设计强度	材料标准值

建议：在高烈度地区，对于结构中比较重要的抗侧力构件，比如框支剪力墙结构中的框支梁、框支柱和落地剪力墙、连体结构中与连体部分内侧相连的框架柱、剪力墙、各种结构形式中出现的跃层柱、框-筒结构中的角柱，宜进行中震弹性验算，其他竖向抗侧力构件宜进行中震不屈服验算。

本工程选择“不考虑”。

8）按主振型确定地震内力符号

一般可勾选。根据《抗规》5.2.3 条，考虑扭转耦联时计算得到的地震作用效应没有符号。SATWE 原有的符号确定原则为：每个内力分量取各振型下绝对值最大者的符号。现增加本参数，以解决原有方式可能导致个别构件内力符号不匹配的问题。

本工程勾选。

9）按《抗规》6.1.3-3 条降低嵌固端以下抗震构造措施的抗震等级

一般可勾选。本工程勾选。

10）程序自动考虑最不利水平地震作用

如果勾选，则斜交抗侧力构件方向附加地震数可填写 0，相应角度可不填写。

本工程勾选。

11）斜交抗侧力构件方向附加地震数，相应角度

可允许最多 5 组方向地震。附加地震数在 0～5 之间取值。相应角度填入各角度值。该角度是与 X 轴正方向的夹角，逆时针方向为正。SATWE 参数中增加“斜交抗侧力构件

附加地震角度”与填写“水平与整体坐标夹角”计算结果有区别：水平力与整体坐标夹角不仅改变地震力而且改变风荷载的作用方向，而斜交抗侧力构件附加地震角度仅改变地震力方向。《抗规》5.1.1条、各类建筑结构的地震作用，应符合下列规定：对于有斜交抗侧力构件的结构，当相交角度大于15°时，应分别计算各抗侧力构件方向的水平地震作用。此处所指交角是指与设计输入时，所选择坐标系间的夹角。对于主体结构中存在有斜向放置的梁、柱时，也要分别计算各抗力构件方向的水平地震力。结构的参考坐标系建立以后，所求的地震力、风力总是沿着坐标系的方向作用。

建议选择对称的多方向地震，因为风载并未考虑多方向，否则容易造成配筋不对称。如输入45°和225°，程序自动增加两个逆时针旋转90°的角度（即135°和315°），并按这四个角度进行地震力的计算，程序将计算每一对新增地震作用下的构件内力，并在构件设计时考虑进内力组合中，最后构件验算取最不利一组。

12）偶然偏心、考虑双向地震、用户指定偶然偏心

默认未勾选，一般可同时选择｛偶然偏心｝和｛双向地震｝，不再指定偶然偏心值。对“质量和刚度明显不对称的结构”可按取偶然偏心和双向地震两次计算结构的较大值，于是可以同时选择｛偶然偏心｝和｛双向地震｝，SATWE对两者取不利，结果不叠加。

“偶然偏心”：

是由于施工、使用或地震地面运动扭转分量等不确定因素对结构引起的效应，对于高层结构及质量和刚度不对称的多层结构，偶然偏心的影响是客观存在的，故一般应选择“偶然偏心”去计算高层结构及质量和刚度明显不对称的多层结构的“位移比”及高层结构的“配筋”（多层结构“配筋”时一般可不选择“偶然偏心”）。计算层间位移角时一般应选择刚性楼板，可不考虑偶然偏心、不考虑竖向地震作用。

考虑｛偶然偏心｝计算后，对结构的荷载（总重、风荷载）、周期、竖向位移、风荷载作用下的位移及结构的剪重比没有影响，对结构的地震力和地震下的位移（最大位移、层间位移、位移角等）有较大影响。

《高规》4.3.3条“计算单向地震作用时应考虑偶然偏心的影响（地震作用大小与配筋有关）”；《高规》3.4.5条，计算位移比时，必须考虑偶然偏心的影响；《高规》3.7.3条，计算层间位移角时可不考虑偶然偏心、不考虑双向地震，一般应选择强制刚性楼板假定。《抗规》3.4.3条的表3.4.3-1只注明了在规定水平力作用下计算结构的位移比，并没有说明是否考虑了偶然偏心。《抗规》3.4.4-2的条文说明里注明了计算位移比时候的规定水平力一般要考虑偶然偏心。

“考虑双向地震”：

“双向地震作用”是客观存在的，其作用效果与结构的平面形状的规则程度有很大的关系（结构越规则，双向地震作用越弱），一般当位移比超过1.3时（有的地区规定为1.2，过于保守），“双向地震作用”对结构的影响会比较大，则需要在总信息参数设置中考虑双向地震作用，不考虑偶然偏心。

双向地震作用计算，本质是对抗侧力构件承载力的一种放大，属于承载能力计算范畴，不涉及对结构扭转控制和对结构抗侧刚度大小的判别。一般当位移比超过1.3时（有的地区规定为1.2，过于保守）选取“考虑双向地震”，程序会对地震作用放大，结构的配筋一般会加大，但位移比及周期比，不看“双向地震作用”的计算结果，而看“偶然偏

心”作用下的计算结果。SATWE 在进行底框计算时，不应选择地震参数中的｛偶然偏心｝和｛双向地震｝，否则计算会出错。

《抗规》5.1.1-3：质量和刚度分布明显不对称的结构，应计入双向水平地震作用下的扭转影响；其他情况，应允许采用调整地震作用效应的方法计入扭转影响。《高规》4.3.2-2：质量与刚度分布明显不对称的结构，应计算双向水平地震作用下的扭转影响；其他情况，应计算单向水平地震作用下的扭转影响。

本工程初步计算时，考虑“偶然偏心”，不考虑“双向地震作用”。

13）X 向相对偶然偏心、Y 向相对偶然偏心

默认 0.05，一般不需要改。

14）计算振型个数

地震力振型数至少取 3，由于程序按三个阵型一页输出，所以振型数最好为 3 的倍数。一般对于进行耦联计算的高层建筑，所选振型数不应小于 9 个，对于高层建筑应至少取 15 个；多塔结构计算阵型数应取更多，但要注意此处的振型数不能超过结构的固有振型的总数（刚性楼板假定时），比如一个规则的两层结构，采用刚性楼板假定，共 6 个有效自由度，此时振型个数最多取 6，否则会造成地震力计算异常。对于复杂、多塔以及平面不规则的建筑计算振型个数要多选，一般要求“有效质量数大于 90%”。振型数取得越多，计算一次时间越长。

本工程填写 21。

15）活荷重力代表值组合系数

默认 0.5，一般不需要改。该参数值改变楼层质量，不改变荷载总值（即对属相荷载作用下的内力计算无影响），应按《抗规》5.1.3 条及《高规》4.3.6 条取值。一般民用建筑楼面等效均布活荷载取 0.5（对于藏书库、档案库、库房等建筑应特别注意，应取 0.8）。调整系数只改变楼层质量，从而改变地震力的大小，但不改变荷载总值，即对竖向荷载作用下的内力计算无影响。

在 WMASS. OUT 中“各层的质量、质心坐标信息”项输出的“活载产生的总质量”为已乘上组合系数后的结果。在“地震信息”选项卡里修改本参数，则“荷载组合”选项卡中“活荷重力代表值系数”联动改变。在 WMASS. OUT 中“各楼层的单位面积质量分布”项输出的单位面积质量为“1.0 恒＋0.5 活”组合；而 PM 竖向导荷默认采用“1.2 恒＋1.4 活”组合，两者结果可能有差异。

本工程填写 0.5。

16）周期折减系数

计算各振型地震影响系数所采用的结构自振周期应考虑非承重填充墙体对结构刚度增强的影响，采用周期折减予以反应。因此当承重墙体为填充砖墙时，高层建筑结构的计算自振周期折减系数可按《高规》4.3.17 条取值：

1）框架结构可取 0.6～0.7；

2）框架-剪力墙结构可取 0.7～0.8；

3）框架-核心筒结构可取 0.8～0.9；

4）剪力墙结构可取 0.8～1.0。

对于其他结构体系或采用其他非承重墙时，可根据工程情况确定周期折减系数。具体折减数值应根据填充墙的多少及其对结构整体刚度影响的强弱来确定（如轻质砌体填充墙，周

期折减系数可取大一些)。周期折减是强制性条文，但减多少不是强制性条文，这就要求在折减时慎重考虑，既不能太多，也不能太少，因为周期折减不仅影响结构内力，同时还影响结构的位移，当周期折减过多，地震作用加大，可能导致梁超筋。周期折减系数不影响建筑本身的周期，即 WZQ 文件中的前几阶周期，所以周期折减系数对于风荷载是没有影响的，风荷载在 SATWE 计算中与周期折减系数无关。周期折减系数只放大地震力，不放大结构刚度。

注：1. 厂房和砖墙较少的民用建筑，周期折减系数一般取 0.80～0.85，砖墙较多的民用建筑取 0.6～0.7，(一般取 0.65)。框架-剪力墙结构：填充墙较多的民用建筑取 0.7～0.80，填充墙较少的公共建筑可取大些（0.80～0.85)。剪力墙结构：取 0.9～1.0，有填充墙取低值，无填充墙取高值，一般取 0.95。

2. 空心砌块应少折减，一般可为 0.8～0.9。

本工程填写 0.9。

17）结构的阻尼比

对于一些常规结构，程序给出了结构阻尼的隐含值。除有专门规定外，钢筋混凝土高层建筑结构的阻尼比应取 0.05；钢结构在多遇地震下的阻尼比，对不超过 12 层的钢结构可采用 0.035，对超过 12 层的钢结构可采用 0.02；在罕遇地震下的分析，阻尼比可采用 0.05；对于钢-混凝土混合结构则根据钢和混凝土对结构整体刚度的贡献率取为 0.025～0.035。

本工程填写 5。

18）特征周期 T_g、地震影响系数最大值

特征周期 T_g：根据实际工程情况查看《抗规》(表 1-5)。

特征周期值（s） **表 1-5**

设计地震分组	场地类别				
	I_0	I_1	Ⅱ	Ⅲ	Ⅳ
第一组	0.20	0.25	0.35	0.45	0.65
第二组	0.25	0.30	0.40	0.55	0.75
第三组	0.30	0.35	0.45	0.65	0.90

本工程填写 0.35。

地震影响系数最大值：即“多遇地震影响系数最大值”，用于地震作用的计算时，无论多遇地震或中、大震弹性或不屈服计算时均应在此处填写“地震影响系数最大值”。

具体值可根据《抗规》表 5.1.4-1 来确定，如表 1-6 所示。

水平地震影响系数最大值 **表 1-6**

地震影响	6 度	7 度	8 度	9 度
多遇地震	0.04	0.08（0.12）	0.16（0.24）	0.32
罕遇地震	0.28	0.50（0.72）	0.90（1.20）	1.40

注：括号中数值分别用于设计基本地震加速度为 0.15g 和 0.30g 的地区。

本工程填写 0.04。

19）用于 12 层以下规则混凝土框架结构薄弱层验算的地震影响系数最大值

此参数为“罕遇地震影响系数最大值”，仅用于 12 层以下规则混凝土框架结构的薄弱层验算，一般不需要改。

本工程按默认值填写，不用更改。

20）竖向地震作用系数底线值

该参数作用相当于竖向地震作用的最小剪重比。在 WZQ.OUT 文件中输出竖向地震

作用系数的计算结果，如果不满足要求则自动进行调整。

本工程没有考虑竖向地震作用，此菜单为灰色。

21）自定义地震影响系数曲线

SATWE 允许用户输入任意形状的地震设计谱，以考虑来自安评报告或其他情形的比规范设计谱更贴切的反应谱曲线。点击该按钮，在弹出的对话框中可查看按规范公式的地震影响系数曲线，并可在此基础上根据需要进行修改，形成自定义的地震影响系数曲线。其中“按规范定义的时间”项，代表该时间之前曲线采用规范值，之后采用自定义值。如填 3s 就代表前 3s 按规范反应谱取值。

（4）活载信息（图 1-41）

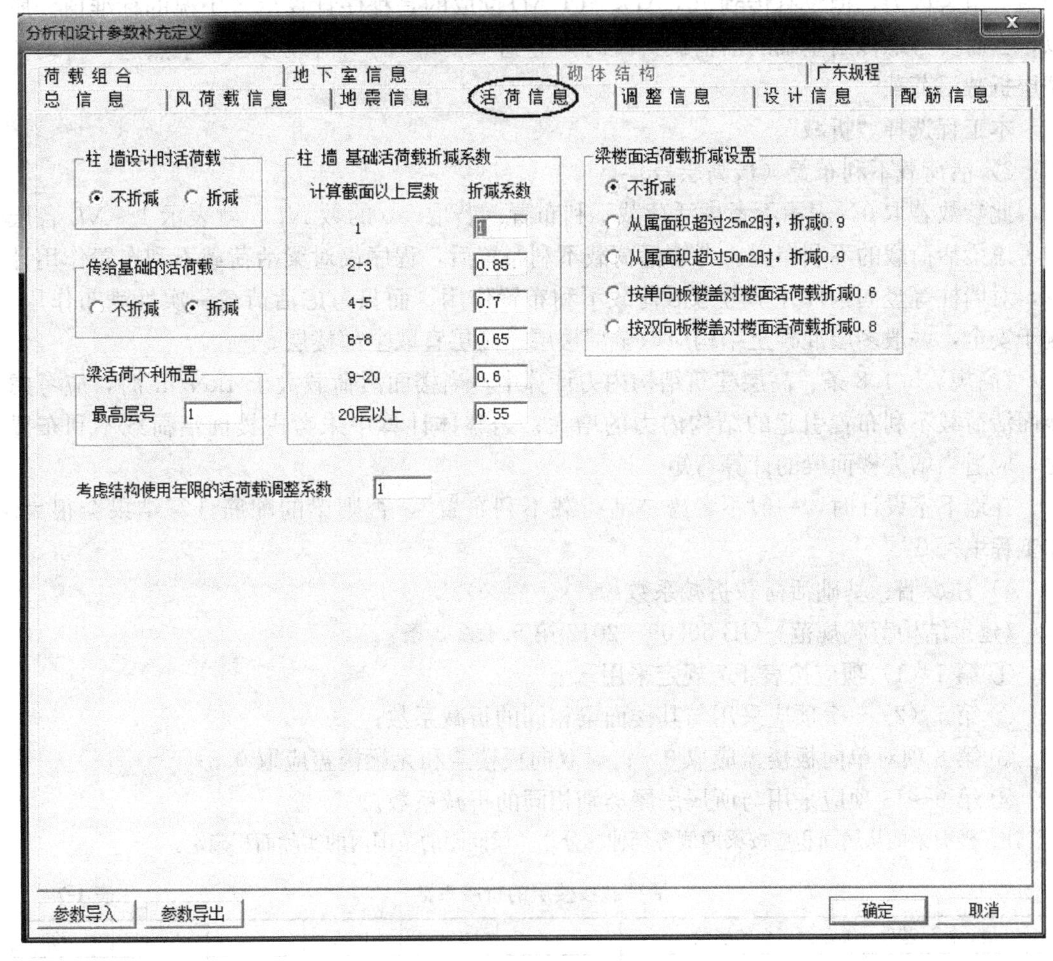

图 1-41　SATWE 活载信息页

1）柱墙设计时活荷载

程序默认为“不折减”。SATWE 根据《荷规》第 4.1.2 条第 2 款设置此选项，点选“折减”，程序会按照右侧输入的楼层折减系数进行活荷载折减，生成的墙、柱轴压比及配筋会比点选“不折减”稍微小一些。所以，当需要以结构偏安全性为先的时候，建议点选“不折减”；当需要以墙、柱尺寸和结构经济性为先的时候，建议点选“折减”。

如在 PMCAD 中考虑了梁的活荷载折减（荷载输入/恒活设置/考虑活荷载折减），则在 SATWE、TAT、PMSAP 中最好不要选择“柱墙活荷载折减”，以避免活荷载折减过多。对于带裙房的高层建筑，裙房不宜按主楼的层数取用活荷载折减系数。同理，顶部带小塔楼的结构、错层结构、多塔结构等，都存在同一楼层柱墙活荷载系数不同的情况，应按实际情况灵活处理。

本工程选择“不折减”。

注：PM 中的荷载设置楼面折减系数对梁不起作用，柱墙设计时活荷载”对柱起作用，

2）传给基础的活荷载

程序默认为“折减”，不需要改。SATWE 根据《荷规》第 4.1.2 条第 2 款设置此选项，点选“折减”，程序会按照右侧输入的楼层折减系数进行活荷载折减，生成传到底层的最大组合内力，但没有传到 JCCAD，JCCAD 读取的是程序计算后各工况的标准值。所以，当需要考虑传给基础的活荷载折减时，应到 JCCAD 的“荷载参数”中点选“自动按楼层折减活荷载”。

本工程选择“折减”。

3）活荷载不利布置（最高层号）

此参数若取 0，表示不考虑活荷载不利布置。若取>0 的数 NL，就表示 1～NL 各层均考虑梁活荷载的不利布置。考虑活荷载不利布置后，程序仅对梁活荷载不利布置作用计算，对墙柱等竖向构件并不考虑活荷载不利布置作用，而只考虑活荷载一次性满布作用。偏于安全，一般多层混凝土结构应取全部楼层；高层宜取全部楼层。

《高规》5.1.8 条：高层建筑结构内力计算中，当楼面活荷载大于 $4kN/m^2$ 时，应考虑楼面活荷载不利布置引起的结构内力的增大；当整体计算中未考虑楼面活荷载不利布置时，应适当增大楼面梁的计算弯矩。

在地下室设计时，一般不考虑“活荷载不利布置”，否则梁的配筋计算结果会很大。本工程填写 0。

4）柱、墙、基础活荷载折减系数

《建筑结构荷载规范》GB 50009—2012 第 5.1.2-2 条：

① 第 1（1）项应按表 1-7 规定采用；

② 第 1（2）～7 项应采用与其楼面梁相同的折减系数；

③ 第 8 项对单向板楼盖应取 0.5；对双向板楼盖和无梁楼盖应取 0.8；

④ 第 9～13 项应采用与所属房屋类别相同的折减系数。

注：楼面梁的从属面积应按梁两侧各延伸二分之一梁间距的范围内的实际面积确定。

活荷载按楼层的折减系数 **表 1-7**

墙、柱、基础计算截面以上的层数	1	2～3	4～5	6～8	9～20	>20
计算截面以上各楼层活荷载总和的折减系数	1.0（0.90）	0.85	0.70	0.65	0.60	0.55

注：当楼面梁的从属面积超过 $25m^2$ 时，应采用括号内的系数。

SATWE 根据《荷规》第 4.1.2 条第 2 款设置此选项，《荷规》4.1.1 第 1（1）详按程序默认；第 1（2）～7 项按基础从属面积（因）“柱墙设计时活荷载”中梁、柱按不折减，此处仅考虑基础）超过 $50m^2$ 时取 0.9，否则取 1，一般多层可取 1，高层 0.9；第 8 项汽车通道及停车库可取 0.8。

此处的折减系数仅当“折减柱墙设计活荷载”或“折减传给基础的活荷载”勾选后才

生效。对于下面几层是商场、上面是办公楼的结构，鉴于目前的 PKPM 版本对于上下楼层不同功能区域活荷载传给墙柱基础时的折减系数不能分别按规范取值，故折减系数建议按偏安全的取值方法。

本工程折减系数按程序默认值。

5）考虑结构使用年限的活荷载调整系数

《高规》5.6.1 条作了有关规定。在设计时，设计使用年限为 50 年时取 1.0，设计使用年限为 100 年时取 1.1。

本工程填写 1.0。

6）梁楼面活荷载折减设置

对于普通楼面（非汽车通道及客车停车库）一般可偏于安全不折减。也可以根据实际情况，按照《荷规》5.1.2-1 条进行折减。此参数的设置，方便了汽车通道、消防车及客车停车库主梁、次梁的设计。

本工程选择“不折减”，建两个模型，“计算梁板柱”与“计算基础”时消防车活荷载取不同的活荷载折减系数，分别为 0.8 与 0.5，最后配消防车荷载部分的梁配筋按折减后的计算。

（5）调整信息（图 1-42）

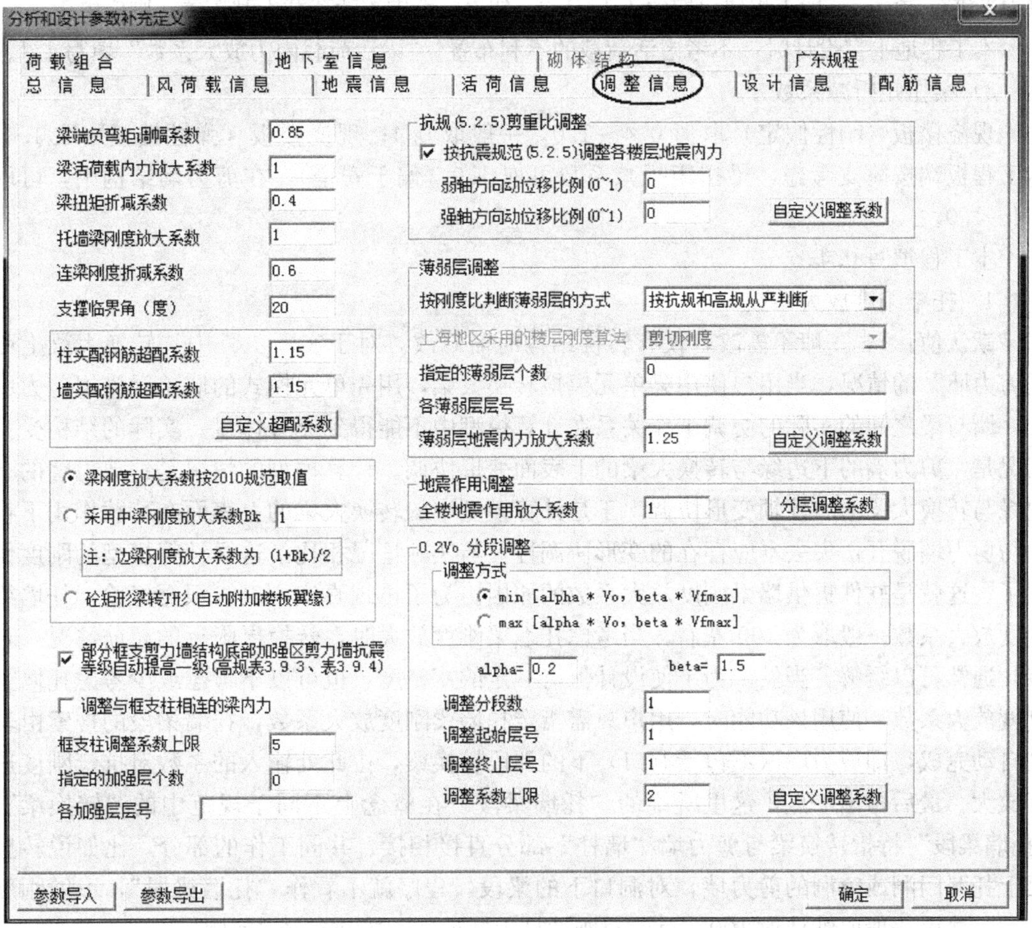

图 1-42 SATWE 调整信息页

1）梁端负弯矩调幅系数

现浇框架梁 0.8～0.9；装配整体式框架梁 0.7～0.8。

框架梁在竖向荷载作用下梁端负弯矩调整系数，是考虑梁的塑性内力重分布。通过调整使梁端负弯矩减小，跨中正弯矩加大（程序自动加）。梁端负弯矩调整系数一般取 0.85。

注意：1. 程序隐含钢梁为不调幅梁；不要将梁跨中弯矩放大系数与其混淆。

2. 弯矩调幅法是考虑塑性内力重分布的分析方法，与弹性设计相对；弯矩调幅法可以求得结构的经济，充分挖掘混凝土结构的潜力和利用其优点；弯矩调幅法可以使得内力均匀。对于承受动力荷载、使用上要求不出现裂缝的构件，要尽量少调幅。

3. 调幅与“强柱弱梁“并无直接关系，要保证强柱弱梁，强度是关键，刚度不是关键，即柱截面承载能力要大于梁（满足规范要求），在地震灾害地区的很多房屋，并没有出现预期的“强柱弱梁”，反而是“强梁弱柱”，是因为忽略了楼板钢筋参与负弯矩分配，还有其他原因，比如：梁端配筋时内力所用截面为矩形截面，计算结果比 T 形截面大、习惯性放大梁支座配筋及跨中配筋的纵筋 5%～10%、基于裂缝控制，两端配筋远大于计算配筋、未计入双筋截面及受压翼缘的有利影响，低估截面承载能力、施工原因。

本工程填写 0.85。

2）梁活荷载内力放大系数

用于考虑活荷载不利布置对梁内力的影响，将活荷载作用下的梁内力（包括弯矩、剪力、轴力）进行放大。一般工程建议取值 1.1～1.2。如果已考虑了活荷载不利布置，则应填 1。

本工程地下室设计时，不考虑活荷载的不利布置，“梁活荷载内力放大系数”填写 1.1。

3）梁扭矩折减系数

现浇楼板（刚性假定）取值 0.4～1.0，一般取 0.4；现浇楼板（弹性楼板）取 1.0。本工程板端按简支考虑，梁扭矩折减系数可取 1.0（偏于安全），在剪力墙结构中，可取 0.4～1.0。

本工程填写 0.4。

4）托梁刚度放大系数

默认值：1，一般不需改，仅有转换结构时需修改。对于实际工程中“转换大梁上面托剪力墙”的情况，当用户使用梁单元模拟转换大梁，用壳单元模式的墙单元模拟剪力墙时，墙与梁之间的实际的协调工作关系在计算模型中不能得到充分体现。实际的结构受力情况是，剪力墙的下边缘与转换大梁的上表面变形协调。计算模型的情况是：剪力墙的下边缘与转换大梁的中性轴变形协调。于是计算模型中的转换大梁的上表面在荷载作用下将会与剪力墙脱开，失去本应存在的变形协调性。与实际情况相比，这样计算模型的刚度偏柔了。这就是软件提供墙梁刚度放大系数的原因。为了再现真实刚度，根据经验，托墙梁刚度放大系数一般取为 100 左右。当考虑托墙梁刚度放大时，转换层附近的超筋情况（若有）通常可以缓解。当然，为了使设计保持一定的富裕度，也可以不考虑或少考虑托墙梁刚度放大系数。使用该功能时，用户只需指定托墙梁刚度放大系数，托墙梁段的搜索由软件自动完成，即剪力墙（不包括洞口）下的那段转换梁，按此处输入的系数对抗弯刚度进行放大。最后指出一点，这里所说的“托墙梁段”在概念上不同于规范中的“转换梁”，“托墙梁段”特指转换梁与剪力墙“墙柱”部分直接相接、共同工作的部分，比如说转换梁上托开门洞或窗洞的剪力墙，对洞口下的梁段，程序就不看作“托墙梁段”，不做刚度放大。建议一般取默认值 100。目前对刚性杆上托墙还不能进行该项识别。

本工程没有转换结构，按默认值 1.0 即可。

5）连梁刚度折减系数

一般工程剪力墙连梁刚度折减系数取0.7，8、9度时可取0.5；位移由风载控制时取≥0.8；

连刚梁度折减系数主要是针对那些与剪力墙一端或两端平行连接的梁，由于连梁两端位移差很大，剪力会很大，很可能出现超筋，于是要求连梁在进入塑性状态后，允许其卸载给剪力墙。计算地震内力时，连梁刚度可折减；对如计算重力荷载、风荷载作用效应时，不易考虑折减。

注：连梁的跨高比大于等于5时，建议按框架梁输入。

本工程填写0.7。

6）支撑临界角（度）

一般可以这样认为：当斜杠与Z轴夹角小于20°时，按柱处理；大于20°时，按支撑处理。但有时候也不一定遵循以上准则，可以由用户根据工程需要自行指定。

本工程没有支撑，可按默认值填写：20。

7）柱实配钢筋超配系数

默认值：1.15；不需改，只对一级框架结构或9度区起作用。对于9度设防烈度的各类框架和一级抗震等级的框架结构，剪力调整应按实配钢筋和材料强度标准值来计算。由于程序在接<梁平法施工图>前并不知道实际配筋面积，所以程序将此参数提供给用户，由用户根据工程实际情况填写。程序根据用户输入的超配系数，并取钢筋超强系数（材料强度标准值与设计值的比值）为1.1（330/300MPa=1.1）。本参数只对一级框架结构或9度区框架起作用，程序可自动识别；当为其他类型结构时，也不需要用户手工修改为1.0。

注：9度及一级框架结构仅调整梁柱钢筋的超配系数是不全面的，按规范要求采用其他有效抗震措施。

本工程按默认值填写：1.15。

8）墙实配钢筋超配系数

一般可按默认值填写1.15，不用修改。

9）自定义超配系数

可以分层号、分塔楼自行定义。

10）梁刚度放大系数按2010规范取值

默认：勾选；一般不需改。考虑楼板作为翼缘对梁刚度的贡献时，每根梁，由于截面尺寸和楼板厚度有差异，其刚度放大系数可能各不相同，SATWE提供了按2010规范取值选项，勾选此项后，程序将根据《混规》5.2.4条的表格，自动计算每根梁的楼板有效翼缘宽度，按照T形截面与梁截面的刚度比例，确定每根梁的刚度系数。刚度系数计算结果可在“特殊构件补充定义”中查看，也可在此基础上修改。如果不勾选，仍按上一条所述，对全楼指定唯一的刚度系数。

11）采用中梁刚度放大系数B_k：

默认：灰色不用选，一般不需改。根据《高规》5.2.2条，“现浇楼面中梁的刚度可考虑翼缘的作用予以增大，现浇楼板取值1.3～2.0”。通常现浇楼面的边框梁可取1.5，中框梁可取2.0；对压型钢板组合楼板中的边梁取1.2，中梁取1.5（详见《高钢规》5.1.3条）梁翼缘厚度与梁高相比较小时梁刚度增大系数可取较小值，反之取较大值，而对其他情况下（包括弹性楼板和花纹钢板楼面）梁的刚度不应放大。该参数对连梁不起作用，对两侧有弹性板的梁仍然有效；对于板柱结构，应取 1。梁刚度放大的主要目的，是为了考虑在刚性板假定下楼板刚度对结构的贡献。梁的刚度放大并非是为了在计算梁的内力和配筋时，将楼板作为梁的翼缘，按 T 形梁设计，以达到降低梁的内力和配筋的目的，而仅仅是为了近似考虑楼板刚度对结构的影响。该参数的大小对结构的周期、位移等均有影响。

SATWE 前处理“特殊构件补充定义”中的右侧菜单“特殊梁”下，用户可以交互指定楼层中各梁的刚度放大系数。在此处程序默认显示的放大系数，是没有搜索边梁的结果，即所有梁的刚度放大系数均按中梁刚度放大系数显示。但在后面计算时，SATWE 软件自动判断梁与楼板的连接关系，对于两侧都与楼板相连的梁，直接取交互指定的值来计算；对于仅有一侧与楼板相连的梁，梁刚度放大系数取（B_k+1)/2；对两侧都不与楼板相连的独立梁，不管交互指定的值为多少，均按 1.0 计算。梁刚度放大系数只影响梁的内力（即效应计算）在 SATWE 里不影响梁的配筋计算（即抗力计算）在 PMSAP 里会影响梁的配筋计算。因为 SATWE 计算承载力是按矩形截面的，而 PMSAP 可以选择按 T 形截面。

12）混凝土矩形梁转 T 形（自动附加楼板翼缘）

勾选后，程序自动搜索与梁相邻的楼板，将矩形梁转成 T 形或 L 形梁进行内力和配筋计算，同时梁刚度放大系数和梁扭矩折减系数应取 1。需要注意的是，10、11、12 只可同时选择一个。一般可选择 10。

本工程选择“梁刚度放大系数按 2010 规范取值”，则程序自动不选择“采用中梁刚度放大系数 B_k”与“混凝土矩形梁转 T 形（自动附加楼板翼缘）”。当配筋由较为偶然且数值较大的荷载组合（如人防、消防车）控制时，可以勾选。

13）部分框支剪力墙结构底部加强区剪力墙抗震等级自动提高一级

根据《高规》表 3.9.3、表 3.9.4，部分框支剪力墙结构底部加强区和非底部加强区的剪力墙抗震等级可能不同，但在实际设计中，都是先在“地震信息”页“剪力墙抗震等级”中填入部分框支剪力墙结构中一般部位剪力墙的抗震等级，若勾选该项，则程序将自动对底部加强区的剪力墙抗震等级提高一级。程序默认勾选，当为框支剪力墙时可勾选，当不是时可不勾选。

本工程不勾选。

14）调整与框支柱相连的梁内力

一般不应勾选，不调整（按实际工程选），因为程序对框支柱的弯矩、剪力调整系数往往很大，若此时调整与框支柱相连的梁内力，会出现异常。

《高规》10.2.17 条：框支柱剪力调整后，应相应调整框支柱的弯矩及柱端框架梁（不包括转换梁）的剪力、弯矩，但框支梁的剪力、弯矩和框支柱轴力可不调整。由于框支柱的内力调整幅度较大，若相应调整框架梁的内力，则有可能使框架梁设计不下来。

本工程不勾选。

15）框支柱调整上限

框支柱的调整系数值可能很大，用户可设置调整系数的上限值，框支柱调整上限为 5.0。一般可按默认值，不用修改。

本工程按默认值 5，不用更改。

16）指定的加强层个数、层号

默认值：0，一般不需改。各加强层层号，默认值：空白，一般不填。加强层是新版

SATWE 新增参数，由用户指定，程序自动实现如下功能：

① 加强层及相邻层柱、墙抗震等级自动提高一级；

② 加强层及相邻轴压比限制减小 0.05；依据见《高规》10.3.3 条（强条）；

③ 加强层及相邻层设置约束边缘构件。

多塔结构还可在“多塔结构构件定义”菜单分塔指定加强层。

本工程“指定的加强层个数”填写为 0，“层号”处填写空白，即不填写。

17）《抗规》第 5.2.5 条调整各层地震内力

默认：勾选；不需改。用于调整剪重比，详见《抗规》5.2.5 条和《高规》4.3.12 条。抗震验算时，结构任一楼层的水平地震的剪重比不应小于《抗规》中表 5.2.5 给出的最小地震剪力系数 λ。当结构某楼层的地震剪力小得过多，地震剪力调整系数过大（调整系数大于 1.2 时）说明该楼层结构刚度过小，其地震作用主要不是地震加速度而是地震地面运动速度和位移引起的。此时应先调整结构布置和相关构件的截面尺寸，提高结构刚度，使计算的剪重比能自然满足规范要求；其次才考虑调整地震力。而根据《抗规》5.2.5 条文说明：只要求底部总剪力不满足要求，则结构各楼层的剪力均需要调整，继而原先计算的倾覆力矩、内力和位移均需相应调整。

按《抗规》第 5.2.5 条规定，抗震验算时，结构任一楼层的水平地震的剪重比不应小于表 1-8 给出的最小地震剪力系数 λ。

楼层最小地震剪力系数 **表 1-8**

类别	6 度	7 度	8 度	9 度
扭转效应明显或基本周期小于 3.5s 的结构	0.008	0.016（0.024）	0.032（0.048）	0.064
基本周期大于 5.0s 的结构	0.006	0.012（0.018）	0.024（0.036）	0.048

注：1. 基本周期介于 3.5s 和 5s 之间的结构，按插入法取值；

2. 括号内数值分别用于设计基本地震加速度为 0.15g 和 0.30g 的地区。

弱轴方向动位移比例：

默认值：0，剪重比不满足时按实际改。

强轴方向动位移比例：

默认值：0，剪重比不满足时按实际改。

按照《抗规》5.2.5 的条文说明，在剪重比调整时，根据结构基本周期采用相应调整，即加速度段调整、速度段调整和位移段调整。弱轴方向即结构第一平动周期方向，强轴方向即结构第二平动周期方向一般可根据结构自振周期 T 与场地特征周期 T_g 的比值来确定：当 $T<T_g$ 时，属加速度控制段，参数取 0；当 $T_g<T<5T_g$ 时，属速度控制段，参数取 0.5；当 $T>5T_g$ 时，属位移控制段，参数取 1。按照《抗规》5.2.5 的条文说明，在减重比调整时，根据结构基本周期采用相应调整，即加速度段调整、速度段调整和位移段调整。

本工程勾选此选项。需要注意的是，地下室由于有覆土的作用，一般可不控制剪重比，程序默认不对地下室剪重比调整，即“《抗规》第 5.2.5 条调整各层地震内力”不对地下室部分起作用。

18）按刚度比判断薄弱层的方式

应根据工程项目实际情况选用（高层还是多层）。分为“按《抗规》和《高规》从严判断"、"仅按《抗规》判断"、"仅按《高规》判断"和"不自动判断"四个选项，可由用户选择判断标准。旧版软件是《抗规》和《高规》同时执行，并从严控制。

规范规定：

《抗规》3.4.4-2条：平面规则而竖向不规则的建筑，应采用空间结构计算模型，刚度小的楼层的地震剪力应乘以不小于1.15的增大系数，其薄弱层应按本规范有关规定进行弹塑性变形分析，并应符合下列要求：

① 竖向抗侧力构件不连续时，该构件传递给水平转换构件的地震内力应根据烈度高低和水平转换构件的类型、受力情况、几何尺寸等，乘以1.25～2.0的增大系数；

② 侧向刚度不规则时，相邻层的侧向刚度比应依据其结构类型符合本规范相关章节的规定；

③ 楼层承载力突变时，薄弱层抗侧力结构的受剪承载力不应小于相邻上一楼层的65%。

《高规》3.5.8条：侧向刚度变化、承载力变化、竖向抗侧力构件连续性不符合本规程3.5.2条、3.5.3条、3.5.4条要求的楼层，其对应于地震作用标准值的剪力应乘以1.25的增大系数。

本工程选择"按《抗规》和《高规》从严判断"。

19）指定薄弱层个数及相应的各薄弱层层号

薄弱层个数默认值为：0，一般不改。各层薄弱层层号，默认值为：空白，一般不填。

SATWE自动按刚度比判断薄弱层并对薄弱层进行地震内力放大，但对竖向构件不连续结构形成的薄弱层、对承载力突变形成的薄弱层（比如"层间受剪承载力比"不满足规范要求时）、对有转换构件形成的薄弱层不能自动判断为薄弱层，需要用户在此指定。输入各层号时以逗号或空格隔开。

一般应根据实际工程填写，本工程"薄弱层个数默认值"：0，"薄弱层层号"可不填写，即空白。

20）薄弱层调整（自定义调整系数）

可以自己根据实际工程分层号、分塔号、分 X、Y 方向定义不同的调整系数。

21）薄弱层地震内力放大系数

应根据工程实际情况（多层还是高层）填写该参数。《抗规》规定薄弱层的地震剪力增大系数不小于1.15，《高规》规定薄弱层的地震剪力增大系数不小于1.25。SATWE对薄弱层地震剪力调整的做法是直接放大薄弱层构件的地震作用内力。程序缺省值为1.25。

竖向不规则结构的薄弱层有三种情况：①楼层侧向刚度突变；②层间受剪承载力突变；③竖向构件不连续。

本工程属于高层，填写1.25。

22）全楼地震作用放大系数

通过此参数来放大地震作用，提高结构的抗震安全度，其经验取值范围是1.0～1.5。在实际设计时，对于超高层建筑，用时程分析判断出结构的薄层部位后，可以用"全楼地震作用放大系数"或"分层调整系数"来提高结构的抗震安全度。

本工程填写1.0。

23）地震作用调整/分层调整系数

地震作用放大系数可以自己根据实际工程分层号、分塔号、分 X、Y 方向定义。

本工程不管此菜单。

24）$0.2V_0$ 分段调整

程序开放了二道防线控制参数，允许取小值或者取大值，程序默认为 min。

此处指定 $0.2V_0$ 调整的分段数，每段的起始层号和终止层号，以空格或逗号隔开。如果不分段，则分段数填 1。如不进行 $0.2V_0$ 调整，应将分段数填为 0。

$0.2V_0$ 调整系数的上限值由参数“$0.2V_0$ 调整上限”控制，如果将起始层号填为负值，则不受上限控制。用户也可点取“自定义调整系数”，分层分塔指定 $0.2V_0$ 调整系数，但仍应在参数中正确填入 $0.2V_0$ 调整的分段数和起始、终止层号，否则，自定义调整系数将不起作用。程序缺省 $0.2V_0$ 调整上限为 2.0，框支柱调整上限为 5.0，可以自行修改。

注：1. 对有少量柱的剪力墙结构，让框架柱承担 20%的基底剪力会使放大系数过大，以致框架梁、柱无法设计，所以 20%的调整一般只用于主体结构。

2. 电梯机房，不属于调整范围。

本工程按默认值。

25）上海地区采用的楼层刚度算法

在上海地区，一般情况下采用等效剪切刚度计算侧向刚度，对于带支撑的结构可采用剪弯刚度。在选择上海地区且薄弱层判断方式考虑抗震以后，该选项生效。

（6）设计信息（图 1-43）

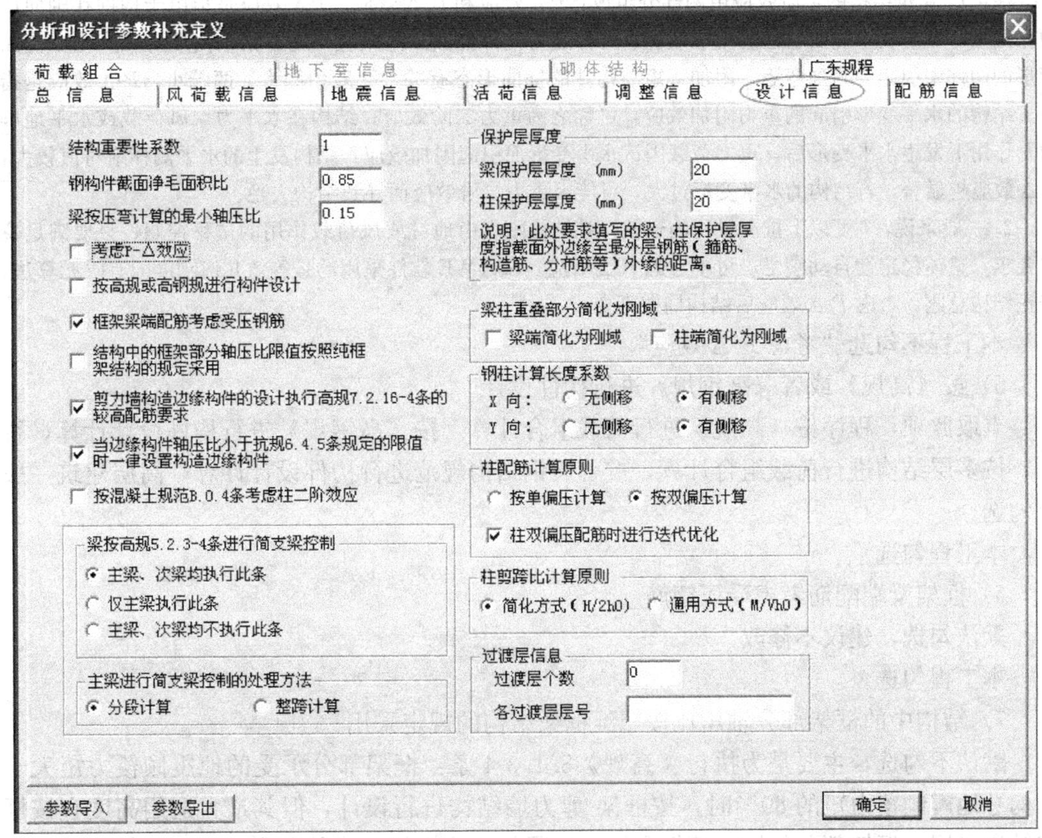

图 1-43　SATWE 设计信息页

1）结构重要性系数

应按《混规》第 3.3.2 条来确定。当安全等级为二级，设计使用年限 50 年，取 1.00。

本工程填写 1.0。

2）钢构件截面净毛面积比

净面积是构件去掉螺栓孔之后的截面面积，毛面积就是构件总截面面积，此值一般为 0.85～0.92。轻钢结构最大可以取到 0.92，钢框架可以取到 0.85。

本工程没有钢结构，可按默认值 0.85。

3）梁按压弯计算的最小轴压比

程序默认值为 0.15，一般可按此默认值。梁类构件，一般所受轴力均较小，所以日常计算中均按照受弯构件进行计算（忽略轴力作用），若结构中存在某些梁轴力很大时，再按此法计算不尽合理，本参数则是按照梁轴压比大小来区分梁计算方法。

本工程不存在此种受力，按默认值 0.15 填写。

4）考虑 P-Δ 效应（重力二阶效应）

对于常规的混凝土结构，一般可不勾选。通常混凝土结构可以不考虑重力二阶效应，钢结构按《抗规》8.2.3 条的规定，应考虑重力二阶效应。是否考虑重力二阶效应可以参考 SATWE 输出文件 WMASS. OUT 中的提示，若显示“可以不考虑重力二阶效应”，则可以不选择此项，否则应选择此项。

注：1. 建筑结构的二阶效应由两部分组成：P-δ 效应和 P-Δ 效应。P-δ 效应是指由于构件在轴向压力作用下，自身发生挠曲引起的附加效应，可称之为构件挠曲二阶效应，通常指轴向压力在产生了挠曲变形的构件中引起的附加弯矩，附加弯矩与构件的挠曲形态有关，一般中间大，两端小。P-Δ 效应是指由于结构的水平变形引起的重力附加效应，可称之为重力二阶效应，结构在水平力（风荷载或水平地震力）作用下发生水平变形后，重力荷载因该水平变形而引起附加效应，结构发生的水平侧移绝对值较大，P-Δ 效应越显著，若结构的水平变形过大，可能因重力二阶效应而导致结构失稳。

2. 一般来说，7 度以上抗震设防的建筑，其结构刚度由地震或风荷载作用的位移控制，只要满足位移要求，整体稳定性自动满足，可不考虑 P-Δ 效应。SATWE 软件采用的是等效几何刚度的有限元算法，修正结构总刚，考虑 P-Δ 效应后结构周期不变。

本工程不勾选“考虑 P-Δ 效应”。

5）按《高规》或者《高钢规》进行构件设计

点取此项，程序按《高规》进行荷载组合计算，按《高钢规》进行构件设计计算，否则，按多层结构进行荷载组合计算，按普通钢结构规范进行构件设计计算。高层建筑一般都勾选。

本工程勾选。

6）框架梁端配筋考虑受压钢筋

默认勾选，建议不修改。

本工程勾选。

7）结构中的框架部分轴压比按照纯框架结构的规定采用

默认不勾选，主要是为执行《高规》8.1.3-4 条：框架部分承受的地震倾覆力矩大于结构总地震倾覆力矩的 80%时，按框架-剪力墙结构进行设计，但其最大适用高度宜按框架结构采用，框架部分的抗震等级和轴压比限值应按框架结构的规定采用。当结构的层间位移角不满足框架-剪力墙结构的规定时，可按本规程第 3.11 节的有关规定进行结构抗震性能分析和论证。

地下室框架柱是否考虑轴压比，与是否考虑地震作用有关系，当某些地下室不考虑地震作用时（比如地下2层），框架柱子可不考虑轴压比的影响。地下室有人防荷载时，一般柱子轴压比只考虑正常使用时的荷载，不考虑人防时柱子的轴压比。

计算上部结构时，由于上部是剪力墙结构，则不应勾选。在计算地下室框架柱子的轴压比时，由于地下室一层时，不是由轴压比控制，一般轴压比按框架结构，还是剪力墙结构都能通过。本工程不勾选。

8）剪力墙构造边缘构件的设计执行高规7.2.16-4条

对于非连体结构、错层结构以及B级高度高层建筑结构中的剪力墙（筒体），一般可不勾选。高规7.2.16-4条规定：抗震设计时，对于连体结构、错层结构以及B级高度高层建筑结构中的剪力墙（筒体），其构造边缘构件的最小配筋率应按照要求相应提高。

勾选此项时，程序将一律按高规7.2.16-4条的要求控制构造边缘构件的最小配筋，即对于不符合上述条件的结构类型，也进行从严控制；如不勾选，则程序一律不执行此条规定。

本工程不勾选。

9）当边缘构件轴压比小于《抗规》6.4.5条规定的限值时一律设置构造边缘构件

一般可勾选。《抗规》6.4.5条：抗震墙两端和洞口两侧应设置边缘构件，边缘构件包括暗柱、端柱和翼墙，并应符合下列要求：

对于抗震墙结构，底层墙肢底截面的轴压比不大于表1-9规定的一、二、三级抗震墙及四级抗震墙，墙肢两端可设置构造边缘构件，构造边缘构件的配筋除应满足受弯承载力要求外，并宜符合表1-10的要求。

抗震墙设置构造边缘构件的最大轴压比 **表1-9**

抗震等级或烈度	一级（9度）	一级（7、8度）	二、三级
轴压比	0.1	0.2	0.3

抗震墙构造边缘构件的配筋要求 **表1-10**

抗震等级	底部加强部位			其他部位		
	纵向钢筋最小量（取较大值）	箍筋		纵向钢筋最小量（取较大值）	拉筋	
		最小直径（mm）	沿竖向最大间距（mm）		最小直径（mm）	沿竖向最大间距（mm）
一	$0.010A_c$，$6\phi16$	8	100	$0.008A_c$，$6\phi14$	8	150
二	$0.008A_c$，$6\phi14$	8	150	$0.006A_c$，$6\phi12$	8	200
三	$0.006A_c$，$6\phi12$	6	150	$0.005A_c$，$4\phi12$	6	200
四	$0.005A_c$，$4\phi12$	6	200	$0.004A_c$，$4\phi12$	6	250

注：1. A_c为边缘构件的截面面积；

2. 其他部位的拉筋，水平间距不应大于纵筋间距的2倍；转角处宜采用箍筋；

3. 当端柱承受集中荷载时，其纵向钢筋、箍筋直径和间距应满足柱的相应要示。

本工程勾选。

10）按《混规》B.0.4条考虑柱二阶效应：

默认不勾选，一般不需要改，对排架结构柱，应勾选。对于非排架结构，如认为《混规》6.2.4条的配筋结果过小，也可勾选；勾选该参数后，相同内力情况下，柱配筋与旧版程序基本相当。

本工程不勾选。

11）次梁设计执行《高规》5.2.3-4条

程序默认为勾选。《高规》5.2.3-4条：在竖向荷载作用下，可考虑框架梁端塑性变形内力重分布对梁端负弯矩乘以调幅系数进行调幅，并应符合下列规定：截面设计时，框架梁跨中截面正弯矩设计值不应小于竖向荷载作用下按简支梁计算的跨中弯矩设计值的50%。

本工程勾选。

12）柱剪跨比计算原则

程序默认为简化方式。在实际设计中，两种方式均可以，均能满足工程的精度要求。

本工程勾选“简化方式（H/h_0）”。

13）指定的过渡层个数及相应的各过渡层层号

默认为0，不修改。《高规》7.2.14-3条规定：B级高度高层建筑的剪力墙，宜在约束边缘构件层与构造边缘构件层之间设置1～2层过渡层。程序不能自动判断过渡层，用户可在此指定。

本工程填写0，按默认值。

14）梁、柱保护层厚度

应根据工程实际情况查《混规》表8.2.1。混凝土结构设计规范中有说明，保护层厚度指截面外边缘至最外层钢筋（箍筋、构造筋、分布筋等）外缘的距离。

本工程填写20mm。

15）梁柱重叠部分简化为刚域

一般不选；大截面柱和异形柱应考虑选择该项；考虑后，梁长变短，刚度变大，自重变小，梁端负弯矩变小。

本工程不勾选。

16）钢柱计算长度系数

该参数仅对钢结构有效，对混凝土结构不起作用，通常钢结构宜选择“有侧移”，如不考虑地震、风作用时，可以选择“无侧移”。

无侧移与填充墙无关，与支撑的抗侧刚度有关。钢结构建筑满足《抗规》相应要求，而层间位移不大于1/1000时，方可考虑按无侧移方法取计算长度系数。有支撑就认为结构无侧移的说法也是不对的。填充墙更不能作为考虑无侧移的条件。桁架计算长度是按无侧移取的。

本工程可按默认值：“有侧移”。

17）柱配筋计算原则

默认为按单偏压计算，一般不需要修改。{单偏压}在计算X方向配筋时不考虑Y向钢筋的作用，计算结果具有唯一性，详见《混规》7.3节；而{双偏压}在计算X方向配筋时考虑了Y向钢筋的作用，计算结果不唯一，详《混规》附录F。建议采用{单偏压}计算，采用{双偏压}验算。《高规》6.2.4条规定，“抗震设计时，框架角柱应按双向偏心受力构件进行正截面承载力设计”。如果用户在＜特殊构件补充定义＞中“特殊柱”菜单下指定了角柱，程序对其自动按照{双偏压}计算。对于异形柱结构，程序自动按{双偏压》计算异形柱配筋。

注：1. 角柱是指建筑角部柱的两个方向各只有一根框架梁与之相连的框架柱，故建筑凸角处的框架柱为角柱，而凹角处框架柱并非角柱。

2. 全钢结构中，指定角柱并选《高钢规》验算时，程序自动按《高钢规》5.3.4 条放大角柱内力30%。一般单偏压计算，双偏压验算；考虑双向地震时，采用单偏压计算；对于异形柱，结构程序自动采用双偏压计算。

本工程选择"按单偏压计算"。

(7) 配筋信息（图 1-44）

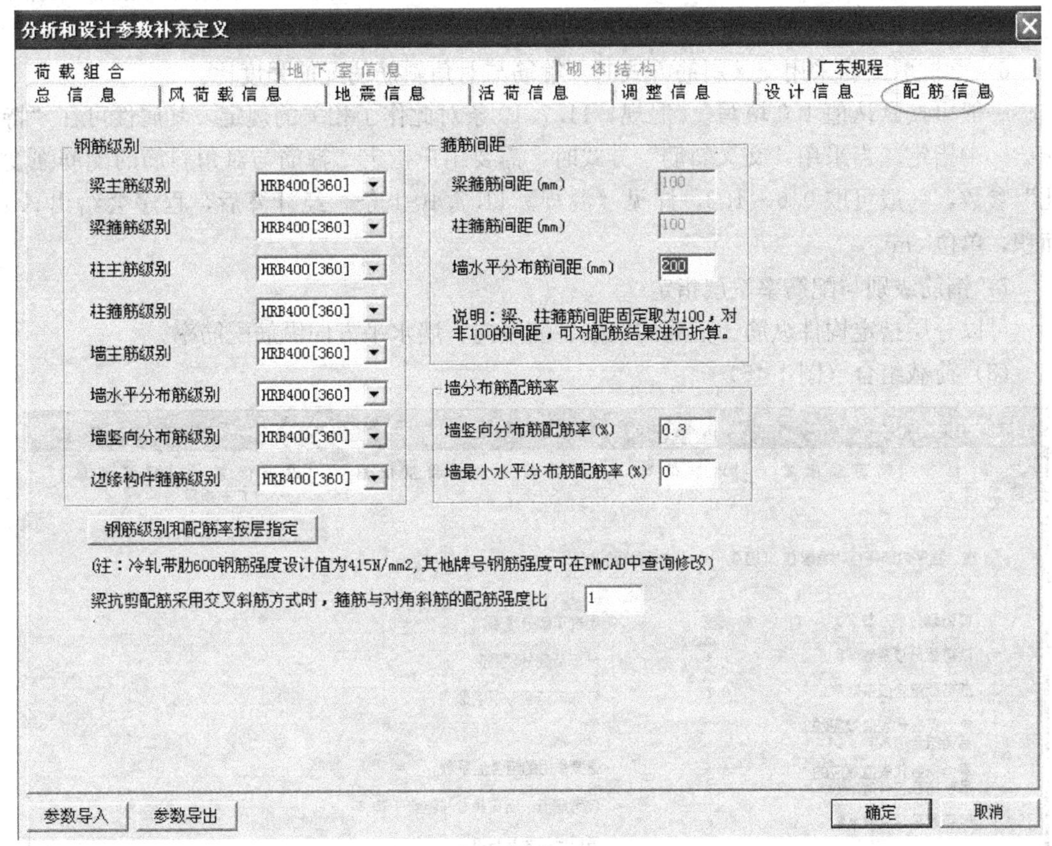

图 1-44 SATWE 配筋信息页

1) 梁主筋级别、梁箍筋级别、柱主筋级别、柱箍筋级别、墙主筋级别、墙水平分布筋级别、墙竖向分布筋级别、边缘构件箍筋级别

一般应根据实际工程填写，主筋一般都填写为 HRB4000，箍筋也以 HRB400 居多。

2) 梁、柱箍筋间距

程序默认为 100mm，不可修改。

3) 墙水平分布筋间距

抗震墙的竖向和横向分布钢筋的间距不宜大于 300mm，部分框支抗震墙结构的落地抗震墙底部加强部位，竖向和横向分布钢筋的间距不宜大于 200mm。

在实际设计中一般填写 200mm。

4）墙竖向分布筋配筋率

一、二、三级抗震墙的竖向和横向分布钢筋最小配筋率均不应小于0.25%，四级抗震墙分布钢筋最小配筋率不应小于0.20%。高度小于24m且剪压比很小的四级抗震墙，其竖向分布筋的最小配筋率应允许按0.15%采用。部分框支抗震墙结构的落地抗震墙底部加强部位，竖向和横向分布钢筋配筋率均不应小于0.3%。

5）墙最小水平分布筋配筋率

一、二、三级抗震墙的竖向和横向分布钢筋最小配筋率均不应小于0.25%，四级抗震墙分布钢筋最小配筋率不应小于0.20%。部分框支抗震墙结构的落地抗震墙底部加强部位，竖向和横向分布钢筋配筋率均不应小于0.3%。

6）梁抗剪配筋采用交叉斜筋方式时，箍筋与对角斜筋的配筋强度比

一般可按默认值1.0填写。《混规》11.7.10条对此作了相关的规定。其属性可在“特殊梁”中指定。当采用“交叉斜筋”方式时，需要用户指定“箍筋与对角斜筋的配筋强度比”参数，一般可取0.6～1.2，详见《混规》11.7.10-1条。经计算后，程序会给出A_{sd}面积，单位cm^2。

7）钢筋级别与配筋率按层指定

可以分层指定构件纵筋、箍筋的级别、墙竖向、墙水平方向纵筋配筋率。

（8）荷载组合（图1-45）

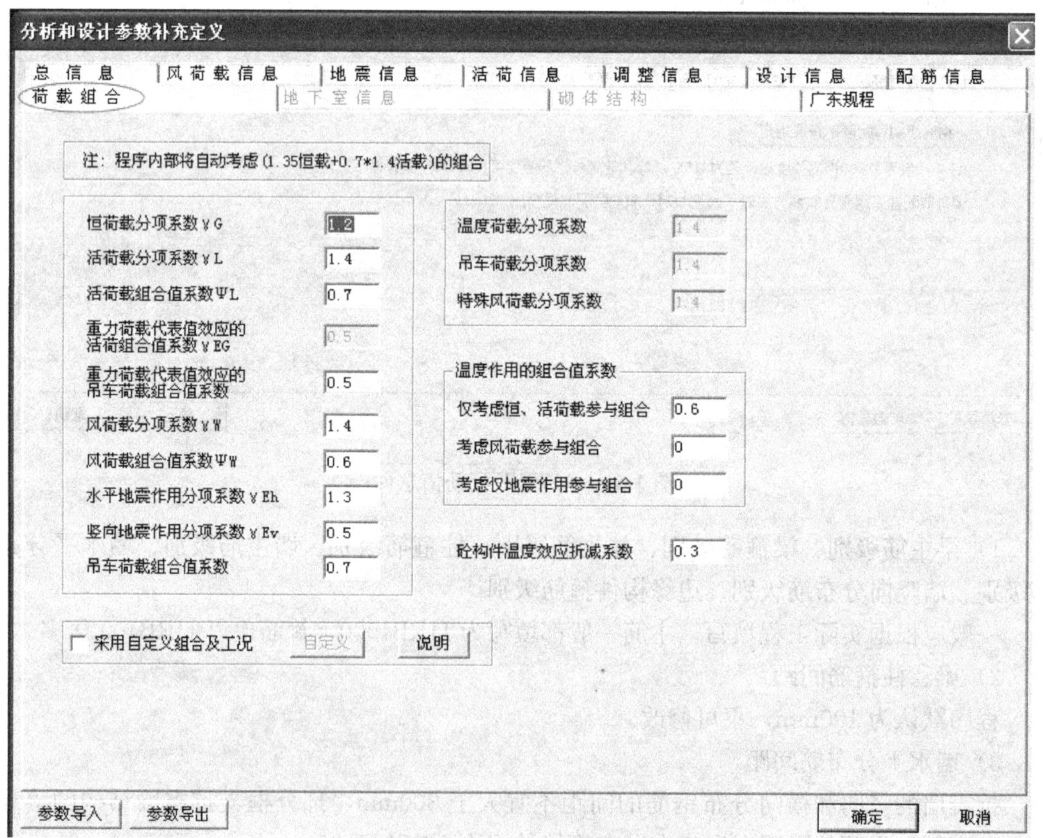

图1-45　SATWE荷载组合页

1）一般来说，本页中的这些系数是不用修改的，因为程序在做内力组合时是根据规范的要求来处理的。只有在有特殊需要的时候，一定要修改其组合系数的情况下，才有必要根据实际情况对相应的组合系数做修改。

《荷规》3.2.5 条：

基本组合的荷载分项系数，应按下列规定采用：

① 永久荷载的分项系数：

a. 当其效应对结构不利时

一对由可变荷载效应控制的组合，应取 1.2；

一对由永久荷载效应控制的组合，应取 1.35；

b. 当其效应对结构有利时的组合，应取 1.0。

② 可变荷载的分项系数：

一般情况下取 1.4；

对标准值大于 4kN/m^2 的工业房屋楼面结构的活荷载取 1.3。

2）采用自定义组合及工况：

点取｛采用自定义组合及工况｝按钮，程序弹出对话框，用户可自定义荷载组合。首次进入该对话框，程序显示缺省组合，用户可直接对组合系数进行修改，或者通过下方的按钮增加、删除荷载组合。删除荷载组合时，需首先点击要删除的组合号，然后点删除按钮。用户修改的信息保存在 SAT_LD.PM 和 SAT_LF.PM 文件中，如果要恢复缺省组合，删除这两个文件即可。

（9）地下室信息（图 1-46）

地下室层数为零时，“地下室信息”页为灰，不允许选择；在 PMCAD 设计信息中填入地下室层数时，“地下室信息”页变亮，允许选择。

当四周有覆土、地下室相关范围刚度满足规范要求、水平力在地下室顶板处传递连续、板厚满足规范要求时，一般可将嵌固端定在地下室顶板处，这样的模型比较理想，也比较经济。地下室部分刚度大时（满足规范要求），地下室顶板处水平位移较小，同时若地下室四周覆土约束住了地下室水平扭转变形，地下室部分可不考虑地震作用。当不是四周有覆土时，比如三面有覆土，且地下室形状比较规则，地震作用下地下室扭转变形较小时，我们应该“抓大放小”，较准确地模拟结构的边界条件，将嵌固端定位地下室顶板处，但是用该上述边界条件模拟整个结构受力会对某些构件不利，此时应该分别取不同的嵌固端，进行包络设计。当地下室覆土较小且地下室最终的扭转变形较大时，应当满足结构的实际受力情况，将嵌固端下移。地下室设计时，有两个关键要点，第一是刚度比约束水平位移，第二是四周覆土约束水平扭转变形。

1）土层水平抗力系数的比值系数（m 值）

默认值为 3，需修改。土层水平抗力系数的比例系数 m，其计算方法即是土力学中水平力计算常用的 m 法。m 值的大小随土类及土状态而不同；对于松散及稍密填土，m 在 4.5～6.0 之间取值；对于中密填土，m 在 6.0～10.0 之间取值；对于密实老填土，m 在 10.0～22.0 之间取值。需要注意的是，负值仍保留原有版本的意义，即为绝对嵌固层数。该值≤地下室层数，如果有 2 层地下室，该值填写－2，则表示 2 层地下室无水平位移。

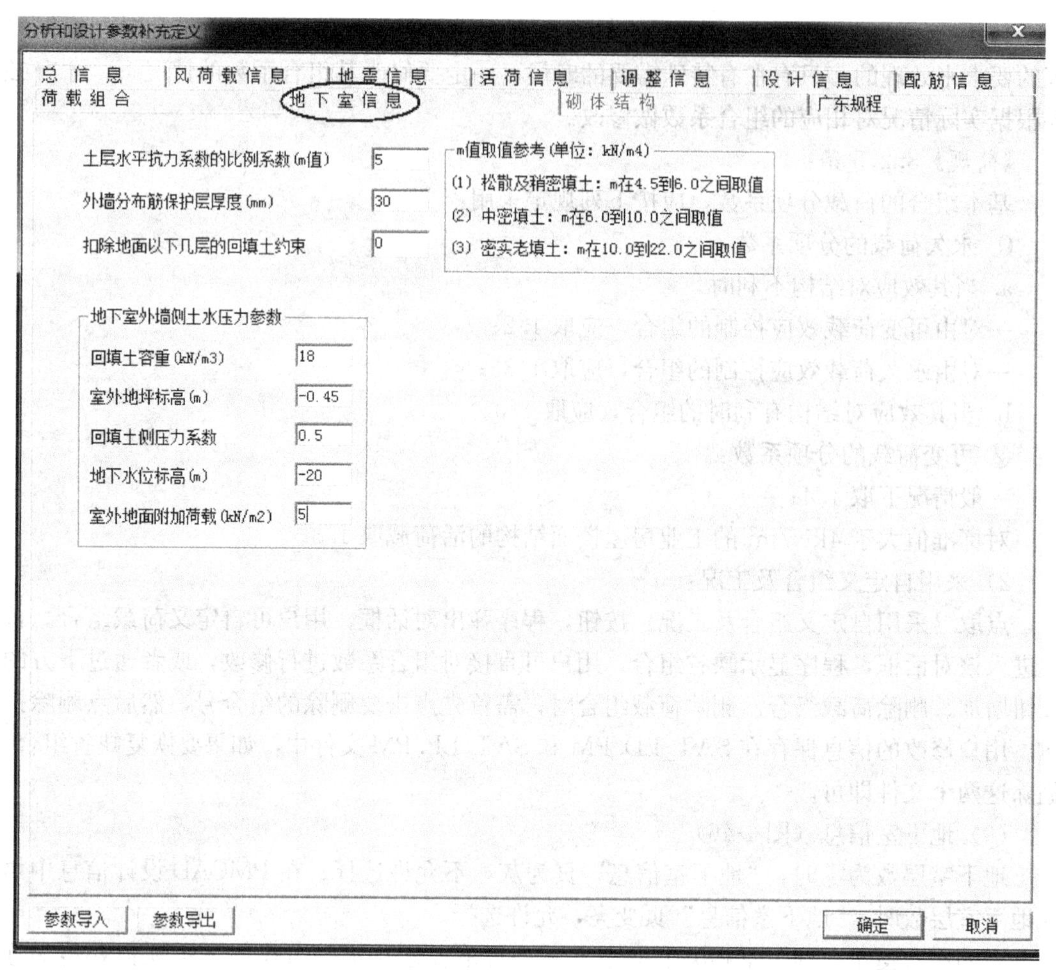

图 1-46　SATWE 地下室信息页

土层水平抗力系数的比例系数 m，用 m 值求出的地下室侧向刚度约束呈三角形分布，在地下室顶层处为 0，并随深度增加而增加。

本工程填写 5.0。

2）外墙分布筋保护层厚度

默认值为 35，一般可根据实际工程填写，比如南方地区，当做了防水处理措施时，可取 30mm。根据《混规》表 8.2.1 选择，环境类别见表 3.5.2。在地下室外围墙平面外配筋计算时用到此参数。外墙计算时没有考虑裂缝问题；外墙中的边框柱也不参与水土压力计算。《混规》8.2.2-4 条：对地下室墙体采取可靠的建筑防水做法或防护措施时，与土层接触一侧钢筋的保护层厚度可适当减少，但不应小于 25mm。《耐久性规范》3.5.4 条：当保护层设计厚度超过 30mm 时，可将厚度取为 30mm 计算裂缝最大宽度。

本工程填写 30。

3）扣除地面以下几层的回填土约束

默认值为 0，一般不改。该参数的主要作用是由设计人员指定从第几层地下室考虑基础回填土对结构的约束作用，比如某工程有3层地下室，“土层水平抗力系数的比例系数”填10，若设计人员将此项参数填为1，则程序只考虑地下3层和地下2层回填土对结构有约束作用，而地下1层则不考虑回填土对结构的约束作用。

本工程填写0。

4）回填土容重

默认值为18，一般不改。该参数用来计算回填土对地下室侧壁的水平压力。建议一般取18.0。

本工程填写18。

5）室外地坪标高（m）

默认值为－0.45，一般按实际情况填写。当用户指定地下室时，该参数是指以结构地下室顶板标高为参照，高为正、低为负（目前的《用户手册》及其他相关资料中对该项参数的描述均有误）；当没有指定地下室时，则以柱（或墙）脚标高为准。单建式地下室的室外地坪标高一般均为正值。建议一般按实际情况填写。

本工程填写－0.45。

6）回填土侧压力系数

默认值为0.5，建议一般不改。

该参数用来计算回填土对地下室外墙的水平压力。由于地下车库外墙在净高范围内的土压力由于墙顶部的位移可认为等于0，因此应按静止土压力计算。根据《2003技术措施》中2.6.2条，“地下室侧墙承受的土压力宜取静止土压力”，而静止土压力的系数可近似按$K_0=1-\sin\varphi$（土的内摩擦角＝30°）计算。建议一般取默认值0.5。当地下室施工采用护坡桩时，该值可乘以折减系数0.66后取0.33。

注：手算时，回填土的侧压力宜按恒载考虑，分项系数根据荷载效应的控制组合取1.2或1.35。

本工程填写0.5。

7）地下水位标高（m）

该参数标高系统的确定基准同｛室外地坪标高｝，但应满足≤0。建议一般按实际情况填写。若勘察未提供防水设计水位和抗浮设计水位时，宜从填土完成面（设计室外地坪）满水位计算。上海地区，一般情况可按设计室外地坪以下0.5m计算。

8）室外地面附加荷载

该参数用来计算地面附加荷载对地下室外墙的水平压力。建议一般取5.0kN/m^2，详见《2009技术措施—结构体系》F.1-4条7。

本工程填写5.0。

15. 点击【接PM生成SATWE数据】→【特殊构件补充定义】，进入“特殊构件补充定义”菜单，如图1-47所示。

16. 点击【生成SATWE数据文件及数据检查（必须执行）】弹出对话框，如图1-48所示。

17. 结构内力、配筋计算

点击【结构内力、配筋计算】，弹出“SATWE计算参数控制”对话框，如图1-49所示。

图 1-47　“特殊构件补充定义”菜单

注：1. 弹性楼板必须以房间为单元进行定义，与板厚有关，点击点击【弹性板】，会有以下三种选择：弹性楼板 6：程序真实考虑楼板平面内、外刚度对结构的影响，采用壳单元，原则上适用于所有结构。但采用弹性楼板 6 计算时，由于是弹性楼板，楼板的平面外刚度与梁的平面内刚度都是竖向，板与梁会共同分配水平风荷载或地震作用产生的弯矩，这样计算出来的梁的内力和配筋会较刚性板假设时算出的要少，且与真实情况不相符合（楼板是不参与抗震的），梁会变得不安全，因此该模型仅适用板柱结构。弹性楼板 3：程序设定楼板平面内刚度为无限大，真实考虑平面外刚度，采用壳单元，因此该模型仅适用厚板结构。弹性膜：程序真实考虑楼板平面内刚度，而假定平面外刚度为零。采用膜剪切单元，因此该模型适用钢楼板结构。刚性楼板是指平面内刚度无限大，平面外刚度为 0，内力计算时不考虑平面内外变形，与板厚无关，程序默认楼板为刚性楼板。

2. 其他工程还会经常使用【抗震等级】、【强度等级】等。【特殊梁】中能定义“不调幅梁”、“连梁”、“转换梁”等，还能定义梁的“抗震等级”、“刚度系数”、“扭矩折减”、“调幅系数”等；【抗震等级】、【强度等级】能定义“梁”、“柱”、“墙”、“支撑”构件的抗震等级与强度等级。

3. 点击“特殊墙”→“地下室外墙”，用窗口的方式将地下室外墙改为“地下室外墙”。

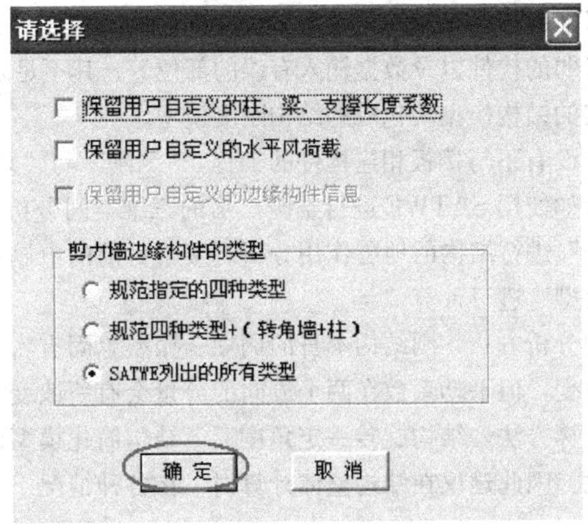

图 1-48 生成 SATWE 数据文件及数据检查

注：必须执行该项

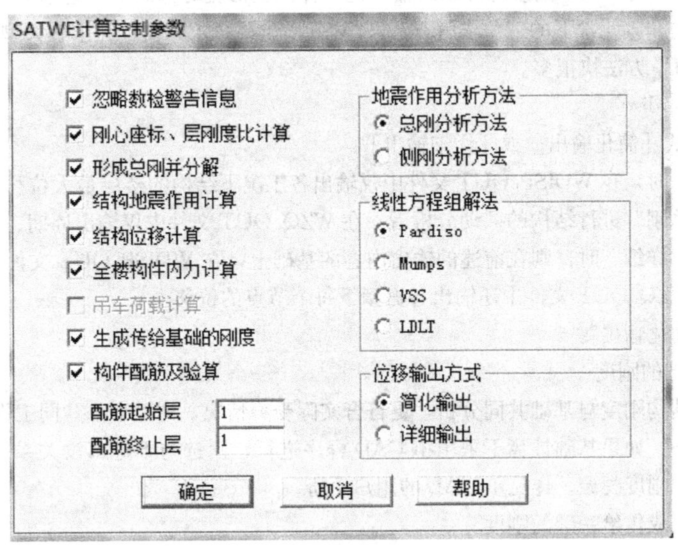

图 1-49 SATWE 计算控制参数

参数注释：

1. 地震作用分析方法

1）侧刚分析方法

“侧刚分析方法”是一种简化计算方法，只适用于采用楼板平面内无限刚假定的普通建筑和采用楼板分块平面内无限刚假定的多塔建筑。对于这类建筑，每层的每块刚性楼板只有两个独立的平动自由度和一个独立的转动自由度。“侧刚计算方法”的应用范围有限，对于定义有较大范围的弹性楼板、有较多不与楼板相连的构件（如错层结构、空旷的工业厂房、体育馆所等）或有较多的错层构件的结构，“侧刚分析方法”不适用，而应采用“总刚分析方法”。

大多数工程一般都在刚性楼板假定下查看位移比、周期比，再用总刚分析方法进行结构整体内力分析与计算。

2）总刚分析方法

“总刚分析方法”就是直接采用结构的总刚和与之相应的质量阵进行地震反应分析。“总刚”的优点是精度高，适用方法广，可以准确分析出结构每层每根构件的空间反应。通过分析计算结果，可以发现结构的刚度突变部位、连接薄弱的构件以及数据输入有误的部位等。其不足之处是计算量大，比“侧刚”计算量大数倍。这是一种真实的结构模型转化成的结构刚度模型。

对于没有定义弹性楼板且没有不与楼板相连构件的工程，“侧刚”与“总刚”的计算结果是一致的。对于定义了弹性楼板的结构（如使用 SATWE 进行空旷厂房的三维空间分析时，定义轻钢屋面为“弹性膜”），应使用“总刚分析方法”进行结构的地震作用分析。鉴于目前的电脑运行速度已经较快，故建议对所有的结构均采用“总刚模型”进行计算。

结构整体计算时选择总刚分析方法，则结构本身的周期、振型等固有特性，即周期值和各周期振型的平动系数和扭转系数不会改变，但平动系数在两个方向的分量会有所改变。而侧刚模型是为减少结构的自由度而采取的一种简化计算方法，结构旋转一定角度后，结构简化模型的侧向刚度将随之改变，结构的周期和振型都会发生变化。因此建议在结构整体计算时，在各种情况下均应采用总刚模型，不应采用侧刚模型。

本工程选择“总刚”。

2. 线性方程组解法

程序默认为 pardiso。“VSS 向量稀疏求解器”是一种大型稀疏对称矩阵快速求解方法；“LDLT 三角分解”是通常所用的非零元素下的三角求解方法。“VSS 向量稀疏求解器”在求解大型、超大型方程时要比“LDLT 三角分解”方法快很多。

本工程选择“pardiso”。

3. 位移输出方式［简化输出］或［详细输出］

当选择“简化”时，在 WDISP. OUT 文件中仅输出各工况下结构的楼层最大位移值，不输出各节点的位移信息。按“总刚”进行结构的振动分析后，在 WZQ. OUT 文件中仅输出周期、地震力，不输出各振型信息。若选择“详细”时，则在前述的输出内容的基础上，在 WDISP. OUT 文件中还输出各工况下每个节点的位移，WZQ. OUT 文件中还输出各振型下每个节点的位移。

本工程选择“简化输出”。

4. 生成传给基础的刚度

勾选后，上部结构刚度与基础共同分析，更符合实际受力情况，即上下部共同工作，

一般也会更经济。如果基础计算不采用 JCCAD 程序进行，则选与不选都没关系。JCCAD 中有个参数，需要上部结构的刚度凝聚。详见 JCCAD 的用户手册。

本工程勾选“生成传给基础的刚度”。

1.1.6 地下室顶板梁平法施工图绘制

1. 软件操作

点击【墙梁柱施工图/梁平法施工图】→【配筋参数】，如图 1-50、图 1-51 所示。

参数注释：

1. 平面图比例：1∶100；当修改平面比例为 1∶150 时，梁平法施工图中的字高会增大 150/100＝1.5 倍，用此菜单可以修改字高；
2. 剖面图比例：1∶20；
3. 立面图比例：1∶50；
4. 钢筋等级符号使用：国标符号；
5. 是否考虑文字避让：考虑；
6. 计算配筋结果选择：SATWE；
7. 计算内力结果选择：SATWE；

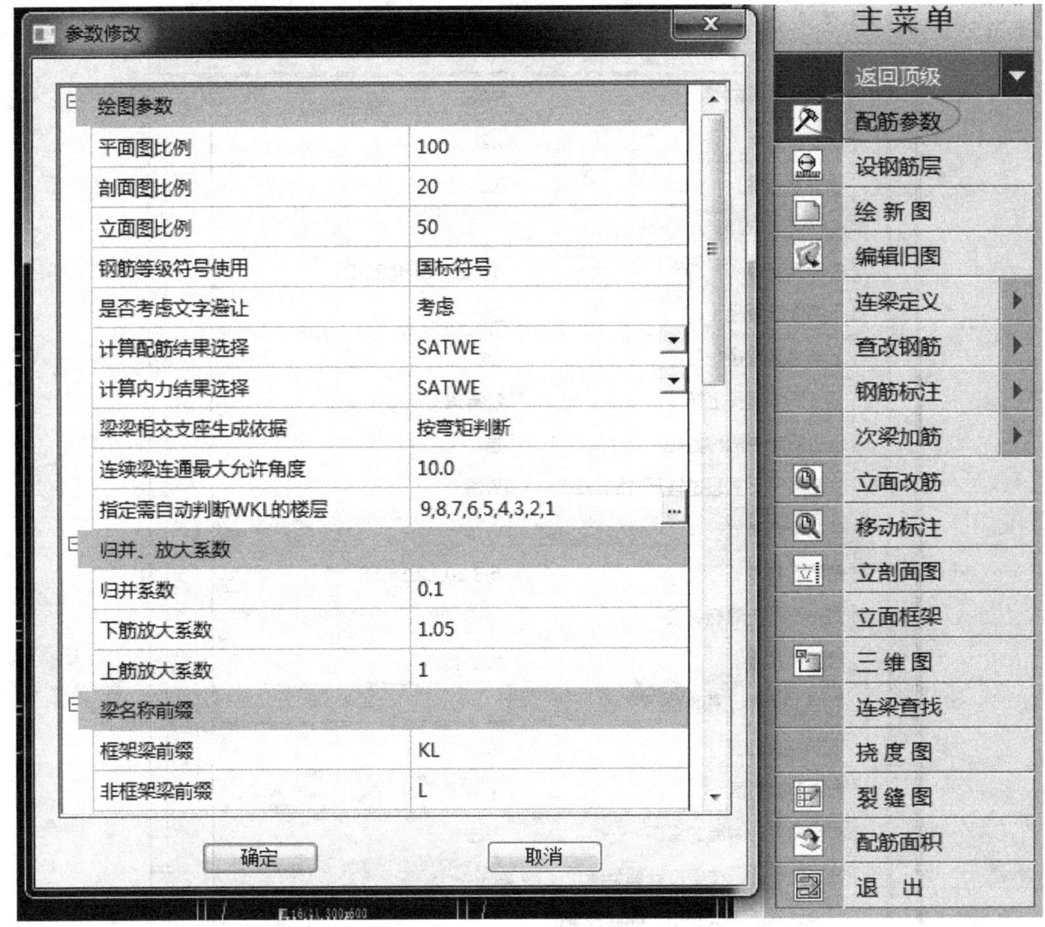

图 1-50　配筋参数（1）

8. 梁梁相交支座生成依据：按弯矩判断；

9. 连续梁连通最大允许角度：10.0；

10. 归并系数：一般可取 0.1；

11. 下筋放大系数：一般可取 1.05；

12. 上筋放大系数：一般可取 1.0；

13. 柱筋选筋库：一般最小直径为 14、最大直径为 25，如果地下室梁计算配筋太大，施工有条件时，最大直径可允许做到 28；

14. 下筋优选直径：25；

15. 上筋优选直径：14；

16. 至少两根通长上筋：可以选择所有梁；当次梁需要搭接时，可以选择“仅抗震框架梁”；

17. 选主筋允许两种直径：是；

18. 主筋直径不宜超过柱尺寸的 1/20；《抗规》6.3.4-2：一、二、三级框架梁内贯通中柱的每根纵向钢筋直径，对框架结构不应大于矩形截面柱在该方向截面尺寸的 1/20，或纵向钢筋所在位置圆形截面柱弦长的 1/20；对其他结构类型的框架不宜大于矩形截面柱在该方向截面尺寸的 1/20，或纵向钢筋所在位置圆形截面柱弦长的 1/20；

19. 箍筋选筋库：6/8/10/12；

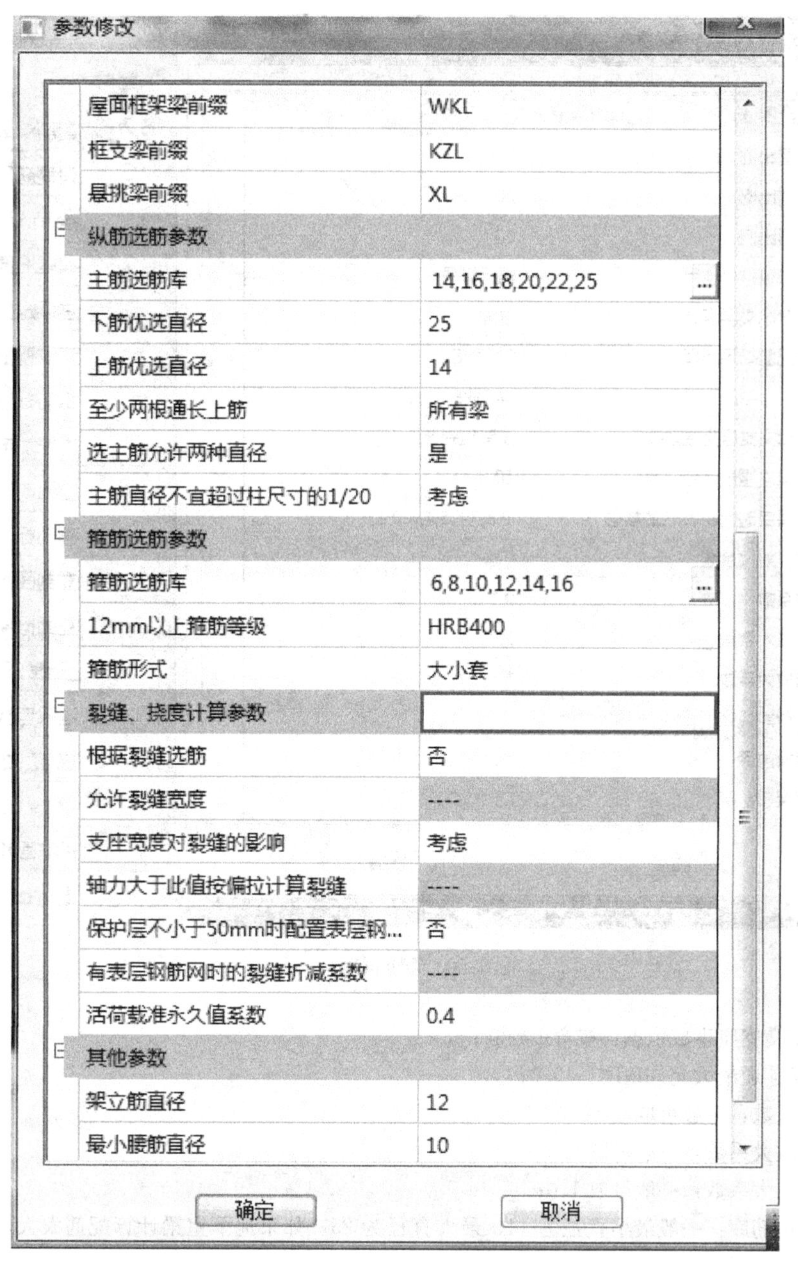

图 1-51　配筋参数（2）

注：梁平法施工图参数需要准确填写的原因是因为现在很多设计院都利用 PKPM 自动生成的梁平法施工图作为模板，再用“拉伸随心”小软件移动标注位置，最后修改小部分不合理的配筋即可。

20. 根据裂缝选筋：一般可选择否；由于现在计算裂缝采用准永久组合，裂缝计算值比较小，有的设计院规定也可以采用根据裂缝选筋；

21. 支座宽度对裂缝的影响：考虑；

22. 最小腰筋直径：可以填写 10；

23. 其他按默认值。

点击【设置钢筋层】，可按程序默认的方式，如图 1-52 所示。

点击【挠度图】，弹出“挠度计算参数”对话框，如图 1-54 所示。

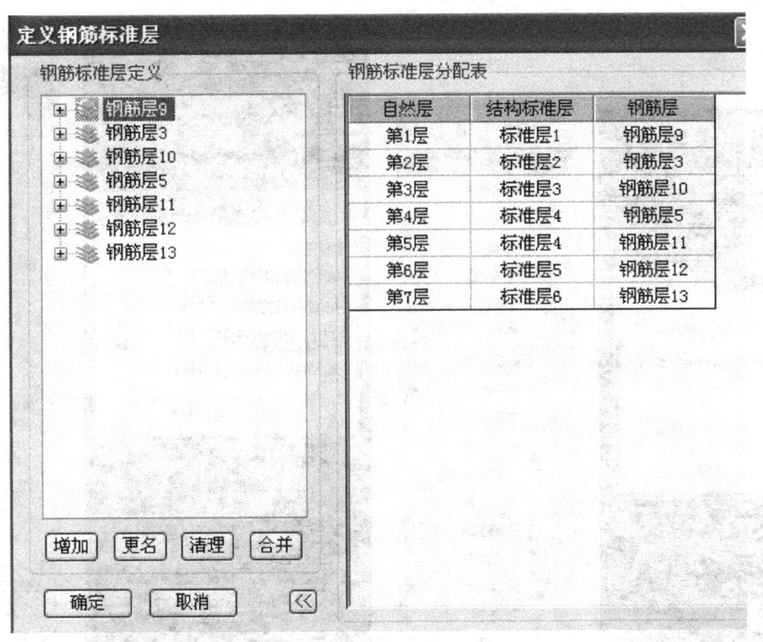

图 1-52　定义钢筋标准层

注：钢筋层的作用是对同一标准层中的某些连续楼层进行归并（图 1-53）。

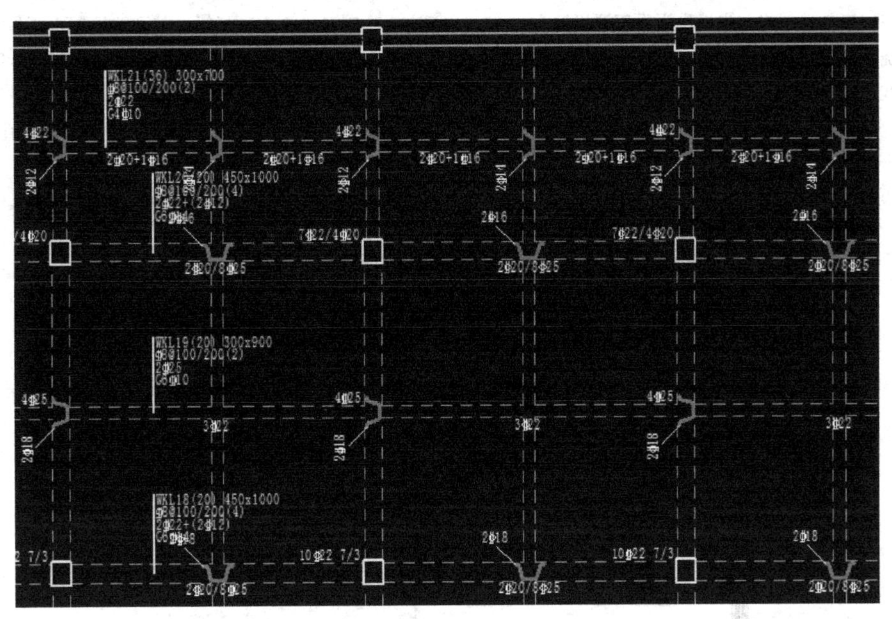

图 1-53　梁平法施工图（部分）

点击【裂缝图】，弹出“裂缝计算参数”对话框，如图 1-55 所示。

在右边的主菜单中点击：钢筋标准→标注开关，勾选“水平梁”，则水平梁的平法施工图被隐藏，只剩下 Y 方向的梁平法施工图；勾选“竖直梁”，则竖直梁的平法施工图被隐藏，只剩下 X 方向的梁平法施工图；用这个命令，可以避免平法施工图字太密，挤不下的情况（图 1-56）。

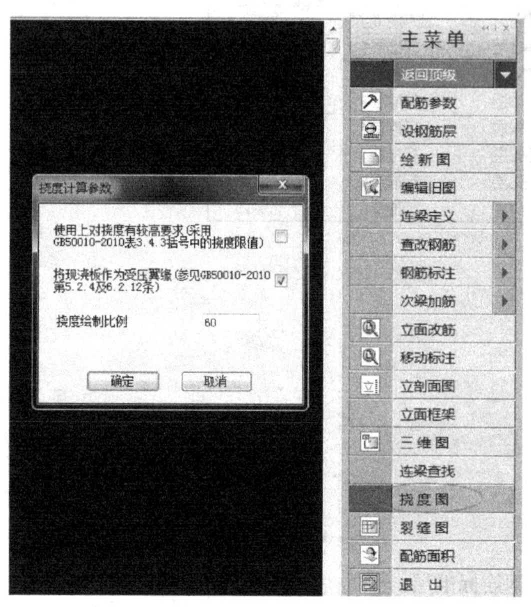

图 1-54　挠度计算参数对话框

注：1. 一般可勾选“将现浇板作为受压翼缘”；

2. 挠度如果超过规范要求，梁最大挠度值会显示红色。

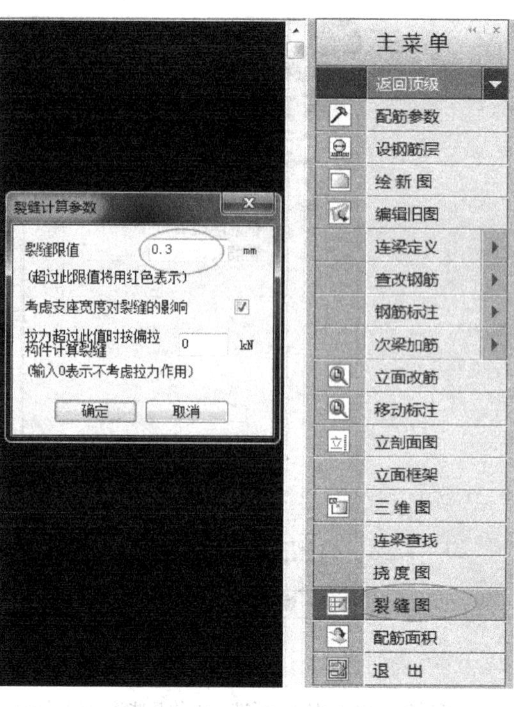

图 1-55　裂缝计算参数对话框

注：1. 对于地下室顶板梁，其裂缝控制也可按 0.3mm 控制，或 0.2～0.3 之间。如果超出，可以勾选“考虑支座宽度对裂缝的影响”。

2. 裂缝如果超过规范要求，梁最大裂缝值会显示红色。

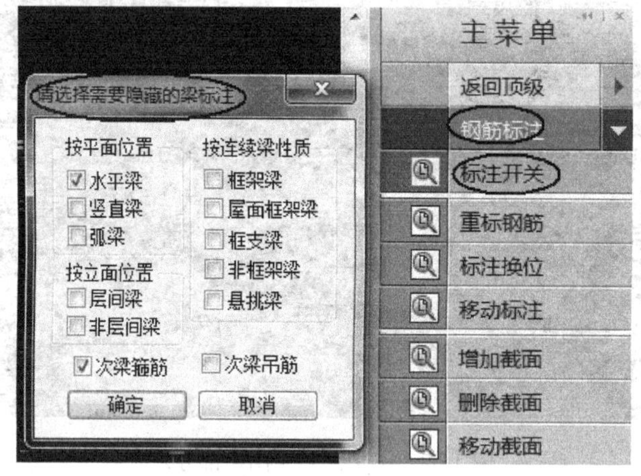

图 1-56　标注开关

在屏幕左上方点击【文件/T 图转 DWG】，如图 1-57 所示。

2. 画或修改梁平法施工图时应注意的问题

(1) 梁纵向钢筋

1) 规范规定

《混规》第 9.2.1 条：梁的纵向受力钢筋应符合下列规定：

① 入梁支座范围内的钢筋不应少于2根。

② 梁高不小于300mm时，钢筋直径不应小于10mm；梁高小于300mm时，钢筋直径不应小于8mm。

③ 梁上部钢筋水平方向的净间距不应小于30mm和1.5d；梁下部钢筋水平方向的净间距不应小于25mm和d。当下部钢筋多于2层时，2层以上钢筋水平方向的中距应比下面2层的中距增大一倍；各层钢筋之间的净间距不应小于25mm和d，d为钢筋的最大直径。

④ 在梁的配筋密集区域宜采用并筋的配筋形式。

《混规》9.2.6条：梁的上部纵向构造钢筋应符合下列要求：

① 当梁端按简支计算但实际受到部分约束时，应在支座区上部设置纵向构造钢筋。其截面面积不应小于梁跨中下部纵向受力钢筋计算所需截面面积的1/4，且不应少于2根。该纵向构造钢筋自支座边缘向跨内伸出的长度不应小于$l_0/5$，l_0为梁的计算跨度。

图1-57 梁平法施工图转DWG图

注：1.“第一层梁平法施工图”转换为“DWG图”后，存放在PKPM模型文件中的“施工图”文件夹下。

2. 一般可以在网上下载“平法之拉移随心”，来移动梁平法施工图中文字的位置。

② 对架立钢筋，当梁的跨度小于4m时，直径不宜小于8mm；当梁的跨度为4～6m时，直径不应小于10mm；当梁的跨度大于6m时，直径不宜小于12mm。

《高规》6.3.2条：框架梁设计应符合下列要求：

① 抗震设计时，计入受压钢筋作用的梁端截面混凝土受压区高度与有效高度之比值，一级不应大于0.25，二、三级不应大于0.35。

② 纵向受拉钢筋的最小配筋百分率ρ_{min}（%），非抗震设计时，不应小于0.2和$45f_t/f_y$二者的较大值；抗震设计时，不应小于表1-11规定的数。

梁纵向受拉钢筋最小配筋百分率ρ_{min}（%） **表1-11**

抗震等级	位置	
	支座（取较大值）	跨中（取较大值）
一级	0.40和$80f_t/f_y$	0.30和$65f_t/f_y$
二级	0.30和$65f_t/f_y$	0.25和$55f_t/f_y$
三、四级	0.25和$55f_t/f_y$	0.20和$45f_t/f_y$

③ 抗震设计时，梁端截面的底面和顶面纵向钢筋截面面积的比值，除按计算确定外，一级不应小于0.5，二、三级不应小于0.3。

《高规》第 6.3.3 条

梁的纵向钢筋配置，尚应符合下列规定：

① 抗震设计时，梁端纵向受拉钢筋的配筋率不宜大于 2.5%，不应大于 2.75%；当梁端受拉钢筋的配筋率大于 2.5%时，受压钢筋的配筋率不应小于受拉钢筋的一半。

② 沿梁全长顶面和底面应至少各配置两根纵向配筋，一、二级抗震设计时钢筋直径不应小于 14mm，且分别不应小于梁两端顶面和底面纵向配筋中较大截面面积的 1/4；三、四级抗震设计和非抗震设计时钢筋直径不应小于 12mm。

③ 一、二、三级抗震等级的框架梁内贯通中柱的每根纵向钢筋的直径，对矩形截面柱，不宜大于柱在该方向截面尺寸的 1/20；对圆形截面柱，不宜大于纵向钢筋所在位置柱截面弦长的 1/20。

注：当一根梁受到竖向荷载的时候，在同一部位的梁一面受压，一面受拉，所以 2.5%的配筋率不包括受压钢筋。

2）修改梁平法施工图时要注意的一些问题

① 梁端经济配筋率为 1.2%～1.6%，跨中经济配筋率为 0.6%～0.8%。梁端配筋率太大，比如大于 2.5%，钢筋会很多，造成施工困难，钢筋偏位等。

地下室顶板采用现浇梁板结构时，尽量控制梁支座配筋率<2.0%（纵筋配筋率超 2.0%时梁箍筋直径要加大一级）；在满足梁上下截面配筋比值的前提下，架立筋采用小直径钢筋；梁宽尽量控制在 300mm 及 300mm 以内，减少箍筋用量，一般采用 300mm 较多。当梁宽为 350m、400mm、450mm 时，在满足计算要求的前提下可采用 3 肢箍。

一边和柱连，一边没有柱，经常出现梁配筋大，可以将支撑此梁的支座梁截面调大，如果钢筋还配不下，支座梁截面调整范围有限，实在不行，就在计算时设成铰接，负筋适当配一些就行。这样做的弊端就是梁柱节点处裂缝会比较大，但安全上没问题，且裂缝有楼板装饰层的遮掩。

② 面筋钢筋一般不多配，可以采用组合配筋形式，控制在计算面积的 95%～100%；底筋尽量采用同一直径，实配在计算面积的 100%～110%（后期的施工图设计中）。

钢筋混凝土构件中的梁柱箍筋的作用一是承担剪（扭）力，二是形成钢筋骨架，在某些情况下，加密区的梁柱箍筋直径可能比较大、肢数可能比较多，但非加密区有可能不需要这么大直径的箍筋，肢数也不要多，于是要合理的设计，减少浪费，比如当梁的截面大于等于 350mm 时，需要配置四肢箍，具体做法可以将中间两根负弯矩钢筋从伸入梁长 $L/3$ 处截断，并以 2 根 12 的钢筋代替作为架立筋。钢筋之间的直径应合理搭配，梁端部钢筋与其用 2 根 22，还不如用 3 根 18，因通长钢筋直径小。

梁钢筋排数不宜过多，当梁截面高度不大时，一般不超过两排；地下室有覆土的梁或者其他地方跨度大荷载也大的梁可取 3 排。同一跨度主梁或者次梁纵筋的种类一般为 3～4 种，纵筋总类不要太多。

3）梁纵筋单排最大根数

表 1-12 是当环境类别为一类 a，箍筋直径为 8mm 时，按《混规》计算出的梁纵筋单排最大根数。

梁纵筋单排最大根数　　表 1-12

环境类别	一类				箍筋	8mm							
梁宽 b	钢筋直径（mm）													
（mm）	14		16		18		20		22		25		28	
	上部	下部	上部	下部	上部	下部	上部	下部	上部	下部	上部	下部	上部	下部
150	2	3	2	2	2	2	2	2	2	2	2	2	1	2
200	3	4	3	4	3	3	3	3	3	3	2	3	2	3
250	5	5	4	5	4	5	4	4	4	4	3	4	3	3
300	6	6	5	6	5	6	5	5	5	5	4	5	4	4
350	7	8	7	7	6	7	6	7	5	6	5	6	4	5
400	8	9	8	9	7	8	7	8	6	7	6	7	5	6
450	9	10	9	10	8	9	8	9	7	8	6	8	6	7

(2) 箍筋

规范规定：

《高规》6.3.2-4 条：抗震设计时，梁端箍筋的加密区长度、箍筋最大间距和最小直径应符合表 1-13 的要求；当梁端纵向钢筋配筋率大于 2%时，表中箍筋最小直径应增大 2mm。

梁端箍筋加密区的长度、箍筋最大间距和最小直径　　表 1-13

抗震等级	加密区长度（取较大值）(mm)	箍筋最大间距（取最小值）(mm)	箍筋最小直径（mm）
一	$2.0h_b$，500	$h_b/4$，$6d$，100	10
二	$1.5h_b$，500	$h_b/4$，$8d$，100	8
三	$1.5h_b$，500	$h_b/4$，$8d$，150	8
四	$1.5h_b$，500	$h_b/4$，$8d$，150	6

注：1. d 为纵向钢筋直径，h_b 为梁截面高度；
2. 一、二级抗震等级框架梁，当箍筋直径大于 12mm、肢数不少于 4 肢且肢距不大于 150mm 时，箍筋加密区最大间距应允许适当放松，但不应大于 150mm。

《高规》6.3.4 条：非抗震设计时，框架梁箍筋配筋构造应符合下列规定：

① 应沿梁全长设置箍筋，第一个箍筋应设置在距支座边缘 50mm 处。

② 截面高度大于 800mm 的梁，其箍筋直径不宜小于 8mm；其余截面高度的梁不应小于 6mm。在受力钢筋搭接长度范围内，箍筋直径不应小于搭接钢筋最大直径的 1/4。

③ 箍筋间距不应大于表 1-14 的规定；在纵向受拉钢筋的搭接长度范围内，箍筋间距尚不应大于搭接钢筋较小直径的 5 倍，且不应大于 100mm；在纵向受压钢筋的搭接长度范围内，箍筋间距尚不应大于搭接钢筋较小直径的 10 倍，且不应大于 200mm。

非抗震设计梁箍筋最大间距（mm）　　表 1-14

V / h_b（mm）	$V>0.7f_1bh_0$	$V\leqslant 0.7f_1bh_0$
$h_b\leqslant 300$	150	200
$300<h_b\leqslant 500$	200	300
$500<h_b\leqslant 800$	250	350
$h_b>800$	300	400

《高规》6.3.5-2 条：在箍筋加密区范围内的箍筋肢距：一级不宜大于 200mm 和 20 倍箍筋直径的较大值，二、三级不宜大于 250mm 和 20 倍箍筋直径的较大值，四级不宜大于 300mm。

（3）梁侧构造钢筋

1）规范规定

《混规》9.2.13 条：梁的腹板高度 h_w 不小于 450mm 时，在梁的两个侧面应沿高度配置纵向构造钢筋。每侧纵向构造钢筋（不包括梁上、下部受力钢筋及架立钢筋）的间距不宜大于 200mm，截面面积不应小于腹板截面面积（bh_w）的 0.1%，但当梁宽较大时可以适当放松。此处，腹板高度 h_w 按本规范第 6.3.1 条的规定取用。

2）设计时要注意的一些问题

现代混凝土构件的尺度越来越大，工程中大截面尺寸现浇混凝土梁日益增大。由于配筋较少，往往在梁腹板范围内的侧面产生垂直于梁轴线的收缩裂缝，可以在大尺寸梁的两侧沿梁长度方向布置纵向构造钢筋（腰筋），以控制垂直裂缝。梁的腹板高度 h_w 小于 450mm 时，梁的侧面防裂可以由上下钢筋兼顾，无须设置腰筋，上下钢筋已满足防裂要求，也可以根据经验适当配置：图中未注明时，对于腹板高度≥450mm 的梁，当梁宽≤300mm 时，每侧配置 10@200 的纵向构造钢筋；当 300mm＜梁宽≤500mm 时，每侧配置 12@200 的纵向构造钢筋；当梁宽＞500mm 时，每侧配置 14@200 的纵向构造钢筋。当梁的腹板高度 h_w≥450mm 时，其间距应满足图 1-58 的要求。

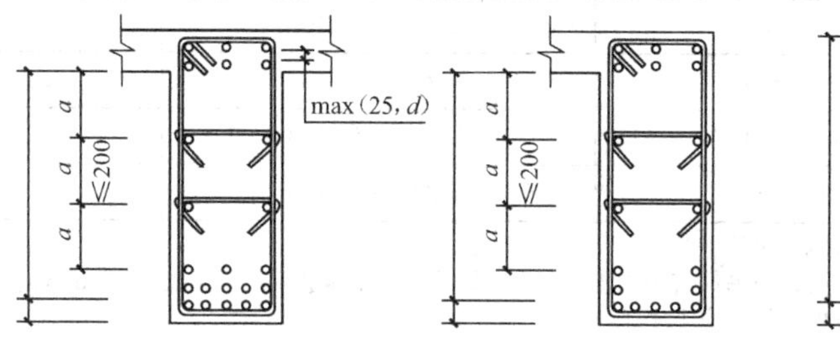

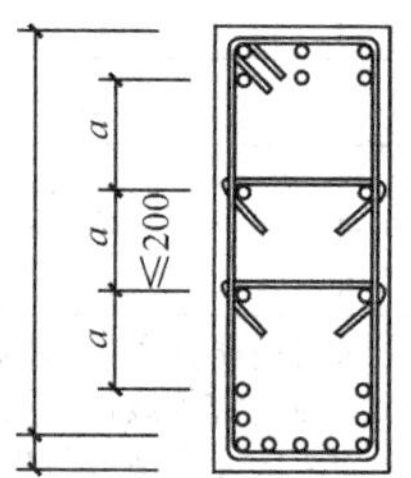

图 1-58　纵向构造钢筋间距

（4）附加横向钢筋

在主次梁相交处，次梁在负弯矩作用下可能产生裂缝，次梁传来的集中力通过次梁受压区的剪切作用传至主梁的中下部，这种作用在集中荷载作用点两侧各（0.5～0.65）倍次梁高范围内，可能引起主拉应力破坏而产生斜裂缝。为防止集中荷载作用影响区下部混凝土脱落并导致主梁斜截面抗剪能力降低，应在集中荷载影响范围内加“附加横向钢筋”。

附加箍筋设置的长度为 $2h_1+3b$（b 为次梁宽度，h_1 为主次梁高差），一般是主梁左右两边各 3～5 根箍筋，间距 50mm，直径可与主梁相同。当次梁宽度比较大时，附加箍筋间距可以减小些，次梁与主梁高差相差不大时，附加箍筋间距可以加大些。设计时一般首选设置附加箍筋，且不管抗剪是否满足都要设置，当设置附加横向钢筋后仍不满足时，设置吊筋。

梁上立柱，柱轴力直接传递上梁混凝土的受压区，因此不再需要横向钢筋，但是需要注意的是一般梁的混凝土等级比柱要低，有的时候低比较多，这就可能有局压的问题出现。

吊筋的叫法是一种形象的说法，其本质的作用还是抗剪，并阻止斜裂缝的开展。吊筋长度=2×锚固长度+2×斜段长度+次梁宽度+2×50mm，当梁高≤800mm时，斜长的起弯角度为45°，梁高>800mm时，斜长的起弯角度为60°。吊筋至少设置2根，最小直径为12mm，不然钢筋太柔。吊筋要到主梁底部，因为次梁传来的集中荷载有可能使主梁下部混凝土产生八字形斜裂缝。挑梁与墙交接处，较大集中力作用位置一般都要设置吊筋，但当次梁传来的荷载较小或集中力较小时可只设附加箍筋。有些情况不需要设置吊筋，比如集中荷载作用在主梁高度范围以外，梁上托柱就属于此种情况，次梁与次梁相交处一般不用设置吊筋。吊筋的公式如式（1-1）所示，在梁平法施工图中有“箍筋开关”、“吊筋开关”，可以查询集中力 F 设计值。也可以在 SATWE 中查看梁设计内力包络图，注意两侧的剪力相加才是总剪力。

$$A_{sv} \geqslant \frac{F}{f_{yv}\sin\alpha} \tag{1-1}$$

式中 A_{sv}——附加横向钢筋的面积；

F——集中力设计值；

f_{yv}——附加横向钢筋强度设计值；

$\sin\alpha$——附加横向钢筋与水平方向的夹角。当设置附加箍筋时，$\alpha=90°$，设置吊筋时，$\alpha=45°$或60°。

3. 地下室梁平法施工图

地下室梁平法施工图如图1-59～图1-61所示。

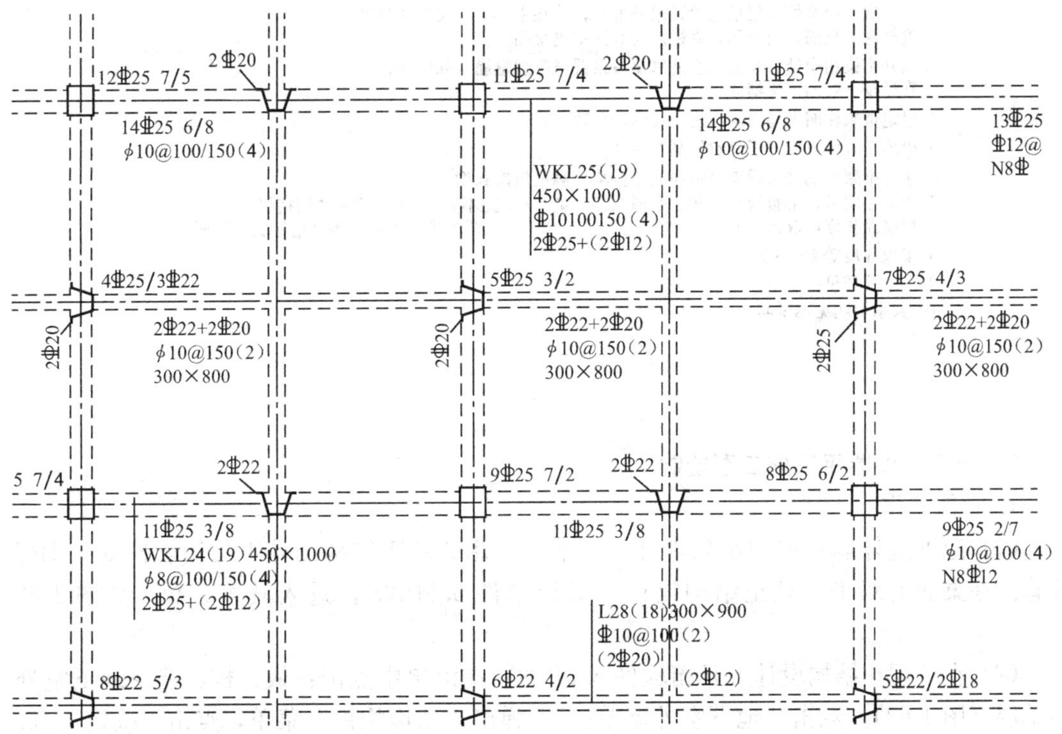

图1-59 地下室顶板梁平法施工图（X向一部分）

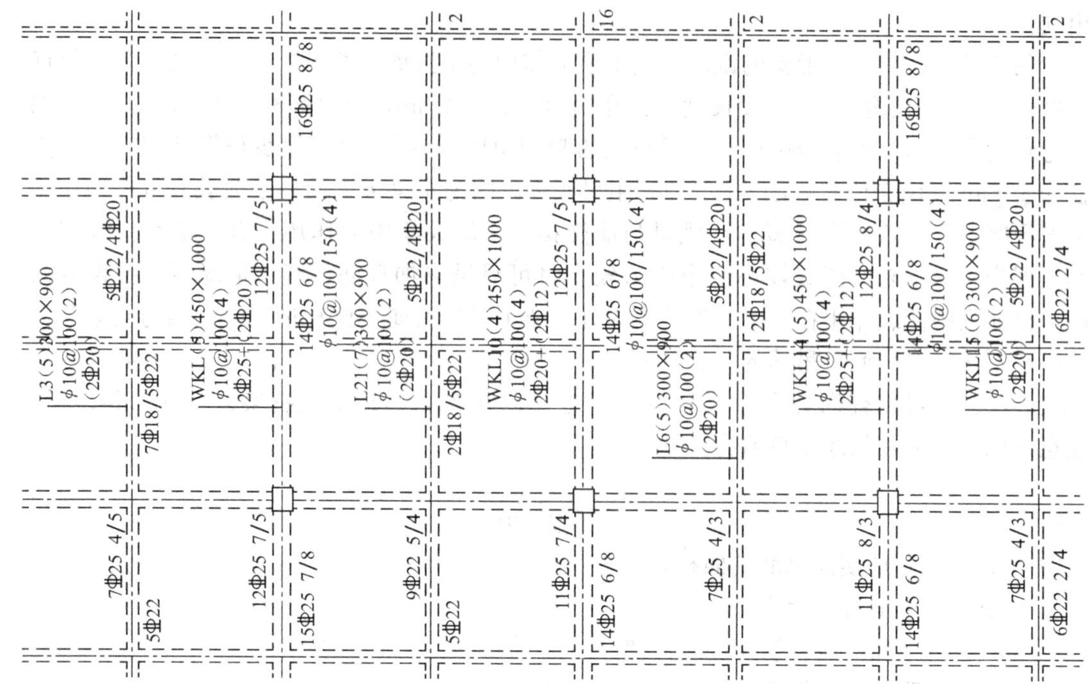

图 1-60　地下室顶板梁平法施工图（*Y* 向—部分）

说明：

1. 本图表示地下室板梁配筋。
2. 凡主次梁相交处（包括已设置吊筋处），均在主梁上次梁面侧各设置报附加箍筋，间距50，直径及支数同主梁箍筋。
3. 凡井字梁相交处，在梁相交处每侧各设置报附加箍筋，间距50，直径及支数同主梁箍筋。
4. 梁定位未注明者均为轴线居中或贴墙柱边布置
5. 梁顶基准标高相当于绝对标高75.300。
6. 所有梁架立钢筋与梁支座负筋的搭接均应满足搭接长度。
7. 图面注明外，梁腹板h_w>450时梁两侧腰筋见图a,间距不大于200，构造腰筋搭接与锚固长度可取为15d，抗扭腰筋应按受拉钢筋锚固要求锚入支座，满足搭接长度的要求。
8. 梁板砼度等 级：C35。
9. 梁吊筋详见结施-07。
10. 其余说明见总说明。

图 1-61　梁平法施工图说明

1.1.7　地下室外墙平法施工图绘制

1. 软件操作

（1）地下室外墙一般用小软件计算，本工程用“理正结构设计工具箱软件 6.5PB3”计算。在桌面上双击“理正结构设计工具箱软件 6.5PB3”，进入其主菜单，如图 1-62 所示。

（2）在“理正结构设计工具箱软件 6.5PB3”主菜单中点击：板、柱、墙→地下室外墙单层（图 1-63），双击“地下室外墙单层”，弹出“新增构件”菜单，点击“确定”，进入“地下室外墙单层”设计参数填写对话框，如图 1-63～图 1-66 所示。

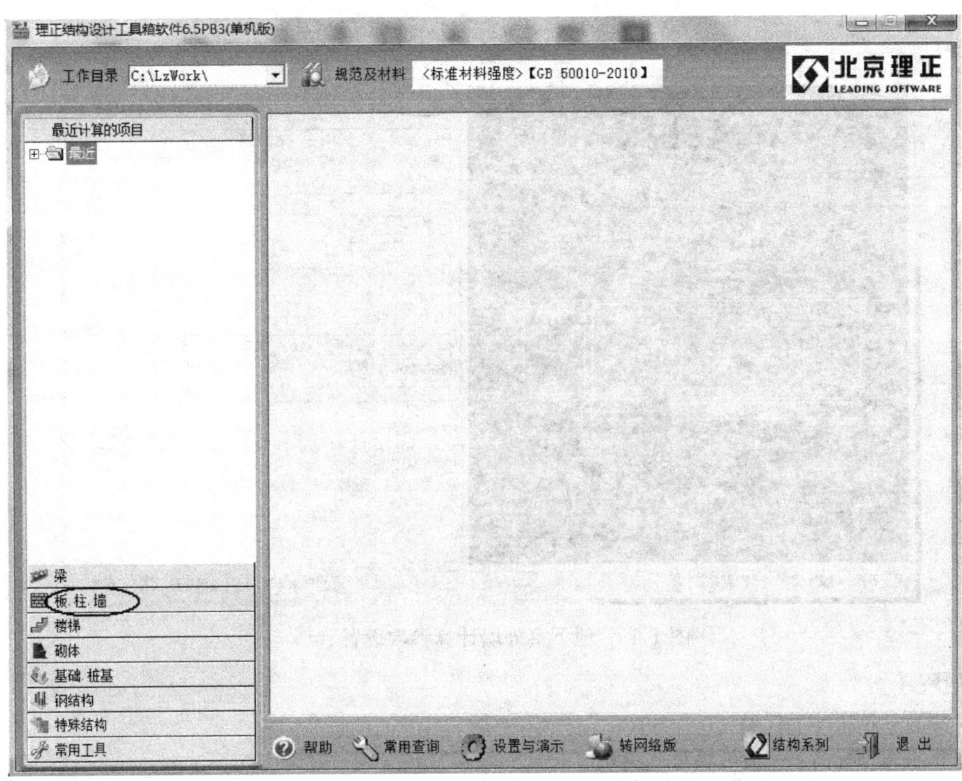

图 1-62 “理正结构设计工具箱软件 6.5PB3”主菜单

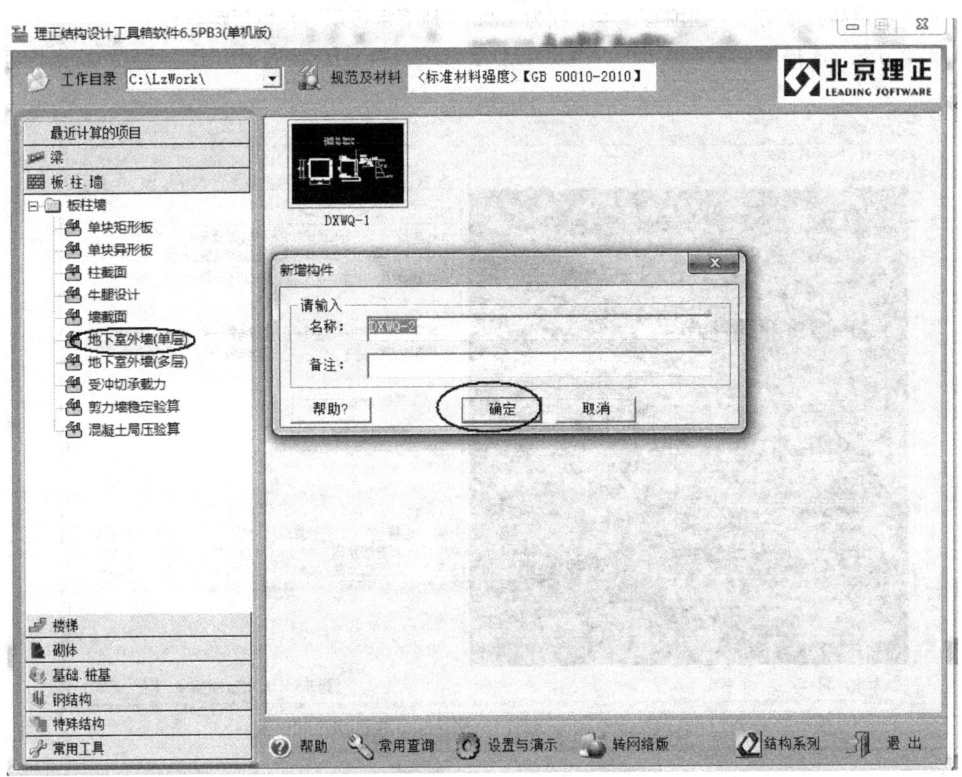

图 1-63 地下室外墙（单层）

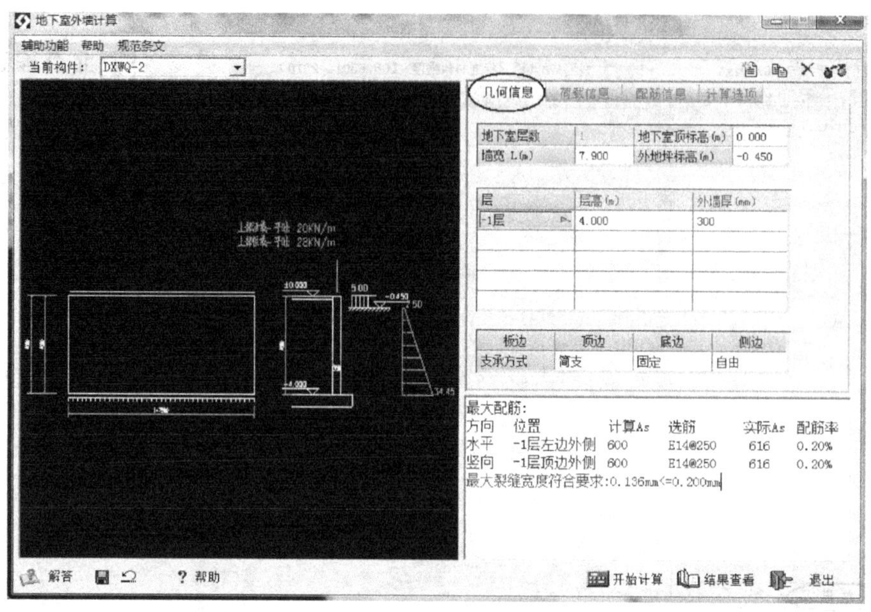

图 1-64 地下室外墙计算参数设置（1）

参数注释：

1. 墙宽：按实际工程填写，7.9m；
2. 地下室顶标高：一般可填写 0.00m；
3. 外地坪标高：按实际工程填写，一般可填写－0.45m；
4. 负一层层高：按实际工程填写，本工程为 4.0m（地下室板顶～底板顶距离）；
5. 支承方式：应根据实际工程填写，一般柱距/层高≥2 时，可以按底部固定、顶板处简支、两边自由计算。

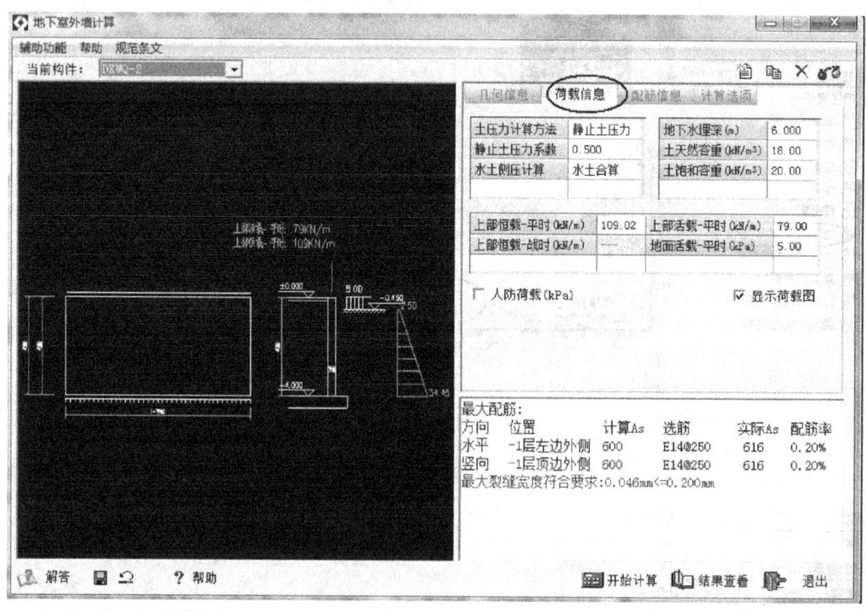

图 1-65 地下室外墙计算参数设置（2）

参数注释：

1. 土压力计算方法：一般选择“静止土压力”。

2. 地下水埋深：由于本工程抗浮水位为 78.50m，纯地下室底板底标高为 82.8m，塔楼地下室底板最低标高为 78.45m，地下室不考虑进行抗浮设计，故填写一个大于层高的值即可，如果要进行抗浮设计，抗浮水位高度应正确；需要特别注意的是，对地下室外墙进行裂缝计算时，抗浮水位可取常水位，不必取最高抗浮水位。

3. 静止土压力系数：地下室采用大开挖方式，无护坡桩或连续墙支护时，地下室外墙承受的土压力宜取静止土压力，土压力系数 K_0，对一般固结土可取 $K_0=1-\sin\phi$（ϕ 为土的有效内摩擦角），一般情况可取 0.5。

当地下室施工采用护坡桩或连续墙支护时，地下室外墙土压力计算中可以考虑基坑支护与地下室外墙的共同作用，或按静止土压力乘以折减系数 0.66 近似计算，$K_a=0.5\times0.66=0.33$。

4. 土天然容重：可填写 18kN/m^3。

5. 土饱和容重：可填写 20kN/m^3。

6. 水土侧压计算：当挡土墙的土为黏性土时，可采用水土合算的方法，即采用土的饱和重度计算；当挡土墙的土为砂性土时，可采用水土分算的方法，即水和土分别计算后相加。

7. 上部恒载-平时：覆土恒荷载为 21.6kN/m^2，地下室顶板下面的管道的附加恒载取 1.0kN/m^2，200m 厚板恒载 5kN/m^2，墙宽 7.9m，则上部恒载-平时（kN/m）近似值为（21.6+1+5）×3.95=109.02（kN/m）。

8. 上部活载-平时：库活荷载取 5.0kN/m^2，主楼一层楼面活荷载取 5.0kN/m^2；消防车荷载为 30kN/m^2，由于地下室外墙周边走消防车，1.2m 覆土，考虑覆土折减后消防车活荷载取 20kN/m^2，墙宽 7.9m，则上部活载-平时（kN/m）近似值为（20）×3.95=79（kN/m）。

9. 地面活载-平时：根据《北京院—建筑结构专业技术措施》，一般民用建筑的室外地面（包括可能停放消防车的室外地面），活荷载可取 5kN/m^2。有特殊较重荷载时，按实际情况确定。进行外墙配筋计算时，水土荷载的分项系数可取为 1.30。

《全国民用建筑工程设计技术措施》第 2.1 节第 4 款之 7 规定：计算地下室外墙时，其室外地面荷载取值不应低于 10kN/m^2，如室外地面为同行车道则应考虑行车荷载。需要注意的是，上述规定中的 10kN/m^2 时工程设计的经验值，当计算位置离地表距离减小时，在汽车轮压作用下地下室外墙上部的土压力值将有可能大于 10kN/m^2。

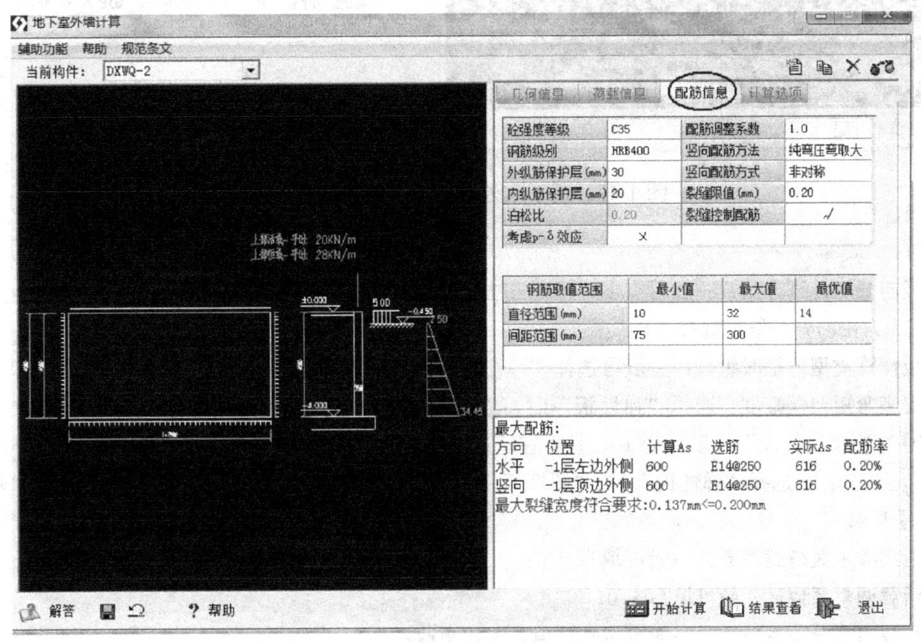

图 1-66 地下室外墙计算参数设置（3）

参数注释：

1. 混凝土强度等级：本工程采用C35，在实际工程中，一般采用C35或者C30，混凝土强度等级太高时，地下室外墙容易开裂；

2. 配筋调整系数：一般可填写1.0；

3. 钢筋级别：一般填写HRB400；

4. 竖向配筋方法：一般可选择“纯弯压弯取大”，总的来说，压弯计算时，一般计算结果更小；

5. 外纵筋保护层：有柔性防水层时，一般可取30mm；

6. 内纵筋保护层：一般可取20mm；

7. 双向配筋：一般可选择“非对称”；

8. 裂缝限值：一般可填写0.2，有的地区也按0.2～0.3控制；

9. 裂缝控制配筋：一般应勾选。

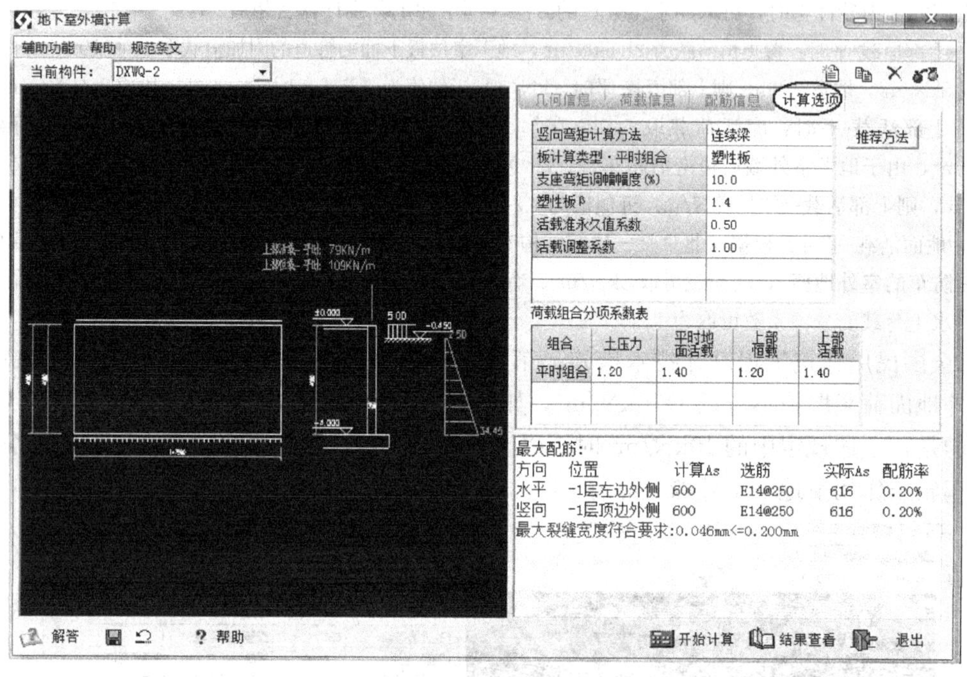

图1-67　地下室外墙计算参数设置（4）

参数注释：

1. 竖向弯矩计算方法：一般可点击“推荐方法”；当侧边支座非自由时，一般可选择“单块板”，当侧边支座为自由时，一般可选择“连续梁”；

2. 板计算类型·平时组合：一般可选择“弹性板”；当选择“塑性板”时，更符合实际受力情况。

3. 支座弯矩调幅幅度：选择“弹性板”时，“支座弯矩调幅幅度”可填写为0，当选择“塑性板”时，“支座弯矩调幅幅度”可填写为10，且不宜超过10；

4. 塑性板β：当选择“弹性板”时，“塑性板β”为灰色，不可填写；当选择“塑性板”时，“塑性板β”可填写1.4；

5. 活载准永久荷载系数：一般可填写0.5；

6. 活载调整系数：一般可填写1.0；

7. 荷载组合分项系数表：一般可按默认值，不用更改。

（3）点击“开始计算”，即可完成该地下室外墙的计算，计算结果如图1-68所示。

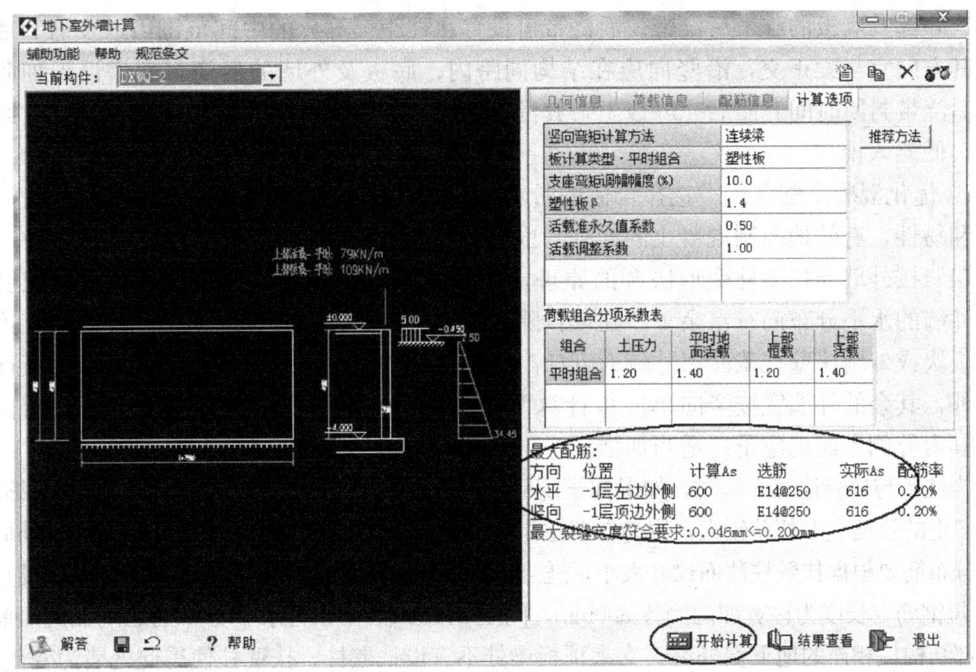

图 1-68　地下室外墙计算

注：配筋值较大时，主要是加大地下室外墙的厚度。

2. 画或修改地下室外墙施工图时应注意的问题

（1）孙芳垂编著的《建筑结构优化设计案例分析》一书中有以下阐述：有资料表明，地下室混凝土外墙的裂缝主要是竖向裂缝，地基不均匀沉降造成的倾斜裂缝非常少见，竖向裂缝产生的主要原因是混凝土干缩和温度收缩应力造成的，温度收缩裂缝是由于温度降低引起收缩产生的，但混凝土干缩裂缝出现时，钢筋应力有资料表明，只达到约 60MPa，远没有发挥钢筋的作用，所以要防止混凝土早期的干缩裂缝，一味地加大钢筋是不明智的，要与其他措施同时进行。

（2）地下室外墙裂缝产生规律均为由下部老混凝土开始向上部延伸，上宽下小，墙体顶部由于在设计中往往按梁考虑，因此裂缝在顶部 1～2m 范围内往往终止。此外，工程中常发现，墙体与明柱连接处 2～3m 范围内，常有纵向裂缝产生。

室外地下水的最高地下水位高于地下室的底标高时，外墙的裂缝宽度限值如有外防水保护层时取 0.3mm，无外防水保护层时取 0.2mm。如果当室外地下水的最高地下水位低于地下室的底标高时，外墙的裂缝宽度限值可以取到 0.3mm 进行计算。

（3）控制裂缝措施

① 墙体配筋时尽量遵循小而密的原则，对于纵筋间距，有条件时可控制 100～150mm，但不是绝对，因为控制裂缝是钢筋直径，总量等其他因素共同控制。

② 地下室混凝土外墙的裂缝主要是竖向裂缝，建议把地下室外墙水平筋放外面，也方便施工，并适当加大水平分布筋。

③ 设置加强带。为了实现混凝土连续浇注无缝施工而设置补偿收缩混凝土带，根据一些工程实践经验，一般超过 60m 应设置膨胀加强带。

④ 设置后浇带。可以在混凝土早期短时期释放约束力。一般每隔 30～40m 设置贯通

顶板、底部及墙板的施工后浇带。后浇带可设置在柱距三等分的中间范围内以及剪力墙附近，其方向宜与梁正交，沿竖向应在结构同跨内；底板及外墙的后浇带宜增设附加防水层；后浇带封闭时间宜滞后 45d 以上，其混凝土强度等级宜提高一级，并宜采用无收缩混凝土，低温入模。

⑤ 优化混凝土配合比，选择合适的骨料级配，从而减少水泥和水的用量，增强混凝土的和易性，有效地控制混凝土的温升。也可以掺加高效减水剂。

（4）按外墙与扶壁柱变形协调的原理，其外墙竖向受力筋配筋不足、扶壁柱配筋偏少、外墙的水平分布筋有富余量。建议：除了垂直于外墙方向有钢筋混凝土内隔墙相连的外墙板块或外墙扶壁柱截面尺寸较大（如高层建筑外框架柱之间）外墙板块按双向板计算配筋外，其余的外墙宜按竖向单向板计算配筋为妥。竖向荷载（轴力）较小的外墙扶壁柱，其内外侧主筋也应予以适当加强。

当柱子与外墙连在一起时，如果柱子配筋及截面都比墙体大得多，当混凝土产生收缩时，两者产生的收缩变形相差较大，容易在墙柱相连部位产生过大的应力集中而开裂，常常外墙的水平分布筋要根据扶壁柱截面尺寸大小，适当另配外侧附加短水平负筋予以加强，另增设直径 8mm 短钢筋，长度为柱宽加两侧各 800mm，间距 150mm（在原有水平分布筋之间加此短筋）。无上部结构柱相连的地下室外墙，支乘顶板梁处不宜设扶壁柱，扶壁柱使得此处墙为变截面，易产生收缩裂缝，不设扶壁柱顶板梁在墙上按铰接考虑，此处墙无需设暗柱。

（5）地下室外墙为控制收缩及温度裂缝，水平筋间距不应大于 150mm，配筋率宜取 0.4%～0.5%（内外两侧均计入）。为了便于构造和节省钢筋，外墙可考虑塑性变形内力重分布，该值一般可取 0.9。塑性计算不仅可以在有外防水的墙体中采用，也可在混凝土自防水的墙体中采用。塑性变形可能只在截面受拉区混凝土中出现较细微的弯曲裂缝，不会贯通整个截面厚度，所以外墙仍有足够的抗渗能力。

（6）当高层剪力墙嵌固在地下室顶板时，地下室内外墙边缘构件可由地上相邻剪力墙的边缘构件延伸下来，再改变边缘构件宽度（应按地下一层墙宽），有时还应根据实际工程调整边缘构件长度（很少）。不按照地下室外墙的形状单独设置边缘构件是因为地下室外墙不是“墙”，其可以简化为连续梁或简支梁模型，背后以受水平方向弯矩为主（忽略轴力影响），而上部结构剪力墙是墙模型，按偏心拉压计算。

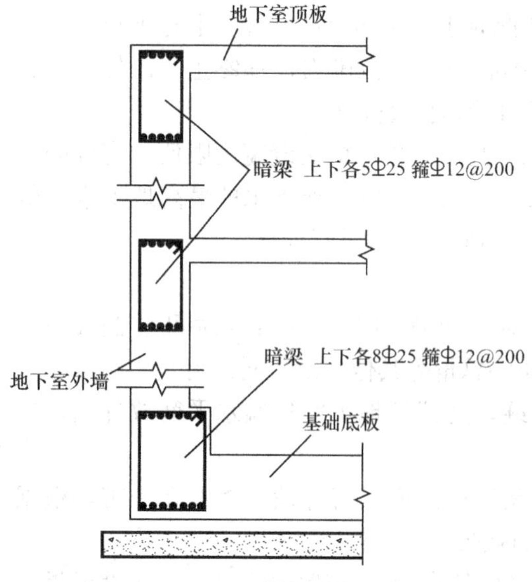

图 1-69　地下室暗梁设置

（7）在设计地下车道时，地下室外墙计算时底部为固定支座（即底板作为外墙的嵌固端），侧壁底部弯矩与相邻的底板弯矩大小一样，底板的抗弯能力不应小于侧壁，其厚度和配筋量应匹配，车道侧壁为悬臂构件，底板的抗弯能力不应小于侧壁底板。

（8）某些结构工程师习惯在地下室外墙基础底板及各层顶板连接部位设置暗梁，如图 1-69 所示。地下室（尤其为多层时）外墙已属于刚性墙，没有必要设置暗梁，在墙顶部设置两根直径不小于 20mm 的构造钢筋即可，墙底因为基础底板钢筋直径较大可以不再设置。

3. 地下室外墙施工图

地下室外墙大样如图 1-70 所示。

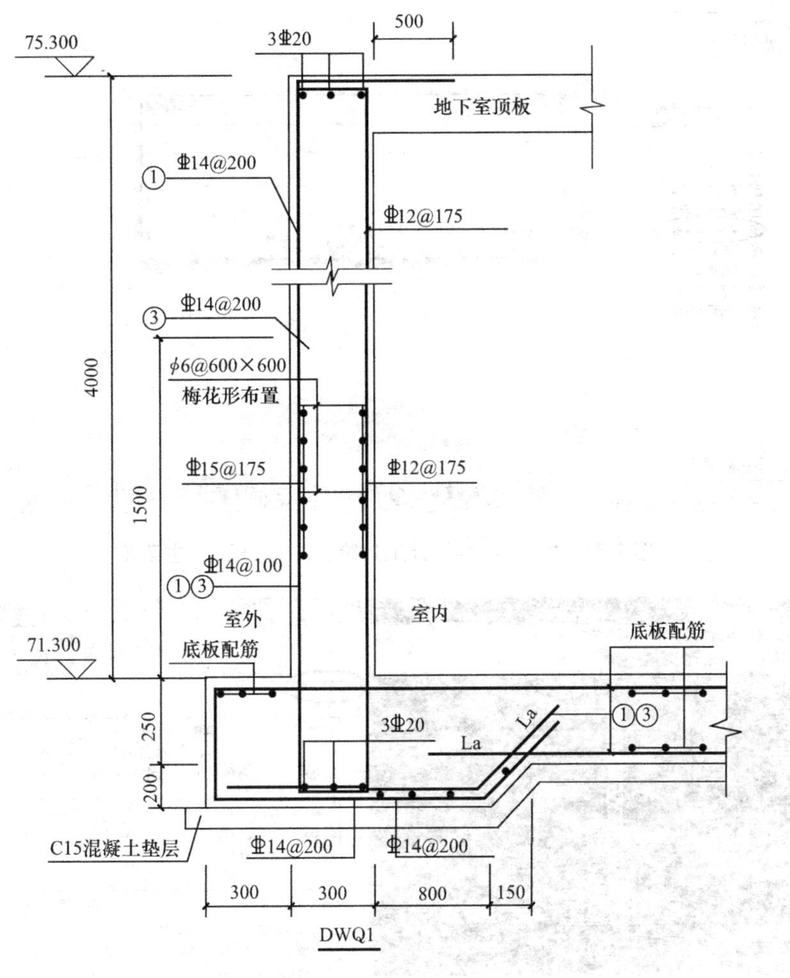

图 1-70　地下室外墙大样

注：1. 根据现场反映，裂缝主要是竖向裂缝，则一般加密水平分布筋，间距一般为 150mm 左右，竖向分布筋间距一般可取 200～250mm；

2. 车道底板以下回填土应分层夯实，夯实后地基承载力特征值不小于 150kPa。车道底板、侧墙、顶板混凝土强度等级均为 C35，抗渗等要求同地下室。

4. 地下室外墙基础计算

（1）地下室外墙基础一般用小软件计算，本工程用“理正结构设计工具箱软件 6.5PB3”计算。在桌面上双击“理正结构设计工具箱软件 6.5PB3”，进入其主菜单，如图 1-71 所示。

（2）在“理正结构设计工具箱软件 6.5PB3”主菜单中点击：基础、桩基→基础→墙下扩展基础（图 1-71），双击“墙下扩展基础”，弹出“新增构件”菜单，点击“确定”，进入“墙下扩展基础”设计参数填写对话框，如图 1-72～图 1-74 所示。

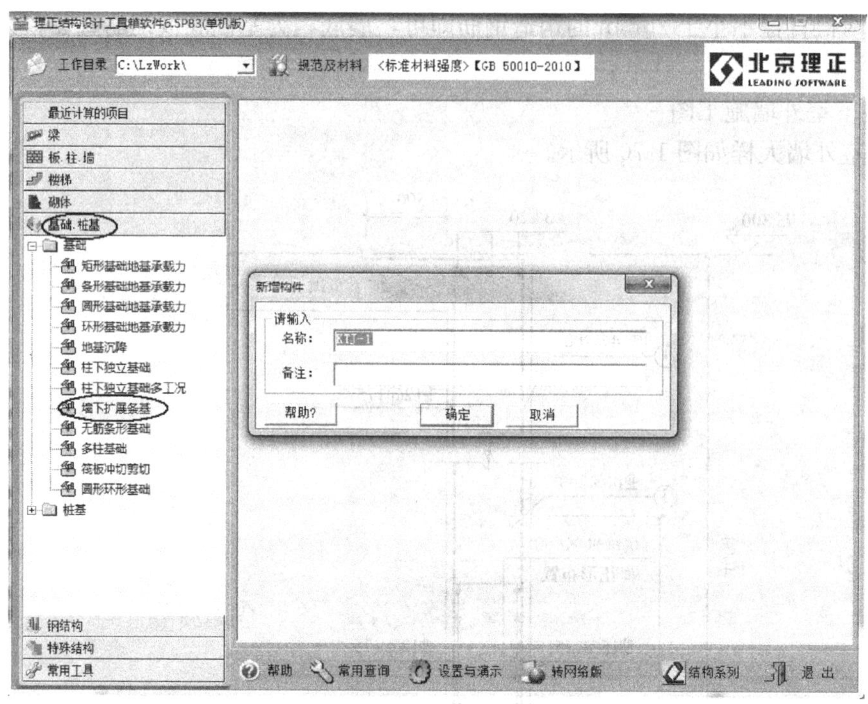

图 1-71 “理正结构设计工具箱软件 6.5PB3”主菜单

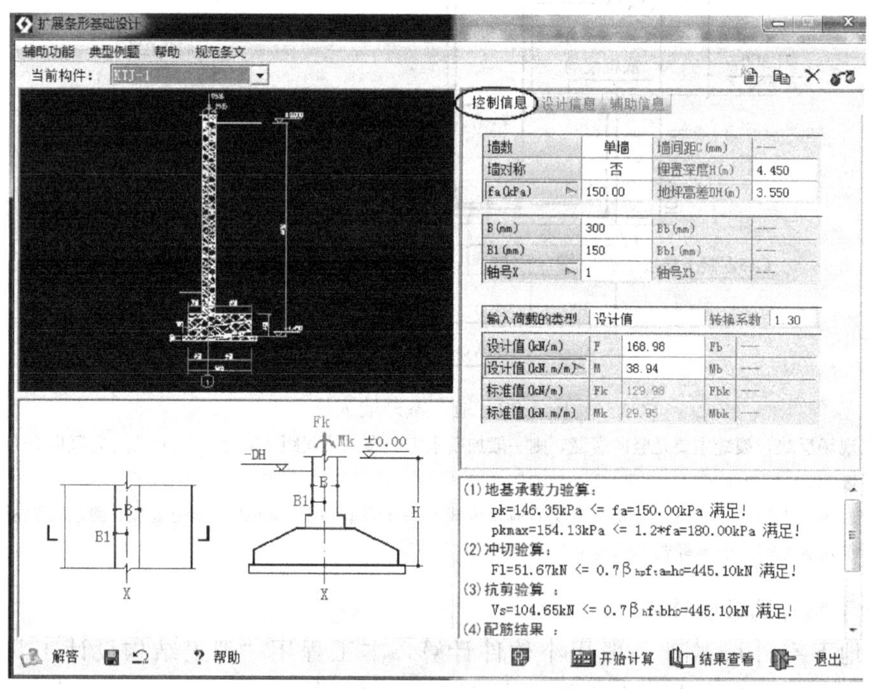

图 1-72 “墙下扩展基础”设计参数（1）

注：输入荷载的标准值，也可以在 JCCAD 中点击“2. 基础人机交互输入”→“图形管理”→“写图文件”，只勾选“标准组合：最大轴力：FTarget-1Nmax. T”，然后再点击“读取荷载”，即可显示：“标准组合：最大轴力：FTarget-1Nmax. T”。其中的线荷载表示两个节点之间的地下室外墙线荷载，弯矩表示各节点之间的地下室外墙弯矩之和。

参数注释：

1. 墙数：根据实际工程填写，本工程填写 1；

2. 墙对称：根据实际工程填写，本工程填写否；

3. 埋置深度：根据实际工程填写，可以估算一个值，本工程填写 4.45（4m 层高+条基厚度）；

4. f_a（kPa）：根据经验，夯实后地基承载力特征值不小于 150kPa，本工程填写 150；

5. 地坪高差：基础两边的地坪高差，可以根据经验估算一个值，本工程填写 3.550（层高 4m-外坪标高值 0.45）；

6. B、B_1：根据实际工程填写，本工程分别填写 300、150；

7. 输入荷载的类型：可以选设计值，也可以选择标准值；

8. 转换系数：一般可填写 1.3；

9. 设计值 F、设计值 M：此值可以根据理正工具箱计算地下室外墙的计算结果填写，一般在“平时组合计算配筋表”中查看最大弯矩设计值与最大轴力设计值，但是，在计算地下室外墙时，“上部恒载-平时”与“上部活载-平时”的线荷载应填写准确。

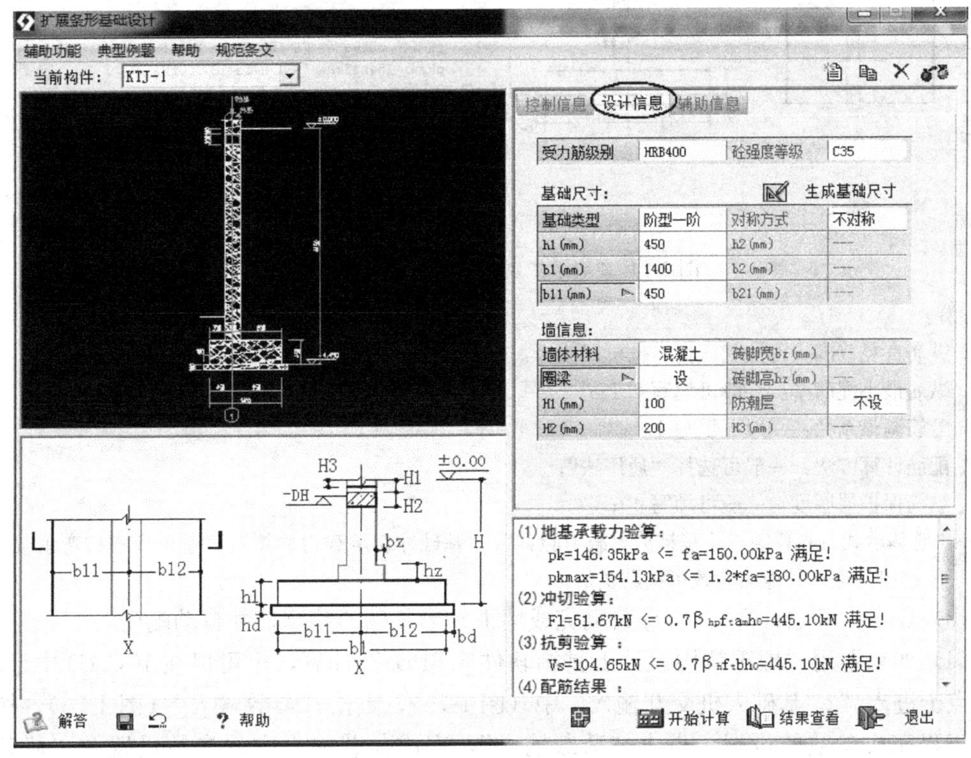

图 1-73 “墙下扩展基础”设计参数（2）

参数注释：

1. 受力筋级别：一般填写 HRB400；

2. 混凝土强度等级：根据实际工程填写，一般为 C35、C30，本工程填写 C35；

3. 基础类型：根据常用大样填写，本工程填写：阶型一阶；

4. 对称方式：根据经验、大样与实际计算结果填写，本工程填写，不对称；

5. h_1、b_1、b_{11}：根据经验、大样与实际计算结果填写；然后再根据计算结果调整截面尺寸，本工程地下室外墙条形基础的设计过程，是根据经验预估条基截面尺寸，然后进行验算；

6. 墙体材料：根据实际工程填写，本工程为混凝土；

7. 圈梁：设；其他的参数，可以按默认值。

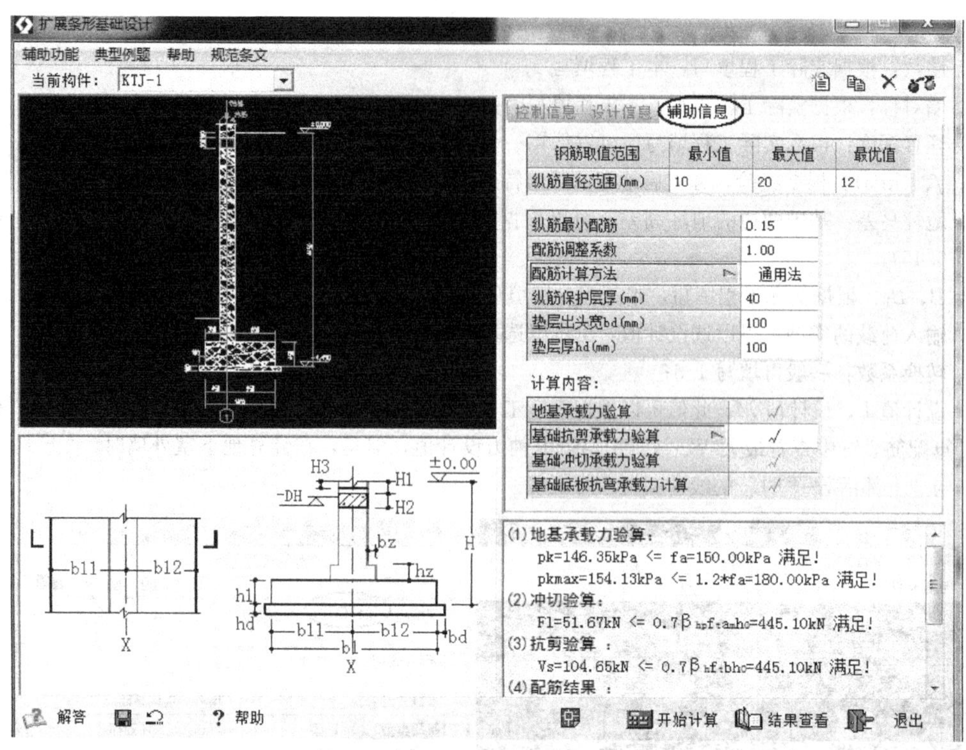

图 1-74 “墙下扩展基础”设计参数（3）

参数注释：

1. 纵筋直径范围：可按默认值，也可以改为：10～20mm；最优值为 12mm；
2. 纵筋最小配筋率：一般可填写 0.15；
3. 配筋调整系数：一般可填写 1.0；
4. 配筋计算方法：一般可选择“通用法”；
5. 纵筋保护层厚度：一般可填写 40；
6. “地基承载力验算”、“地基抗剪承载力验算”、“基础冲切承载力验算”、“基础底板抗弯承载力验算”：一般都应勾选；其他的参数可按默认值。

（3）点击“开始计算”，程序自动完成墙下条形基础的验算，并自动配筋。

（4）如果不用“理正结构设计工具箱软件 6.5PB3”计算，也可以在 JCCAD 中计算，首先点击进入“2. 基础人机交互输入”中（图 1-75），点击“参数输入”（图 1-76），按照实际工程完成参数的设置，点击“荷载输入”，完成荷载输入中的参数设置及“荷载读取”，最后点击“墙下条基”→“自动生成”，JCCAD 即可自动布置好条形基础。在 JCCAD 中点击“A. 基础施工图”，进入“A. 基础施工图”主菜单，分别点击“绘新图”、“基础详图”→“插入详图”，程序自动生成墙下条形基础的配筋大样详图，最后拷贝一个大样，根据 JCCAD 的计算结果修改大样即可。

1.1.8 地下室顶板计算与施工图绘制

1. 软件操作

计算参数

点击【结构/PMCAD/画结构平面图】→【计算参数】，如图 1-77～图 1-79 所示。

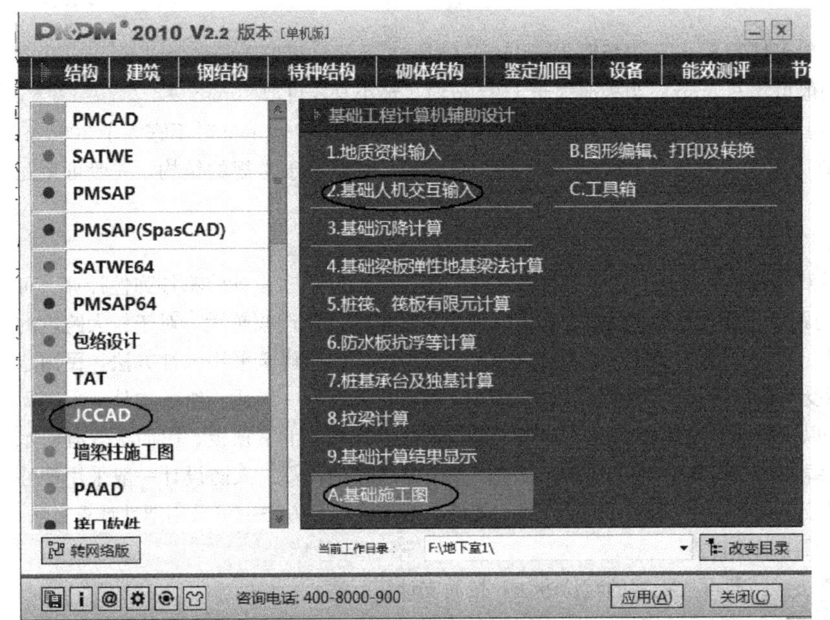

图 1-75　JCCAD 主菜单

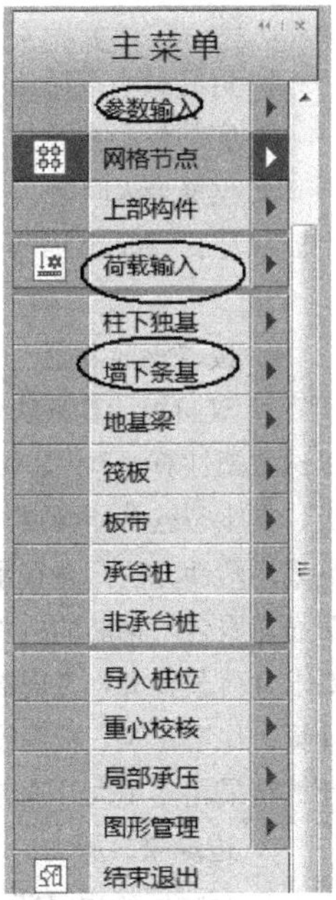

图 1-76　“基础人机交互输入”菜单

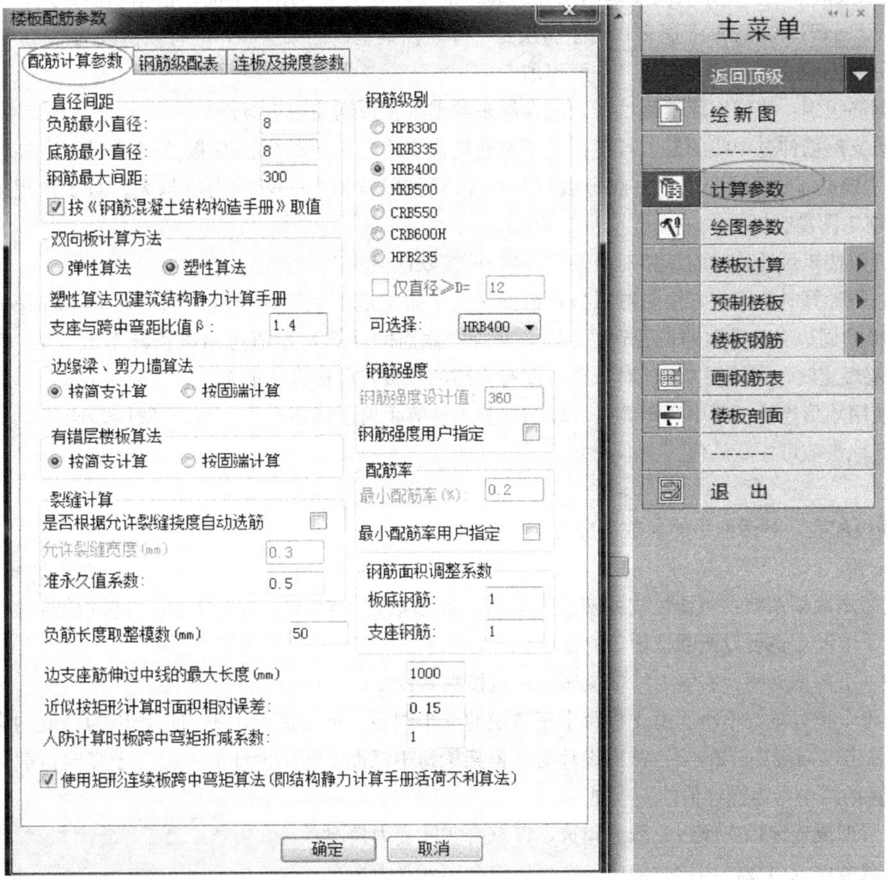

图 1-77　配筋计算参数

参数注释：

1. 负筋最小直径：一般可填写 8mm；当板厚大于 150mm 时，最小直径可取 10mm。

2. 底筋最小直径：一般可填写 8mm；当板厚大于 150mm 时，最小直径可取 10mm。

3. 钢筋最大间距：《混规》9.1.3：板中受力钢筋的间距，当板厚不大于 150mm 时不宜大于 200mm，当板厚大于 150mm 时不宜大于板厚的 1.5 倍，且不宜大于 250mm。所以对于常规的结构，一般可填写 200mm。

4. 按《钢筋混凝土结构构造手册》取值：一般可勾选。

5. 双向板计算方法：双向板计算算法：选“弹性算法”则偏保守，但很多设计院都按弹性计算。可以选“塑性算法”，支座与跨中弯矩比可修改为 1.4。该值越小，则板端弯矩调幅越大，对于较大跨度的板，支座裂缝可能会过早开展，并可能跨中挠度较大；在实际设计中，工业建筑采用弹性方法，民用建筑采用塑性方法。直接承受动荷载或重复荷载作用的构件、裂缝控制等级为一级或二级的构件、采用无明显屈服台阶钢筋的构件以及要求安全储备较高的结构应采用弹性方法。地下室顶板、屋面板等有防水要求且荷载较大，考虑裂缝和徐变对构件刚度的影响，建议采用弹性理论计算。人防设计一般采用塑性计算。住宅建筑，板跨度较小，如采用 HRB400 级钢筋，既可采用弹性计算方法也可采用塑性计算方法，计算结果相差不大，通常采用塑性计算。

6. 边缘梁、剪力墙算法：一般可按程序的默认方法，按简支计算。

7. 有错层楼板算法：一般可按程序的默认方法，按简支计算。

8. 裂缝计算：一般不应勾选“允许裂缝挠度自动选筋”。

9. 准永久值系数：此系数主要是用来算裂缝与挠度，对于整个结构平面，根据功能布局，可查《荷规》5.1.1，一般以 0.4、0.5 居多；对于整层是书库、档案室、储藏室等，应将该值改为 0.8。

10. 负筋长度取整模数（mm）：一般可取 50。

11. 钢筋级别：按照实际工程填写，现在越来越多工程板钢筋用三级钢。

12. 边支座筋伸过中线的最大长度：对于普通的边支座，一般的做法是板负筋伸至支座外侧减去保护层厚度，根据需要再做弯锚；一般可填写 200mm 或按默认值 1000，因为值越大，对于常规工程，生成的板筋施工图没有影响。

13. 近似按矩形计算时面积相对误差（%）：可按默认值 0.15。

14. 人防计算时板跨中弯矩折减系数：根据《人民防空地下室设计规范》GB 50038—94 第 4.6.6 条规定，当板的周边支座横向伸长受到约束时，其跨中截面的计算弯矩值可乘以折减系数 0.7。当有人防且符合规范规定时，可填写 0.7；对于普通没有人防的楼板，可按默认值 1.0。

15. 使用矩形连续板跨中弯矩算法（即结构静力计算手册活荷不利算法）：一般应勾选。

16. 其他参数可按默认值。

参数注释：

“钢筋级配表”对话框中的参数一般可不修改。

参数注释：

1. 负弯矩调幅系数：当楼板按弹塑性计算时，此参数可按默认值 1.0 填写；当楼板按弹性计算时，系数可填写 0.85，也可以按默认值 1.0 偏于保守；

2. 左（下）端支座、右（上）端支座：一般按默认铰支；

3. 板跨中正弯矩按不小于简支板跨中正弯矩的一半调整：可勾选也可不勾选，因为一般均满足，此参数主要参考《高规》5.2.3-4：截面设计时，框架梁跨中截面正弯矩设计值不应小于竖向荷载作用下按简支梁计算的跨中弯矩设计值的 50%；

4. 次梁形成连续板支座：一般应勾选，以符合实际受力情况；

5. 荷载考虑双向板作用：一般应勾选，以符合实际受力情况；

6. 挠度限值：可按默认值，一般不用修改，对于使用上对挠度有较高要求的构件应修改；具体规定

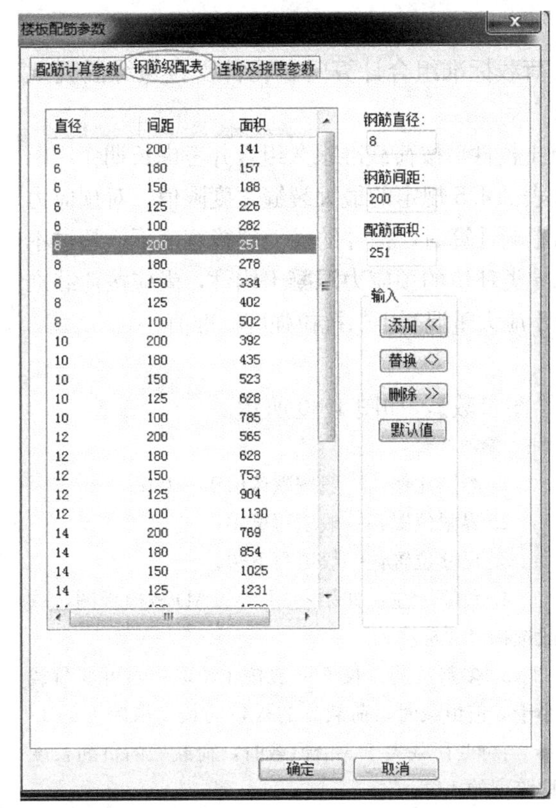

图 1-78　钢筋级配表

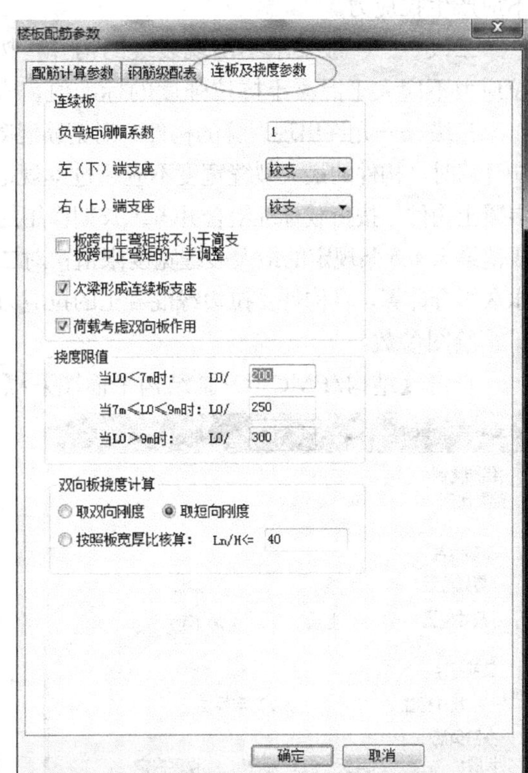

图 1-79　连板及挠度参数

可见《混规》3.4.3；

7. 双向板挠度计算：一般选择“取短向刚度”。

规范规定：

《混规》3.4.3：钢筋混凝土受弯构件的最大挠度应按荷载的准永久组合，预应力混凝土受弯构件的最大挠度应按荷载的标准组合，并均应考虑荷载长期作用的影响进行计算，其计算值不应超过表 1-15 规定的挠度限值。

受弯构件的挠度限值　　**表 1-15**

构件类型		挠度限值
吊车梁	手动吊车	$l_0/500$
	电动吊车	$l_0/600$
屋盖、楼盖及楼梯构件	当 $l_0<7$m 时	$l_0/200$（$l_0/250$）
	当 7m$\leqslant l_0 \leqslant$9m 时	$l_0/250$（$l_0/300$）
	当 $l_0>9$m 时	$l_0/300$（$l_0/400$）

注：1. 表中 l_0 为构件的计算跨度；计算悬臂构件的挠度限值时，其计算跨度 l_0 按实际悬臂长度的 2 倍取用；
2. 表中括号内的数值适用于使用上对挠度有较高要求的构件；
3. 如果构件制作时预先起拱，且使用上也允许，则在验算挠度时，可将计算所得的挠度值减去起拱值；对预应力混凝土构件，尚可减去预加力所产生的反拱值；
4. 构件制作时的起拱值和预加力所产生的反拱值，不宜超过构件在相应荷载组合作用下的计算挠度值。

《混规》3.4.4：结构构件正截面的受力裂缝控制等级分为三级，等级划分及要求应符合下列规定：

一级——严格要求不出现裂缝的构件，按荷载标准组合计算时，构件受拉边缘混凝土不应产生拉应力。

二级——一般要求不出现裂缝的构件，按荷载标准组合计算时，构件受拉边缘混凝土拉应力不应大于混凝土抗拉强度的标准值。

三级——允许出现裂缝的构件：对钢筋混凝土构件，按荷载准永久组合并考虑长期作用影响计算时，构件的最大裂缝宽度不应超过本规范表 3.4.5 规定的最大裂缝宽度限值。对预应力混凝土构件，按荷载标准组合并考虑长期作用的影响计算时，构件的最大裂缝宽度不应超过本规范第 3.4.5 条规定的最大裂缝宽度限值；对二 a 类环境的预应力混凝土构件，尚应按荷载准永久组合计算，且构件受拉边缘混凝土的拉应力不应大于混凝土的抗拉强度标准值。

绘图参数：

点击【结构/PMCAD/画结构平面图】→【绘图参数】，如图 1-80 所示。

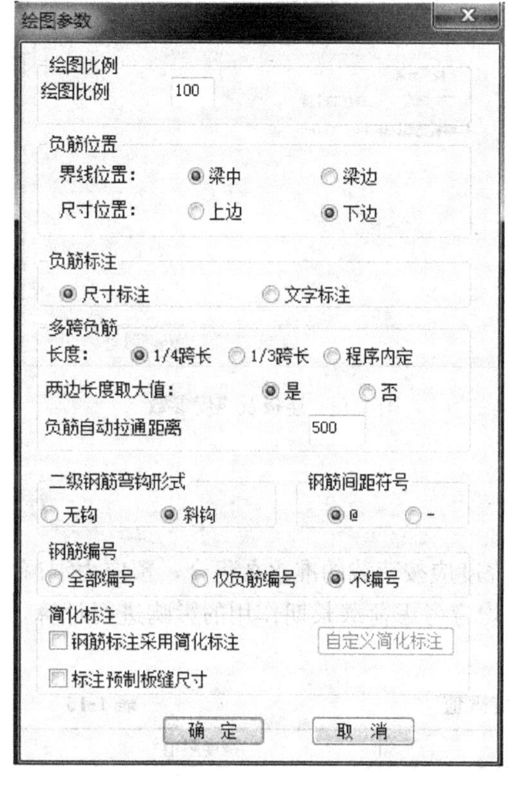

图 1-80 绘图参数

参数注释：

1. 绘图比例：一般按默认值 1：100；
2. 界限位置：一般填写梁中；
3. 尺寸位置：一般填写下边；
4. 负筋标注：如果利用 PMCAD 板模板图，一般选择尺寸标注；
5. 多跨负筋：长度一般按 1/4 取；当可变荷载小于 3 倍恒载时，荷载处的板负筋长度取跨度的 1/4；当可变荷载大于 3 倍恒载时，荷载处的负筋长度取跨度的 1/3；
6. 两边长度取大值：一般选择是；
7. 负筋自动拉通长度：一般可选取 500，此参数与甲方对含钢量的要求有关；
8. 二级钢筋弯钩形式：可按默认值勾选斜钩，由于板钢筋一般选择三级钢，此参数对板配筋没有影响；
9. 钢筋间距符号：一般勾选@；
10. 钢筋编号：一般选择不编号；
11. 钢筋标注采用简化标注：一般可按默认值，不勾选；
12. 标注预制板尺寸：一般可按默认值，不勾选。

点击【楼板计算/显示边界、固定边界、简支边界】，可用“固定边界”、“简支边界”来修改边界条件，红颜色表示“固定边界”，蓝颜色表示“简支边界”，如图 1-81 所示。

2. 画或修改板平法施工图时应注意的问题

（1）板钢筋

1）规范规定

《混规》9.1.6：按简支边或非受力边设计的现浇混凝土板，当与混凝土梁、墙整体浇筑或嵌固在砌体墙内时，应设置板面构造钢筋，并符合下列要求：

① 钢筋直径不宜小于 8mm，间距不宜大于 200mm，且单位宽度内的配筋面积不宜小于跨中相应方向板底钢筋截面面积的 1/3。与混凝土梁、混凝土墙整体浇筑单向板的非受

力方向，钢筋截面面积尚不宜小于受力方向跨中板底钢筋截面面积的 1/3。

② 钢筋从混凝土梁边、柱边、墙边伸入板内的长度不宜小于 $l_0/4$，砌体墙支座处钢筋伸入板边的长度不宜小于 $l_0/7$，其中计算跨度 l_0 对单向板按受力方向考虑，对双向板按短边方向考虑。

③ 在楼板角部，宜沿两个方向正交、斜向平行或放射状布置附加钢筋。

《混规》9.1.7：当按单向板设计时，应在垂直于受力的方向布置分布钢筋，单位宽度上的配筋不宜小于单位宽度上的受力钢筋的 15%，且配筋率不宜小于 0.15%；分布钢筋直径不宜小于 6mm，间距不宜大于 250mm；当集中荷载较大时，分布钢筋的配筋面积尚应增加，且间距不宜大于 200mm。当有实践经验或可靠措施时，预制单向板的分布钢筋可不受本条的限制。

《混规》9.1.8：在温度、收缩应力较大的现浇板区域，应在板的表面双向配置防裂构造钢筋。配筋率均不宜小于 0.10%，间距不宜大于 200mm。防裂构造钢筋可利用原有钢筋贯通布置，也可另行设置钢筋并与原有钢筋按受拉钢筋的要求搭接或在周边构件中锚固。楼板平面的瓶颈部位宜适当增加板厚和配筋。沿板的洞边、凹角部位宜加配防裂构造钢筋，并采取可靠的锚固措施。

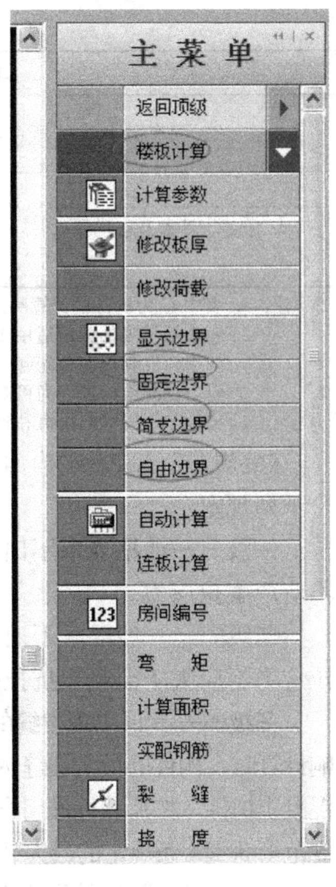

图 1-81　边界显示、修改

注：点击“自动计算”，即可完成楼板的计算。

《混规》9.1.3：板中受力钢筋的间距，当板厚不大于 150mm 时不宜大于 200mm，当板厚大于 150mm 时不宜大于板厚的 1.5 倍，且不宜大于 250mm。

《高规》3.6.3：普通地下室顶板厚度不宜小于 160mm，作为上部结构嵌固部位的地下室楼层的顶楼盖应采用梁板体系，楼板厚度不宜小于 180mm，应采用双层双向配筋，且每层每个方向的配筋率不宜小于 0.25%。

2）经验

① 板中受力钢筋的常用直径，板厚不超过 120mm 时，适宜的钢筋直径为 8～12mm；板厚 120～150mm 时，适宜的钢筋直径为 10～14mm；板厚 150～180mm 时，适宜的钢筋直径为 12～16mm；板厚 180～220mm 时，适宜的钢筋直径为 14～18mm。

② 板施工图的绘制可以按照 11G101 中板平法施工图方法进行绘制，板负筋相同且个数比较多时，可以编为同一个编号，否则不应编号，以防增加施工难度。

屋面板配筋一般双层双向，再另加附加筋。未注明的板配筋可以文字说明的方式表示。

（2）板挠度

规范规定：

《混规》3.4.3：钢筋混凝土受弯构件的最大挠度应按荷载的准永久组合，预应力混凝土受弯构件的最大挠度应按荷载的标准组合，并均应考虑荷载长期作用的影响进行计算，其计算值不应超过表 1-16 规定的挠度限值。

受弯构件的挠度限值 **表 1-16**

构件类型		挠度限值
吊车梁	手动吊车	$l_0/500$
	电动吊车	$l_0/600$
屋盖、楼盖及楼梯构件	当 $l_0<7\text{m}$ 时	$l_0/200$ ($l_0/250$)
	当 $7\text{m}\leqslant l_0\leqslant 9\text{m}$ 时	$l_0/250$ ($l_0/300$)
	当 $l_0>9\text{m}$ 时	$l_0/300$ ($l_0/400$)

注：1. 表中 l_0 为构件的计算跨度；计算悬臂构件的挠度限值时，其计算跨度 l_0 按实际悬臂长度的 2 倍取用；
2. 表中括号内的数值适用于使用上对挠度有较高要求的构件；
3. 如果构件制作时预先起拱，且使用上也允许，则在验算挠度时，可将计算所得的挠度值减去起拱值；对预应力混凝土构件，尚可减去预加力所产生的反拱值；
4. 构件制作时的起拱值和预加力所产生的反拱值，不宜超过构件在相应荷载组合作用下的计算挠度值。

《混规》3.4.4：结构构件正截面的受力裂缝控制等级分为三级，等级划分及要求应符合下列规定：

一级——严格要求不出现裂缝的构件，按荷载标准组合计算时，构件受拉边缘混凝土不应产生拉应力。

二级——一般要求不出现裂缝的构件，按荷载标准组合计算时，构件受拉边缘混凝土拉应力不应大于混凝土抗拉强度的标准值。

三级——允许出现裂缝的构件：对钢筋混凝土构件，按荷载准永久组合并考虑长期作用影响计算时，构件的最大裂缝宽度不应超过本规范表 3.4.5 规定的最大裂缝宽度限值。对预应力混凝土构件，按荷载标准组合并考虑长期作用的影响计算时，构件的最大裂缝宽度不应超过本规范第 3.4.5 条规定的最大裂缝宽度限值；对二 a 类环境的预应力混凝土构件，尚应按荷载准永久组合计算，且构件受拉边缘混凝土的拉应力不应大于混凝土的抗拉强度标准值。

（3）板裂缝

1）规范规定

《混规》3.4.5：结构构件应根据结构类型和本规范第 3.5.2 条规定的环境类别，按表 1-17的规定选用不同的裂缝控制等级及最大裂缝宽度限值 ω_{lim}。

结构构件的裂缝控制等级及最大裂缝宽度的限值（mm） **表 1-17**

环境类型	钢筋混凝土结构		预应力混凝土结构	
	裂缝控制等级	ω_{lim}	裂缝控制等级	ω_{lim}
一	三级	0.30（0.40）	三级	0.20
二$_{\text{a}}$		0.20		0.10
二$_{\text{b}}$			二级	—
三$_{\text{a}}$、三$_{\text{b}}$			一级	—

注：1. 对处于年平均相对湿度小于 60%地区一类环境下的受弯构件，其最大裂缝宽度限值可采用括号内的数值；
2. 在一类环境下，对钢筋混凝土屋架、托架及需作疲劳验算的吊车梁，其最大裂缝宽度限值应取为 0.20mm；对钢筋混凝土屋面梁和托梁，其最大裂缝宽度限值应取为 0.30mm；
3. 在一类环境下，对预应力混凝土屋架、托架及双向板体系，应按二级裂缝控制等级进行验算；对一类环境下的预应力混凝土屋面梁、托梁、单向板，应按表中二 a 级环境的要求进行验算；在一类和二 a 类环境下需作疲劳验算的预应力混凝土吊车梁，应按裂缝控制等级不低于二级的构件进行验算；
4. 表中规定的预应力混凝土构件的裂缝控制等级和最大裂缝宽度限值仅适用于正截面的验算；预应力混凝土构件的斜截面裂缝控制验算应符合本规范第 7 章的有关规定；
5. 对于烟囱、筒仓和处于液体压力下的结构，其裂缝控制要求应符合专门标准的有关规定；
6. 对于处于四、五类环境下的结构构件，其裂缝控制要求应符合专门标准的有关规定；
7. 表中的最大裂缝宽度限值为用于验算荷载作用引起的最大裂缝宽度。

2）设计时要注意的一些问题

裂缝：地下室顶板裂缝限值一般可按 0.3mm 取，有些设计院规定按 0.2mm 取。

3. 地下室顶板平法施工图

地下室顶板平法施工图如图 1-82、图 1-83 所示。

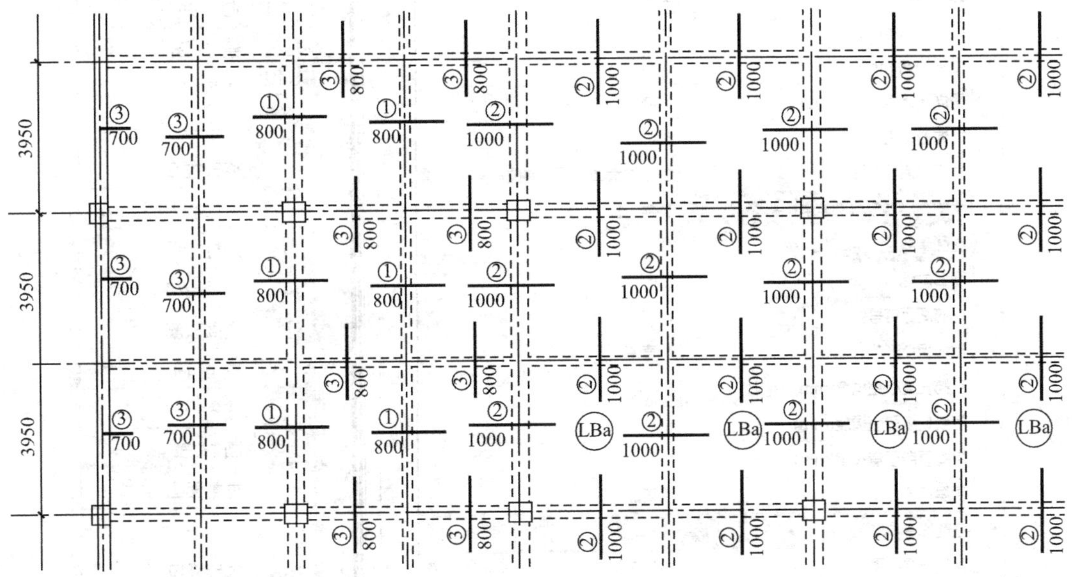

图 1-82　地下室顶板板平法施工图（局部）

说明：

1. 本图中未注明梁板基准标高相对绝对标高为75.300。
2. 图中注明外，其板厚均匀200mm，配筋为⏀10@150双层双向，图中表示的支座钢筋为板面附加钢筋。
3. 梁板混凝土强度等级：C35。
4. 未定位梁均以轴线居中或平墙、柱边。
5. 后浇带采用贯通留筋钢筋构造方式，混凝土强度等级比相应位置梁板混凝土强度等级提高一级，后浇带在主体完工60天后浇筑。
6. 除风井外，各专业管道井楼板应先预留钢筋，待专业安装完毕后浇注。
7. 图例：

单体顶板

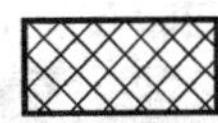

梁板标高76.10m

底板、墙、顶板后浇带

8. 底板，顶板配筋中于每平米设置1⏀12马凳筋
9. 图中所示板筋均为板面附加支座筋钢筋代号：

①⏀8@150 ②⏀10@50 ③⏀8@300 ④⏀12@150

10. 塔楼入口门楼柱落底于地下室顶板梁上，其柱配筋详见各单体图纸。
11. 其余说明见总说明。

图 1-83　地下室顶板板平法施工图说明

1.1.9　地下室柱子计算与施工图绘制

1. 软件操作

点击【墙梁柱施工图/柱平法施工图】→【参数修改】，如图 1-84 所示。

参数注释：

1. 施工图表示方法：程序提供了 7 中表示方法，一般可选择第一种，平法截面注写 1（原位）；
2. 生成图形时考虑文字避让：1-考虑；
3. 连续柱归并编号方式：用两种方式可选择，1-全楼归并编号；2-按钢筋标准层归并编号；选择哪一种归并方式都可以；
4. 主筋放大系数：一般可填写 1.0；

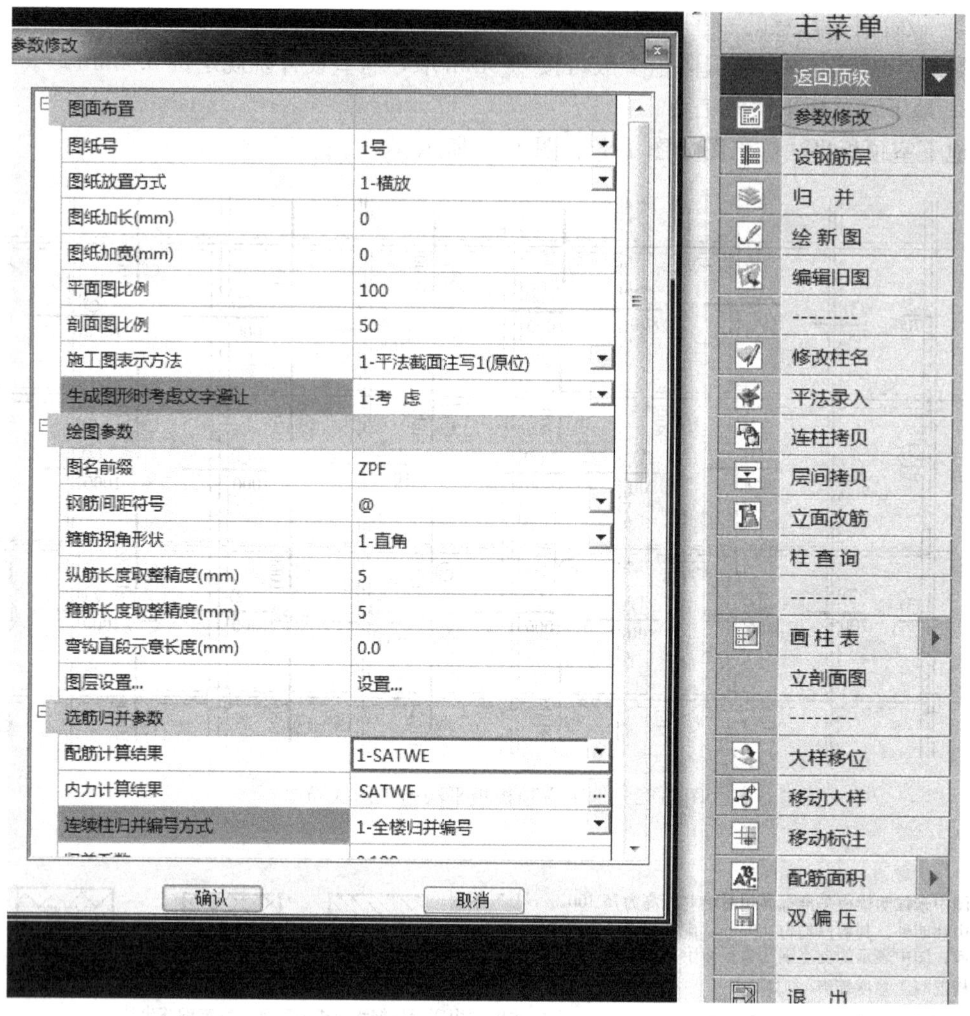

图 1-84　参数修改

注：一般不利用 PKPM 自动生成的柱平法施工图作为模板，只是方便校对配筋。柱平法施工图一般可以利用探索者（TSSD）绘制，点击 TSSD/布置柱子/柱复合箍。

5. 归并系数：一般可填写 0.2；

6. 箍筋形式：一般选择矩形井字箍；

7. 是否考虑上层柱下端配筋面积：应根据设计院要求来选择，一般可不选择；

8. 是否包括边框柱配筋：包括；

9. 归并是否考虑柱偏心：不考虑；

10. 每个截面是否只选择一种直径的纵筋：一般选择 0-否。

11. 是否考虑优选钢筋直径：1-是；

12. 其他参数可按默认值。

2. 画或修改柱平法施工图时应注意的问题

(1) 柱纵向钢筋

1) 钢筋等级

应按照设计院的做法来，由于现在二级钢与三级钢价格差不多，大多数设计院柱纵筋与箍筋均用三级钢，也有的设计院，纵筋用三级钢，箍筋由于非强度控制且延性好，用一级钢。

2）纵筋直径

多层时，纵筋直径以 ϕ16～ϕ25 居多，柱内钢筋比较多时，尽量用 ϕ28、ϕ30 的钢筋。钢筋直径要≤矩形截面柱在该方向截面尺寸的 1/20。

3）纵筋间距

① 规范规定

《高规》6.4.4-2：截面尺寸大于 400mm 的柱，一、二、三级抗震设计时其纵向钢筋间距不宜大于 200mm，抗震等级为四级和非抗震设计时，柱纵向钢筋间距不宜大于 300mm；柱纵向钢筋净距均不应小于 50mm。

② 经验

柱纵筋间距，在不增大柱纵筋配筋率的前提下，尽量采用规范上限值，以减小箍筋肢数，表 1-18 给出了柱单边最小钢筋根数。

柱单边最小钢筋根数 **表 1-18**

截面（mm）	250～300	300～450	500～750	750～900
单边	2	3	4	5

4）纵筋配筋原则

宜对称配筋，柱截面纵筋种类宜一种，不要超过 2 种。钢筋直径不宜上大下小。

5）纵筋配筋率

① 规范规定

《抗规》6.3.7-1：柱的钢筋配置，应符合下列各项要求：

柱纵向受力钢筋的最小总配筋率应按表 1-19 采用，同时每一侧配筋率不应小于 0.2%；对建造于Ⅳ类场地且较高的高层建筑，最小总配筋率应增加 0.1%。

柱截面纵向钢筋的最小总配筋率（百分率） **表 1-19**

类别	抗震等级			
	一	二	三	四
中柱和边柱	0.9（1.0）	0.7（0.8）	0.6（0.7）	0.5（0.6）
角柱、框支柱	1.1	0.9	0.8	0.7

注：1. 表中括号内数值用于框架结构的柱；

2. 钢筋强度标准值小于 400MPa 时，表中数值应增加 0.1，钢筋强度标准值为 400MPa 时，表中数值应增加 0.05；

3. 混凝土强度等级高于 C60 时，上述数值应相应增加 0.1。

《抗规》6.3.8：

a. 柱总配筋率不应大于 5%；剪跨比不大于 2 的一级框架的柱，每侧纵向钢筋配筋率不宜大于 1.2%。

b. 边柱、角柱及抗震墙端柱在小偏心受拉时，柱内，纵筋总截面面积应比计算值增加 25%。

② 经验

柱子总配筋率一般在 1.0%～2%之间。当结构方案合理时，竖向受力构件一般为构造配筋，框架柱配筋率在 0.7%～1.0%之间。对于抗震等级为二、三级的框架结构，柱纵向钢筋配筋率应在1.0%～1.2%之间，角柱和框支柱配筋率应在1.2%～1.5%之间。

（2）箍筋

1）柱加密区箍筋间距和直径

《抗规》6.3.7-2：柱箍筋在规定的范围内应加密，加密区的箍筋间距和直径，应符合下列要求：

① 一般情况下，箍筋的最大间距和最小直径，应按表1-20采用。

柱箍筋加密区的箍筋最大间距和最小直径　　表1-20

抗震等级	箍筋最大间距（采用较小值，mm）	箍筋最小直径（mm）
一	$6d$，100	10
二	$8d$，100	8
三	$8d$，150（柱根100）	8
四	$8d$，150（柱根100）	6（柱根8）

注：1. d为柱纵筋最小直径；
2. 柱根指底层柱下端箍筋加密区。

② 一级框架柱的箍筋直径大于12mm且箍筋肢距不大于150mm及二级框架柱的箍筋直径不小于10mm且箍筋肢距不大于200mm时，除底层柱下端外，最大间距应允许采用150mm；三级框架柱的截面尺寸不大于400mm时，箍筋最小直径应允许采用6mm；四级框架柱剪跨比不大于2时，箍筋直径不应小于8mm。

③ 框支柱和剪跨比不大于2的框架柱，箍筋间距不应大于100mm。

2）柱的箍筋加密范围

《抗规》6.3.9-1：柱的箍筋加密范围，应按下列规定采用：

① 柱端，取截面高度（圆柱直径）、柱净高的1/6和500mm三者的最大值；

② 底层柱的下端不小于柱净高的1/3；

③ 刚性地面上下各500mm；

④ 剪跨比不大于2的柱、因设置填充墙等形成的柱净高与柱截面高度之比不大于4的柱、框支柱、一级和二级框架的角柱，取全高。

3）柱箍筋加密区箍筋肢距

《抗规》6.3.9-2：柱箍筋加密区的箍筋肢距，一级不宜大于200mm，二、三级不宜大于250mm，四级不宜大于300mm。至少每隔一根纵向钢筋宜在两个方向有箍筋或拉筋约束；采用拉筋复合箍时，拉筋宜紧靠纵向钢筋并钩住箍筋。

4）柱箍筋非加密区的箍筋配置

《抗规》6.3.9-4：柱箍筋非加密区的箍筋配置，应符合下列要求：

① 柱箍筋非加密区的体积配箍率不宜小于加密区的50%。

② 箍筋间距，一、二级框架柱不应大于10倍纵向钢筋直径，三、四级框架柱不应大于15倍纵向钢筋直径。

5）柱加密区范围内箍筋的体积配箍率：

《抗规》6.3.9-3：柱箍筋加密区的体积配箍率，应按下列规定采用：

① 柱箍筋加密区的体积配箍率应符合下式要求：

$$\rho_v \geqslant \lambda_v f_c / f_{yv} \tag{1-2}$$

式中　ρ_v——柱箍筋加密区的体积配箍率，一级不应小于0.8%，二级不应小于0.6%，

三、四级不应小于 0.4%；计算复合螺旋箍的体积配箍率时，其非螺旋箍的箍筋体积应乘以折减系数 0.5；

f_c——混凝土轴心抗压强度设计值，强度等级低于 C35 时，应按 C35 计算；

f_{yv}——箍筋或拉筋抗拉强度设计值；

λ_v——最小配箍特征值。

② 框支柱宜采用复合螺旋箍或井字复合箍，其最小配箍特征值应比表 6.3.9 内数值增加 0.02，且体积配箍率不应小于 1.5%。

③ 剪跨比不大于 2 的柱宜采用复合螺旋箍或井字复合箍，其体积配箍率不应小于 1.2%，9 度一级时不应小于 1.5%。

(3) SATWE 配筋简图及有关文字说明（图 1-85）

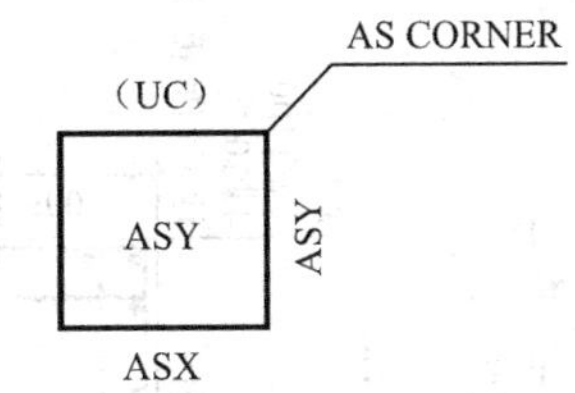

图 1-85　SATWE 配筋简图及有关文字说明（柱）

注：1. As _ corner 为柱一根角筋的面积，采用双偏压计算时，角筋面积不应小于此值，采用单偏压计算时，角筋面积可不受此值控制（cm^2）。

2. A_{sx}，A_{sy}分别为该柱 B 边和 H 边的单边配筋，包括角筋（cm^2）。

3. A_{sv}表示柱在 S_c 范围内的箍筋（一面），它是取柱斜截面抗剪箍筋和节点抗剪箍筋的大值（cm^2）。

4. U_c 表示柱的轴压比。

3. 地下室柱子平法施工图

地下室柱子平法施工图如图 1-86、图 1-87 所示。

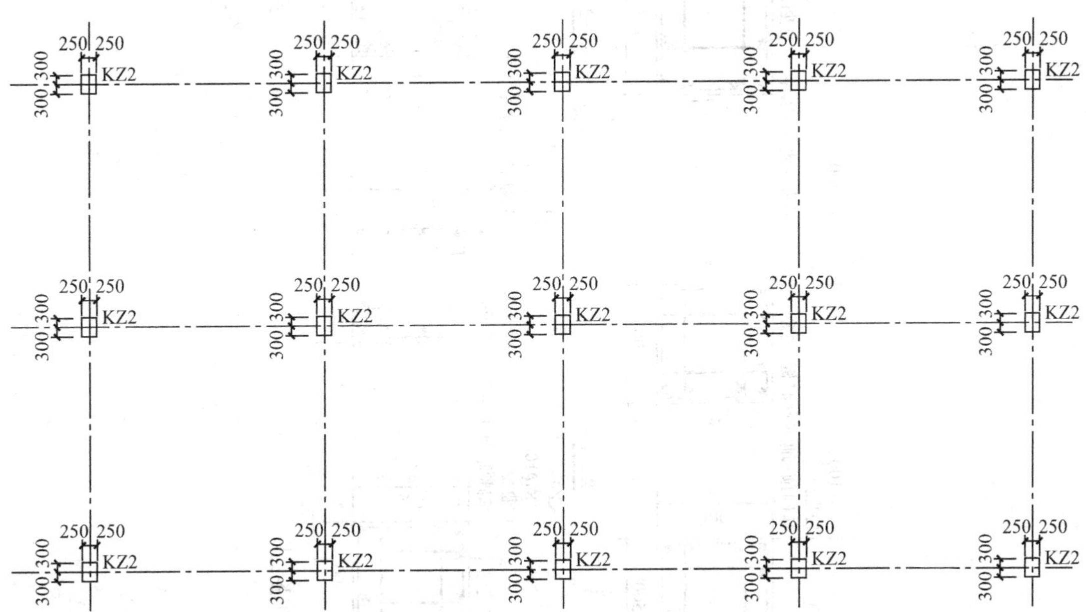

图 1-86　墙柱平面布置图（局部）

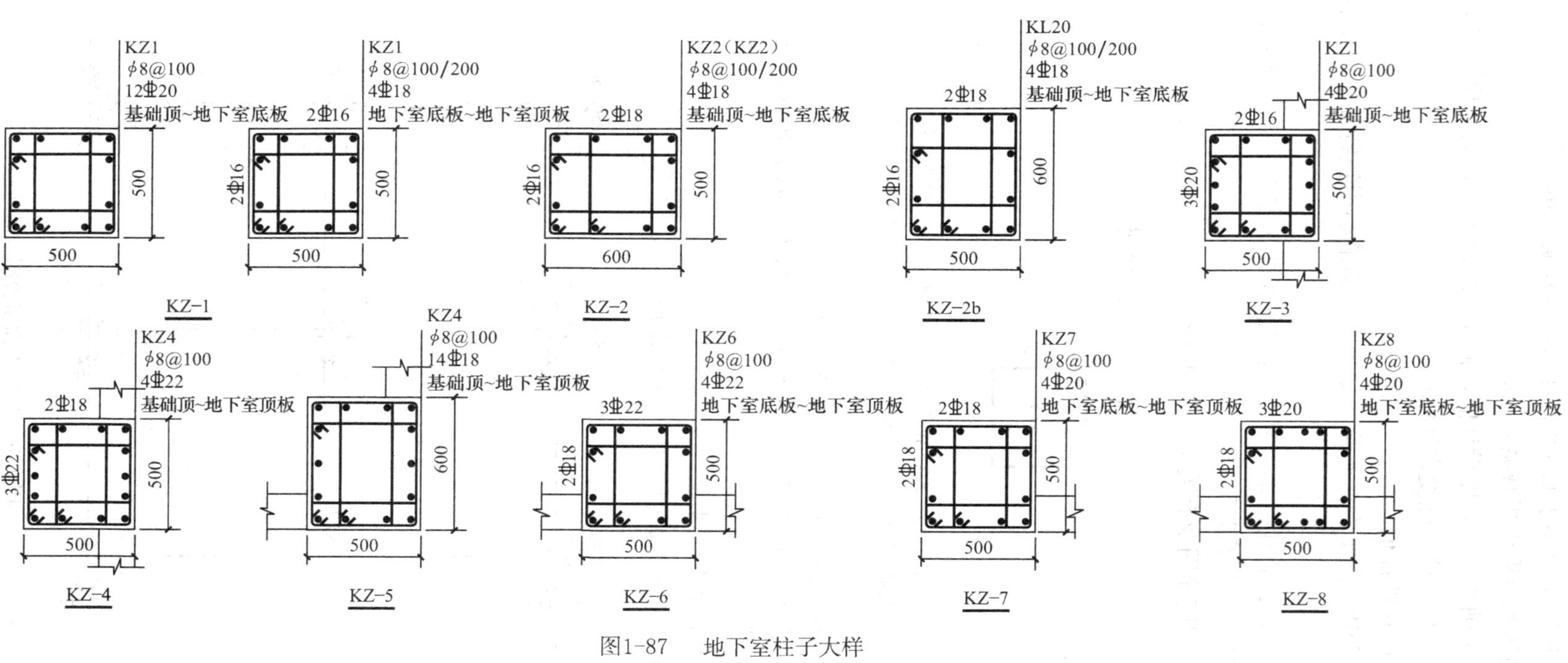

图1-87　地下室柱子大样

1.1.10 地下室底板设计

(1) 本工程抗浮水位为 78.50m，纯地下室底板底标高为 82.8m，塔楼地下室底板最低标高为 78.45m，地下室不考虑进行抗浮设计，地下室底板做 250mm 厚的防水板，构造配筋 10@200，双层双向。

(2) 其他地区的地下室，抗浮水位经常高于底板，有的甚至高于地下室顶板 1～2m，要进行抗浮设计。

有的地下室采用独立基础+防水板，当地下室抗浮力水位不高时，一般做 300～400mm 的防水板，防水板下面做 50mm 厚的聚苯板，这样防水板受到竖直向下的力不传给土，而传给独立基础。在实际设计中常常需要多建一层（防水板层），将防水板的（恒+活：小车荷载等）导到独立基础上去，这是荷载工况 1；在多建的那层模型上（防水板层），层高可取 1m，将水浮力-板自重作为活荷载算一次（不考虑板自重），这是荷载工况 2（一般按无梁楼盖设计，柱帽大小按独立基础尺寸取，采用 SLABCD 计算），防水板构造配筋率为 0.2%，将荷载工况 1，荷载工况 2，构造配筋率 0.2%三者取包络设计。防水板层一般采用无梁楼盖体系（方便施工且比较经济），如果采用大板体系，则不在 SLABCD 中计算，直接在多建的那层 PMCAD 中计算，最后将此结果反过来，与荷载工况 1，构造配筋率 0.2%三者取包络设计。防水板层一般采用无梁楼盖体系（方便施工且比较经济），如果采用大板体系，则不在 SLABCD 中计算，直接在多建的那层 PMCAD 中计算，最后将此结果反过来，与构造配筋率 0.2%三者取包络设计。

有的地下室采用独立基础+防水板，当地下室抗浮力水位不高时，一般做 300～400mm 的防水板，防水板下面不做 50mm 厚的聚苯板（施工太麻烦且比较经济），这样防水板受到竖直向下的力传给土（一般土夯实后承载力大于 100kPa），不传给独立基础。在实际设计中常常需要多建一层（防水板层），层高可取 1m，将防水板的（恒+活：小车荷载等）导到独立基础上去（虽然传给土，但是还有一部分传给独立基础，取包络设计，则全部传给独立基础）；在多建的那层模型上（防水板层），将水浮力-板自重作为活荷载算一次（不考虑板自重），这是荷载工况 1，防水板构造配筋率为 0.2%，将荷载工况 1（一般按无梁楼盖设计，柱帽大小按独立基础尺寸取，采用 SLABCD 计算），构造配筋率 0.2%二者取包络设计。此种做法受力不明确，类似筏板，但是从配筋的角度来看，当抗浮水位不高时，与平筏板配筋差别不大。防水板层一般采用无梁楼盖体系（方便施工且比较经济），如果采用大板体系，则不在 SLABCD 中计算，直接在多建的那层 PMCAD 中计算，最后将此结果反过来，与构造配筋率 0.2%二者取包络设计。

有的地下室采用筏板基础+下沉式柱墩，筏板可以作为防水板，当地下室抗浮力水位不高时，一般做 300～400mm 厚的筏板。这样筏板受到竖直向下的力传给土（一般土夯实后承载力大于 100kPa），然后与下沉式柱墩整体变形。在实际设计中，常需要多建一层（筏板层），层高可取 1m，将水浮力-板自重作为活荷载算一次（不考虑板自重），这是荷载工况 1，筏板构造配筋率为 0.15%，将荷载工况 1（一般按无梁楼盖设计，柱帽大小按独立基础尺寸取，采用 SLABCD 计算），构造配筋率 0.15%二者取包络设计。筏板层一般采用平筏板体系（方便施工且比较经济）。

有的地下室采用预应力桩＋防水板，由于建筑物的力直接传给承台下的预应力桩，300～400mm厚的防水板受到竖直向下的力传给土（一般土夯实后承载力大于100kPa），实际设计中常常需要多建一层（防水板层），层高可取1m，将防水板的（恒＋活：小车荷载等）导到预应力桩上去（虽然传给土，但是还有一部分传给预应力桩，取包络设计，则全部传给预应力桩），这是荷载工况1；在多建的那层模型上（防水板层），将水浮力-板自重作为活荷载算一次（不考虑板自重），这是荷载工况2，防水板构造配筋率为0.2%，将荷载工况1、2（一般按无梁楼盖设计，柱帽大小按独立基础尺寸取，采用SLABCD计算），构造配筋率0.2%三者取包络设计。防水板层一般采用无梁楼盖体系（方便施工且比较经济），如果采用大板体系，则不在SLABCD中计算，直接在多建的那层PMCAD中计算，最后将此结果反过来，荷载工况1、2与构造配筋率0.2%三者取包络设计。

（3）地下室底板中的常见大样如图1-88～图1-91所示。

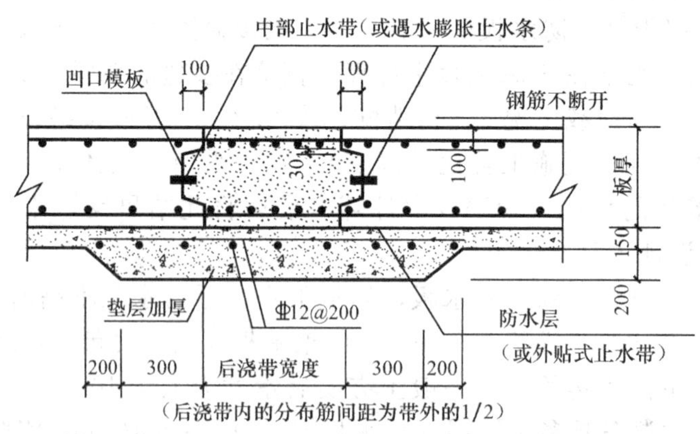

图1-88　底板后浇带（1）

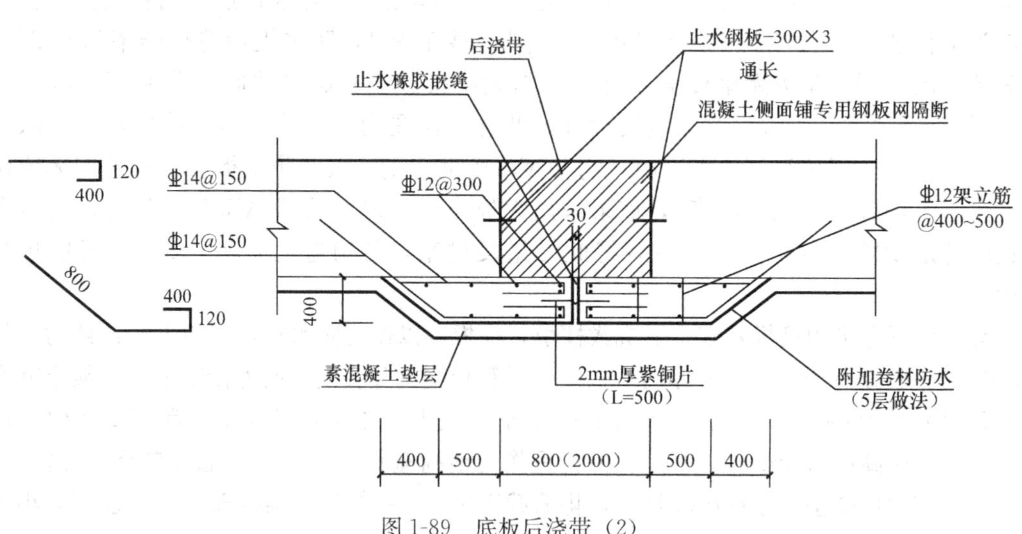

图1-89　底板后浇带（2）

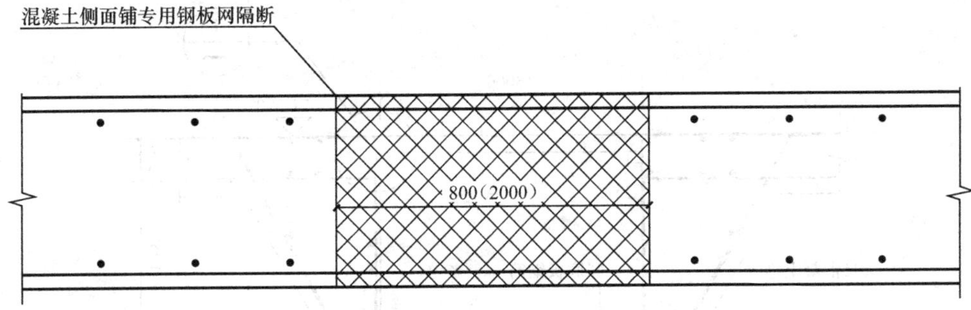

图 1-90　地下室顶板后浇带

注：后浇带混凝土强度应比原设计强度提高一级，采用补偿收缩混凝土；后浇带内混凝土相隔 60d 后浇筑。

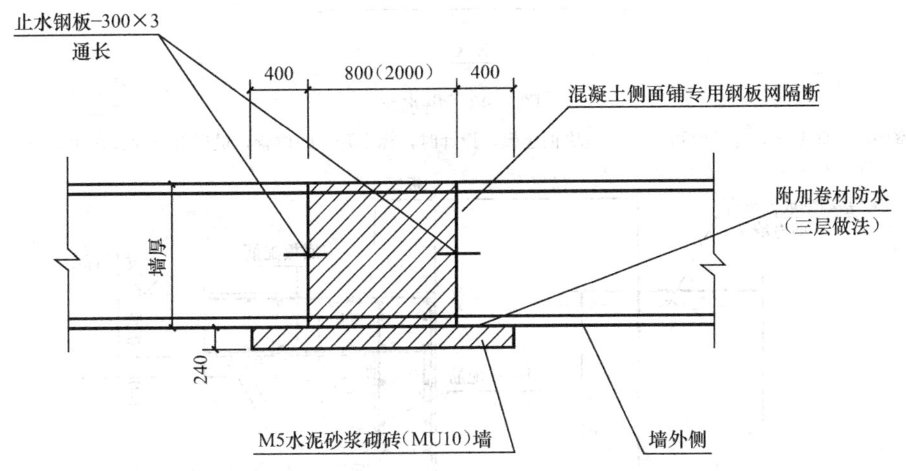

图 1-91　地下室外墙后浇带

注：后浇带混凝土强度应比原设计强度提高一级，采用补偿收缩混凝土；后浇带内混凝土相隔 60d 后浇筑。

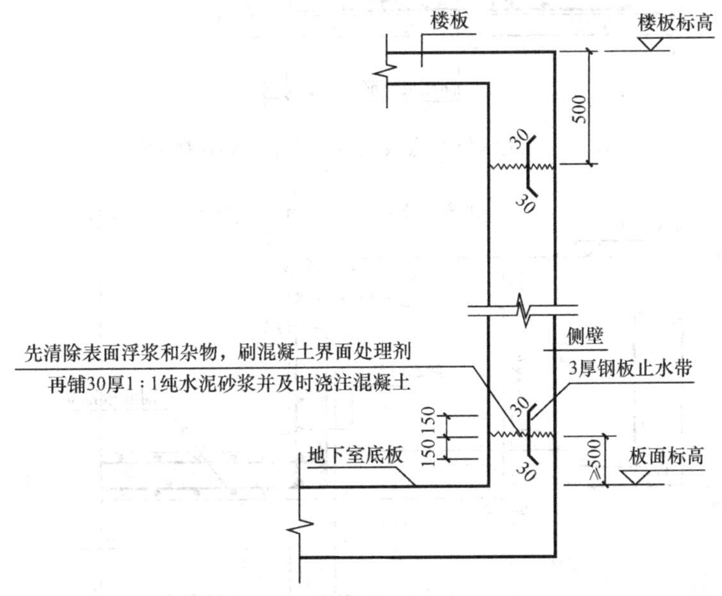

图 1-92　地下室侧壁施工缝防水做法

注：水池壁参见本图设置止水带，止水带方向朝临水面。

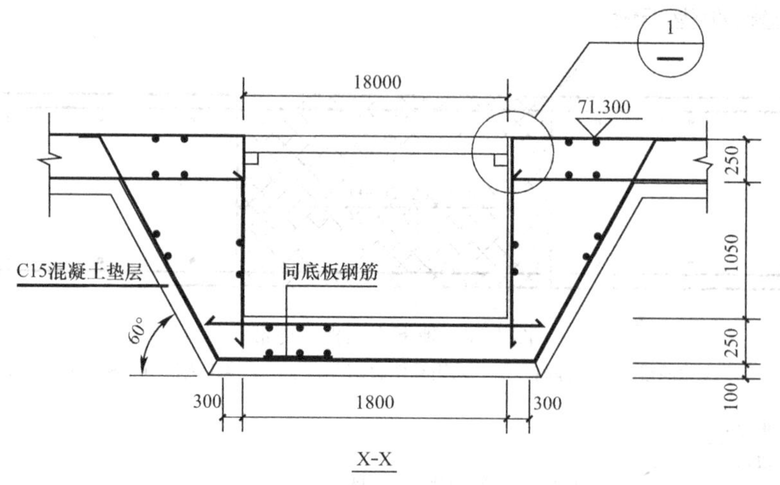

图 1-93 集水坑

注：地下室中的一些基坑，建模时可以按照整块板建模，设计时，标出开洞的位置，最后补充大样即可。

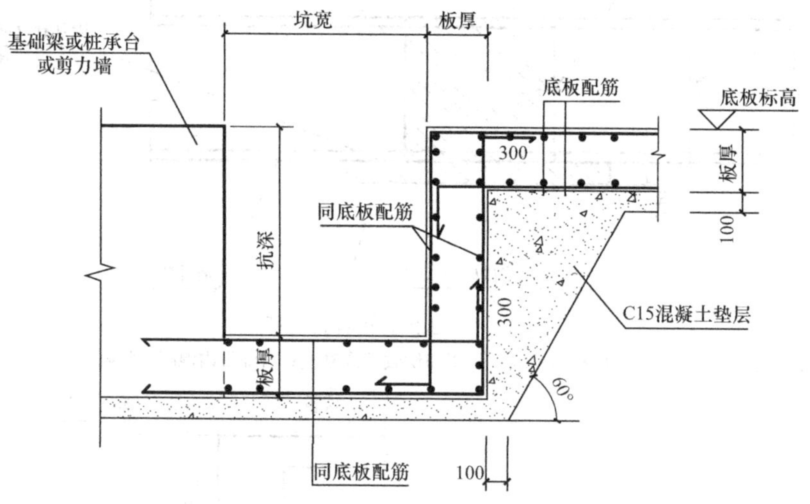

图 1-94 集水坑与底板及承台或基础梁连接大样

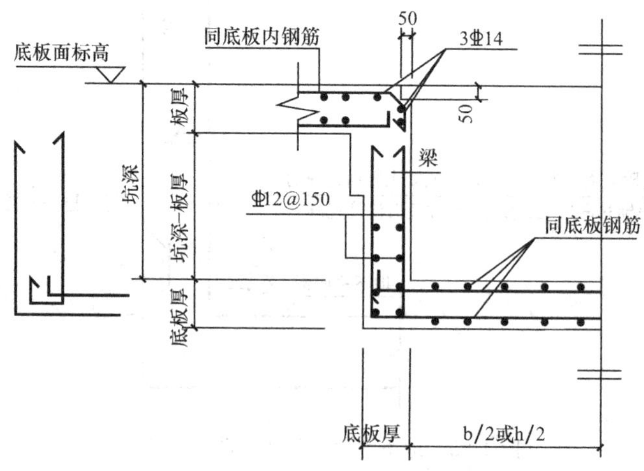

图 1-95 集水坑与梁连接大样

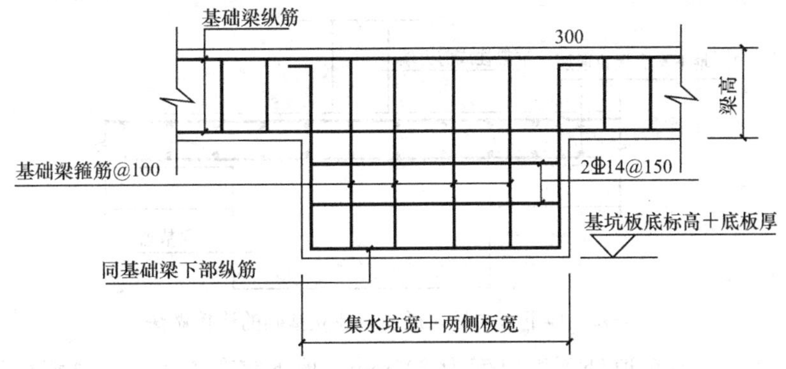

图 1-96　坑底标高低于梁底标高时作法

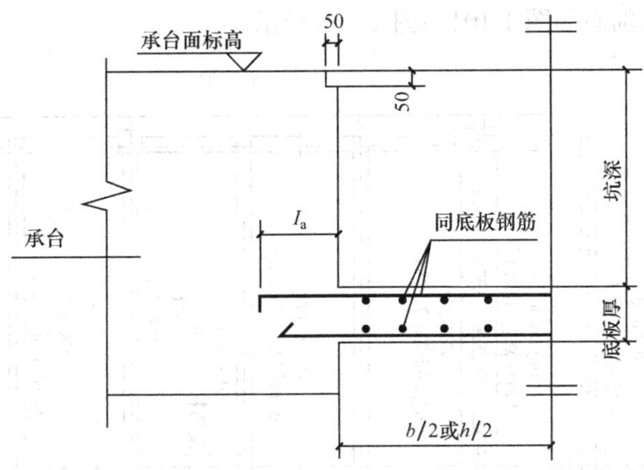

图 1-97　集水坑与承台（不低于承台）连接大样

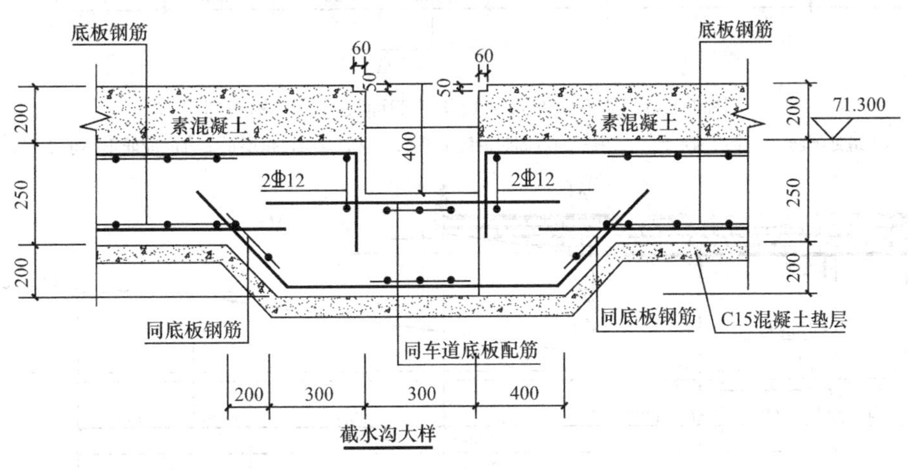

图 1-98　截水沟大样

1.1.11　地下室车道设计与施工图绘制

(1) 地下室车道建模时，一般不考虑高差关系，不考虑梁上反（与普通梁建模一样），与地下室其他部分在同一个标高建模。地下室车道两侧一般为混凝土地下室外墙，地下室车道入口处为了保证净高，常常将垂直于地下室车道入口两侧挡土墙的主次梁上反。

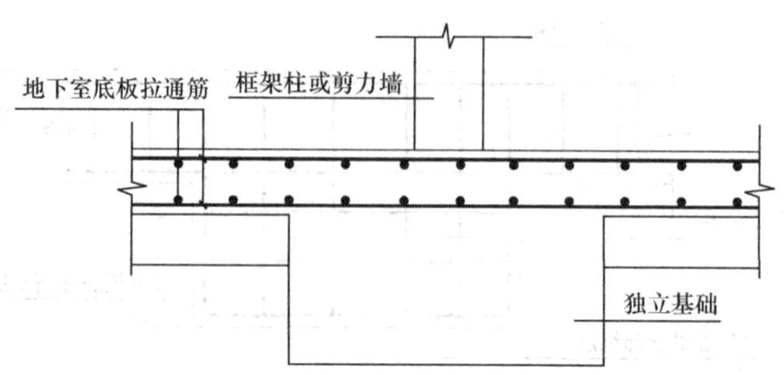

图 1-99　地下室底板拉通筋与独立基础的连接做法

（2）本工程地下室车道处顶板厚度为 200mm，地下室车道入口构件截面尺寸及结构布置如图 1-100 所示。

（3）地下室车道剖面如图 1-101～图 1-103 所示。

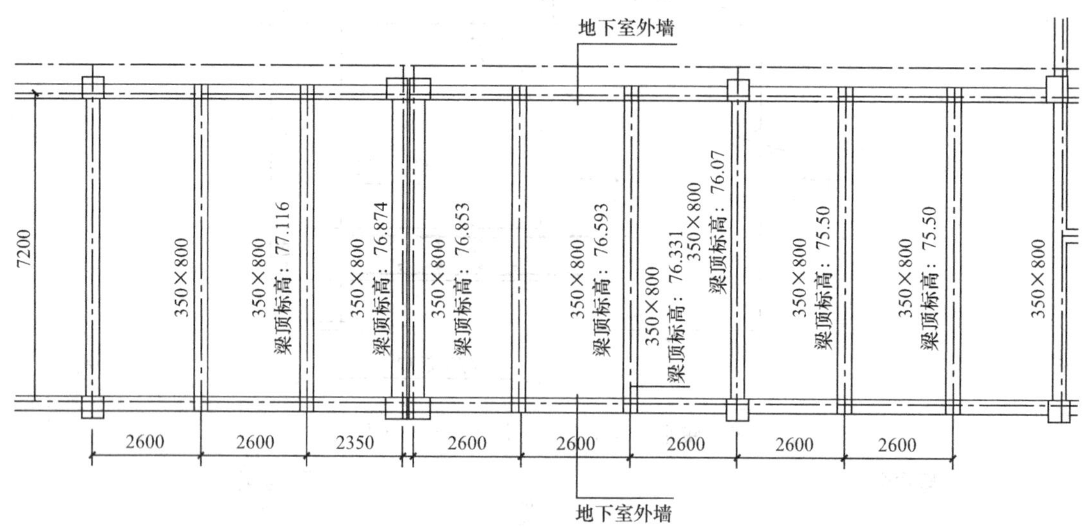

图 1-100　地下室车道入口构件截面尺寸及结构布置

注：本工程车道处配筋一般也应满足地下室顶板为嵌固时的配筋要求，双向双向，每层每个方向配筋不小于 0.25%。

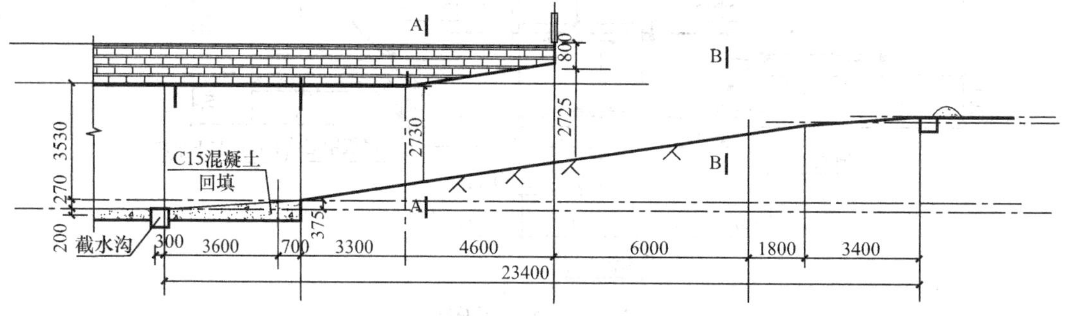

图 1-101　地下室车道剖面图

1.1.12　地下室基础计算与施工图绘制

本工程部分基础采用柱下独立基础，基础持力层为强风化泥质粉砂岩④，或以中风化泥质粉砂岩⑤，其承载力特征值 f_{ak} 分别为 400kPa、1500kPa；基础进入持力层不小于 300mm；基础开挖后，如基础持力层与图中要求不一致时。

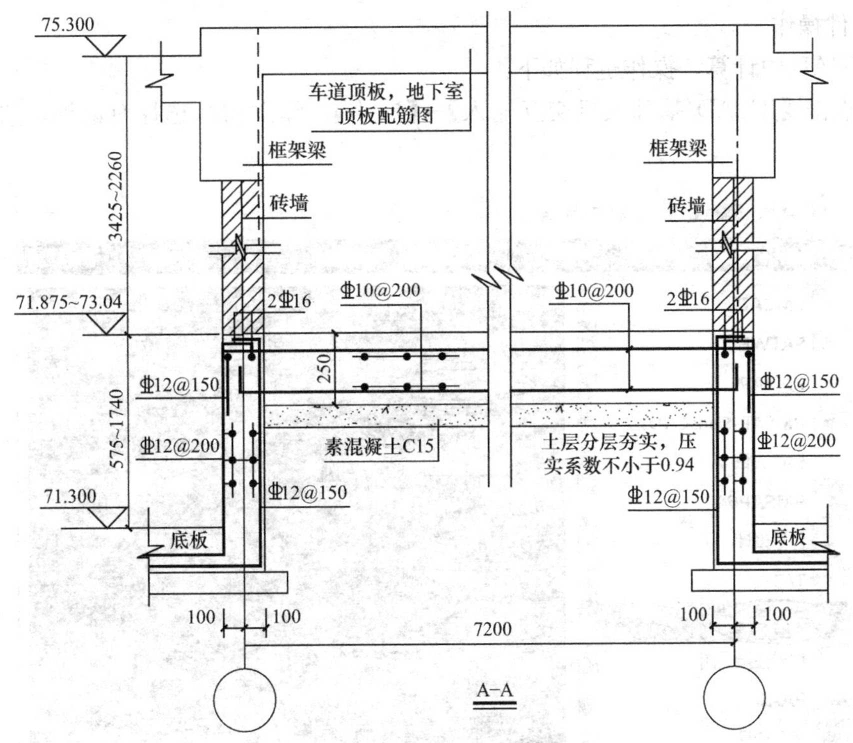

图 1-102　地下车道剖面图（1）

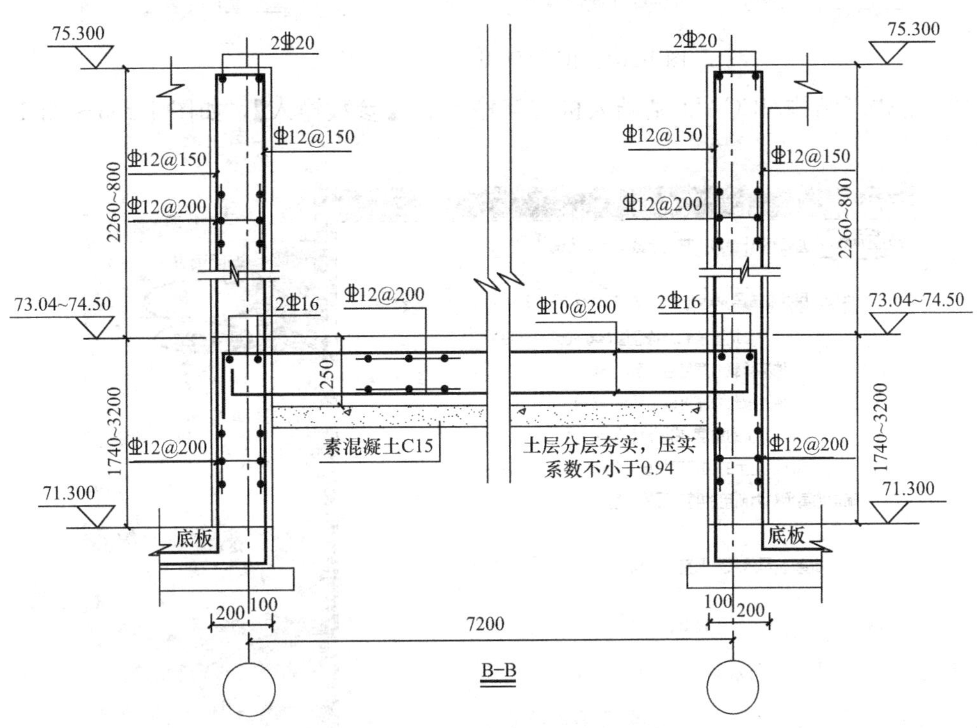

图 1-103　地下车道剖面图（2）

注：地下室车道两侧地下室外挡土墙设计可参考“地下室外墙设计过程”。

1. 软件操作

在 JCCAD 中计算，操作过程如下：

(1) 点击【JCCAD/基础人机交互输入】→【应用】，弹出初始选择对话框，如图 1-104 所示。

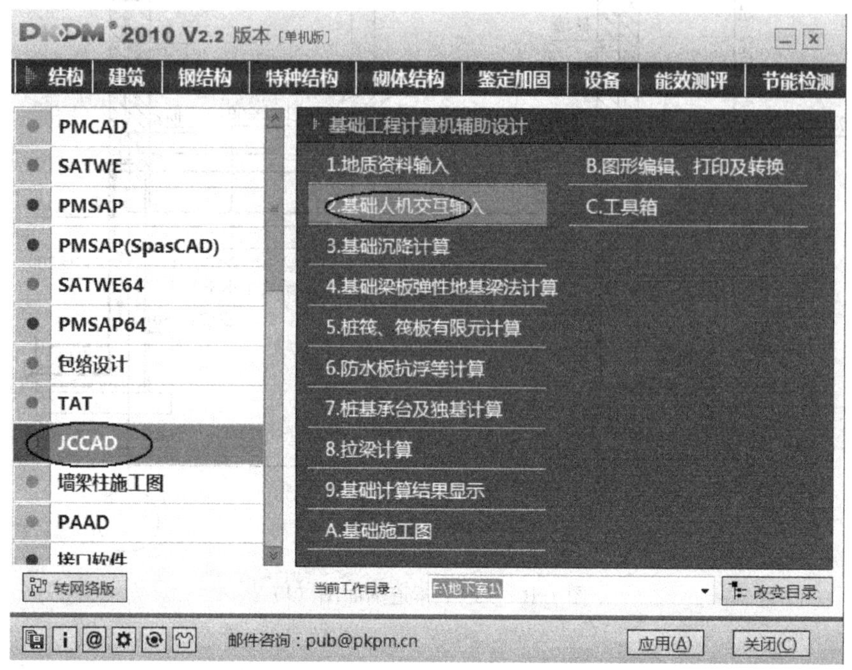

图 1-104 JCCAD/基础人机交互输入

(2) 点击【结构/JCCAD/基础人机交互输入】→【参数输入】，如图 1-105～图 1-109 所示。

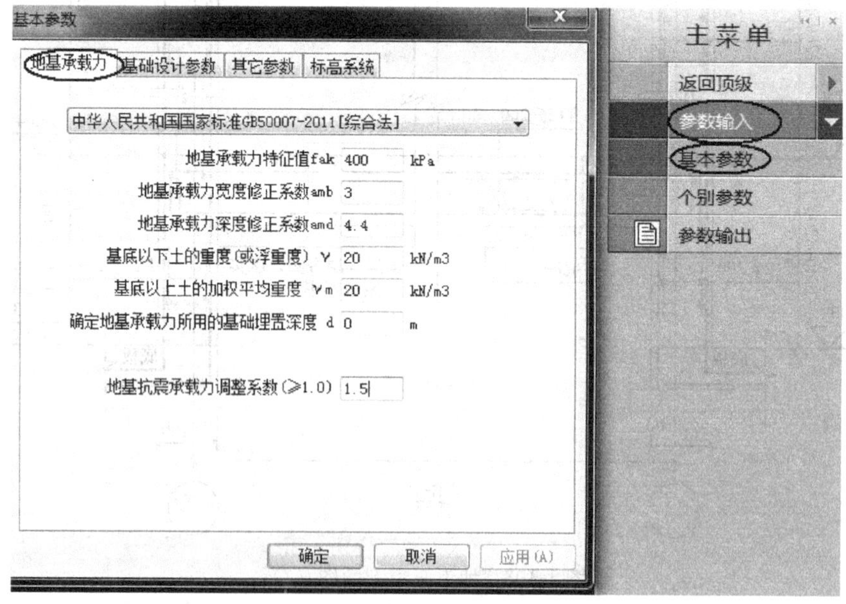

图 1-105 地基承载力

参数注释：

1. 计算承载力的方法：

程序提供5种计算方法，设计人员应根据实际情况选择不同的规范，一般可选择"中华人民共和国国家标准 GB 50007—2011—综合法"，如图 1-106 所示。选择"中华人民共和国国家标准 GB 50007—2011—综合法"和"北京地区建筑地基基础勘察设计规范 DBJ01-501—2009"需要输入的参数相同，"中华人民共和国国家标准 GB 50007—2011—抗剪强度指标法"和"上海市工程建设规范 DGJ 08—11—2010—抗剪强度指标法"需输入的参数也相同。

图 1-106　计算承载力方法

本工程选择"中华人民共和国国家标准 GB 50007—2011—综合法"。

2. "地基承载力特征值 f_{ak}(kPa)"：

"地基承载力特征值 f_{ak}(kPa)"应根据地质报告输入。本工程在设计基础持力层为强风化泥质粉砂岩时，填写400；

3. "地基承载力宽度修正系数 amb"：

初始值为0，当基础宽度大于3m时，从载荷试验或其他原位测试、经验值等方法确定的地基承载力应按《建筑地基基础设计规范》GB 50007—2011 第 5.2.4 条确定：当基础宽度大于 3m 或埋置深度大于 0.5m 时，从载荷试验或其他原位测试、经验值等方法确定的地基承载力特征值，尚应按下式修正：

$$f_a = f_{ak} + \eta_b \gamma (b-3) + \eta_d \gamma_m (d-0.5) \tag{1-3}$$

式中　f_a——修正后的地基承载力特征值（kPa）；

f_{ak}——地基承载力特征值（kPa），按本规范第 5.2.3 条的原则确定；

η_b、η_d——基础宽度和埋置深度的地基承载力修正系数，按基底下土的类别查表 1-21 取值；

γ——基础底面以下土的重度（kN/m³），地下水位以下取浮重度；

b——基础底面宽度（m），当基础底面宽度小于 3m 时按 3m 取值，大于 6m 时按 6m 取值；

γ_m——基础底面以上土的加权平均重度（kN/m³），位于地下水位以下的土层取有效重度；

d——基础埋置深度（m），宜自室外地面标高算起。在填方整平地区，可自填土地面标高算起，但填土在上部结构施工后完成时，应从天然地面标高算起。对于地下室，当采用箱形基础或筏基时，基础埋置深度自室外地面标高算起；当采用独立基础或条形基础时，应从室内地面标高算起。

承载力修正系数　　**表 1-21**

土的类别		η_b	η_d
淤泥和淤泥质土		0	1.0
人工填土 e 或 I_L 大于等于 0.85 的黏性土		0	1.0
红黏土	含水比 $a_w > 0.8$	0	1.2
	含水比 $a_w \leqslant 0.8$	0.15	1.4
大面积压实填土	压实系数大于 0.95、黏粒含量 $p_c \geqslant 10\%$ 的粉土	0	1.5
	最大干密度大于 2100kg/m³ 的级配砂石	0	2.0
粉土	黏粒含量 $p_c \geqslant 10\%$ 的粉土	0.3	1.5
	黏粒含量 $p_c < 10\%$ 的粉土	0.5	2.0

续表

土的类别	η_b	η_d
e及I_L均小于0.85的黏性土	0.3	1.6
粉砂、细砂（不包括很湿与饱和时的稍密状态）	2.0	3.0
中砂、粗砂、砾砂和碎石土	3.0	4.4

在设计独立基础时，不知道独立基础的宽度，可以先按相关规定填写，程序会自动判别，当基础宽度大于3m，地基承载力特征值乘以宽度修系数。本工程填写3.0。

4. "地基承载力深度修正系数amd"：

初始值为1，当基础埋置深度大于0.5m时，从载荷试验或其他原位测试、经验值等方法确定的地基承载力应按《建筑地基基础设计规范》GB 50007—2011第5.2.4条确定。

本工程先按相关规定填写，程序会自动判别，本工程填写4.4。

5. "基底以下土的重度（或浮重度）γ（kN/m^3）：初始值为20，应根据地质报告填入"。本工程填写20。

6. "基底以下土的加权平均重度（或浮重度）γ_m（kN/m^3）"：初始值为20，应取加权平均重度。本工程填写20。

7. "确定地基承载力所用的基础埋置深度d（m）"：

基础埋置深度，一般自室外地面标高算起。在填方整平地区，可自填土地面标高算起，但填土在上部结构施工完成时，应从天然地面标高算起。对于地下室，当周围无可靠侧向限制时，埋置深度应从具有侧限的地面算起，如采用箱形或筏板基础，基础埋置深度自室外地面标高算起，如果采用独立基础或条形基础而无满堂抗水板时，应从室内地面标高算起。

《北京细则》规定，地基承载力进行深度修正时，对于有地下室之满堂基础（包括箱基、筏基以及有整体防水板之单独柱基），其埋置深度一律从室外地面算起。当高层建筑侧面附有裙房且为整体基础时（无论是否由沉降缝分开），可将裙房基础底面以上的总荷载折合成土重，再以此土重换算成若干深度的土，并以此深度进行修正。当高层建州四边的裙房形式不同，或仅一、二边为裙房，其他两边为天然地面时，可按加权平均方法进行深度修正。

规范要求的基础最小埋置深度无论有无地下室都从室外地面算至结构最外侧基础底面。（主要考虑整体结构的抗倾覆能力，稳定性和冻土层深度）。当室外地面为斜坡时基础的最小埋置以建筑两侧较低一侧的室外地面算起。

本工程地下室采用独立基础，"确定地基承载力所用的基础埋置深度d（m）"为0。

8. "地基抗震承载力调整系数"

按《抗规》第4.2.3条确定，如表1-22所示。一般填写1.0偏于安全。地基抗震承载力调整系数，实际上是以下两方面的潜力：动荷载下地基承载力比静荷载下高，地震是小概率事件，地基的抗震验算安全度可适当减低。在实际设计中，对强夯、排水固结法等地基处理，由于地基的性能在处理前后有很大的改变，可根据处理后地基的性状按规范表直接决定ζ_a值。对换填等地基处理（包括普通地基下面有软弱土层），如果基础底面积由软弱下卧层决定，宜根据软弱下卧层的性状按规范表1-22决定ζ_a值；否则按上面较好土层性状决定ζ_a值。对水泥搅拌桩、CFG桩等复合地基，由于一般增强体的置换率都比较小，原天然地基的性状占主导地位，可以按天然地基的性状决定ζ_a值。

地基抗震承载力调整系数 **表1-22**

岩土名称和性状	ζ_a
岩石，密实的碎石土，密实的砾、粗、中砂，$f_{ak}\geqslant300$的黏性土和粉土	1.5
中密、稍密的碎石土，中密和稍密的砾、粗、中砂，密实和中密的细、粉砂，$150kPa\leqslant f_{ak}<300kPa$的黏性土和粉土，坚硬黄土	1.3
稍密的细、粉砂，$100kPa\leqslant f_{ak}<150kPa$的黏性土和粉土，可塑黄土	1.1
淤泥，淤泥质土，松散的砂，杂填土，新近堆积黄土及塑黄土	1.0

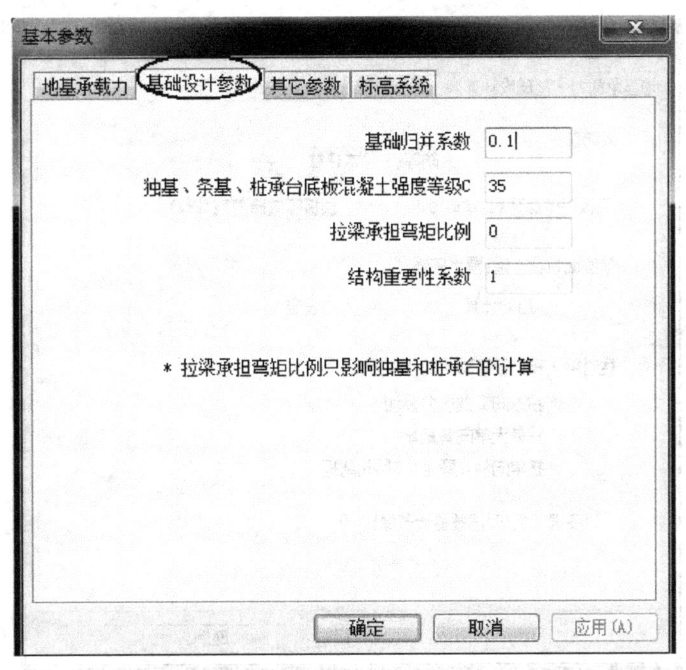

图 1-107　基础设计参数

参数注释：

1. 基础归并系数

一般可填写 0.1，本工程填写 0.1。

2. 独基、条基、桩承台底板混凝土强度等级 C

一般按实际工程填写，取 C30 居多，本工程为 C35。

3. 拉梁弯矩承台比例

由于拉梁一般不在 JCCAD 中计算，此参数可填写 0；

4. 结构重要性系数

应和上部结构统一，可按《混规》3.3.2 条确定，普通工程一般取 1.0。

在持久设计状况和短暂设计状况下，对安全等级为一级的结构构件不应小于 1.1，对安全等级为二级的结构构件不应小于 1.0，对安全等级为三级的结构构件不应小于 0.9；对地震设计状况下应取 1.0。

参数注释：

1. 人防等级

普通工程一般选择“不计算”，此参数应根据实际工程选用。本工程不计算。

2. 底板等效静荷载、顶板等效静荷载

不选择“人防等级”，等效静荷载为 0，选择“人防等级”后，对话框会自动显示在该人防等级下，无桩无地下水时的等效静荷载，可以根据工程需要，调整等效静荷载的数值。对于筏板基础，如采用【桩筏筏板有限元计算】的计算方法，则“底板等效静荷载、顶板等效静荷载”的数值还可在【桩筏筏板有限元计算】→【模型参数】中修改，但“人防等级”参数必须在此设定；如采用【基础梁板弹性地基梁法计算】，则只能在此输入。

3. 单位面积覆土重（覆土压强）

一般可按默认值，人为设定 24kPa。该项参数对筏板基础不起作用，筏板基础覆土重在“筏板荷载”菜单里输入；

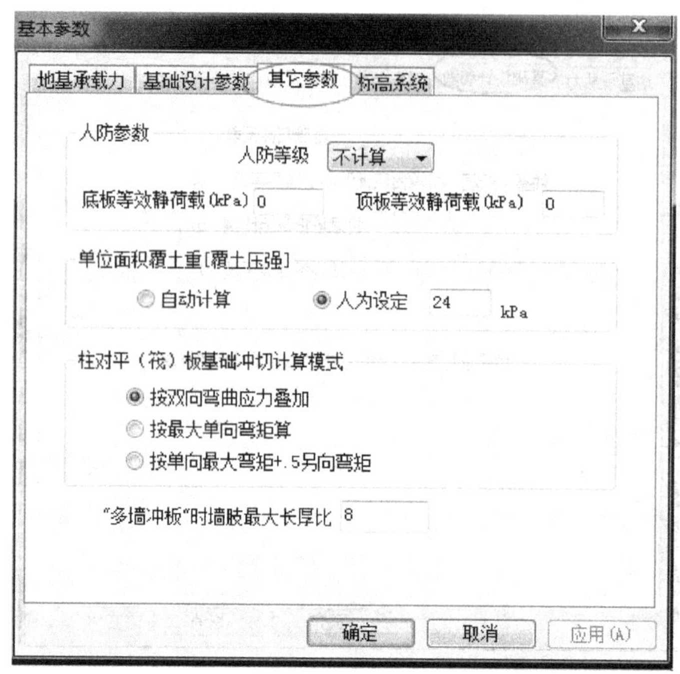

图 1-108 其他参数

4. 柱对平（筏）板基础冲切计算模式

程序提供三种选择模式：按双向弯曲应力叠加、按最大单向弯矩算、按单向最大弯矩＋0.5 另向弯矩；一般可选择，按双向弯曲应力叠加。

5. “多墙冲板”时墙肢最大长厚比：

一般可按默认值 8 填写。

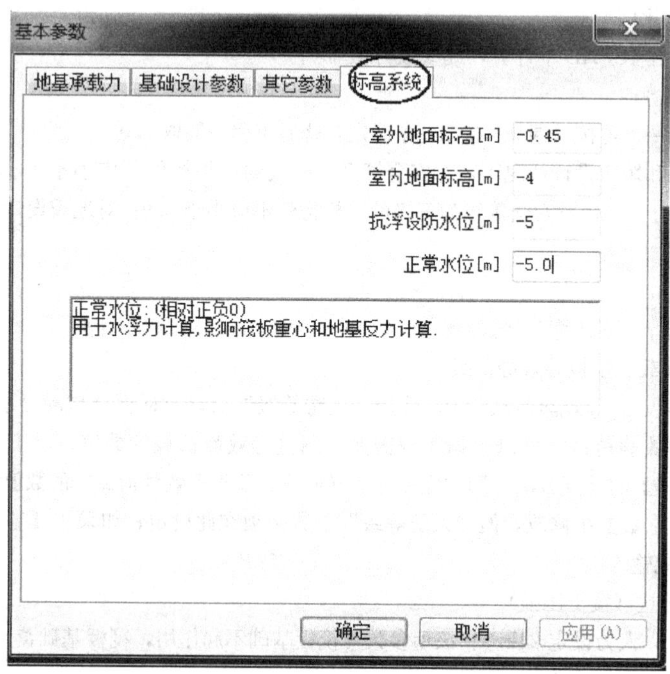

图 1-109 标高系统

参数注释：

1. 室外地面标高

初始值为－0.3，应根据实际工程填写，应由建筑师提供；用于基础（室外部分）覆土重的计算以及筏板基础地基承载力修正；本工程按实际工程填写，－0.45。

2. 室内地面标高

应根据实际工程填写，一般可按默认值 0；本工程填写－4。

3. 抗浮设防水位：

用于基础抗浮计算，一般楼层组装时，地下室顶板标高可填写 0.00m，然后再根据实际工程换算得到抗浮设防水位。本工程不抗浮，地下室层高为 4m，可随意填写一个不抗浮的标高：－5。

4. 正常水位：

应根据实际工程填写。本工程不抗浮，地下室层高为 4m，可随意填写一个不抗浮的正常水位：－5.5。

（3）点击【荷载输入/荷载参数】，弹出“荷载组合参数”对话框，如图 1-110 所示。

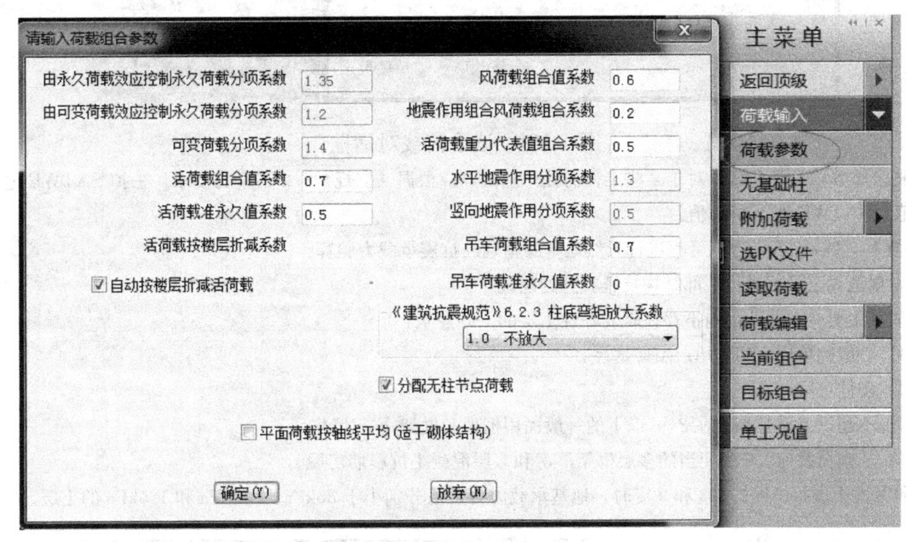

图 1-110 “荷载组合参数”对话框

参数注释：

1. 荷载分项系数一般情况下可不修改，灰色的数值时规范指定值，一般不修改，若用户要修改，则可以双击灰色的数值，将其变成白色的输入框后再修改。

2. 当“分配无柱节点荷载”打“勾号”后，程序可将墙间无柱节点或无基础柱上的荷载分配到节点周围的墙上，从而使墙下基础不会产生丢荷载情况。分配原则是按周围墙的长度加权分配，长墙分配的荷载多，短墙分配的荷载少。

3. JCCAD 读入的是上部未折减的荷载标准值，读入 JCCAD 的荷载应折减。当“自动按楼层折减或荷载”打“勾号”后，程序会根据与基础相连的每个柱、墙上面的楼层数进行活荷载折减。

4. 由《抗规》4.2.1 可知，本工程不需要进行天然地基及基础的抗震承载力验算，故柱底弯矩放大系数可不放大。

（4）点击【结构/JCCAD/基础人机交互输入】→【荷载输入/读取荷载】，如图 1-111 所示。

（5）【柱下独基/自动生成】，按 Tab 键，在图 1-112 中选择“窗口方式选取”，框选要布置钢框架柱的范围，弹出对话框，如图 1-113、图 1-114 所示，点击确定后，程序会自动生成独立基础。

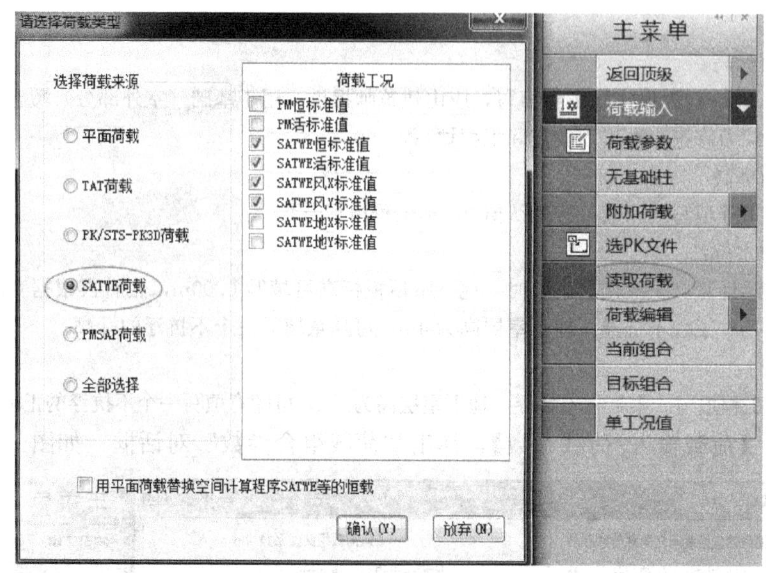

图 1-111　读取荷载对话框

注：一般选择 SATWE 荷载，对于某些工程的独立基础，应根据《抗规》4.2.1 条的要求，去掉 SATWE 地 X 标准值、SATWE 地 Y 标准值。

《抗规》4.2.1：下列建筑可不进行天然地基及基础的抗震承载力验算：

1. 本规范规定可不进行上部结构抗震验算的建筑。
2. 地基主要受力层范围内不存在软弱黏性土层的下列建筑：
   1）一般的单层厂房和单层空旷房屋；
   2）砌体房屋；
   3）不超过 8 层且高度在 24m 以下的一般民用框架和框架-抗震墙房屋；
   4）基础荷载与 3）项相当的多层框架厂房和多层混凝土抗震墙房屋。

软弱黏性土层指 7 度、8 度和 9 度时，地基承载力特征值分别小于 80kPa、100kPa 和 120kPa 的土层。

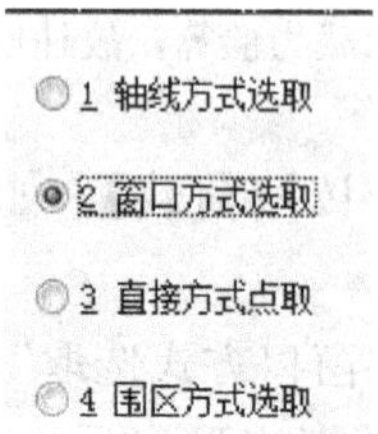

1 轴线方式选取
2 窗口方式选取
3 直接方式点取
4 围区方式选取

图 1-112　独立基础布置方式

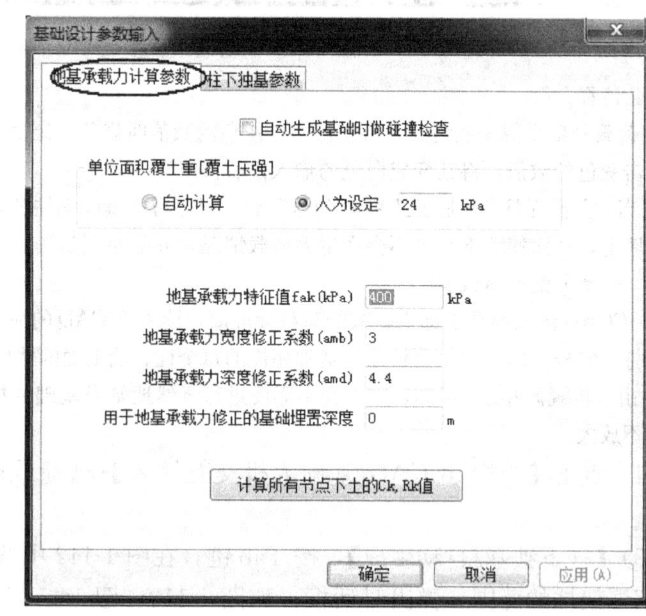

图 1-113　地基承载力计算参数

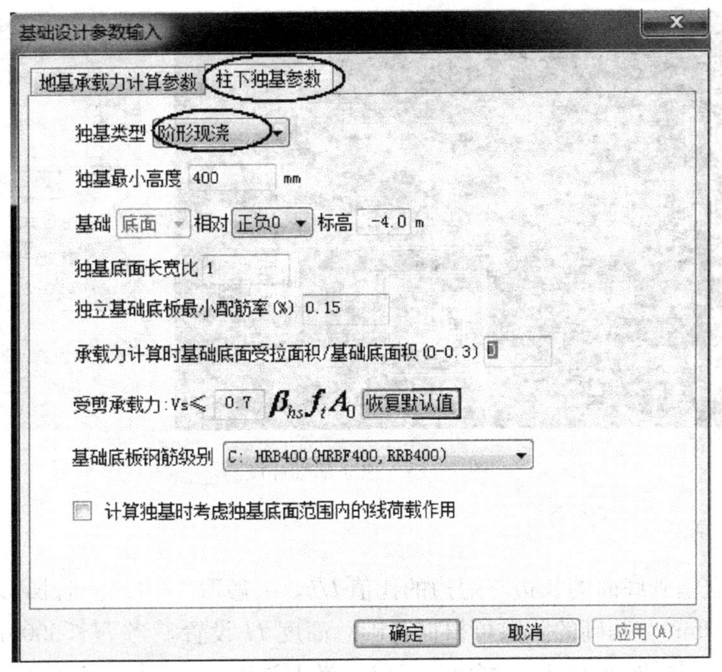

图 1-114　柱下独基参数

注：在实战设计中，独立基础的布置可总结如下：

(1) 点击 JCCAD/基础人机交互输入/图形文件/（显示内容，勾选节点荷载、线荷载、按柱形心显示节点荷载，线荷载按荷载总值显示）、（写图文件/全部不选，再勾选标准组合，最大轴力），将 Ftarget _ 1 Nmax，T（标准组合、最大轴力）图转换为 dwg 图。

(2) 对照 Ftarget _ 1 Nmax 图，按轴力大小值进行归并，一般讲轴力相差 200～300kN 左右的独立基础进行归并。选一个最不利荷载的柱子，点击：JCCAD/基础人机交互输入/独立基础/自动生成，即生成了独立基础，可以查看其截面大小与配筋。

(3) 在基础平面图中把该独立基础用平法表示，再把其他轴力比该值小 200～300kN 范围的柱子也布置该独立基础，并用平法标注。布置独立基础可以在 TSSD 中点击：基础布置/独立基础。再用同样的方法完成剩下的独立基础布置。

(4) 如果用程序自动生成独立基础，设置好参数后，点击：独立基础/自动布置，框选即可；再在基础平面施工图中，插入大样，并在屏幕左上方点击：标注字符/独基编号。有时候，需要生成双柱或三柱联合独立基础，如果勾选了进行“基础碰撞检查”，可能无法生成联合基础。可以不勾选“基础碰撞检查”，再改变基础的形状，在参数设置中填写基础的长宽比大小即可。

(5) 在实际工程中，如果是框架结构，采用二阶或者多阶，阶梯分段位置，在独立基础长度与宽度方向，可以平均分。地下室部分为了防水，常常将独立基础不分阶梯。

(6)【JCCAD/A 基础施工图】→【绘新图、基础详图（插入详图)】，可以自动生成独立基础详图，如图 1-115 所示。

2. 画或修改独立基础施工图时应注意的问题

(1) 截面

1) 规范规定

《建筑地基基础设计规范》GB 50007—2011 第 8.2.1-1 条：扩展基础的构造，应符合下列要求：锥形基础的边缘高度不宜小于 200mm，且两个方向的坡度不宜大于 1∶3；阶梯形基础的每阶高度，宜为 300～500mm。

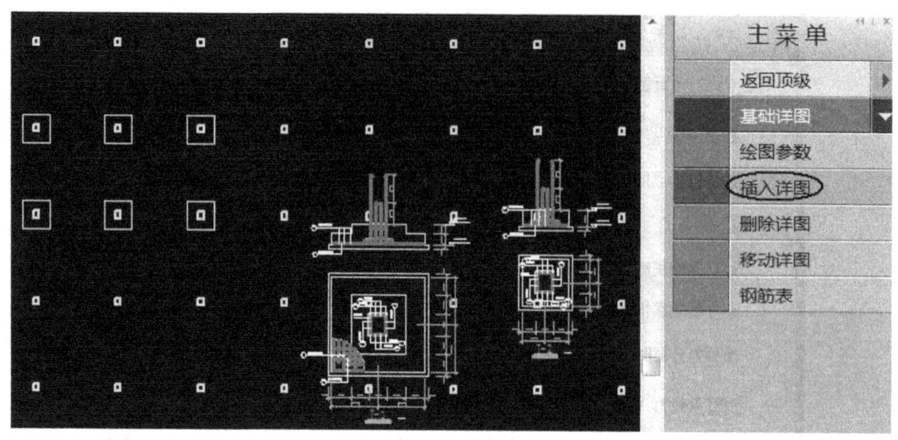

图 1-115　独立基础详图

2）经验

① 矩形独立基础底面的长边与短边的比值 l/b，一般取 1～1.5。阶梯形基础每阶高度一般为 300～500mm。基础的阶数可根据基础总高度 H 设置，当 $H\leqslant500$mm 时，宜分一阶；当 500mm$<H\leqslant$900mm 时，宜分为二阶；当 $H>900$mm 时，宜分为三阶。锥形基础的边缘高度，一般不宜小于 200mm，也不宜大于 500mm；锥形坡角度一般取 25°，最大不超过 35°；锥形基础的顶部每边宜沿柱边放出 50mm。

② 独立基础的最小尺寸可类比承台及高杯基础尺寸，一般为 800mm×800mm。最小高度一般为 $20d+40$（d 为柱纵筋直径，40mm 为有垫层时独立基础的保护层厚度），一般最小高度取 400mm。

独立柱基础可以做成刚性基础和扩展基础，刚性基础须满足刚性角的规定；做成扩展基础须满足柱对基础冲切需求以及基底配筋必须计算够。目前的 PKPM 系列软件中 JCCAD 一般出来都是柔性扩展基础，在允许的条件下，基础尽量做成刚一些，这样可以减少用钢量。

独立基础有锥形基础和阶梯形基础两种。锥形基础不需要支撑，施工方便，但对混凝土坍落度控制要求比较严格。当弯矩比较大时，独立基础截面会增大很多。

③ 地下室采用独立基础时，为了方便施工，一般不分阶。

（2）配筋

1）规范规定

《建筑地基基础设计规范》GB 50007—2011 第 8.2.1-3 条：扩展基础受力钢筋最小配筋率不应小于 0.15%，底板受力钢筋的最小直径不宜小于 10mm；间距不宜大于 200mm，也不宜小于 100mm。墙下钢筋混凝土条形基础纵向分布钢筋的直径不宜小于 8mm；间距不宜大于 300mm；每延米分布钢筋的面积应不小于受力钢筋面积的 15%。当有垫层时钢筋保护层的厚度不小于 40mm；无垫层时不小于 70mm

《建筑地基基础设计规范》GB 50007—2011 第 8.2.1-5 条：当柱下钢筋混凝土独立基础的边长和墙下钢筋混凝土条形基础的宽度大于或等于 2.5m 时，底板受力钢筋的长度可取边长或宽度的 0.9 倍，并宜交错布置。

2）经验

见表2-31。北京市《建筑结构专业技术措施》第3.5.12条规定，如独立基础的配筋不小于$\phi10@200$双向时，可不考虑最小配筋率的要求。分布筋大于$\phi10@200$时，一般可配$\phi10@200$。独立基础一般不必验算裂缝。

3. 地下室独立基础施工图

地下室独立基础施工图如图1-116～图1-120所示。

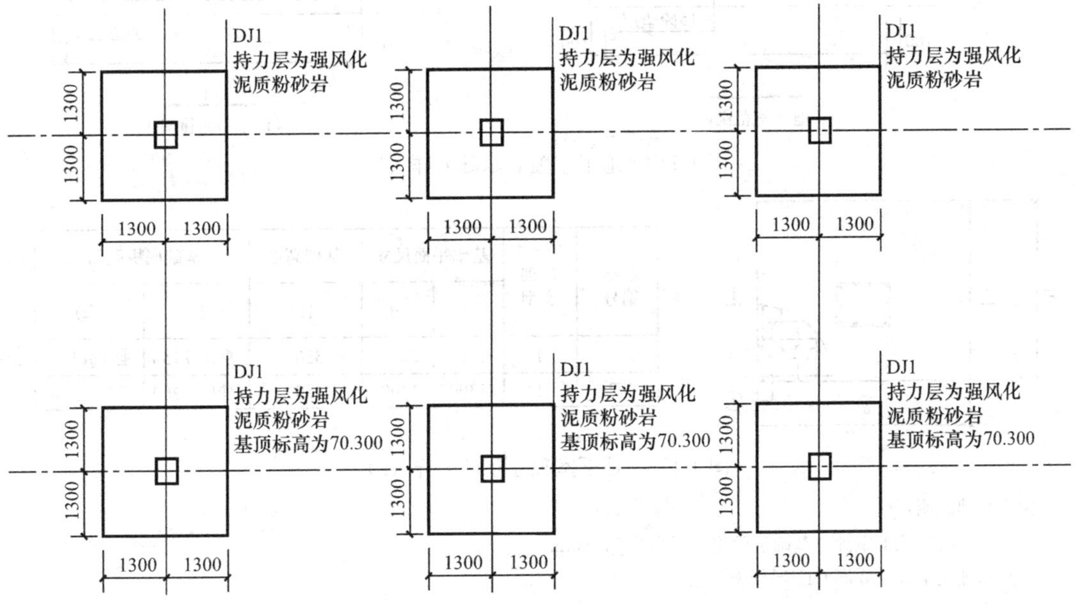

图1-116　基础平面布置图1（局部）

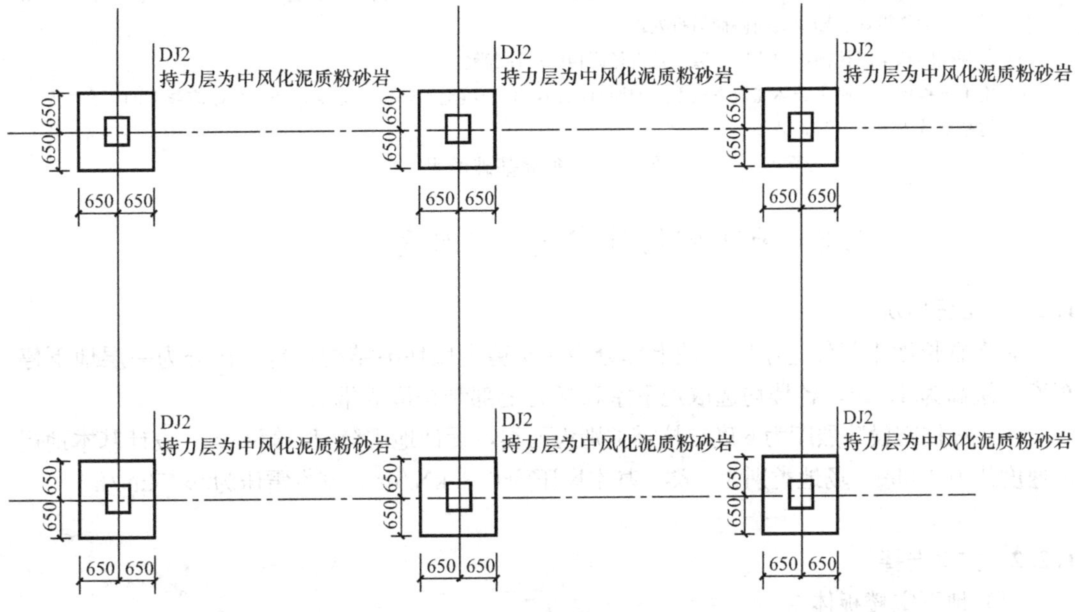

图1-117　基础平面布置图2（局部）

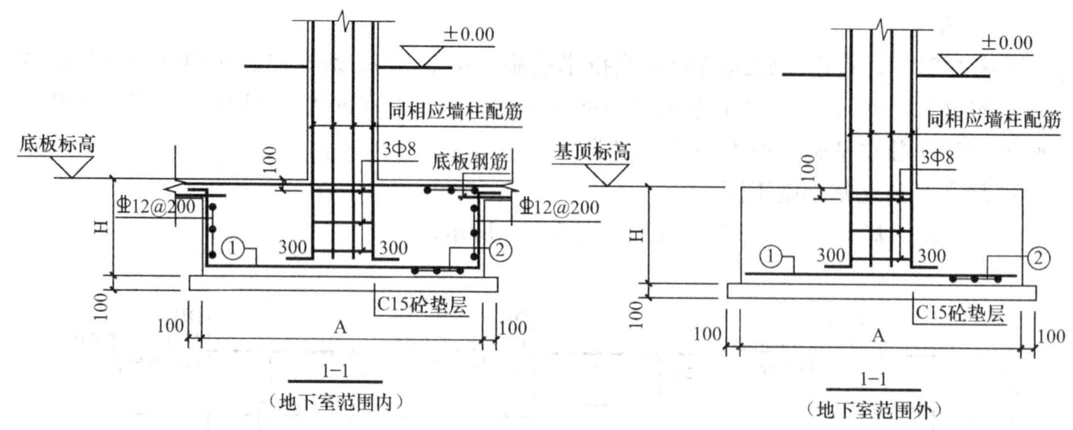

图 1-118　地下室独立基础大样（1）

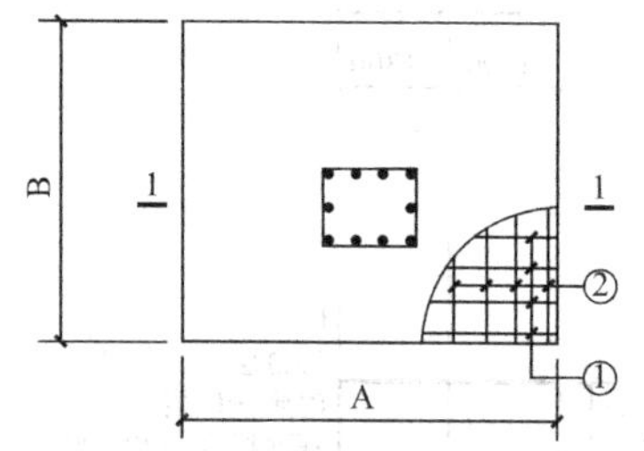

基础编号	基础类型	基础平面尺寸		基础高度	基础底板配筋	
		A	B	H	①	②
J-1	I	2600	2600	550	Φ16@150	Φ16@150
J-2	I	1300	1300	450	Φ16@200	Φ16@200

图 1-119　地下室独立基础大样（2）

独立基础说明：

（1）未注明纯地下室独立基础顶面绝对标高为 71.30m.

（2）基础底下设 100 厚 C15 混凝土垫层。

（3）边长大于等于 2500mm 的方柱下的独立基础，除外侧钢筋外，底板钢筋长度可取相应方向底板长度的 0.9 倍，详参 11G101-3 第 63 页.

（4）基坑开挖过程中如有持力层较深区域，基础超深不大于 3.0m 时，按图一进行处理，如基础超深大于 3.0m 时，应通知设计、勘探共同协商另行处理.

（5）各基础的顶留墙柱插筋的位置、数量及直径同相应墙柱配筋.

（6）施工过程中，应避免破坏纯地下板下土的原有结构，对于填土必须分层夯实，夯实系数应≥0.94，夯实后的地基承载力特征值≥150kPa.

图 1-120　独立基础说明

1.2　地下室设计实例 2（双向次梁体系）

1.2.1　工程概况

湖南省长沙市某住宅小区，地上部分为 4 栋剪力墙住宅结构，地下部分为一层地下停车库，层高为 4.0m，各楼均选取地下室顶板为上部结构嵌固端。

本工程抗震设防烈度为 6 度，抗震类别为丙类，设计地震分组：第一组，设计基本地震加速度值为 0.05g，场地类别为二类，基本风压为 0.35kN/m^2，基本雪压为 0.45kN/m^2。

1.2.2　方案选择

（1）地下室楼板体系

一般来说，地下室均有 1.2～1.5m 的覆土（也有覆土小于 1m 的工程），当柱网为

8m×8m 左右时，地下室顶板采用无梁楼盖体系最经济，其次是双向次梁布置方案（有人防时，由于层高限制，可能采用井字梁）及十字梁布置方案。无梁楼盖体系经济是基于大荷载（1.2～1.5m 覆土或者 1.2～1.5m 覆土加上消防车荷载等），8m 左右柱网、厚板，减少层高从而减少土方开挖梁的前提下的。十字梁布置方案经济的前提是覆土小于 1.0m，小荷载，薄板（板厚≤200mm）。一般来说，井字梁方案最浪费，但也存在一些特殊的情况，井字梁方案是比较好的选择方案。

本工程柱网为 8.2m×7.2m，有 1.2m 覆土，地下室顶板次梁采用双向次梁布置方案（沿着 8.2m 跨度方向）。

（2）防水板方案

本工程抗浮水位高于地下室底板，需要进行抗浮设计，现在抗浮防水板大多数都用无梁防水板，施工方便也比较经济。本工程在设计时，当地采用无梁防水板比较少，采用的大板体系防水板（独立基础之间拉主梁，不加次梁），做 350mm 的防水板，局部区域做 400mm 厚。

抗浮底板根据经验，一般取 300～450mm（配筋：双层双向＋端部附加），并满足计算要求。本工程取 350mm，局部区域取 400mm。防水板计算时，可以多建一个标准层，层高 1m，在 PMCAD 中用大柱子模拟独立基础，在 SATWE 中考虑梁柱刚域。板自重＋小车等活荷载为荷载工况 1，水浮力-板自重作为活荷载，不考虑板自重为荷载工况 2，再与 0.2%的构造配筋率取包络设计。

当考虑整体抗浮时，一般应手算，只考虑恒载（填充墙线荷载视情况考虑），降水待建筑完成预定计划时才停止。考虑局部抗浮时，可用 PKPM 计算，不考虑活荷载、风荷载及地震作用，恒荷载分项系数为 1.0，其他分项系数取 0，多建一层（层高 1m），水浮力×1.05 作用在多建的标准层上，方向向上，最后看墙柱的轴力大小；如果某些防水板降标高，水浮力大小不同，可以设虚梁，施加不同的水浮力。

（3）基础方案

本工程基础持力层选择为：⑥-1 砂土状强风化凝灰熔岩层（修正前承载力特征值为 420kPa），采用独立基础。

1.2.3 构件截面取值

本工程地下室不走消防车部分柱网为 8.2m×7.2m，1.2m 覆土，地下室顶板次梁采用双向次梁布置方案，根据经验，次梁高度按（$L/10$～$L/8$）取，宽度一般取 300mm（如果取 350mm，则要配三肢或者四肢箍），则次梁截面可取 300mm×850mm；根据经验，主梁高度按（$L/8$～$L/7$）取，宽度一般取 450mm，则主梁截面可取 450mm×1000mm，如图 1-121 所示。

地下室走消防车部分柱网为 8.2m×5m，1.2m 覆土，地下室顶板次梁采用单向次梁布置方案（沿着 8.2m 跨度方向），根据经验，次梁高度按（$L/10$～$L/8$）取，宽度一般取 300mm（如果取 350mm，则要配三肢或者四肢箍），则次梁截面可取 300mm×850mm；主梁跨度虽然只有 5m，但为了与主梁跨度 7.2m 的方向连续，5m 跨度方向主梁截面也取 450mm×1000mm，8.2m 跨度方向的主梁取 300mm×850mm。

大多数工程地下室柱子截面尺寸取 600mm×600mm，当地下室一层时，不是由轴压比控制，由于主梁宽度一般做到 450mm 左右，为了方便施工，柱截面宽度一般取 500～

600mm。本工程考虑地下室底板抗浮，柱子截面均取 600mm×600mm。

地下室顶板作为嵌固端时，厚度应≥180mm，在实际工程中，地下室一般采用建筑柔性防水，常见的工程地下室顶板作为嵌固端时，厚度一般取 180mm、200mm，本工程取 200mm。

抗浮底板根据经验，一般取 300～450mm（双向双向＋端部附加），并满足计算要求。本工程取 350mm，防水板做有梁大板，两个方向截面均取 400mm×1000mm。

地下室外墙的截面，根据经验，4m 层高时地下室外墙宽度可取 300mm，4～5m 层高时，可取 350～400mm。本工程地下室层高为 4m，地下室外墙宽度取 300mm。

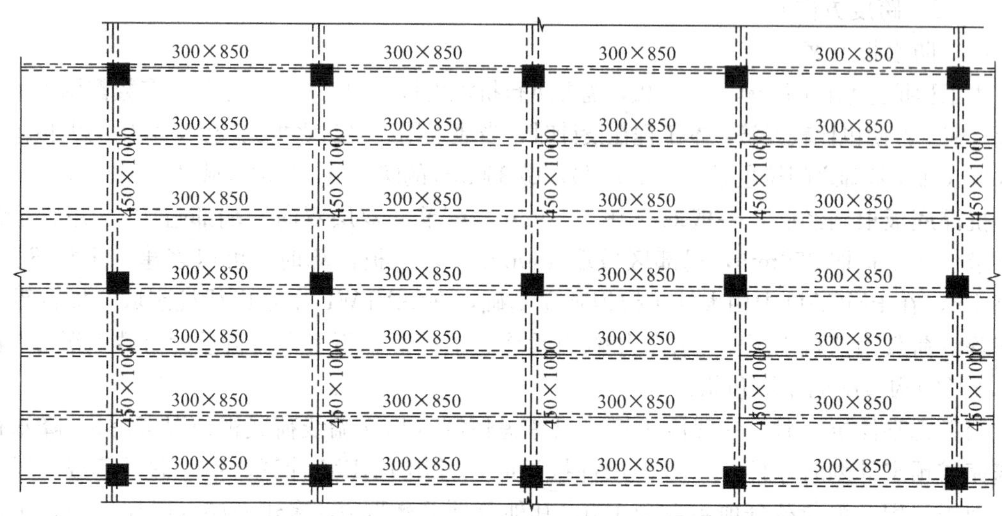

图 1-121　地下室构件截面选取（局部）

1.2.4　荷载取值

本工程覆土 1.2m，按恒载考虑，覆土重度为 18kN/m³，则覆土恒荷载为 21.6kN/m²，地下室顶板下面的管道的附加恒载取 1.0kN/m²（很多设计院由于覆土的有利作用，也没有考虑此附加恒荷载）。

车库活荷载取 5.0kN/m²，主楼一层楼面活荷载取 5.0kN/m²；消防车荷载为 30kN/m²，李永康《建筑工程施工图审查常见问题详解》一书中建议：不分单向板、双向板及消防车，覆土厚度大于 2.0m 时等效活荷载取 13kN/m²，覆土厚度在 1.5～2.0m 之间时宜取 15kN/m²，覆土厚度在 1.1～1.5m 时宜取 20kN/m²，本工程覆土厚度为 1.2m，在计算地下室顶板、框架梁柱时，消防车活荷载取 20kN/m²；计算基础时，消防车活荷载取 10.0kN/m²。

1.2.5　建模、SATWE 计算及施工图绘制

参考“1.1 地下室设计实例 1（十字梁体系）”。

1.3　地下室设计实例 3（无梁楼盖体系）

1.3.1　工程概况

湖南省市长沙市某住宅小区，地上部分为 8 栋剪力墙住宅结构，地下部分为一层地下

停车库，层高为 3.5m，各楼均选取地下室顶板为上部结构嵌固端。

本工程抗震设防烈度为 6 度，抗震类别为丙类，设计地震分组：第一组，设计基本地震加速度值为 0.05g，场地类别为二类，基本风压为 0.35kN/m^2，基本雪压为 0.45kN/m^2。

1.3.2 方案选择

（1）地下室楼板体系

一般来说，地下室均有 1.2～1.5m 的覆土（也有覆土小于 1m 的工程），当柱网为 8m×8m 左右时，地下室顶板采用无梁楼盖体系最经济，其次是双向次梁布置方案（有人防时，由于层高限制，可能采用井字梁）及十字梁布置方案。

本工程柱网为 8.1m×8.1m，有 1.2m 覆土，地下室顶板采用无梁楼盖方案。

（2）防水板方案

本工程抗浮水位高于地下室底板，需要进行抗浮设计，现在抗浮防水板大多数都用无梁防水板，施工方便也比较经济。本工程未注明的抗水板的厚度为 400mm，图中有填充部分标识的负一层抗水板厚度为 350mm。

（3）基础方案

本工程主楼采用筏板基础，纯地下室部分采用独立基础加抗水板，基础持力层为稍密卵石层，持力层承载力特征值 f_{ak}＝300kPa。

1.3.3 构件截面取值

本工程地下室不走消防车部分柱网为 8.1m×8.1m，1.2m 覆土，地下室顶板采用无梁楼盖体系，根据经验，对于有覆土：一般板厚可取 $L/25$～$L/22$ 左右。其中 8.1m 的柱网，1.2m 的覆土时，板厚一般可取 $L/22$，本工程无梁楼盖板厚取 400mm（可以优化为 370mm)，柱与柱之间的实心板带暗梁截面取 600mm×400mm（对于地下室，暗梁宽度一般可取柱宽，上部结构暗梁的宽度可按规范要求取）荷载较小时取板计算跨度的 1/30～1/40，重型荷载（包括人防）时可取到计算跨度的 1/20 以内。

抗浮底板根据经验，一般取 300～450mm（配筋：双层双向＋端部附加），并满足计算要求。本工程取 350mm，局部区域取 400mm。防水板计算时，可以多建一个标准层，层高 1m，在 SLABCD 中用柱帽模拟独立基础。板自重＋小车等活荷载为荷载工况 1，水浮力-板自重作为活荷载，不考虑板自重为荷载工况 2，再与 0.2％的构造配筋率取包络设计。

地下室外墙的截面，根据经验，4m 层高时地下室外墙宽度可取 300mm，4～5m 层高时，可取 350～400mm。本工程地下室层高为 4m，地下室外墙宽度取 300mm。

1.3.4 荷载取值

本工程覆土 1.2m，按恒载考虑，覆土重度为 18kN/m^3，则覆土恒荷载为 21.6kN/m^2，地下室顶板下面的管道的附加恒载取 1.0kN/m^2（很多设计院由于覆土的有利作用，也没有考虑此附加恒荷载）。

车库活荷载取 5.0kN/m^2，主楼一层楼面活荷载取 5.0kN/m^2；消防车荷载为 30kN/m^2，李永康《建筑工程施工图审查常见问题详解》一书中建议：不分单向板、双向板及消防车，覆土厚度大于 2.0m 时等效活荷载取 13kN/m^2，覆土厚度在 1.5～2.0m 之间时宜取

15kN/m²，覆土厚度在 1.1～1.5 时宜取 20kN/m²，本工程覆土厚度为 1.2m，在计算地下室顶板、框架梁柱时，消防车活荷载取 20kN/m²；计算基础时，消防车活荷载取 10.0kN/m²。

1.3.5 建模、SATWE 计算及施工图绘制

1. 软件操作

参考“1.1 地下室设计实例 1（十字梁体系）”。其中有些与“1.1 地下室设计实例 1（十字梁体系）”不同的地方，如下面所述。

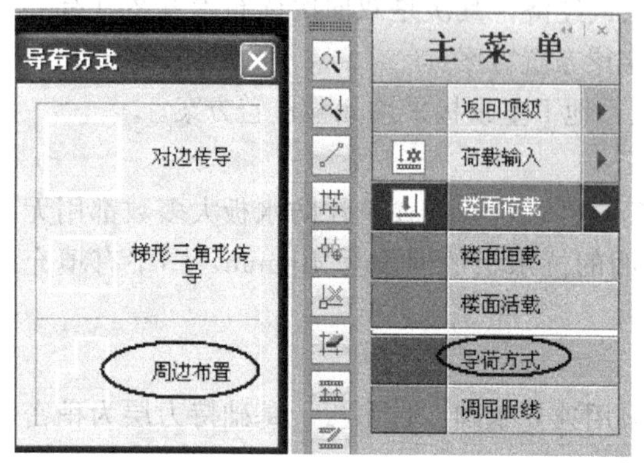

图 1-122 导荷方式

（1）由于无梁楼盖的传力模式是“受力岛”理论，力沿着长边与柱角传递，应该点击：导荷方式→周边布置，把板导荷方式改为“周边布置”，如图 1-122 所示。

（2）点击【接 PM 生成 SATWE 数据】→【特殊构件补充定义】，进入“特殊构件补充定义”菜单，点击【弹性板/弹性板 6】，将楼板定义为弹性板 6（真实计算其平面内外刚度）。

（3）在 PMCAD 中建模完成后，再在 SATWE 中完成计算，最后在 SLABCD 板块中完成无梁楼盖的计算。点击【SLABCAD/1 楼板数据生成及预应力信息输入】，进入“楼板数据生成及预应力信息输入”对话框，如图 1-123 所示。

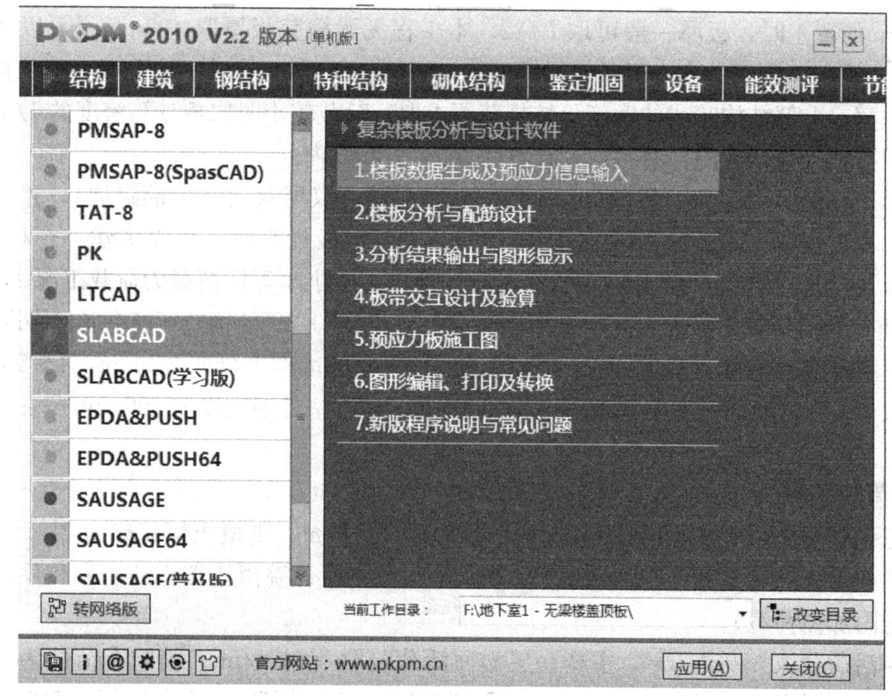

图 1-123 SLABCAD 界面

点击【参数输入】，弹出参数输入对话框，按照实际工程填写，如图 1-124 所示。

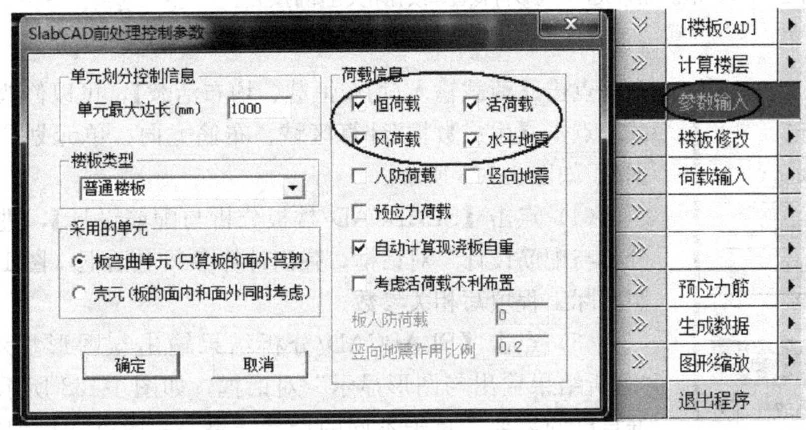

图 1-124　SLABCAD 前处理控制参数

参数注释：

1. 单元最大边长：一般可取 1000mm。
2. 荷载信息：一般钩选“恒荷载”、“活荷载”、“风荷载”、“水平地震”。
3. 楼板类型：一般选择普通楼板。
4. 采用的单元：程序提供了两种单元，分别为板弯曲单元和壳单元。对于一般工程而言，只需分析板的面外弯曲，应采用板弯曲单元；对于一些特殊工程，不仅要分析板的面外弯曲，还要分析板的面内拉压和剪切（如预应力楼板），这时应采用壳单元。
5. 自动计算现浇板自重：根据实际工程填写，总荷载不丢失即可。本工程勾选。
6. 考虑活荷载不利布置：一般不考虑，否则有时配筋差别很大。

点击【楼板修改】，可以修改板的厚度；点击【柱帽输入】，框选需要布置柱帽的柱，弹出柱帽参数设置对话框，如图 1-125 所示。

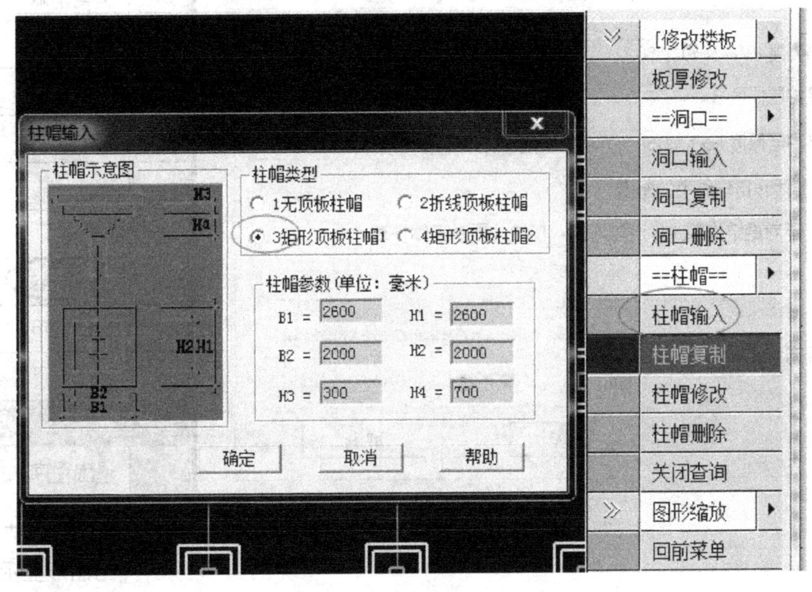

图 1-125　柱帽输入

注：1. 柱帽宽度一般取 0.2～3L 左右，常见宽度在 1.6～2.4m 之间，可以自己根据计算结果调整，冲切富裕大，则降低柱帽高度，板端部配筋富裕大，则可以降低板厚或者增大柱帽的宽度。

2. 斜柱帽一般可按 45°布置。

图 1-126 生成数据

点击【荷载输入/均布恒载、均布活载】，可以修改楼板的荷载。点击【生成数据/计算区域、布筋方向、单元划分、生成数据】，如图 1-126 所示。

（4）点击【SLABCAD/楼板分析与配筋设计】，进入“楼板分析与配筋设计”对话框，弹出计算参数对话框（图 1-127），按照实际工程填写相关参数。

（5）点击【SLABCAD/分析结果输出与图形显示】，进入“分析结果输出与图形显示”对话框，如图 1-128 所示，可以根据自己的需要，点击不同的计算结果，一般可选择配筋 A_s（板顶 A_{sx}、板顶 A_{sy}、板底 A_{sx} 与板底 A_{sy}、），并点击“勾选点值”与“改变字高”。在设计中，一般不用此中的结果，而用程序给出的不同板带配筋总值。

（6）点击【SLABCAD/板带交互设计及验算】，进入“板带交互设计及验算”对话框，会弹出“指定板带设计方案”菜单，如图 1-129 所示，填写相关信息后，会进入“板带交互设计及验算”菜单，如图 1-130、图 1-131 所示。

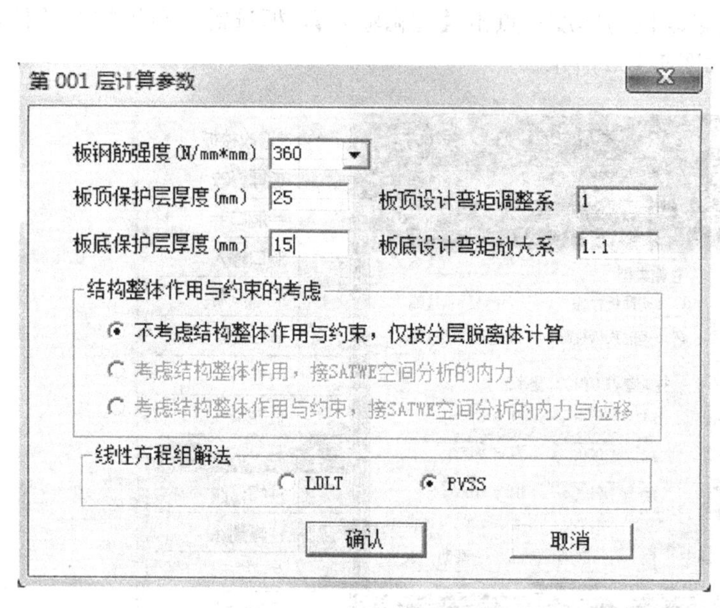

图 1-127 计算参数

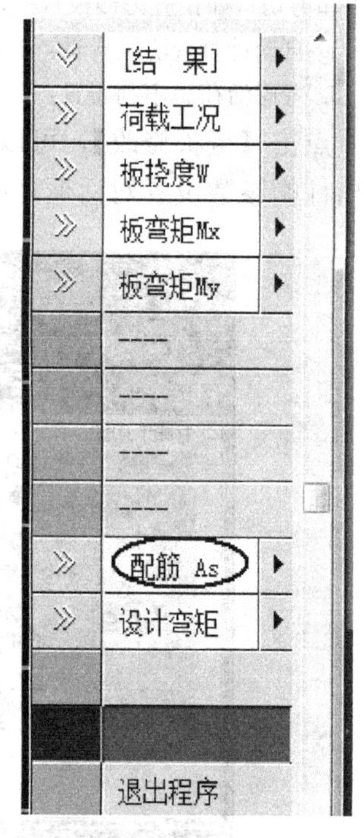

图 1-128 分析结果输出与图形显示

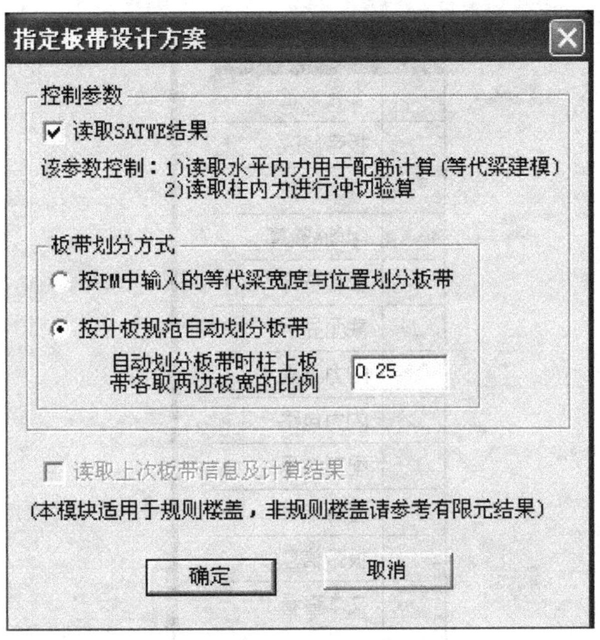

图 1-129　指定板带设计方案

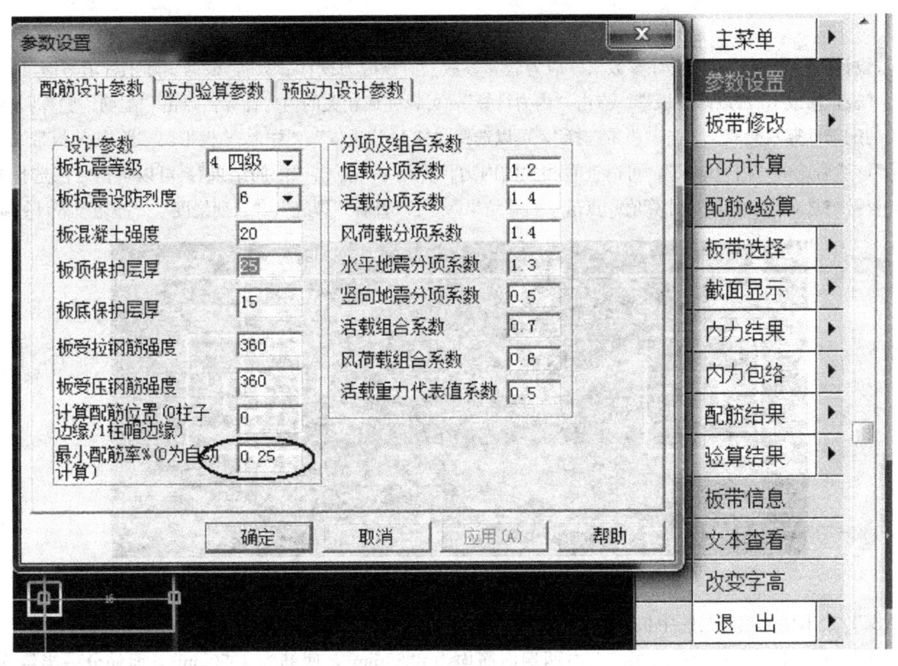

图 1-130　参数设置

注：最小配筋率一般不要填写 0.25，而填写 0，因为程序会自动给出计算配筋面积与构造配筋面筋的最大值；填写 0，可以查看，可以根据计算结果判断板厚取值是否合理。本工程参考以前的工程，取 400mm 厚，所以才填写 0.25；建议在设计时，填写 0。

（7）计算结果

提取出该地下室顶板（局部）的配筋计算结果，如图 1-132～图 1-135 所示。

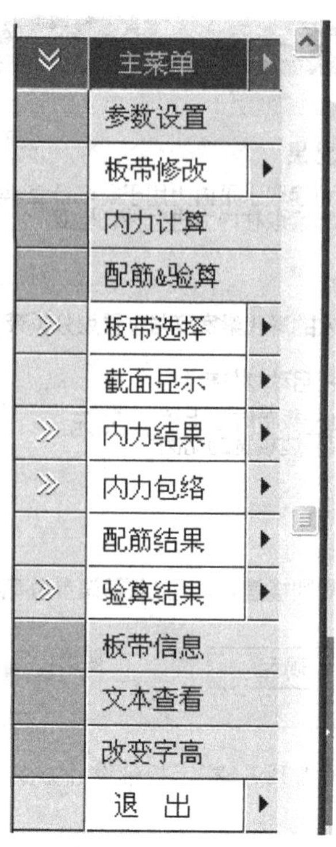

图 1-131　“板带交互设计及验算”主菜单

注：1. “参数设计”中包含“配筋设计参数”、“应力验算参数”、“预应力设计参数”，根据实际工程填写即可。

2. 点击“板带修改”，可以修改板带。点击“内力计算”，可以完成相关的内力计算。点击“配筋、验算”，可以完成相关的配筋计算及验算。点击“板带选择”，可以选择“柱上-X 板带”、“柱上-Y 板带”、“跨中-X 板带”、“跨中-Y 板带”，然后点击“内力结果”，可以查看相关的内力计算结果。点击“配筋结果”，可以根据之前选择的板带信息，查看与之对应的配筋总计算值。点击“验算结果”，可以查看“裂缝”、“长期挠度”、“冲切”等计算结果。

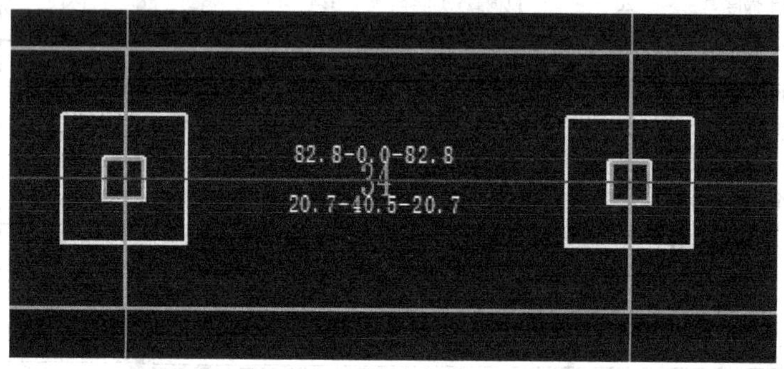

图 1-132　柱上板带-X 向配筋计算结果

注：1. SLABCD 给出柱上板带与跨中板带的底部纵筋面筋是指定板带范围内的计算总值。

2. 图中柱上板带-X 向配筋计算结果，左右两端面筋均为 8280mm²，底筋为 4050mm²，面筋分一半给 600mm×400mm 的暗梁，则暗梁面筋配筋为 4140mm²（配 9 根 25），暗梁底筋≥暗梁面筋的一半，则底筋为：4140/2=2070mm²（6 根 22），则柱上板带-X 向其他范围（8.1/2-0.6）的面筋配总面积为 3862mm²，柱上板带-X 向其他范围（8.1/2-0.6）的底筋配总面积为 1769mm²，即柱上板带-X 向其他范围每米长度配筋面积值为 1120mm²，柱上板带-X 向其他范围每米长度底筋面积值为 513mm²；

按 0.25%最小配筋率计算，400mm 厚的无梁楼盖每平方米面筋、底筋的面积均为 1000mm²。由于柱上板带-X 向两端其他范围每米长度配筋面积值为 1120mm²，则需要在柱上板带-X 向两端附加面筋，1120-1000=120mm²，构造配 8@200=251mm²。

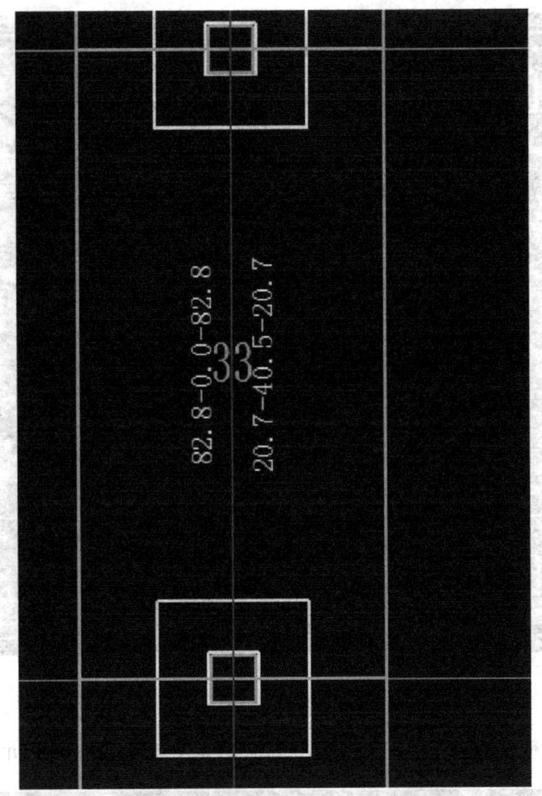

图 1-133 柱上板带-Y 向配筋计算结果

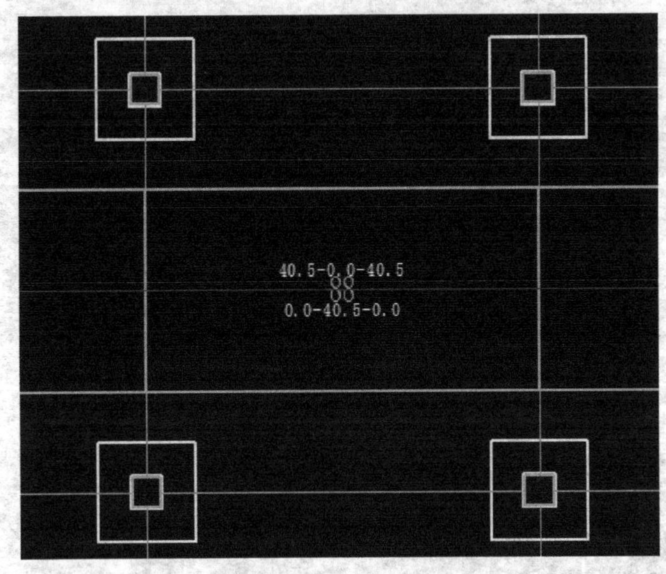

图 1-134 跨中板带-X 向配筋计算结果

注：1. SLABCD 给出柱上板带与跨中板带的底部纵筋面筋是指定板带范围内的计算总值。

2. 图中跨中板带-X 向配筋计算结果，面筋为 4050mm²，底筋为 4050mm²，则跨中板带每米长度范围的配筋面积为 1000mm²。与“柱上板带-X 向配筋计算结果”取包络设计，则 600×400mm 的暗梁截面面筋为 9 根 25，底筋为 6 根 22，16@200 双层双向板筋拉通，柱上板带附加钢筋 8@200。PKPM 不能给出柱帽的计算配筋结果，一般是构造配筋，柱帽底筋双向 12@200，柱帽拉接筋 10@200。

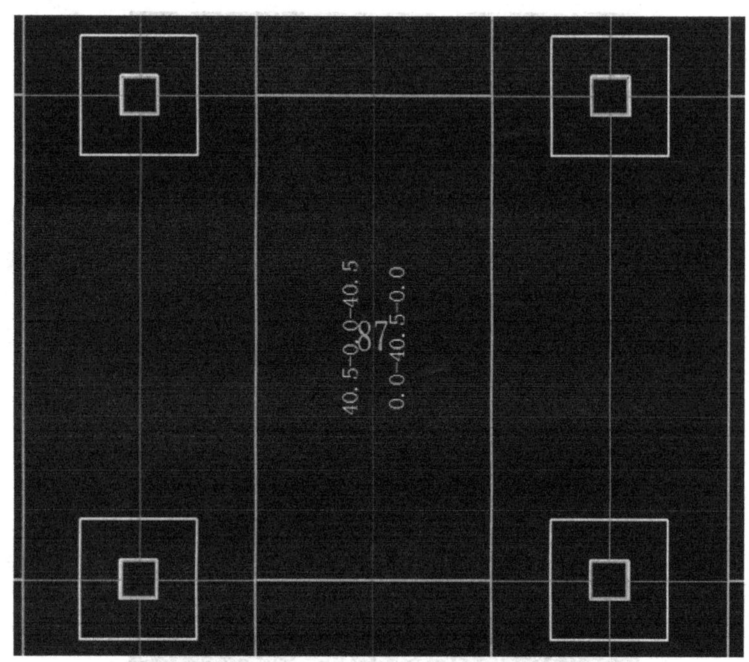

图 1-135　跨中板带-Y 向配筋计算结果

提取出该地下室顶板（局部）的柱冲切计算结果，如图 1-136 所示。

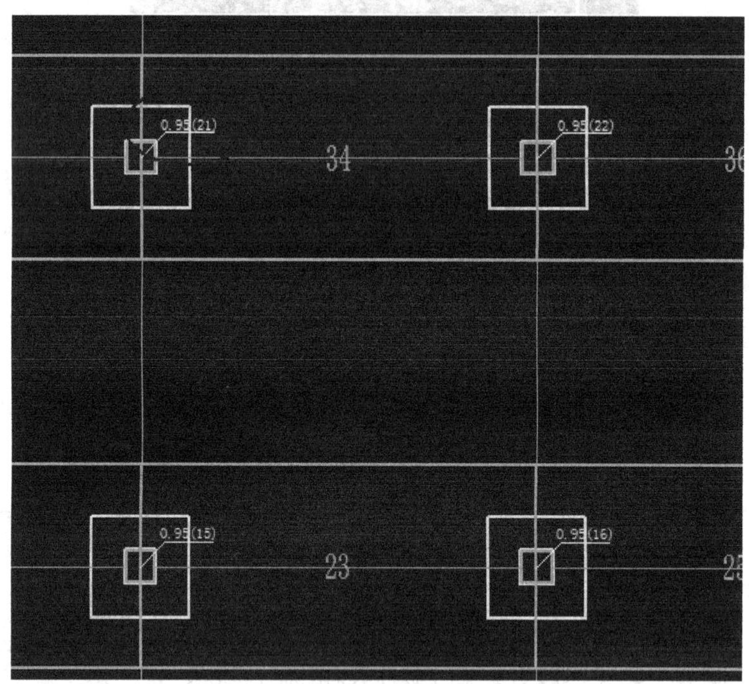

图 1-136　柱冲切计算结果

注：一般控制在 0.9m 左右，不要超过 1.0。

2. 画或修改地下室平法施工图时应注意的问题

参考“1.1 地下室设计实例 1（十字梁体系）”。其中有些与“1.1 地下室设计实例 1

(十字梁体系)”不同的地方，如下文所示。

(1) 柱支承楼盖柱上板带的配筋较跨中板带的大，且柱上板带配筋的一半配置在暗梁内，剩下的一半配置在暗梁以外的柱上板带中。SLABCD 给出柱上板带与跨中板带的底部纵筋面筋是指定板带范围内的计算总值。

(2) 在同样净空高度要求下，无梁楼板结构较一般梁板式建筑高度小，板底平整，构造简单，建筑空间大模板简单，楼面钢筋绑扎方便，设备安装方便等，但遇楼板开大洞时需设边梁。

板厚及柱帽大小、厚度的确定：

在初步设计阶段，手算楼板所受框架柱冲切承载力，估算板厚及柱帽厚度，除验算柱边冲切面外，还要验算柱帽托板外皮冲切面，满足冲切要求，与设备、电气专业配合管线布置，确定相应柱帽大小。有托板楼板板厚不小于长跨跨度的 1/35。8 度设防烈度时宜采用有托板或柱帽的板柱节点，托板或柱帽根部的厚度（包括板厚）不应小于柱纵向钢筋直径的 16 倍，且托板或柱帽的边长不应小于 4 倍板厚与柱截面相应边长之和。设置托板式柱帽时，抗震设计中托板底部钢筋应按计算确定，并应满足抗震锚固要求。

端跨配筋注意事项：

第一跨中弯矩和第一内支座弯矩都是最大值，配筋时应采取放大系数来适当加大配筋。设置端跨柱帽可以有效提高边跨外支座板带的抗弯刚度，减小板带计算跨度。

(3) 开洞注意事项

根据《建筑结构专业技术措施》，无梁楼板开洞应能满足承载力及挠度要求。抗震等级为一级、特一级时，暗梁范围（暗梁宽度可取柱宽与柱两侧各不大于 1.5 倍板厚之和）不宜开洞，柱上板带相交的共有区域尽量不开洞，一个柱上板带与一个跨中板带的共有区域也不宜开较大的洞。当抗震等级不高于二级，开洞需满足：1) 柱上板带相交的共有区域的开洞边长小于 1/8 柱上板带宽度及 1/4 柱截面宽度；2) 在一个柱上板带与一个跨中板带的共有区域开洞，每边长分别小于相对应边 1/4 柱上板带宽度或跨中板带宽度；3) 在跨中板带相交的共有区域开洞，每边长小于相对应边 1/2 跨中板带宽度，一般可不必专门分析。开洞较大时应在洞口周围设置框架梁、边梁、剪力墙。

(4) 一些基本构造

无梁楼盖的板内纵向受力钢筋的配筋率不应小于 0.3% 和 $0.45f_{td}/f_{yd}$ 中的较大值。无梁楼盖的板内纵向受力钢筋宜通长布置，间距不应大于 250mm，且应符合以下规定：相邻之间的纵向受力钢筋宜采用机械连接或焊接接头，下部钢筋可伸入邻跨内锚固（图 1-137）；底层钢筋宜全部拉通，不宜弯起；若相邻两支座的负弯矩相差较大时，可将负弯矩较大支座处的顶层钢筋局部截断，但被截断的钢筋截面面积不应超过顶层受力钢筋总截面面积的 1/3，被截断的钢筋应延伸至按正截面受弯承载力计算不需要设置钢筋处以外，延伸的长度不应小于 20 倍钢筋直径。

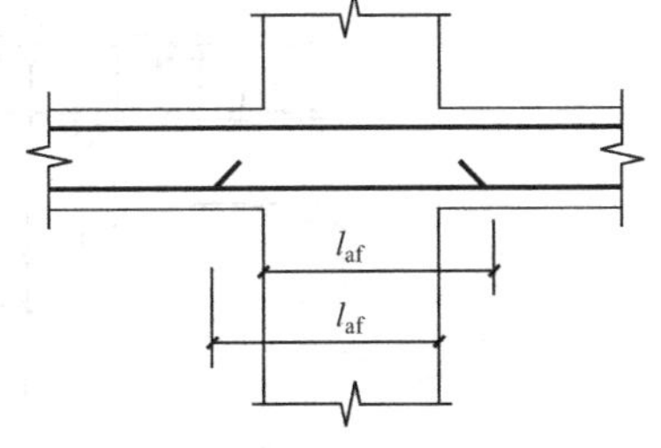

图 1-137　无梁楼盖下部钢筋锚固示意

顶层钢筋网与底层钢筋网之间应设置梅花形布置的拉结筋，其直径不应小于 6mm，间距不应大于 500mm，弯钩直线段长度不应小于 6 倍拉结筋的直径，且不应小于 50mm。

在离柱（帽）边 $1.0h_0$ 范围内，箍筋间距不应大于 $h_o/3$，箍筋截面面积 A_{sv} 不应小于 $0.2u_m h_0 f_{td}/f_{yd}$，并应按照相同的箍筋直径与间距向外延伸不小于 $0.5h_0$ 的范围，在不小于 $1.5h_0$ 范围内，至少应设置四肢箍。对厚度超过 350mm 的板，允许设置开口箍筋，并允许用拉结筋代替部分箍筋，但其截面面积不得超过所需箍筋截面面积 A_{sv} 的 25%。

板中抗冲切钢筋可按图 1-138 配置。

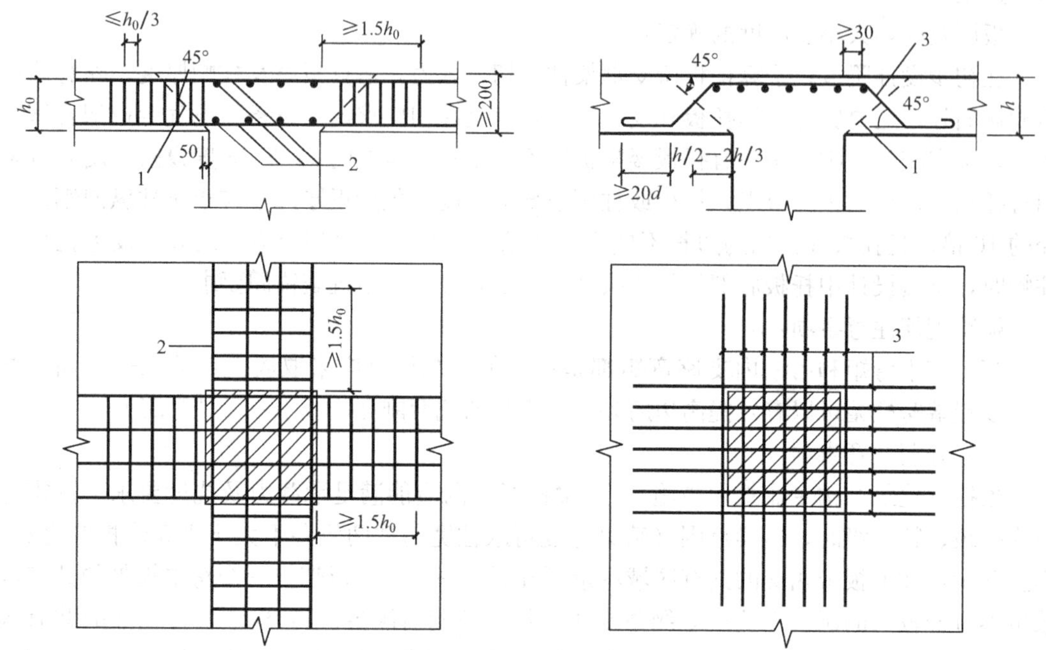

图 1-138 板中抗冲切钢筋布置

1—冲切破坏锥体斜截面；2—架立钢筋；3—弯起钢筋不少于 3 根

底板设柱帽时抗冲切钢筋可按图 1-139 配置。

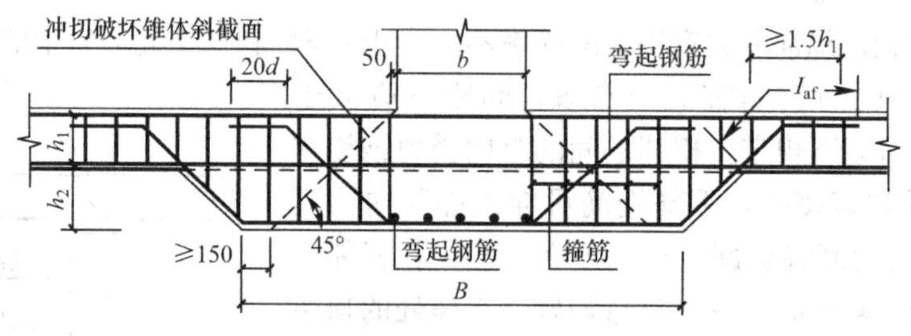

图 1-139 底板设柱帽时抗冲切钢筋布置

3. 地下室顶板（无梁楼盖）平法施工图

地下室顶板（无梁楼盖）平法施工图如图 1-140～图 1-143 所示。

4. 无梁楼盖与无梁空心楼盖软件操作比较

（1）从设计的角度，如果用 PKPM 软件进行设计，设计过程与无梁楼盖设计过程基

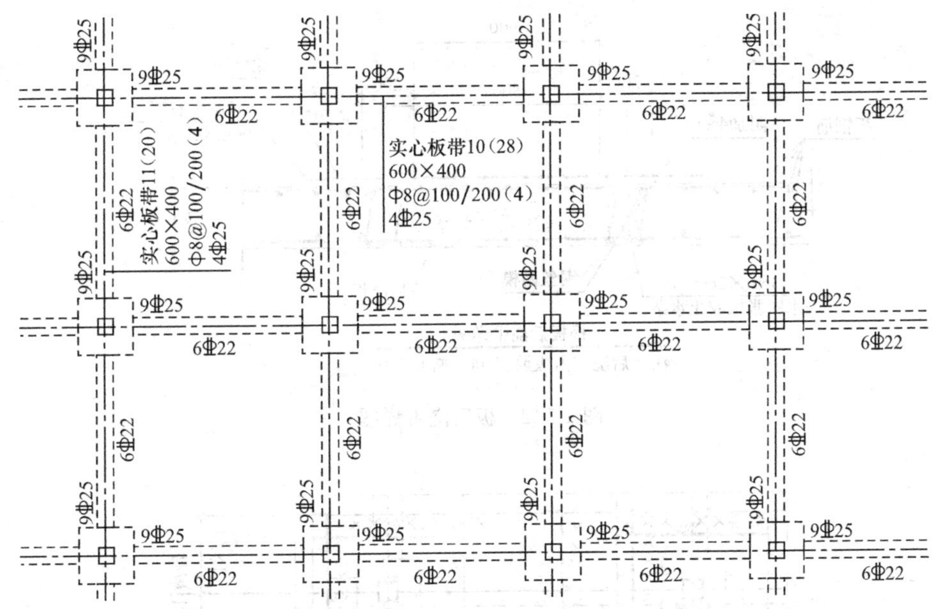

图 1-140　地下室顶板梁平法施工图

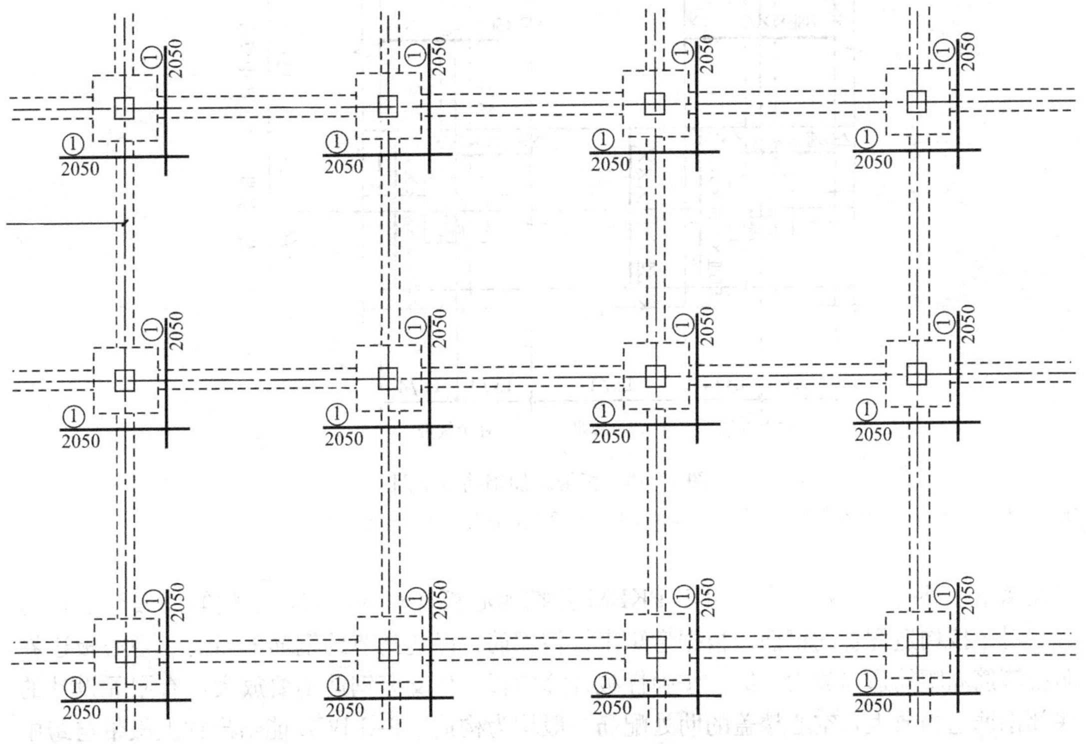

图 1-141　地下室顶板板平法施工图

本上相同，只是，无梁空心楼盖在设计时，一般不勾选“自动计算现浇板自重”，计算出无梁空心楼盖＋柱帽的折算板厚，算出其荷载值，但板厚还是按实际板厚输入。柱支承楼盖柱上板带的配筋较跨中板带的大，且柱上板带配筋的一半配置在暗梁内，剩下的一半配

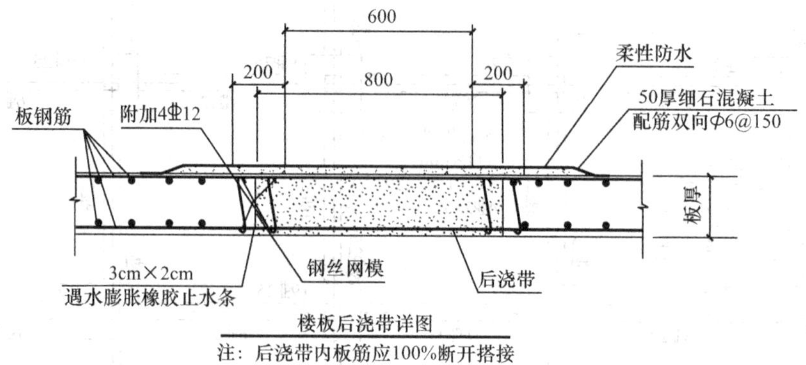

图 1-142　板后浇带详图

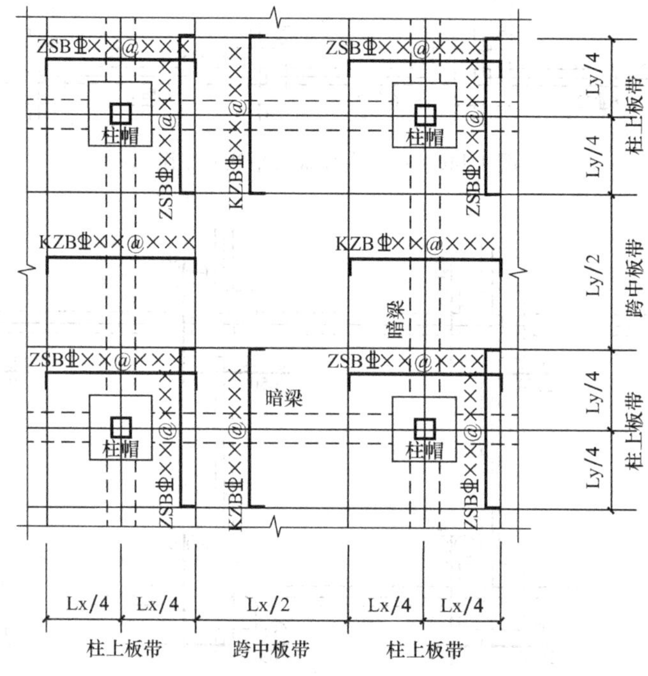

图 1-143　板带附加钢筋示意图

注：L 为柱网跨度；柱上板带钢筋暗梁范围内不布置；未标注附加钢筋范围见此大样。

置在暗梁以外的柱上板带中。由于 PKPM 是按实心板计算的，其最小配筋率较空心板的大，对于按构造配置的钢筋需根据弯矩来校核配筋，以达到节约钢筋的目的。空心板边界明梁箍筋和腰筋适当放大一级，按弹性板计算的板，板支座钢筋不要放大，有限元设计的底部钢筋适当放大，空心楼盖的肋处配筋一般均为构造。SALBCD 能给出柱上板带与跨中板带的底部纵筋及面部总结的配筋总值。

（2）无梁空心楼盖应该采用佳构 STRAT 软件算，STRAT 计算无梁空心楼盖时，是基于受力岛理论，和 PKPM 计算值比较，跨中板带计算值会偏小，柱帽处计算值偏大，更符合实际的受力模式，配筋也更省，不容易出现裂缝。

1.4 地下室优化设计技术措施

1.4.1 地下室顶板方案

对于柱网为7.9m×7.9m，覆土1.2m的地下室顶板，一般可采用预应力无梁楼盖、无梁楼盖、空心楼盖、双向次梁楼盖、十字梁楼盖、井字梁楼盖6种方案，为便于比较，选择5×5跨具有代表性的局部结构对上述六种方案进行分析比较，其经济性对比如表1-23、表1-24所示，通过表格数据分析：在7.9m×7.9m柱网，覆土1.2m时，地下室顶板采用预应力无梁楼盖是最省的，其次是无梁楼盖、空心楼盖、双向次梁、十字次梁方案，井字次梁方案最浪费。

方案1：采用预应力无梁楼盖方案（图1-144），板厚250mm，柱帽2600mm×2600mm，C40混凝土。

方案2：采用无梁楼盖方案，板厚370mm，柱帽2600mm×2600mm，C30混凝土。

方案3：采用空心楼盖方案，板厚370mm，柱帽2000mm×2000mm，C30混凝土。

方案4：采用十字次梁楼盖方案，板厚200mm，次梁取300mm×900mm，主梁取450mm×1000mm，C30混凝土。

方案5：采用双向次梁楼盖方案，板厚200mm，次梁取300mm×850mm，支撑次梁的主梁取450mm×1000mm，平行次梁的主梁取300mm×850mm，C30混凝土。

方案6：采用井字次梁楼盖方案，板厚200mm，次梁取300mm×700mm，主梁取450mm×1000mm，C30混凝土。

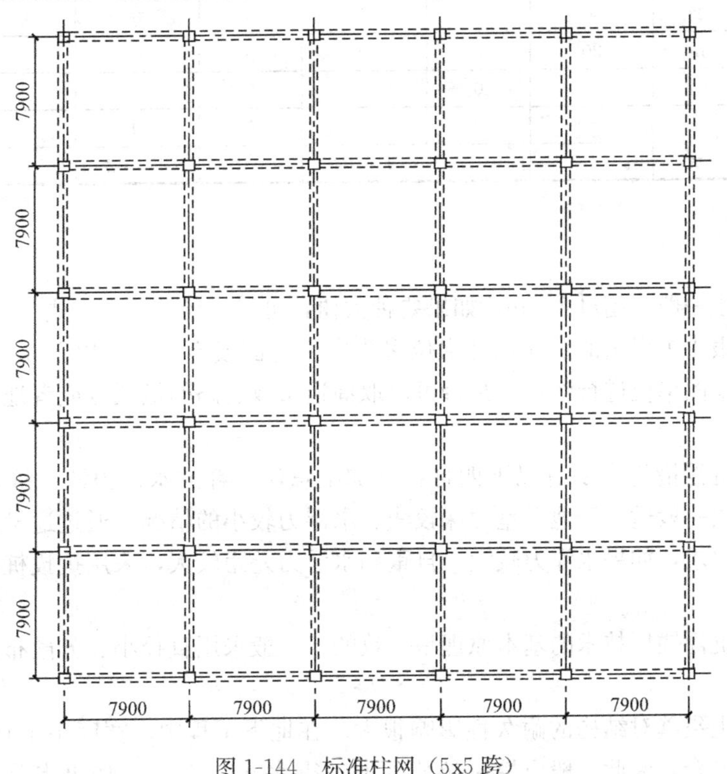

图1-144 标准柱网（5x5跨）

六种楼盖布置方案的综合经济性能比较（1） **表 1-23**

项目	单位	综合单价（元）	预应力无梁楼盖方案		普通无梁楼盖方案		空心楼盖方案	
			平米含量	造价（元）	平米含量	造价（元）	平米含量	造价（元）
Ⅲ级钢筋	kg	4	21.6	90.4	37.85	151.4	30.02	120.08
C30 混凝土	m^3	360	0	0	0.401	144.36	0.303	109.08
C40 混凝土	m^3	400	0.284	113.6	0	0	0	0
模板	m^2	75	1.06	79.5	1.06	79.5	1.06	79.5
预应力筋	kg	4.5	7.1	31.95	0	0	0	0
土方开挖	m^3	20	−0.75	−15	−0.63	−12.6	−0.63	−12.6
空心楼盖箱子	元	40	0	0	0	0	1.95	78
层高费	元	150	−0.75	−112.5	−0.63	−94.5	−0.63	−94.5
单方造价	元			187.95		268.16		279.56

注：在实际设计过程中，地下室顶板采用空心楼盖时，还会节省烟感喷淋费用、梁侧抹灰、直接费等，一般空心楼盖造价与无梁楼盖造价相当。

六种楼盖布置方案的综合经济性能比较（2） **表 1-24**

项目	单位	综合单价（元）	十字次梁楼盖方案		双向次梁楼盖方案		井字梁楼盖方案	
			平米含量	造价（元）	平米含量	造价（元）	平米含量	造价（元）
Ⅲ级钢筋	kg	4	51.2	204.8	49.1	196.4	51.31	205.24
C30 混凝土	m^3	360	0.292	105.12	0.292	105.12	0.355	127.8
C40 混凝土	m^3	400	0	0	0	0	0	0
模板	m^2	75	1.42	106.5	1.42	106.5	1.75	131.25
预应力筋	kg	4	0	0	0	0	0	0
土方开挖	m^3	20	0	0	0	0	0	0
空心楼盖箱子	元	40	0	0	0	0	0	0
层高费	元	150	0	0	0	0	0	0
单方造价	元			416.42		408.02		464.29

1.4.2 其他

（1）观覆土一般不超过 1.2m，如果要种大树，可采用局部堆土方式。

（2）地勘报告中提出的抗浮设计水位多为室外地面或室外地面以下 0.5m，应结合项目实际情况和审图单位进行沟通，是否可以取周边市政道路的最低点或者地下车库出入口的最低点。

地下工程抗浮措施主要有以下四种：增加配重法、释放水浮力法、抗拔桩和抗浮锚杆。增加配重法一般适用于地下室埋深较浅、水浮力较小的情况，通过适量的配重即可满足抗浮稳定性要求，如果水浮力较大，自重和水浮力差距较大，采用抗拔桩或抗浮锚杆进行抗浮。

抗拔桩和抗浮锚杆技术的基本原理是一致的，一般采用直径小、分散布置的桩抗浮比较经济。

（3）混凝土裂缝对结构的耐久性影响很大。在地下工程中，宽度小于 0.2mm 的裂缝多数可以自行愈合，因此一般应控制裂缝宽度不得大于 0.2mm。如果水浮力比较大，配筋由裂缝控制，裂缝计算时水浮力选取常水位，而不用取历史最高水位。裂缝宽度验算公式中，混凝土保护层厚度（>30mm 时）取 30mm 计算。

(4) 外墙的最大配筋率控制在 0.5%左右，采用压弯受力模式计算，由于地下室土方开挖施工设有刚性防护桩，土压力可取静止土压力，并乘以折减系数 0.67。地下室外墙顶与各层楼面标高处不用设置暗梁，地下室外墙配筋时，外侧按每层 0.2%的配筋率通长配筋，再附加面筋。

(5) 坡道底板两侧采用斜梁支撑，而不是采用混凝土墙，一来节省材料，二来坡道下空间可以利用。坡道底板设置次梁，减小坡道底板的厚度。

(6) 地下室可采用跳仓法施工，取消后浇带，释放混凝土早期的温度收缩应力。当各区格混凝土结构连成整体后，依靠混凝土抗拉强度抵抗后期的温度收缩应力，从而通过施工间隔缝取代混凝土的后浇带。采用上述跳仓法施工取代施工后浇带，对控制混凝土裂缝、提高施工效率、保证工程质量及降低工程造价均具有显著意义。

地下室采用跳仓法施工时，平面区格尺寸不宜大于 40m，相邻区块混凝土浇筑间隔时间不少于 7d。为避免地下室楼盖、顶板受到外墙等超长水平构件的约束，地下室外墙与楼盖应分次浇筑。地下室外墙可以采用设置施工后浇带的方式，后浇带混凝土可与地下室顶板混凝土同时浇筑。底板与外墙以及底板之间的施工缝应采用 6@80 双向钢筋网，用钢纱网封堵混凝土，并设置止水钢板。

(7) 框架梁顶部贯通筋在满足规范要求下，采用较小直径的钢筋。梁底部配置多排钢筋时，参考图集，部分钢筋可不伸入支座，这样既节省钢筋，又避免节点处钢筋过密，保证施工质量。

(8) 消防车处梁计算，在用 PKPM 软件进行计算消防车部分梁配筋时，钩选“混凝土矩形梁转 T 形”，如果带地下室进行抗震计算，还钩选了“框架梁端配筋考虑受压钢筋”以节省钢筋。

地下室有消防车通道，在设计时，除了根据覆土高度进行折减外，还应按照规范要求根据板跨及单双向板进行折减：对单向板楼盖的次梁和槽形板的纵肋应取 0.8；对单向板楼盖的主梁应取 0.6；对双向楼盖的梁应取 0.8。

(9) 地下室防水板一般采用无梁楼盖形式比较经济（一层地下室），当地下室水位较高时，才采用有梁楼盖（多层地下室）。

2 基　　础

2.1 独立基础设计实例（多层框架）

2.1.1 工程概况

湖南省××市某中学教师宿舍，抗震设防烈度 7 度，设计基本地震加速度 0.10g，设计地震分组为第一组，设计使用年限为 50 年。建设场地 II 类，特征周期值为 0.35s，框架抗震等级为三级。基本风压值 0.4kN/m^2，基本雪压值 0.35kN/m^2，结构层数 6 层（首层为停车库），没有地下室，建筑高度为 17.8m，室内外高差 0.3m，屋顶女儿墙高度为 0.6m，采用框架结构体系。

本工程基础持力层为全风化岩层，承载力特征值 f_{ak} 为 240kPa，采用独立基础。

2.1.2 独立基础设计

1. 软件操作

为了节省篇幅，利用 PKPM 设计独立基础的过程可以参考第 1 章“1.1 地下室设计实例 1（十字梁体系）”中独立基础设计过程。独立基础＋防水板时，独立基础顶一般与防水板顶齐平，独立基础作一阶。

2. 施工图绘制

独立基础施工图如图 2-1、图 2-2 所示。

2.2 筏板基础设计实例（高层剪力墙结构）

2.2.1 工程概况

湖南省××市某住宅小区（带一层地下室）抗震设防烈度 7 度，设计基本地震加速度 0.10g，设计地震分组为第一组，设计使用年限为 50 年。建设场地 II 类，特征周期值为 0.35s，剪力墙抗震等级为三级。基本风压值 0.4kN/m^2，基本雪压值 0.35kN/m^2，结构层数 18 层，采用剪力墙结构体系。

本工程基础持力层为 2 层黏土，f_{ak}＝245kPa，基础进入持力层不小于 300mm，塔楼下面采用筏板基础。

2.2.2 筏板截面取值

（1）一般按 50mm 每层估算筏板厚度。筏板厚度与柱网间距、楼层数量关系最大，其次与地基承载力有关。一般来说柱网越大、楼层数越多，筏板厚度越大。

（2）对于 20 层以上的高层剪力墙结构，6、7 度可按 50mm 每层估算，8 度区可按

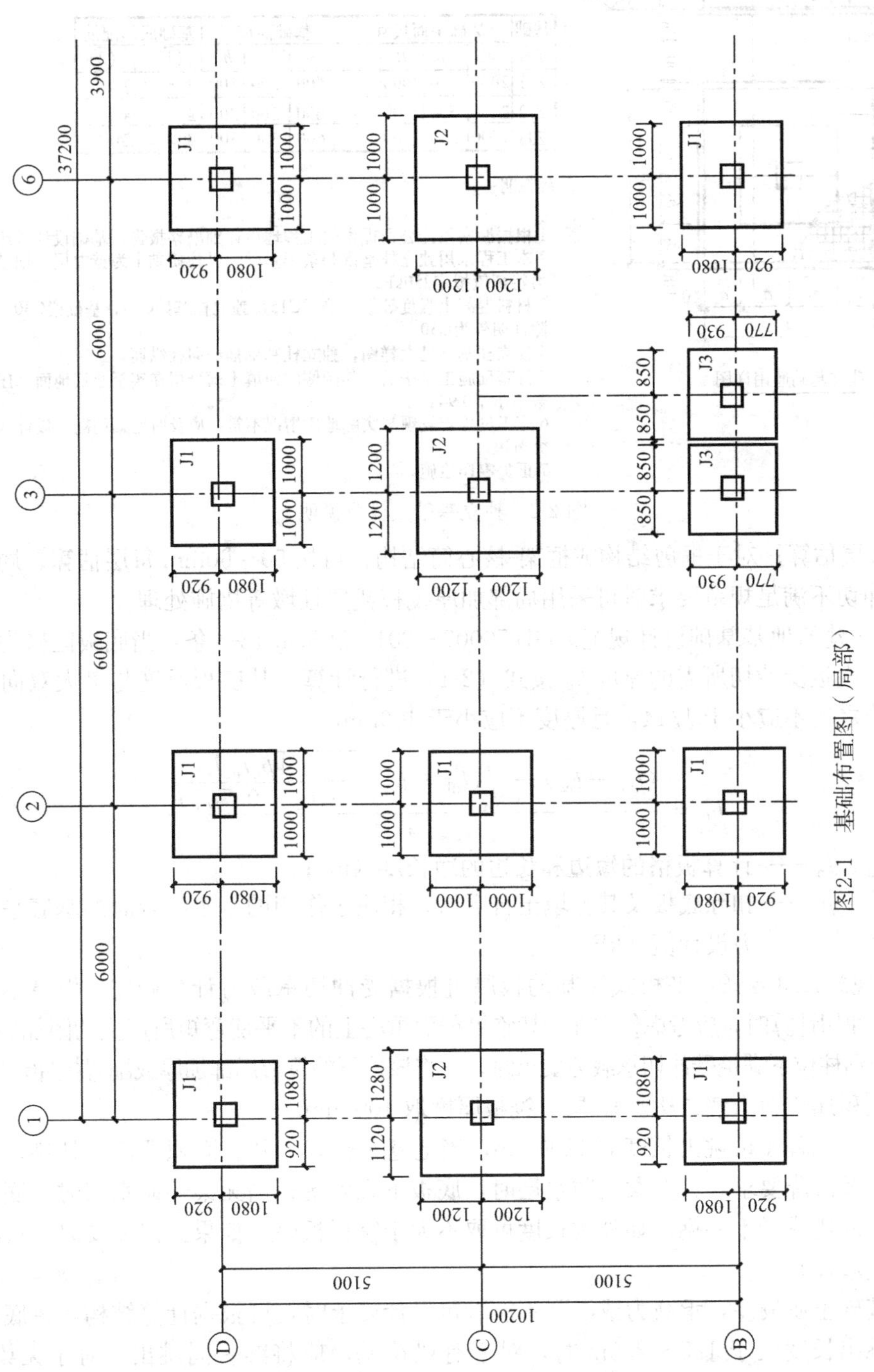

图2-1 基础布置图（局部）

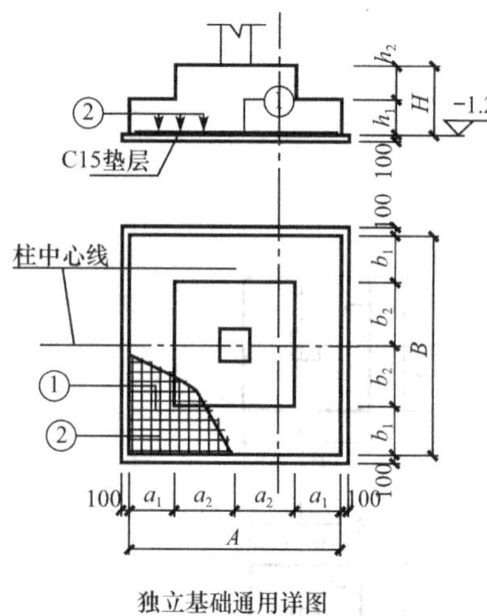

基础列表

基础编号	基础平面尺寸				基础高度			基础底部配筋	
	A	a_1	B	b_1	H	h_1	h_2	①	②
ZJ1	2000	400	2000	400	600	300	300	⌀12@150	⌀12@150
ZJ2	2400	500	2400	500	600	300	300	⌀12@150	⌀12@150
ZJ3	1700	350	1700	350	600	300	300	⌀12@150	⌀12@150

基础说明：

1.根据勘察设计公司提供的工程地质详细勘察报告，基础设计等级为丙级。
2.本工程采用独立柱基础和条形基础。以粉质黏土为持力层。地基承载力特征值拟定250kPa。
3.材料混凝土强度等级：垫层C15，独立柱基础C30、基础梁C30。构造柱除注明外为C30。
4.独立柱基础见大样图，独立柱基础插筋同柱纵筋。
5.待基础施工完毕后，其两侧的回填土须分层在实至建筑地面，压实系数不小于0.94。
6.施工过程若发现与实际地质情况不符，应及时通知地勘、设计人员研究解决。
7.正负零详建施。

图 2-2　独立基础大样及说明

35mm 每层估算；对于框剪结构或框架-核心筒结构，可按 50～60mm 每层估算。局部竖向构件处冲切不满足规范要求时可采用局部加厚筏板或置柱墩等措施处理。

（3）《建筑地基基础设计规范》GB 50007—2011 第 8.4.12-2 条：当底板区格为矩形双向板时，底板受冲切所需的厚度 h_0 按式（2-1）进行计算，其底板厚度与最大双向板格的短边净跨之比不应小于 1/14，且厚度不应小于 400mm。

$$h_0=\frac{(l_{n1}+l_{n2})-\sqrt{(l_{n1}+l_{n2})^2-\frac{4p_n l_{n1} l_{n2}}{p_n+0.7\beta_{hp} f_t}}}{4} \tag{2-1}$$

式中　l_{n1}、l_{n2}——计算板格的短边和长边的净长度（m）；

p_n——扣除底板及其上填土自重后，相应于作用的基本组合时的基底平均净反力设计值（kPa）。

《高规》12.3.4 条：平板式筏基的板厚可根据受冲切承载力计算确定，板厚不宜小于 400mm。冲切计算时，应考虑作用在冲切临界截面重心上的不平衡弯矩所产生的附加剪力。当筏板在个别柱位不满足受冲切承载力要求时，可将该柱下的筏形局部加厚或配置抗冲切钢筋。

本工程属于剪力墙结构，18 层，筏板厚度取 1000mm。

（4）本工程筏板挑出长度取 1200mm，当地基土较好，基底面积即使不外挑，也能满足承载力及沉降要求，且有柔性防水层时，底板不宜外挑；当无柔性防水层时，底板可选择按构造外挑或者不外挑，如外挑长度可取不大于筏板板厚（如果抗浮需要时，可将筏板挑出长度增加）。

当基础土质较差，承载力或沉降不能满足设计要求时，可根据计算结构，将底板向外挑出。挑出长度大于 1.5～2.0m 时，对于有梁筏基，应将梁一同挑出。对于无梁筏基，宜在柱底板设置平托板。

2.2.3　程序操作

1. 本工程设计时，筏板基础与第 1 章“1.1.12 地下室基础计算与施工图绘制”软件操作过程有一部分相同的地方，为了节省篇幅，相同的部分具体工程不列出。

(1) 点击【JCCAD/基础人机交互输入】→【应用】，弹出初始选择对话框。

(2) 点击【结构/JCCAD/基础人机交互输入】→【参数输入】，填写相关的参数，需要注意的是，地基承载力特征值取245kPa。

(3) 点击【JCCAD/基础人机交互输入】→【筏板/围区生成】，弹出筏板标准截面列表(图2-3)，点击“新建”，填写相关参数（筏板厚度、底板标高）定义筏板（图2-4、图2-5）。定义完成后，在筏板标准截面列表中选择要布置的筏板截面，点击布置，用围栏方式布置筏板。

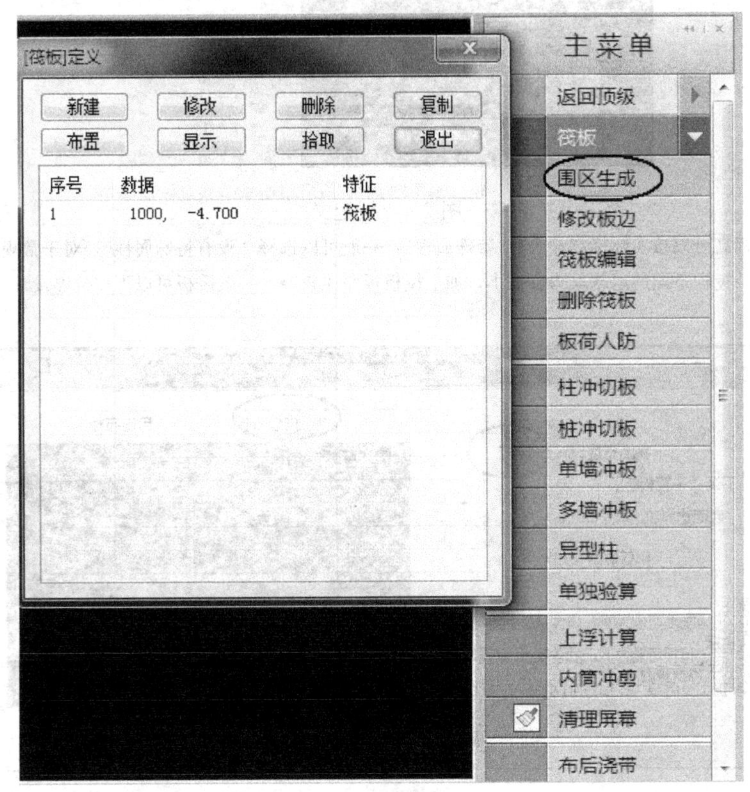

图2-3 筏板标准截面列表

注：1. 筏板内的加厚区、下沉的积水坑和电梯井都称之为子筏板，可采用子筏板输入。

2. 如果筏板底面四周挑出的宽度不同时，程序在后面提供了【修改板边】的功能，用于修改筏板的每个边挑出轴线距离，适用于各边有不同挑出宽度的筏板。也可以通过【筏板编辑】功能修改筏板边界。

(4) 点击【筏板/筏板荷载】，选择需要输入荷载的筏板，弹出“输入筏板荷载对话框”，如图2-6所示。

(5) 点击【筏板/柱冲切板、单墙冲板、多墙冲板】，可以查看冲切是否满足要求，或者冲切富余量是否太大，再根据计算结果，局部加柱墩、加大板厚厚度或者减小筏板厚度等，其中柱边数字为冲切安全系数，>1时安全。一般柱边可以控制在1.2～1.4，中柱控制在1.05～1.2。

(6) 点击【JCCAD/桩筏、筏板有限元计算】→【模型参数】，如图2-7所示。

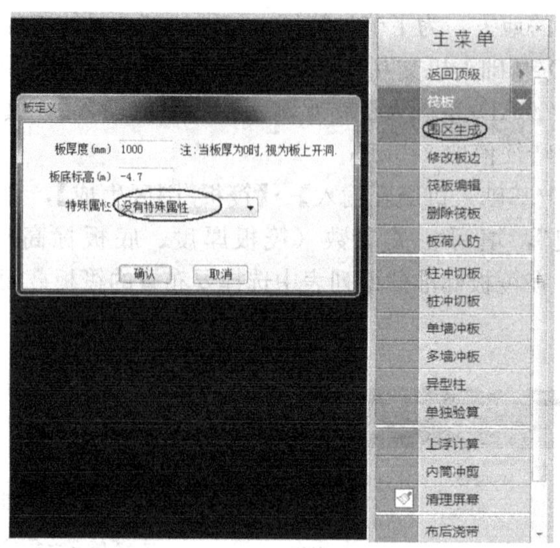

图 2-4　板定义

注：板厚度、板底标高可以按实际标高输入；“特殊属性”：一般可以选择“没有特殊属性”，对于常规工程，当筏板需要考虑抗浮时，筏板下面的地基反力会变小，加上筏板板厚比较厚，一般筏板可以不按抗浮设计。

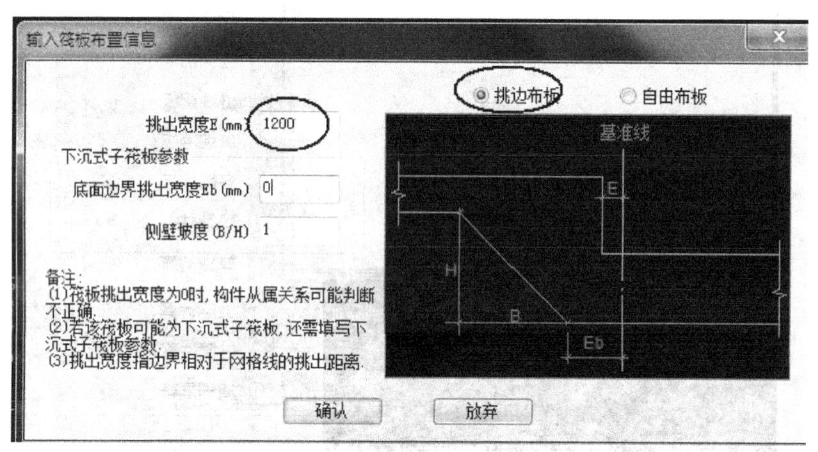

图 2-5　输入筏板布置信息

参数注释：

“计算模型”：JCCAD 提供四种计算方法，分别为：①弹性地基梁板模型（WINKLER 模型）；②倒楼盖模型（桩及土反力按刚性板假设求出）；③单向压缩分层总和法—弹性解：Mindlin 应力公式（明德林应力公式）；④单向压缩分层总和法—弹性解修正 $*0.5\ln(D/Sa)$。对于上部结构刚度较小的结构，可采用①、③和④模型，反之，可采用第②种模型。初始选择为第一种，也可根据实际要求和规范选择不同的计算模型。①适合于上部刚度较小、薄筏板基础，②适合于上部刚度较大及厚筏板基础的情况。本工程选择，弹性地基梁板模型（WINKLER 模型）。

a. Winkler 假定［弹性地基梁板模型（整体弯曲）］：将地基范围以下的土假定为相互无联系的独立竖向弹簧，适用于地基土层很薄的情况，对于下覆土层深度较大的情况，土单元之间的相互联系不能忽略；计算时，条板按受一组横墙集中荷载作用的无限长梁计算。其缺点是此方法的一般假定为基底反力是按线性分布的，柱下最大，跨中最小，只适用于柱下十字交叉条形基础和柱下筏板基础的简化计算，

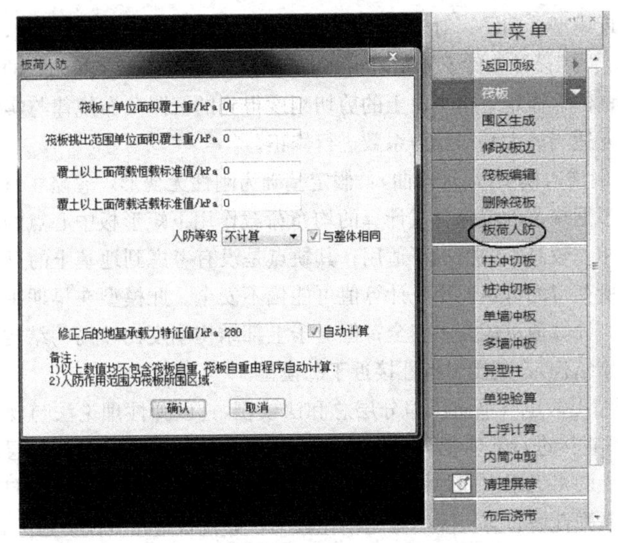

图 2-6 筏板荷载

注：1. 板及梁肋自重由程序自动计算加入，覆土重指板上土重，不包括板及梁肋自重。覆土上恒荷载应包括地面做法或者地面架空板重量。地下室里面的“筏板单位面积覆土重”取室内覆土重；筏板悬挑部分的覆土重从室外地坪算起。

2. 此菜单只能布置整块筏板荷载，如果局部筏板荷载不同，需要分割筏板。

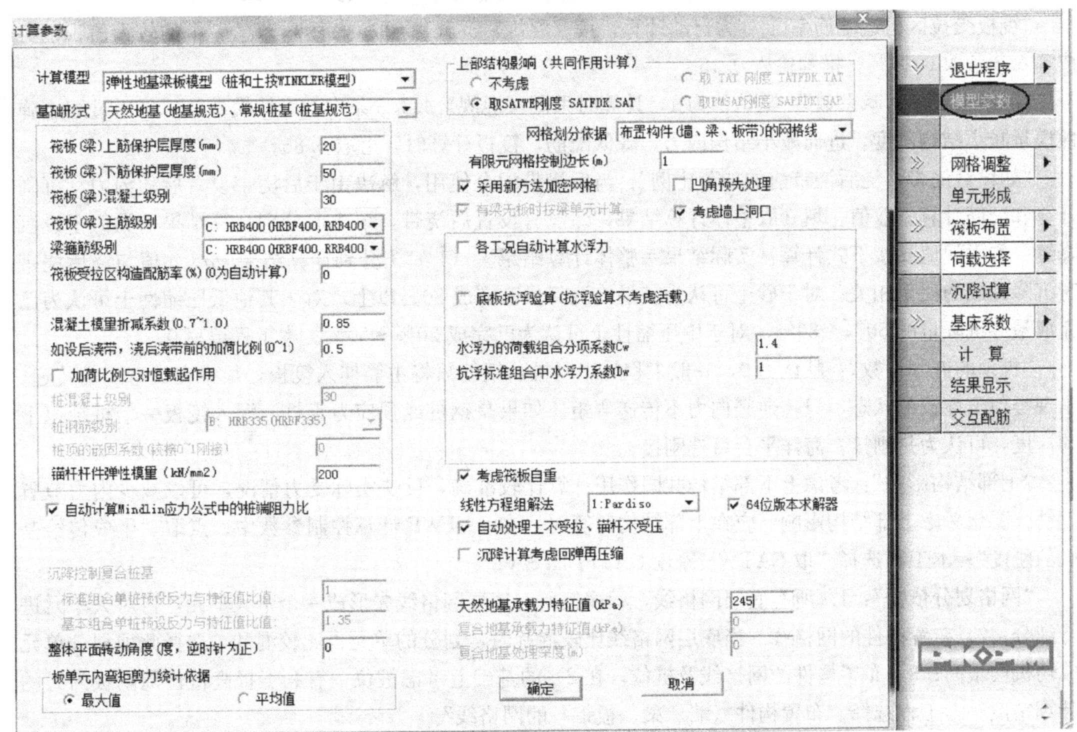

图 2-7 桩筏、筏板有限元计算参数对话框

不适用于剪力墙结构的筏板基础计算。工程设计常用模型，虽然简单但受力明确。当考虑上部结构刚度时将比较符合实际情况。如果能根据经验调整基床系数，如将筏板边缘基床系数放大，筏板中心基床系

数缩小，计算结果将接近模型③和④。对于基于 Winkler 假定的弹性地基梁板模型，在基床反力系数 $k<5000\sim10000kN/m^3$ 时，常用设计软件 JCCAD 的分析结果比通用有限元 ANSYS 的分析结果大，用于设计具有一定的安全储备；但该假定忽略了由土的剪切刚度得到的沉降分布规律与实际情况存在较大的差异，可考虑对于板边单元适当放大基床反力系数进行修正。

b. 刚性基础假定（倒楼盖模型/局部弯曲）：假定基础为刚性无变形，忽略了基础的整体弯曲，在此假定下计算的沉降值是根据规范的沉降公式计算的均布荷载作用下矩形板中心点的沉降。此假定在土较软、基础刚度与土刚度相差较悬殊的情况下适用；其缺点是没有考虑到地基土的反力分布实际上是不均匀的，所以各墙支座处所算得的弯矩偏小，计算值可能偏不安全。此模型在早期手工计算常采用，由于没有考虑筏板整体弯曲，计算值可能偏不安全；但对于上部结构刚度比较高的结构（如剪力墙结构、没有裙房的高层框架剪力墙结构），其受力特性接近于②模型。

c. 弹性理论有限压缩层假定（单向压缩分层总和法模型）：以弹性理论法与规范有限压缩层法为基础，采用 Mindlin 应力解直接进行数值积分求出土体任一点的应力，按规范的分层总和法计算沉降。假定地基土为均匀各向同性的半无限空间弹性体，土在建筑物荷载作用下只产生竖向压缩变形，侧向受到约束不产生变形。由于是弹性解，与实际工程差距比较大，如筏板边角处反力过大，筏板中心沉降过大，筏板弯矩过大并出现配筋过大或无法配筋，设计中需根据工程经验选取适当的经验系数。Winkler 假定模型中基床反力系数及单向压缩分层总和法模型中沉降计算经验系数的取值均具有较强的地区性和经验性。

d. 根据建研院地基所多年研究成果编写的模型，可以参考使用。

“地基基础形式及参照规范”：根据工程实际；本工程填写，天然地基（地基规范）、常规桩基（桩基规范）。

“混凝土、钢筋级别”：根据工程实际，本工程混凝土采用 C30，钢筋采用 HRB400。

“筏板受拉区构造配筋率”：0 为自动计算，按《混规》8.5.1 条取 0.2 和 $45f_t/f_y$ 中的较大值；也可按 8.5.2 条取 0.15%，推荐输入 0.15。

“混凝土模量折减系数”：默认值为 1，计算时采用《混规》4.1.5 条中的弹性模量值，可通过缩小弹性模量减小结构刚度，进而减小结构内力，降低配筋，筏板计算时，可取 0.85。

“如设后浇带，浇后浇带前的加荷比例”：与后浇带配合使用，解决由于后浇带设置后的内力、沉降计算和配筋计算、取值。填 0 取整体计算结果，即没有设置后浇带，填 1 取分别计算结果，类似于设沉降缝。取中间值 a 按下式计算：实际结果＝整体计算结果 * （1-a）＋分别计算结果 * a，a 值与浇后浇带时沉降完成的比例相关；对于砂土可认为其最终沉降量已完成 80%以上，对于其他低压缩性土可认为已完成最终沉降量的 50%～80%，对于中压缩性土可认为已完成 20%～50%。本工程填写 0。

“桩顶的嵌固系数”：默认为 0，一般工程施工时桩顶钢筋只将主筋伸入筏板，很难完成弯矩的传递，出现类似塑性铰的状态，只传递竖向力不传递弯矩。如果是钢桩或预应力管桩，深入筏板一倍桩径以上的深度，可认为是刚接；海洋平台可选刚接。

“上部结构影响”：考虑上下部结构共同作用计算比较准确，反映实际受力情况，可以减少内力节省钢筋；要想考虑上部结构影响，应在上部结构计算时，在 SATWE 计算控制参数中，点取“生成传给基础的刚度”。本工程选择“取 SATWE 刚度 SATFDK. SAT”。

“网格划分依据”：1）所有底层网格线，程序按所有底层网格线先形成一个个大单元，再对大单元进行细分；2）布置构件的网格线，当底层网格线比较混乱时，划分的单元也比较混乱，选择此项划分单元成功机会很高；3）布置构件的网格线及桩位，在 2）的基础上考虑桩位，有利于提高桩位周围板内力的计算精度；本工程选择“布置构件（墙、梁、板带）的网格线”。

“有限元网格控制边长”：默认值为 2m，一般可符合工程要求。对于小体量筏板或局部计算，可将控制边长缩小（如 0.5～1m）；本工程填写 1m，选择“采用新方法加密网格”。

“各工况自动计算水浮力”：在原计算工况组合中增加水浮力，标准组合的组合系数为 1.0；一般计算基底反力时只考虑上部结构荷载，而不考虑水的浮力作用，相当于存在一定的安全储备；建议在实际设计中，按有无地下水两种情况计算，详细比较计算结果，分析是否存在可以采用的潜力及设计优化。

“底板抗浮验算”：是新增的组合，标准组合=1.0恒载+1.0浮力，基本组合=1.0恒载+水浮力组合系数*浮力。由于水浮力作用，计算结果土反力与桩反力都有可能出现负值，即受拉。如果土反力出现负值，基础设计结果是有问题的，可增加上部恒载或打桩来进行抗浮；场地抗浮设防水位应是各含水层最高水位之最高；水头标高与筏板底标高、梁底标高等都是相对标高。

“考虑筏板自重”：默认为是。

“沉降计算考虑回弹再压缩”：对于先打桩后开挖，可忽略回弹再压缩；对于其他深基础，必须考虑。根据工程实测，若不考虑回弹再压缩，裙房沉降偏小，主楼沉降偏大。

“桩端阻力比”：该值在计算中影响比较大，因为不同的规范选择桩端阻力比值也不同，程序默认的计算值与手工校核的不一致。如果选择《上海地基规范》，并在地质资料中输入每个土层的侧阻力、桩端土层的端阻力，程序以输入的承载值作为依据。其他情况以《桩基规范》计算桩承载力的表格，查表求出每个土层的侧阻力、桩端土层的端阻力，并计算桩端阻力比。程序可以自动计算，还可以直接输入桩端阻力比。

“天然地基承载力特征值”：桩筏计算时要把天然地基承载力特征值设为0，不考虑桩间土的反力，筏板基础可填写地基承载力特征值。

(7) 点击【JCCAD/桩筏、筏板有限元计算】→【单元形成】，可以形成单元。

(8) 点击【JCCAD/桩筏、筏板有限元计算】→【筏板布置】，可以再次进行筏板布置。

(9) 点击【JCCAD/桩筏、筏板有限元计算】→【荷载选择/SATWE荷载】，即可完成SATWE荷载的布置。

(10) 点击【JCCAD/桩筏、筏板有限元计算】→【沉降试算】，弹出对话框（图2-8），即可完成沉降的试算工作。需要注意的是，基床系数的填写是关键。填写基床系数后，程序会自动算出“平均沉降值”，设计师可以与当地的经验沉降值做对比，或者不断地调整基床系数，直到“平均沉降值”在经验沉降值范围之内。当设计师在“1. 地质资料输入”中填写地勘报告中的土的分布后，程序会自动给出一个“板底土反力基床系数推荐值”。一般都要钩选“基床系数是否赋值给板”。

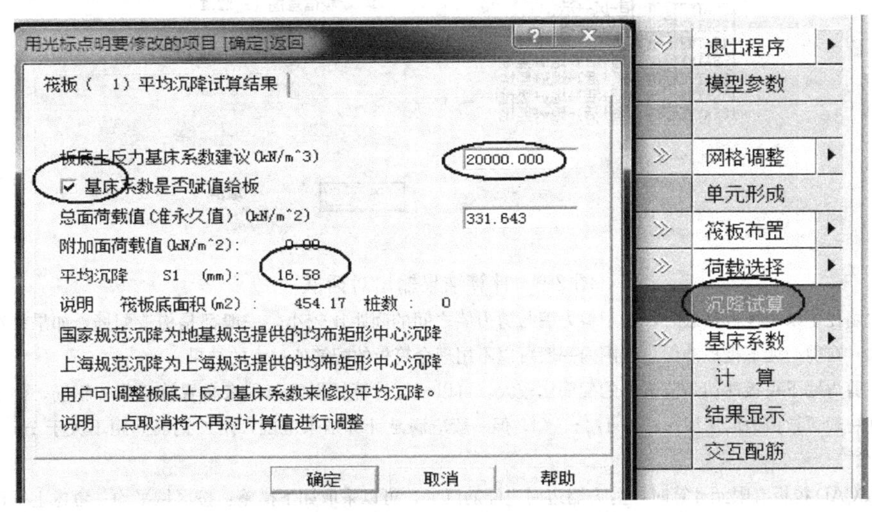

图2-8 平均沉降试算结果

注：1. 当用附录给出的K值，不考虑上部结构共同作用。如取沉降反算的值，应考虑上部结构共同作用。一般来说取沉降反算法对于大部分筏板合理，建议可以采用中点沉降，并根据筏板特征适当提高边缘区域的K值，而对于大型的地下室筏板，采用平均值计算或者用附录给出的K值可适当选择采用。

2. 一般平均值为 20000（在筏板布置和板元法的参数设置中，是板的基床系数）；计算基础沉降值时应考虑上部结构的共同作用。K 值应该取与基础接触处的土参考值，土越硬，取值越大，埋深越深，取值越大；如果基床反力系数为负值，表示采用广义文克尔假定计算分析地梁和刚性假定计算沉降，基床反力系数的合理性就是看沉降结果，要不断地调整基床系数，使得与经验值或者规范分层总和法手算地基中心点处的沉降值相近；算出的沉降值合理后，从而确定了 K，再以当前基床反力系数为刚度而得到的弹性位移，再算出内力。一般来说，按规范计算的平均沉降是可以采取的，但是有时候与经验值相差太大时，干脆以手算为准或者以经验值为准，反算基床系数。基床系数＝总准永久面荷载值/平均沉降，由于这种方法计算的 K 值比较小，为了使配筋合适需考虑上部结构的刚度。

3. 基床系数也可以按"地勘资料"中填写。裙房如果荷载面值与地下室挖去土重量相当，平均沉降近似为零，基床系数可填写一个较大的值，比如 5000000（筏板布置—筏板定义里面可以修改）。对于某些工程，若基础埋深比较大，当基础开挖的土体重量大于结构本身重量时，地基土产生回弹，则程序将无法给出 K 的建议值。此时设计人员可以考虑回弹再压缩，用结构"总面荷载值（准永久值）"/"回弹再压缩沉降值（mm）"得到基床反力系数 K 值。

（11）点击【JCCAD/桩筏、筏板有限元计算】→【计算】，即可完成相关的计算（内力、配筋等）。

（12）点击【JCCAD/桩筏、筏板有限元计算】→【结果】，即可完成桩筏、筏板进行计算。点击【结果显示】，弹出"计算结果"输出对话框，如图 2-9 所示。

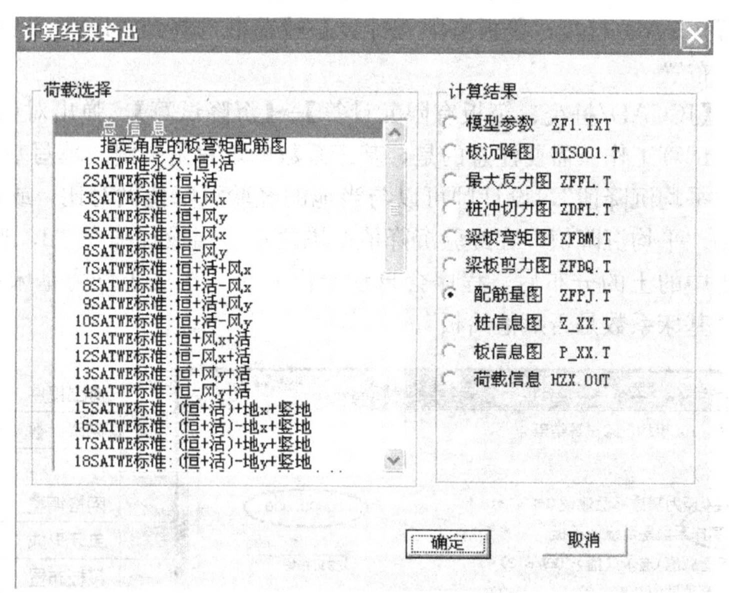

图 2-9　计算结果输出对话框

注：1. 剪力墙住宅采用筏板基础时，由于剪力墙与剪力墙之间的间距比较小，一般都是构造配筋，如果计算结果比较大，在剪力墙下筏板冲切角范围内一般可以不用理会筏板的配筋值过大的结果。

2. 如果剪力墙下筏板冲切角范围外的配筋比较大，可以根据计算结果的范围来布置筏板附加钢筋，伸出墙边的长度一般可取剪力墙房屋短跨的 1/4～1/3。但一般应满足计算结果范围，附加钢筋间距不大于 1m 时，可整体拉通。

3. 用 JCCAD 筏板有限元计算时，剪力墙边周边配筋巨大，可以采取如下措施：按区域平均；考虑上下部共同作用；有个地方网格质量太差，对计算结果会有不小影响，可手工添加辅助线。

（13）点击【JCCAD/桩筏、筏板有限元计算】→【结果显示】，在弹出的对话框中选择"配筋量图 ZFPJ. T"，点击保存，把此 T 图（ZFPJ）转成 DWG 图。

（14）点击【JCCAD/桩筏、筏板有限元计算】→【交互配筋】，在弹出的对话框中

(图 2-10) 选择“分区域均匀配筋”，显示配筋计算结果 (PJXX)，此计算结果与 ZFPJ.T 中的计算结果一样。点击保存，把此 T 图 (PJXX) 转成 DWG 图。

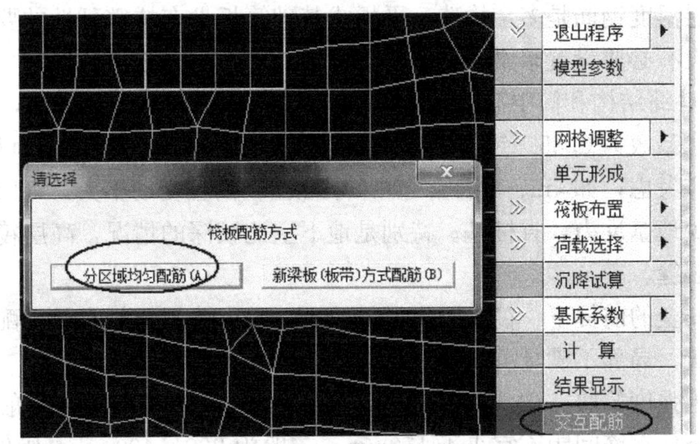

图 2-10 交互配筋/筏板配筋方式

(15) 从网上下载两个小插件对筏板配筋计算结果进行处理，使得绘图更有效率，如图 2-11 所示。需要注意的是，使用该插件时，不要对配筋计算结果进行任何处理 (放大、缩小等)，该插件只对“PJXX”有效，对“ZFPJ”无效。

FBPJ
PJSC

图 2-11 筏板配筋计算结果处理插件

在 CAD 或 TSSD 中加载以上两个插件。输入命令“fbpj”，程序提示输入“请输入筏板上部 X 向钢筋”，如果要把小于 1500mm² 的计算配筋去掉，则输入“1500”，按回车键。程序提示“请输入筏板上部 Y 向钢筋”，输入要去掉的“筏板上部 Y 向钢筋”计算值，按回车键。程序提示“请输入筏板下部 X 向钢筋”，输入要去掉的“筏板下部 X 向钢筋”计算值，按回车键。程序提示“请输入筏板下部 Y 向钢筋”，输入要去掉的“筏板下部 Y 向钢筋”计算值，按回车键。程序提示“选择对象”，框选对象，则过滤后的计算配筋值变为 0。如图 2-12 所示。

输入命令“PJSC”，可以把 0 配筋值去掉，如图 2-13 所示。

0 xAUy2313
0 xADy0

图 2-12 处理后的计算结果 (1)

注：AU 是筏板上部计算配筋结果，DU 是筏板下部计算配筋结果，x 是 X 方向计算配筋，y 是 Y 方向计算配筋。

0 xAUy2313

图 2-13 处理后的计算结果 (2)

注：2313 左边的 0 没有删除，是因为计算结果为 0 (构造配筋)。底板配筋图中数字太多，此插件可以清理掉小于通长钢筋的配筋数字，核对底板配筋时一目了然。

2. 画或修改筏板基础施工图时应注意的问题

(1) 筏板施工图绘制基本与楼板施工图绘制方法一样。需要注意的是，筏板面筋、板底筋方向与楼板面筋、底筋方向相反。在画钢筋时，通常拷贝一个面筋、底筋模板，再参考配筋计算结果将“钢筋模板”复制到其他板块中，用拉伸命令拉伸钢筋，完成其他板块钢筋的绘制。筏板底筋通长筋可按 0.15%取。

(2) 一般情况下筏板基础不需要进行裂缝验算。原因是筏板基础类似于独立基础，都属于与地基土紧密接触的板，筏板和独立基础板都受到地基土摩擦力的有效约束，是属于压弯构件而非纯弯构件。因此筏板基础和独立基础一样，不必进行裂缝验算，且最小配筋率可以按 0.15%取值。

筏板一般不必机械地按照《建筑地基基础设计规范》设置厚筏板中层温度钢筋。实践反复印证了此中层温度钢筋是多余构造。平板式基础筏板没有抗震延性的要求，柱下板带中沿纵横柱轴网没有必要设置暗梁。

（3）框架-核心筒结构和筒中筒结构宜采用平板式筏形基础。计算时，混凝土弹性模量可以考虑折减，系数为 0.85。钢筋会减少，应力均衡。板厚大于 2m 时可以不考虑设置网片。特别厚的应考虑，如 4m、5m 厚；如果水位比较高且变动不大，可以适当考虑水浮力，从而达到减少地基反力，省桩基。特别是地下室比较深的情况，高层筏板不必考虑裂缝，多层应考虑裂缝。

在保证冲切安全的前提下，筏板厚度尽量减少。因为筏板配筋有最少配筋率问题，所以可以降低钢筋量。局部不满足可以进行局部加厚，如核心筒和柱子。

（4）板混凝土强度等级一般为 C30、C35，最大为 C40；筏板厚度一般较大，为了混凝土浇捣方便，筏板钢筋间距不宜小于 150mm，一般为 200～400mm，优先采用 300mm，受力钢筋直径不宜小于 12mm。筏形基础宜在纵横向每隔 30～40m 留一道后浇带，宽 800～1000mm，后浇带位置宜在柱距中部 1/3 范围内。

筏基底板配筋时应遵循“多不退少补”的原则。如果底板钢筋双层双向，且在悬挑部分不变，阳角可以不设放射筋，因为底板钢筋双层双向，能抵抗住阳角处的应力集中，独立基础也从没设置过放射钢筋。对于悬挑板，不必把悬挑板内跨筏板的上部钢筋通长配置至悬挑板的外端，悬挑板一般 10@150～200mm 双向构造配筋即可。

3. 筏板基础施工图

筏板基础施工图如图 2-14～图 2-17 所示。

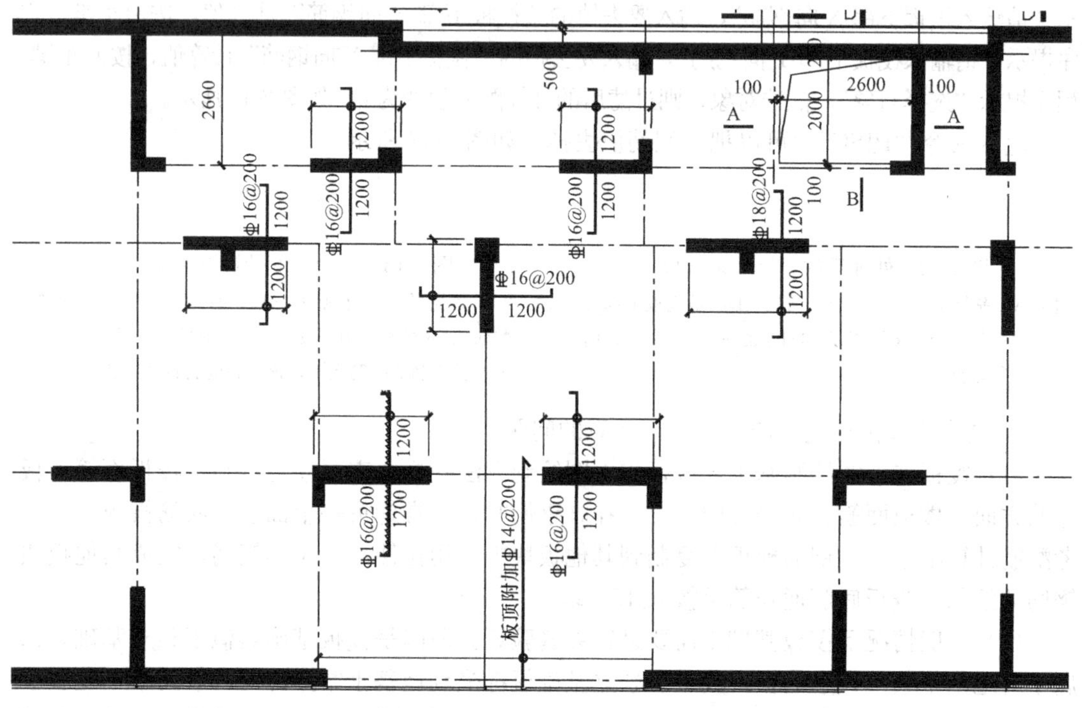

图 2-14 基础平面布置图（局部）

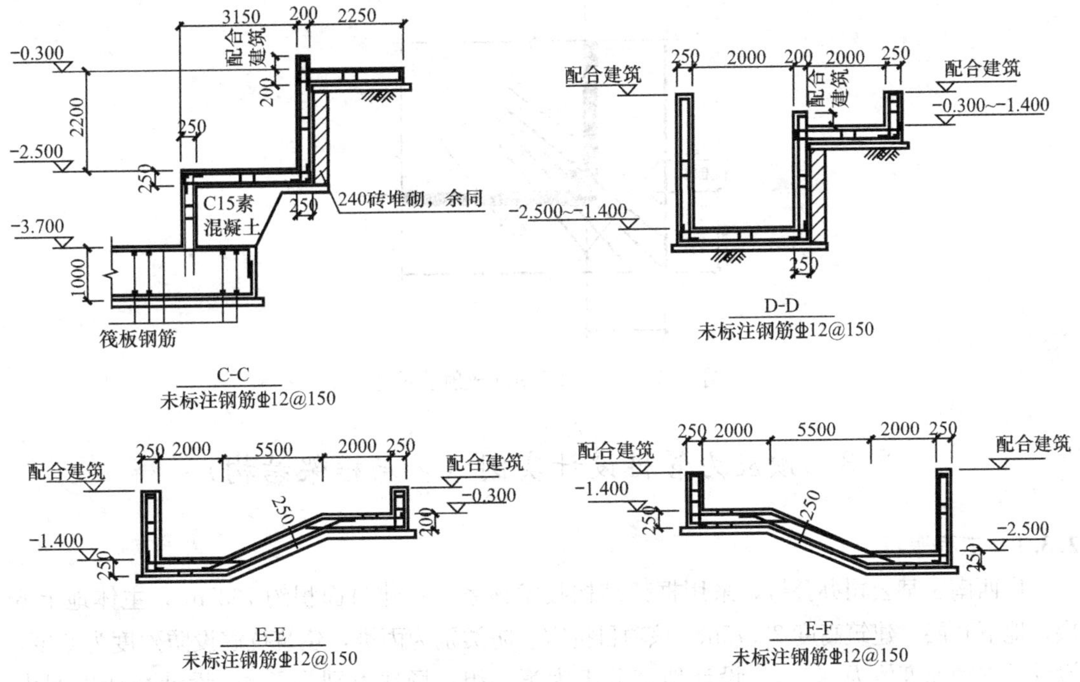

图 2-15 大样（1）

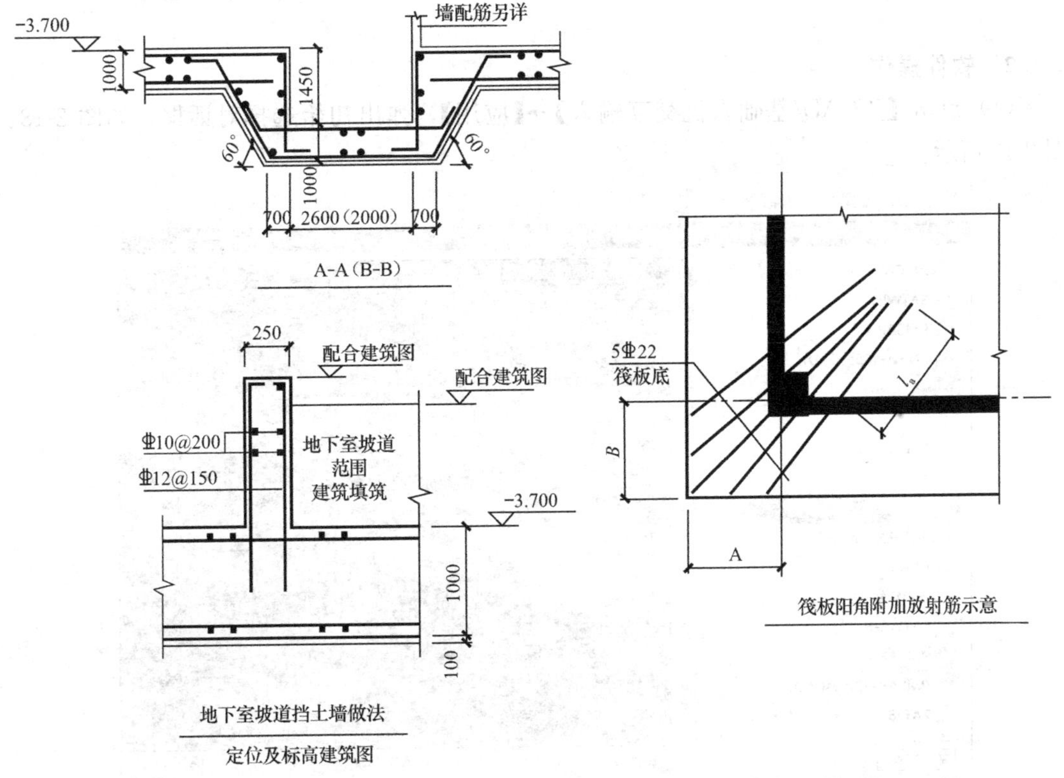

图 2-16 大样（2）

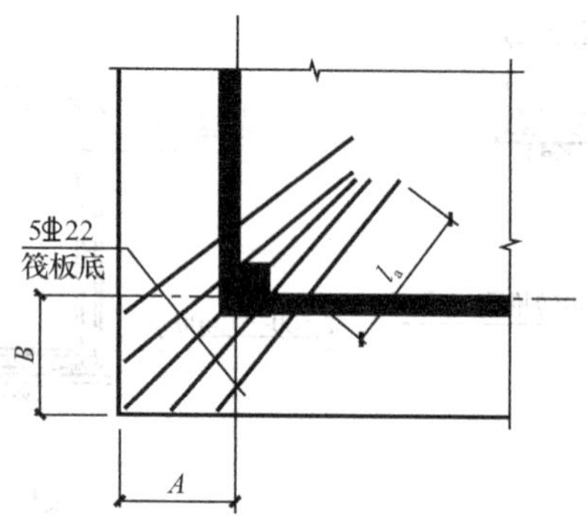

图 2-17　筏板阳角附加放射筋示意

2.3　预应力管桩设计实例（多层框架结构）

2.3.1　工程概况

广西南宁某公司办公楼，采用框架结构技术体系，总建筑面积约 7637m²，主体地上 6 层，地下 0 层，建筑高度 23.75m。该项目抗震设防类别为丙类，建筑抗震设防烈度为 6 度，设计基本加速度值为 0.05g，设计地震分组为第一组，场地类别为Ⅲ类，设计特征周期为 0.45s，框架抗震等级为四级。由于填土较深，局部达到 10m，故本工程采用摩擦端承桩，管桩外径：*D*=400（AB 型桩），根据工程地质勘查报告，桩端持力层为 8 号黏土层。

2.3.2　软件操作

（1）点击【JCCAD/基础人机交互输入】→【应用】，弹出初始选择对话框，如图 2-18、图 2-19 所示。

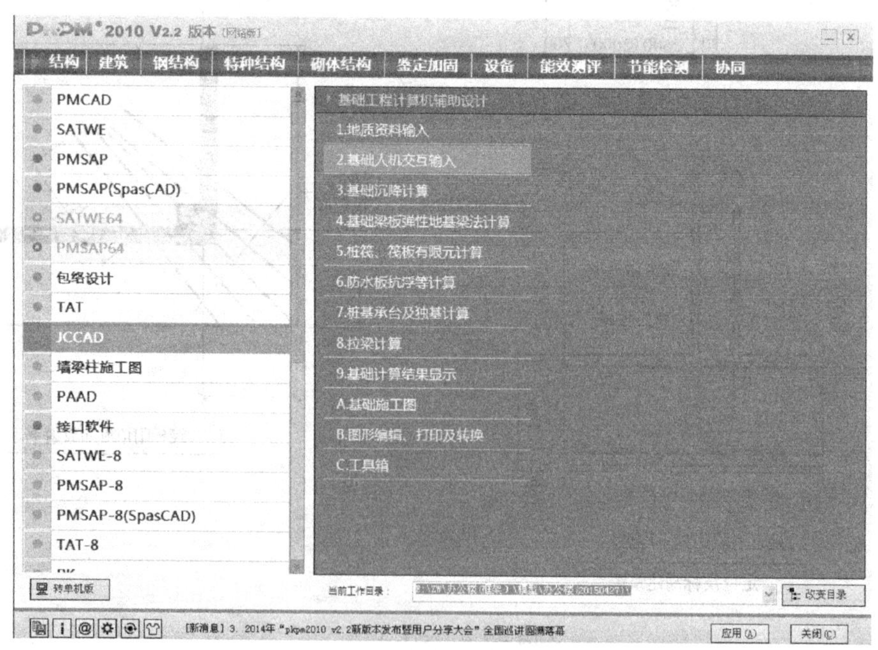

图 2-18　JCCAD/基础人机交互输入

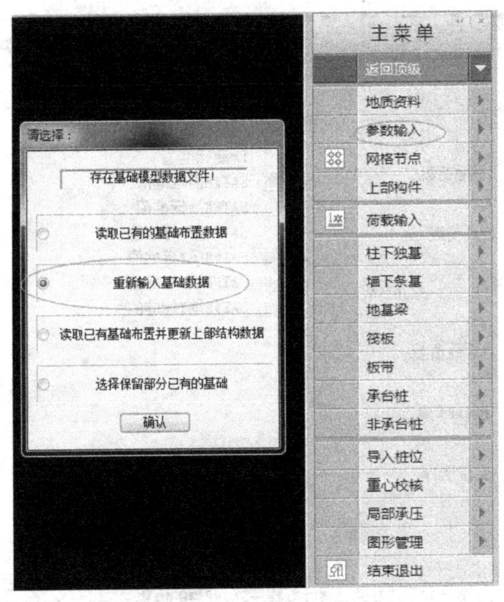

图 2-19　初始选择对话框

注：【读取已有的基础布置数据】：能让程序读取以前的数据；【重新输入基础数据】：一般第一次操作时都应选择该项，如以前存在数据，将被覆盖；【读取已有的基础布置并更新上部结构数据】：基础数据可保留，当上部结构不变化时应点选该项；【选择保留部分已有的基础】：只保留部分基础数据时应点选该项，点选该选项后，在弹出的对话框中根据需要勾选要保留的内容。

（2）点击【荷载输入/荷载参数】，弹出"荷载组合参数"对话框，如图 2-20 所示。

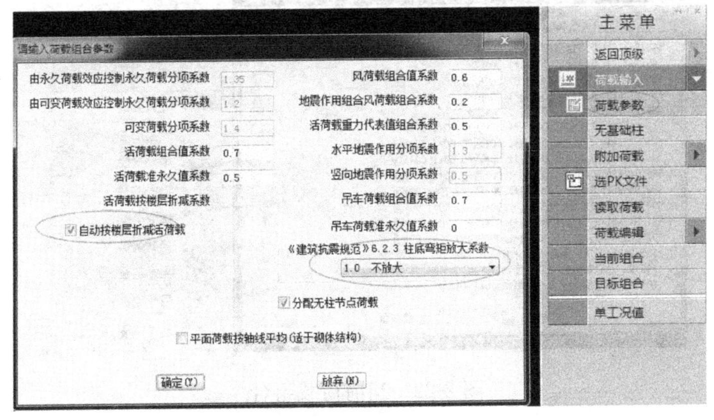

图 2-20　"荷载组合参数"对话框

注：1. 荷载分项系数一般情况下可不修改，灰色的数值是规范指定值，一般不修改，若用户要修改，则可以双击灰色的数值，将其变成白色的输入框后再修改。

2. 当"分配无柱节点荷载"打"勾号"后，程序可将墙间无柱节点或无基础柱上的荷载分配到节点周围的墙上，从而使墙下基础不会产生丢荷载情况。分配原则是按周围墙的长度加权分配，长墙分配的荷载多，短墙分配的荷载少。

3. JCCAD 读入的是上部未折减的荷载标准值，读入 JCCAD 的荷载应折减。当"自动按楼层折减或荷载"打"勾号"后，程序会根据与基础相连的每个柱、墙上面的楼层数进行活荷载折减。

（3）点击【读取荷载】，弹出"选择荷载来源"对话框，如图 2-21 所示。

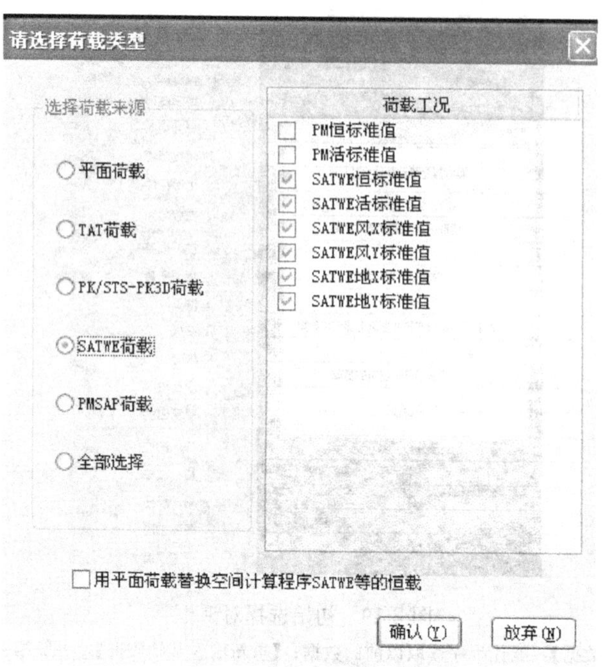

图 2-21　读取荷载/选择荷载类型

（4）点击【当前组合】，弹出“选择荷载组合类型”对话框，用于读取各种荷载组合，可以直观的图形模式检测基础荷载情况，如图 2-22 所示。

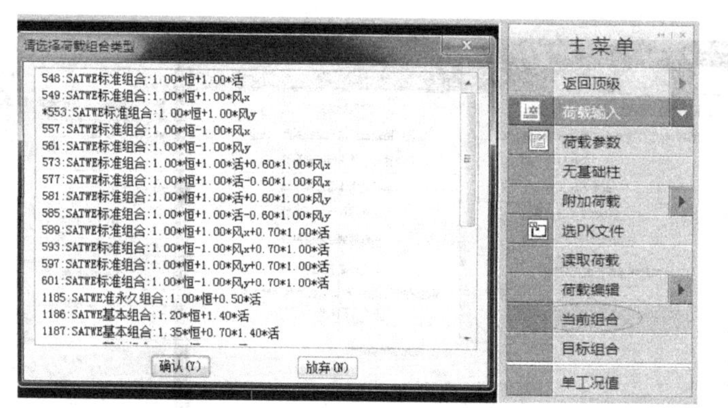

图 2-22　当前荷载组合

（5）点击【承台桩/桩定义/新建】，定义 $D=400$（AB 型桩）预应力管桩，如图 2-23 所示。

（6）点击【承台桩/承台参数】，如图 2-24 所示。

（7）点击【自动生成】，框选整个底平面，程序会自动生成柱下桩承台，如图 2-25 所示。

（8）点击【7. 桩基承台及独基计算】→【计算参数】，如图 2-26 所示。

（9）点击【承台计算/SATWE 荷载】，程序会自动完成计算。点击【结果显示】，会弹出对话框，如图 2-27 所示，可以根据需求查看各种计算结果，对于桩承台，一般查看“单桩反力”及“承台配筋”。

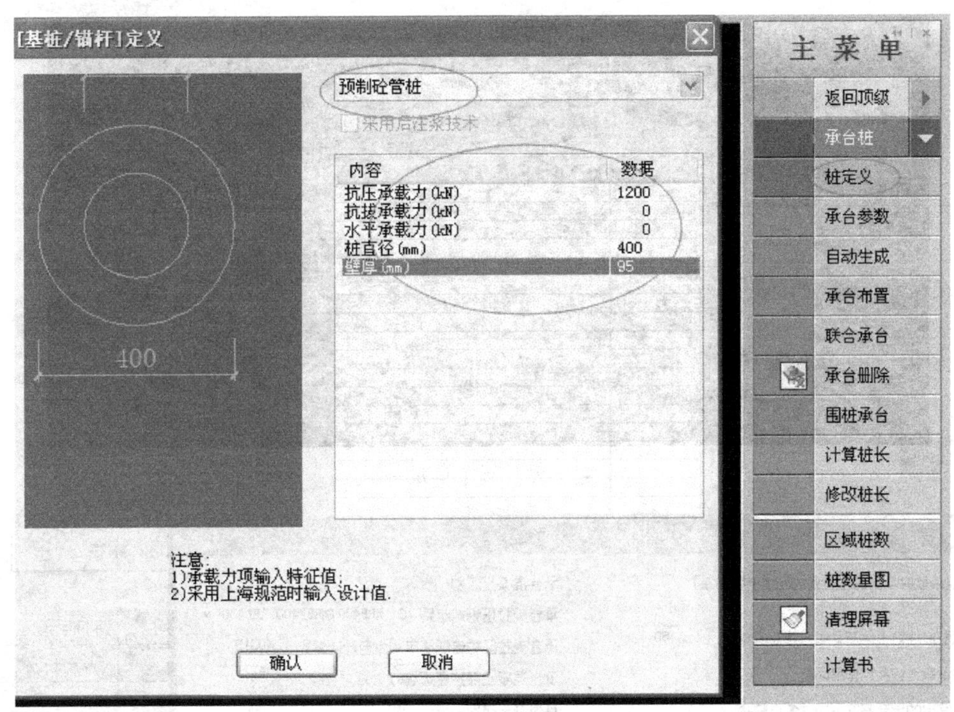

图 2-23　桩定义

图 2-24　桩承台参数输入

(10) 点击【JCCAD/基础施工图】→【基础详图/插入详图】，可以在程序自动生成的基础平面布置图中插入承台大样，如图 2-28 所示。

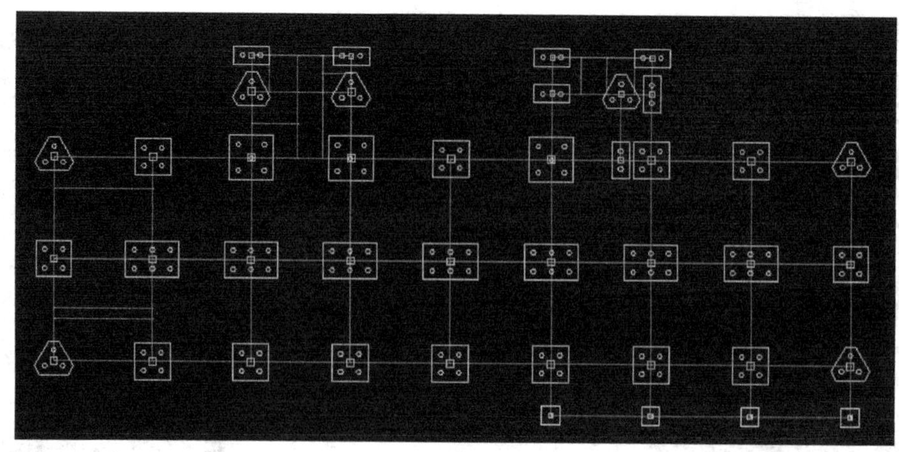

图 2-25　柱下桩承台

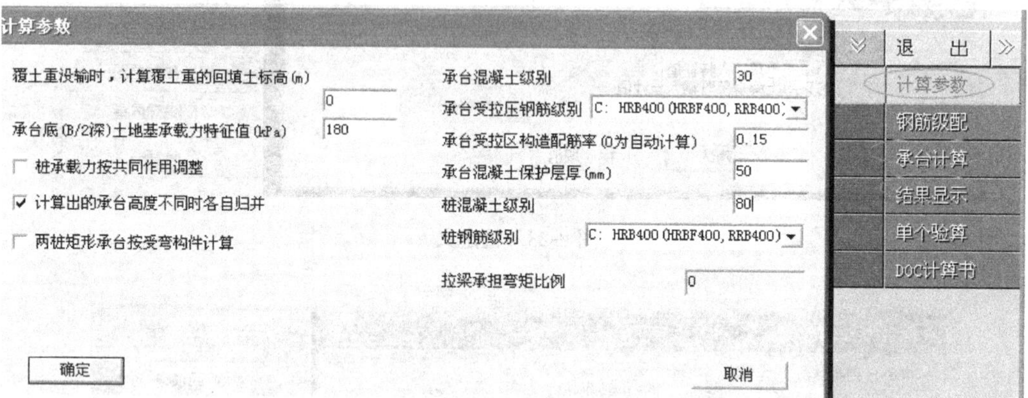

图 2-26　计算参数

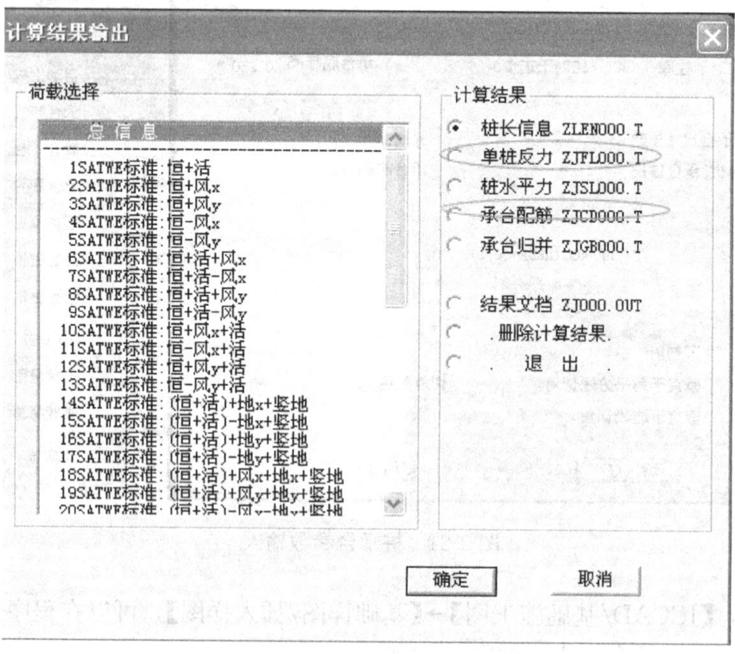

图 2-27　计算结果输出

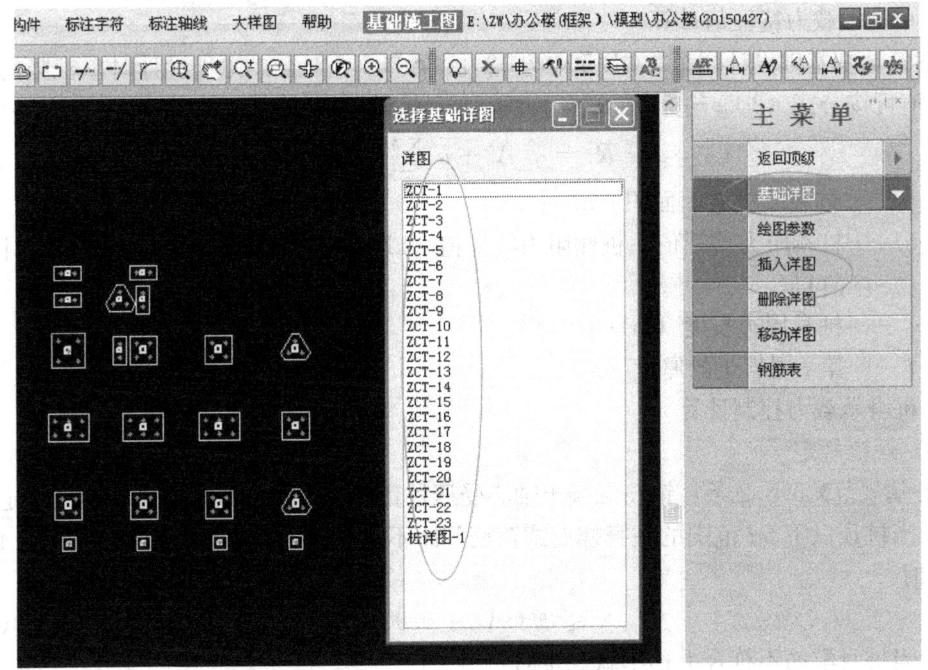

图 2-28　基础详图/插入详图

注：1. 可以拷贝以前做过工程的承台大样根据 JCCAD 的计算结果进行修改，在实际设计中，基础平面布置可以借助小插件去完成，比如“屠夫画桩”。

2. 点击 JCCAD/基础人机交互输入/图形文件/（显示内容，勾选节点荷载、线荷载、按柱形心显示节点荷载，线荷载按荷载总值显示）、（写图文件/全部不选，再勾选标准组合，最大轴力），将 Ftarget_1 Nmax，T（标准组合、最大轴力）图转换为 dwg 图；对照 Ftarget _ 1 Nmax 图，按轴力大小值进行归并，一般轴力相差 200～300 左右的进行归并。归并后，再在 JCCAD 中进行桩承台设计，自动生成桩承台。然后进行第二次归并，设计桩承台，进行第三次归并，设计桩承台。

2.3.3　桩与承台设计

1. 桩间距

预应力管桩属于表 2-1 中的“挤土桩（非饱和土）”，桩间距应满足 3.5d 的要求。

桩的最小中心距　　**表 2-1**

土类与成桩工艺		排数不少于 3 排且桩数不少于 9 根的摩擦型桩桩基	其他情况
非挤土灌注桩		3.0d	3.0d
部分挤土桩		3.5d	3.0d
挤土桩	非饱和土	4.0d	3.5d
	饱和黏性土	4.5d	4.0d
钻、挖孔扩底桩		2D 或 D+2.0m（当 D>2m）	1.5D 或 D+1.5m（当 D>2m）
沉管夯扩、钻孔挤扩桩	非饱和土	2.2D 且 4.0d	2.0D 且 3.5d
	饱和黏性土	2.5D 且 4.5d	2.2D 且 4.0d

注：1. d——圆桩直径或主桩边长，D——扩大端设计直径。
2. 当纵横向桩距不相等时，其最小中心距应满足“其他情况”一栏的规定。
3. 当为端承型桩时，非挤土灌注桩的“其他情况”一栏可减小至 2.5d。

2. 单桩承载力特征值计算

《建筑地基基础设计规范》GB 50007—2011 第 8.5.6-4 条：初步设计时单桩竖向承载力特征值可按公式（2-2）进行估算：

$$R_{a} = q_{pa}A_{p} + u_{p}\sum q_{sia}l_{i} \tag{2-2}$$

式中 A_p——桩底端横截面面积（m^2）；

q_{pa}，q_{sia}——桩端阻力特征值、桩侧阻力特征值（kPa），由当地静载荷试验结果统计分析算得；

u_p——桩身周边长度（m）；

l_i——第 i 层岩土的厚度（m）。

3. 桩身承载力控制计算

（1）规范规定

《桩基规范》5.8.2 条：钢筋混凝土轴心受压桩正截面受压承载力应符合下列规定：

① 当桩顶以下 5d 范围的桩身螺旋式箍筋间距不大于 100mm，且符合本规范第 4.1.1 条规定时：

$$N \leqslant \psi_{c}f_{c}A_{ps} + 0.9f'_{y}A'_{s} \tag{2-3}$$

② 当桩身配筋不符合上述①款规定时：

$$N \leqslant \psi_{c}f_{c}A_{ps} \tag{2-4}$$

式中 N——荷载效应基本组合下的桩顶轴向压力设计值；

ψ_c——基桩成桩工艺系数，按本规范第 5.8.3 条规定取值；

f_c——混凝土轴心抗压强度设计值；

f'_y——纵向主筋抗压强度设计值；

A'_s——纵向主筋截面面积；

A_{ps}——桩身截面面积。

《建筑地基基础设计规范》GB 50007—2011 第 8.5.11 条：按桩身混凝土强度计算桩的承载力时，应按桩的类型和成桩工艺的不同将混凝土的轴心抗压强度设计值乘以工作条件系数 φ_c，桩轴心受压时桩身强度应符合公式（2-5）的规定。

当桩顶以下 5 倍桩身直径范围内螺旋式箍筋间距不大于 100mm 且钢筋耐久性得到保证的灌注桩，可适当计入桩身纵向钢筋的抗压作用。

$$Q \leqslant A_{p}f_{c}\varphi_{c} \tag{2-5}$$

式中 Q——相应于作用的基本组合时的单桩竖向力设计值（kN）；

A_p——桩身横截面积（m^2）

《桩基规范》5.8.7 条：钢筋混凝土轴心抗拔桩的正截面受拉承载力应符合下式规定：

$$N \leqslant f_{y}A_{s} + f_{py}A_{py} \tag{2-6}$$

式中 N——荷载效应基本组合下桩顶轴向拉力设计值；

f_y、f_{py}——普通钢筋、预应力钢筋的抗拉强度设计值；

A_s、A_{py}——普通钢筋、预应力钢筋的截面面积。

（2）其他

桩身承载力验算一般可以利用小软件或者自己编织 EXCEL 小程序计算。对于预应力管桩，土侧阻力分担了很大比例的竖向轴力，预应力管桩混凝土强度等级较高（不小于

C60），桩身承载力一般都能通过验算。

4. 桩顶作用效应及桩数计算

（1）竖向力

《桩基规范》5.1.1 条：对于一般建筑物和受水平力（包括力矩与水平剪力）较小的高层建筑群桩基础，应按下列公式计算柱、墙、核心筒群桩中基桩或复合基桩的桩顶作用效应。

轴心竖向力作用下

$$N_k = \frac{F_k + G_k}{n} \tag{2-7}$$

偏心竖向力作用下

$$N_{ik} = \frac{F_k + G_k}{n} \pm \frac{M_{xk} y_i}{\sum y_j^2} \pm \frac{M_{yk} x_i}{\sum x_j^2} \tag{2-8}$$

式中 F_k——荷载效应标准组合下，作用于承台顶面的竖向力；

G_k——桩基承台和承台上土自重标准值，对稳定的地下水位以下部分应扣除水的浮力；

N_k——荷载效应标准组合轴心竖向力作用下，基桩或复合基桩的平均竖向力；

N_{ik}——荷载效应标准组合偏心竖向力作用下，第 i 基桩或复合基桩的竖向力；

M_{xk}、M_{yk}——荷载效应标准组合下，作用于承台底面，绕通过桩群形心的 x、y 主轴的力矩；

x_i、x_j、y_i、y_j——第 i、j 基桩或复合基桩至 y、x 轴的距离。

《桩基规范》5.2.1 条：桩基竖向承载力计算应符合下列要求：

1）荷载效应标准组合

轴心竖向力作用下

$$N_k \leqslant R \tag{2-9}$$

偏心竖向力作用下，除满足上式外，尚应满足下式的要求：

$$N_{kmax} \leqslant 1.2R \tag{2-10}$$

2）地震作用效应和荷载效应标准组合：

轴心竖向力作用下

$$N_{Ek} \leqslant 1.25R \tag{2-11}$$

偏心竖向力作用下，除满足上式外，尚应满足下式的要求

$$N_{Ekmax} \leqslant 1.5R \tag{2-12}$$

式中 N_k——荷载效应标准组合轴心竖向力作用下，基桩或复合基桩的平均竖向力；

N_{kmax}——荷载效应标准组合偏心竖向力作用下，桩顶最大竖向力；

N_{Ek}——地震作用效应和荷载效应标准组合下，基桩或复合基桩的平均竖向力；

N_{Ekmax}——地震作用效应和荷载效应标准组合下，基桩或复合基桩的最大竖向力；

R——基桩或复合基桩竖向承载力特征值。

《桩基规范》5.2.2 条：单桩竖向承载力特征值 R_a 应按下式确定：

$$R_a = \frac{1}{K} Q_{uk} \tag{2-13}$$

式中　Q_{uk}——单桩竖向极限承载力标准值；

K——安全系数，取 $K=2$。

注：规范规定了不考虑地震作用时荷载效应标准组合轴心竖向力作用下与基桩或复合基桩竖向承载力特征值的关系，也规定了考虑地震作用时基桩或复合基桩的平均竖向力、基桩或复合基桩的最大竖向力与桩或复合基桩竖向承载力特征值的关系。一般来说，嵌固端在地下室顶板处时，地下室可以不考虑地震作用，由于 PKPM 程序作了一定的简化，考虑地震作用与不考虑地震作用都能算过，所以在算桩基础与承台时，一般也可考虑地震作用。

《桩基规范》5.2.3 条：对于端承型桩基、桩数少于 4 根的摩擦型柱下独立桩基或由于地层土性、使用条件等因素不宜考虑承台效应时，基桩竖向承载力特征值应取单桩竖向承载力特征值。

《桩基规范》5.2.4 条：对于符合下列条件之一的摩擦型桩基，宜考虑承台效应确定其复合基桩的竖向承载力特征值：①上部结构整体刚度较好、体型简单的建（构）筑物；②对差异沉降适应性较强的排架结构和柔性构筑物；③按变刚度调平原则设计的桩基刚度相对弱化区；④软土地基的减沉复合疏桩基础。

（2）水平力

《桩基规范》5.1.1 条：对于一般建筑物和受水平力（包括力矩与水平剪力）较小的高层建筑群桩基础，应按下列公式计算柱、墙、核心筒群桩中基桩或复合基桩的桩顶作用效应：

$$H_{ik}=H_k/n \tag{2-14}$$

式中　H_{ik}——荷载效应标准组合下，作用于第 i 基桩或复合基桩的水平力；

H_k——荷载效应标准组合下，作用于基桩或复合基桩的水平力；

n——桩基中的桩数。

《桩基规范》5.7.1 条：受水平荷载的一般建筑物和水平荷载较小的高大建筑物单桩基础和群桩中基桩应满足下式要求：

$$H_{ik}\leqslant R_h \tag{2-15}$$

式中　H_{ik}——在荷载效应标准组合下，作用于基桩 i 桩顶处的水平力；

R_h——单桩基础或群桩中基桩的水平承载力特征值，对于单桩基础，可取单桩的水平力特征值 R_{ha}。

5. 桩布置桩布置

（1）规范规定

《桩基规范》3.3.3-1 条：

1）基桩的最小中心距应符合表 3-17 的规定；当施工中采取减小挤土效应的可靠措施时，可根据当地经验适当减小。

2）排列基桩时，宜使桩群承载力合力点与竖向永久荷载合力作用点重合，并使基桩受水平力和力矩较大方向有较大抗弯截面模量。

（2）布桩方法

1）承台下布桩（柱下承台，剪力墙下承台）

① 使各桩桩顶受荷均匀，上部结构的荷载重心与承台形心、基桩反力合力作用点尽量重合，并在弯矩较大方向布置拉梁。

② 承台下布桩，桩间距应满足规范最小间距要求（保证土给桩提供摩擦力），承台桩桩

间距小，承台配筋就会经济些，一般可按最小间距布桩。桩间距有些情况很难满足 3.5d（非饱和土、挤土桩），比如核心筒位置处，轴力比较大，墙又比较密，桩间距可按间距 3d 控制。

③ 若按轴力只需布置 2 个桩，但墙形状复杂时，考虑结构稳定性等其他因素，可能要布置三个桩。

④ 桩的布置，可根据力的分布布置，做到“物尽其用”尤其是对于大承台桩，在满足冲切剪应力、弯矩强度计算和规范规定的前提下，桩数可以按角、边、中心依次减少的布桩方式，但基桩反力的合力应与结构轴向力重合。

⑤ 高层剪力墙结构墙下荷载往往分布较复杂，荷载局部差异较大，一般应划分区域布桩或采用不均匀布桩方式，荷载大的桩数应密。如果出现偏轴情况（结构合力作用点偏离建筑轴线）而承台位置无法调整时，我们有时还可能根据偏心情况调整桩的疏密程度，压力大的一侧密。

⑥ 承台的受力，可以简化为 $M=F\cdot D$，其中 D 为力臂，承台的布置方向，可以以怎么布置去平衡最多弯矩的原则来控制，当弯矩不大时，对承台布置方向没有规定。

2）墙下布桩

① 墙下布桩一般应直接，让墙直接传力到桩身，减小承台协调的过程，更经济。

② 剪力墙在地震力作用下，两端应力大，中间小，布桩时也应尽量符合此规律，一般应在墙端头布置桩，墙中间位置布桩时一般应比端头弱。有时候相连墙肢（如 L 形、T 形等）有长有短，一般可先计算出单个墙肢墙下桩数，再在其附近布置，但每片墙的布桩数若均大于其各自的荷载值，可能造成桩基总承载力相对总荷载的富余量很大（即经济性差）。可考虑端部的墙公用一根桩，即单片墙下的布桩数不够（如要求 2.5 根，布了 2 根），但相邻片墙共同计算是满足的，局部的受力不平衡可由承台去协调。

③ 墙下布桩，要满足各个墙肢下桩的反力与墙肢作用力完全对应平衡较难，但整个桩基础和所有的墙肢作用力之和平衡。局部不平衡的力由承台来调节。

④ 要控制墙下布桩承台梁的高度，布桩时原则要使墙均落在冲切区；墙尽端与桩的距离控制，在数据上不是绝对的，根据荷载大小（层数），桩承载力大小确定控制是严一点或松一点，筏板较厚的控制可松一点。

⑤ 门洞口下不宜布桩，若根据桩间距要求，开洞部位必须布桩时，应对承台梁验算局部抗剪能力（剪力可以采用单桩承载力特征值），且应验算开洞部位承台梁的抗冲切能力，必要时需加密开洞部位箍筋或是提高箍筋规格及配置抗剪钢筋等。

3）其他

① 大直径桩宜采用一柱一桩；筒体采用群桩时，在满足桩的最小中心距要求的前提下，桩宜尽量布置在筒体以内或不超出筒体外缘 1 倍板厚范围之内。

② 桩基选用与优化时考虑一下原则：尽量减少桩型，如主楼采用一种桩型，裙房可采用一种桩型。桩型少，方便施工，静载试验与检测工作量小。

③ 大直径人工挖孔桩直径至少 800mm，地基规范中桩距为 3d 的规定其本身是针对成桩时的“挤土效应”和“群桩效应”及施工难度等因素，若大直径人工挖孔桩既要满足 3 倍桩距，又要满足“桩位必须优先布置在纵横墙的交点或柱下”会使得桩很难布置；但大直径人工挖孔桩属于端承桩，每个桩相当于单独的柱基，桩距可不加以限制，只要桩端扩大头面积满足承载力既可。嵌岩桩的桩距可取 2～2.5d，夯扩桩、打入或压入的预置桩，

考虑到挤土效应与施工难度，最小桩距宜控制在 3.5～$4d$。

④ 对于以端承为主的桩，当单桩承载力由地基强度控制时应优先考虑扩底灌注桩，当单桩承载力由桩身强度控制时，应选用较大直径桩或提高桩身混凝土强度等级。

6. 承台设计

（1）承台截面

1）规范规定

《桩基规范》4.2.1 条：桩基承台的构造，应满足抗冲切、抗剪切、抗弯承载力和上部结构要求，尚应符合下列要求：

① 独立柱下桩基承台的最小宽度不应小于 500mm，边桩中心至承台边缘的距离不应小于桩的直径或边长，且桩的外边缘至承台边缘的距离不应小于 150mm。对于墙下条形承台梁，桩的外边缘至承台梁边缘的距离不应小于 75mm。承台的最小厚度不应小于 300mm。

② 高层建筑平板式和梁板式筏形承台的最小厚度不应小于 400mm，墙下布桩的剪力墙结构筏形承台的最小厚度不应小于 200mm。

③ 高层建筑箱形承台的构造应符合《高层建筑箱形与筏形基础技术规范》JGJ 6—2011 的规定。

2）经验

① 承台厚度应通过计算确定，承台厚度需满足抗冲切、抗剪切、抗弯等要求。当桩数不多于两排时，一般情况下承台厚度由冲切和抗剪条件控制；当桩数为 3 排及其以上时，承台厚度一般由抗弯控制。

② 承台下桩布置尽量采用方形间距布置以使得承台平面为矩形，方便承台设计和施工。选择承台时应让各竖向构件的重心落在桩围内。

③ 一柱一桩的大直径人工挖孔桩承台宽度，只要满足桩侧距承台边缘的距离至 150mm 即可，承台宽度不必满足 2 倍桩径的要求。桩承台比桩宽一定尺寸的构造，主要是为了让桩主筋不与承台内的钢筋打架。另一方面，桩承台可视为支撑桩的双向悬挑构件，可受到土体向上、向下的力，承台悬挑长度过大，对承台是不利的。

④ 墙下承台的高度，关键在于概念设计，配筋一般都是构造，高度也有很强的经验性，对于剪力墙结构，一般可按每层 50～70mm 估算，即 $H=N\times(50\sim70)$。也可以套用图集。当柱距与荷载比较大时，承台厚度会不遵循以上规律，承台厚度会很大，5 层的框架结构承台厚度都有可能取到 1000mm。

⑤ 剪力墙下布桩，由于剪力墙结构具备极大整体抗弯刚度，故可将上部结构视为承台，此时布置的条形承台（梁）可以认为是“底部加强带”，同时方便钢筋锚固及满足局部受压。承台（梁）宽度可为 200mm＋桩径，高度为 600mm，在构造配筋的基础上适当放大即可。

⑥ 经验上认为两桩承台由受剪控制，3 桩承台由角桩冲切控制，4 桩承台由剪切和角桩冲切控制，超过 2 排布桩由冲切控制。

（2）承台配筋

1）规范规定

《桩基规范》4.2.3 条：承台的钢筋配置应符合下列规定：

① 柱下独立桩基承台纵向受力钢筋应通长配置（图 2-29a），对四桩以上（含四桩）

承台宜按双向均匀布置，对三桩的三角形承台应按三向板带均匀布置，且最里面的三根钢筋围成的三角形应在柱截面范围内（图 2-29-*b*）。纵向钢筋锚固长度自边桩内侧（当为圆桩时，应将其直径乘以 0.8 等效为方桩）算起，不应小于 $35d_g$（d_g 为钢筋直径）；当不满足时应将纵向钢筋向上弯折，此时水平段的长度不应小于 $25d_g$，弯折段长度不应小于 $10d_g$。承台纵向受力钢筋的直径不应小于 12mm，间距不应大于 200mm。柱下独立桩基承台的最小配筋率不应小于 0.15%。

② 柱下独立两桩承台，应按现行国家《混凝土结构设计规范》GBZ50010—2010 中的深受弯构件配置纵向受拉钢筋、水平及竖向分布钢筋。承台纵向受力钢筋端部的锚固长度及构造应与柱下多桩承台的规定相同。

③ 条形承台梁的纵向主筋应符合现行国家标准《混凝土结构设计规范》GB 50010—2010 关于最小配筋率的规定（图 2-29*c*），主筋直径不应小于 12mm，架力筋直径不应小于 10mm，箍筋直径不应小于 6mm。承台梁端部纵向受力钢筋的锚固长度及构造应与柱下多桩承台的规定相同。

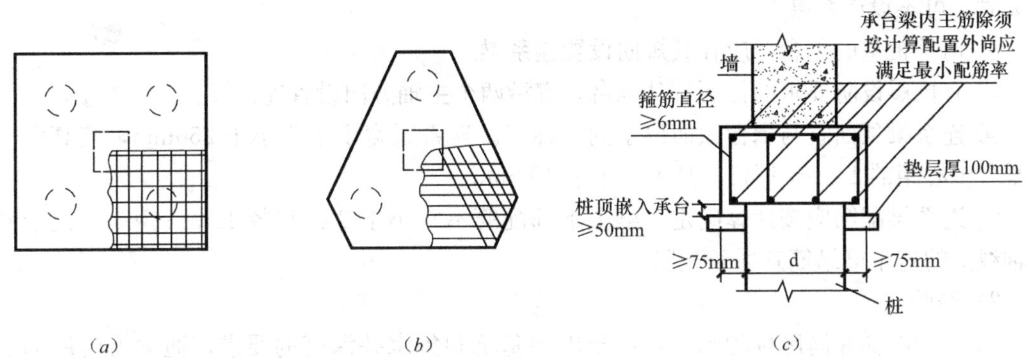

图 2-29 承台配筋示意图

(*a*) 矩形承台配筋；(*b*) 三桩承台配筋；(*c*) 墙下承台梁配筋图

2）经验

桩基承台设计，《桩基规范》明确规定，除了两桩承台和条形承台梁的纵筋须按《混规》执行最小配筋率外，其他情况均可以按照最小配筋率 0.15%控制。对联合承台或桩筏基础的筏板应按照整体受力分析的结果，采用“通长筋+附加筋”的方式设计。对承台侧面的分布钢筋，则没必要执行最小配筋率的要求，采用 12@300 的构造钢筋即可。

规范规定承台纵向受力钢筋的直径不应小于 12mm，间距不应大于 200mm。在实际设计中，承台底筋间距常取 100～150mm，如果取 200mm，底筋纵筋可能会很大。

(3) 承台其他构造

1）规范规定

《桩基规范》4.2.3 条：

承台底面钢筋的混凝土保护层厚度，当有混凝土垫层时，不应小于 50mm，无垫层时不应小于 70mm；此外尚不应小于桩头嵌入承台内的长度。

《桩基规范》4.2.4 条　桩与承台的连接构造应符合下列规定：

① 桩嵌入承台内的长度对中等直径桩不宜小于 50mm；对大直径桩不宜小于 100mm。

② 混凝土桩的桩顶纵向主筋应锚入承台内，其锚入长度不宜小于 35 倍纵向主筋直径。对于抗拔桩，桩顶纵向主筋的锚固长度应按现行国家标准《混凝土结构设计规范》GB 50010—2010 确定。

③ 对于大直径灌注桩，当采用一柱一桩时可设置承台或将桩与柱直接连接。

《桩基规范》4.2.5 条　柱与承台的连接构造应符合下列规定：

① 对于一柱一桩基础，柱与桩直接连接时，柱纵向主筋锚入桩身内长度不应小于 35 倍纵向主筋直径。

② 对于多桩承台，柱纵向主筋应锚入承台不应小于 35 倍纵向主筋直径；当承台高度不满足锚固要求时，竖向锚固长度不应小于 20 倍纵向主筋直径，并向柱轴线方向呈 90°弯折。

③ 当有抗震设防要求时，对于一、二级抗震等级的柱，纵向主筋锚固长度应乘以 1.15 的系数；对于三级抗震等级的柱，纵向主筋锚固长度应乘以 1.05 的系数。

《桩基规范》4.2.6 条　承台与承台之间的连接构造应符合下列规定：

① 一柱一桩时，应在桩顶两个主轴方向上设置连系梁。当桩与柱的截面直径之比大于 2 时，可不设连系梁。

② 两桩桩基的承台，应在其短向设置连系梁。

③ 有抗震设防要求的柱下桩基承台，宜沿两个主轴方向设置连系梁。

④ 连系梁顶面宜与承台顶面位于同一标高。连系梁宽度不宜小于 250mm，其高度可取承台中心距的 1/10～1/15，且不宜小于 400mm。

⑤ 连系梁配筋应按计算确定，梁上下部配筋不宜小于 2 根直径 12mm 钢筋；位于同一轴线上的连系梁纵筋宜通长配置。

2）经验

① 位于电梯井筒区域的承台，由于电梯基坑和集水井深度的要求，通常需要局部下沉，一般情况下仅将该区域的承台局部降低，若该联合承台面积较小，可将整个承台均下降，承台顶面标高降低至电梯基坑顶面。消防电梯的集水坑应与建筑专业协调，尽量将其移至承台外的区域，通过预埋管道连通基坑和集水坑。

② 高桩承台是埋深较浅，低桩承台是埋深较深。建筑物在正常情况下水平力不大，承台埋深由建筑物的稳定性控制，并不要求基础有很大的埋深（规定不小于 0.5m），但在地震区要考虑震害的影响，特别是高层建筑，承台埋深过小会加剧震害；一般仅在岸边、坡地等特殊场地当施工低桩承台有困难时，才采用高桩承台。

（4）承台布置方法（图 2-30）

1）方法一：两桩中心连线与长肢方向平行，且两桩合力中心与剪力墙准永久组合荷载中心重合，布一个长方形大承台；

2）方法二：在墙肢两端各布一个单桩承台，再在两承台间布置一根大梁支承没在承台内的墙段；

3）方法三：两桩中心连线与短墙肢和长墙肢的中心连线平行，布一个长方形大承台。

（5）承台拉梁设计

1）截面

拉梁最小宽度和高度尺寸的规定，是为了确保其平面外有足够的刚度，拉梁宽度不宜小于 250mm，其高度可取承台中心距的 1/10～1/15，且不宜小于 400mm。

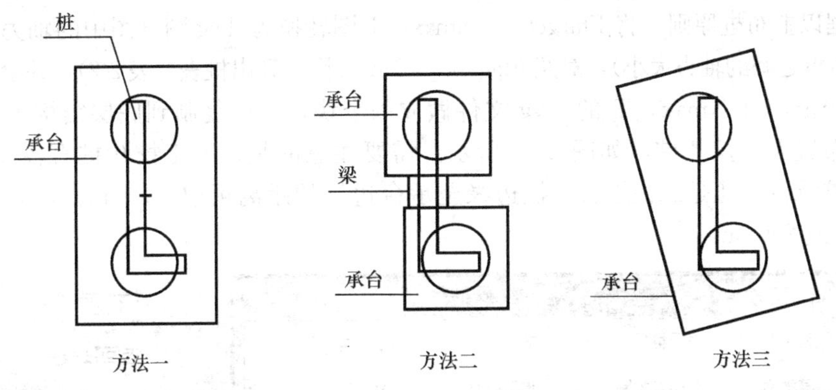

图 2-30　承台布置方法

2）承台拉梁计算

承台拉梁上如果没有填充墙荷载，则一般可以在构造配筋的基础上适当放大（凭借经验）。如果承台拉梁上面有填充墙荷载，一般有以下三种方法。方法一，建两次模型，第一次不输入承台拉梁，计算上部结构的配筋；第二次输入承台拉梁（在 PMCAD 中按框架梁建模），拉梁顶与承台顶齐平时，把拉梁层设为一个新的标准层，层高 1.0m 或者 1.5m 来估算，拉梁上输入线荷载（有填充墙时），用它的柱底（或墙底）内力来计算基础，同时也计算承台拉梁的配筋。方法二，《桩基规范》4.2.6 条文说明：连系梁的截面尺寸及配筋一般按下述方法确定；以柱剪力作用于梁端，按轴心受压构件确定其截面尺寸，配筋则取与轴心受压相同的轴力（绝对值），按轴心受拉构件确定。在抗震设防区也可取柱轴力的 1/10 为梁端拉压力的粗略方法确定截面尺寸及配筋。连系梁最小宽度和高度尺寸的规定，是为了确保其平面外有足够的刚度。方法三，在实际设计中，可以不考虑 0.1N 所需要的纵筋。直接按铰接计算在竖向荷载作用下所需的配筋，然后底筋与面筋相同，并满足构造要求。

2.4　人工挖孔桩设计实例（带转换层的高层剪力墙结构）

2.4.1　工程概况

湖南省某带转换层的商住楼，主体地上 28 层，地下 2 层，第四层转换。该项目抗震设防类别为丙类，建筑抗震设防烈度为 6 度，设计基本加速度值为 0.05g，设计地震分组为第一组，场地类别为Ⅱ类，设计特征周期为 0.35s，本工程采用人工挖孔桩，不考虑侧摩阻，桩端持力层：⑥层中风化泥岩（砂岩）。桩端阻力标准值 q_{pk} 为 6000kPa，桩端全断面进入持力层内的深度应满足≥d。

2.4.2　布桩

点击【JCCAD/基础人机交互输入/图形管理】→【显示内容】，勾选节点荷载、线荷载、按柱形心显示节点荷载，勾选线荷载按荷载总值显示，如图 2-31 所示。

点击【写图文件】，全不选，再勾选标准组合：最大轴力，如图 2-32 所示。点击【设字大小】，把字高改为 0.5。

桩端阻力标准值 q_{pk} 为 6000kPa（不考虑侧摩阻），一般是一个框架柱下布置一个人工挖孔桩，剪力墙荷载比较大，可能布置 2 个人工挖孔桩，桩的承载力一般至少富余 10%～

15%，根据以上布桩原则，将 Ftarget _ 1 Nmax，T 图转换为 dwg 图（图中的轴力为剪力墙中节点到节点之间的轴力大小），对照 Ftarget _ 1 Nmax 图，列出桩表（表 2-2），并绘制大样。

把 Ftarget _ 1 Nmax，T 的 dwg 文件做成一个块，然后复制到底层结构平面布置图中，开始布置人工挖孔桩，如图 2-33 所示。需要注意的是，人工挖孔桩直径≥800mm，无论是单桩承台，还是二桩承台，桩边缘至承台边缘的距离可取 150mm，也有单位规定为 200mm 或 250mm。

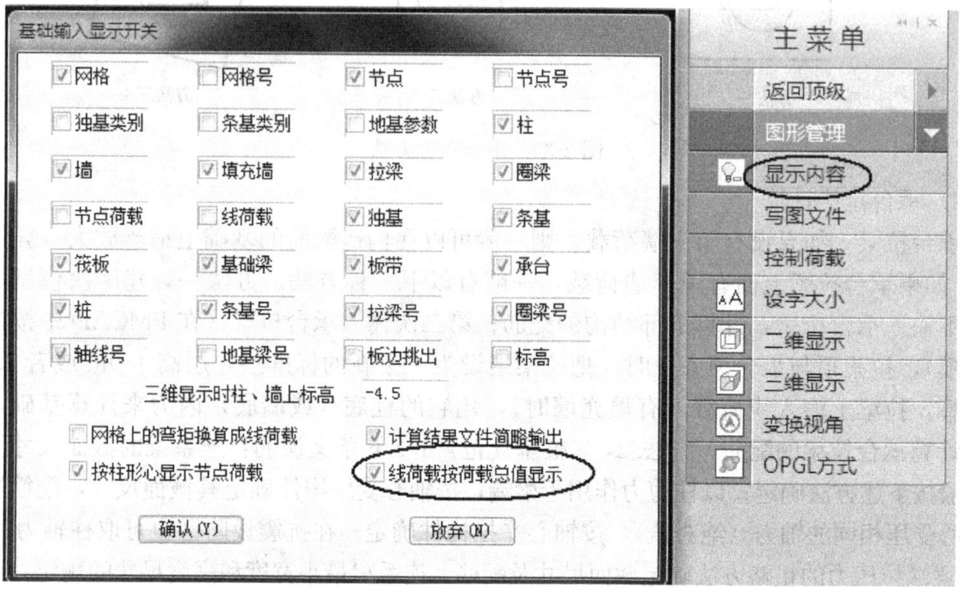

图 2-31　基础输入显示开关

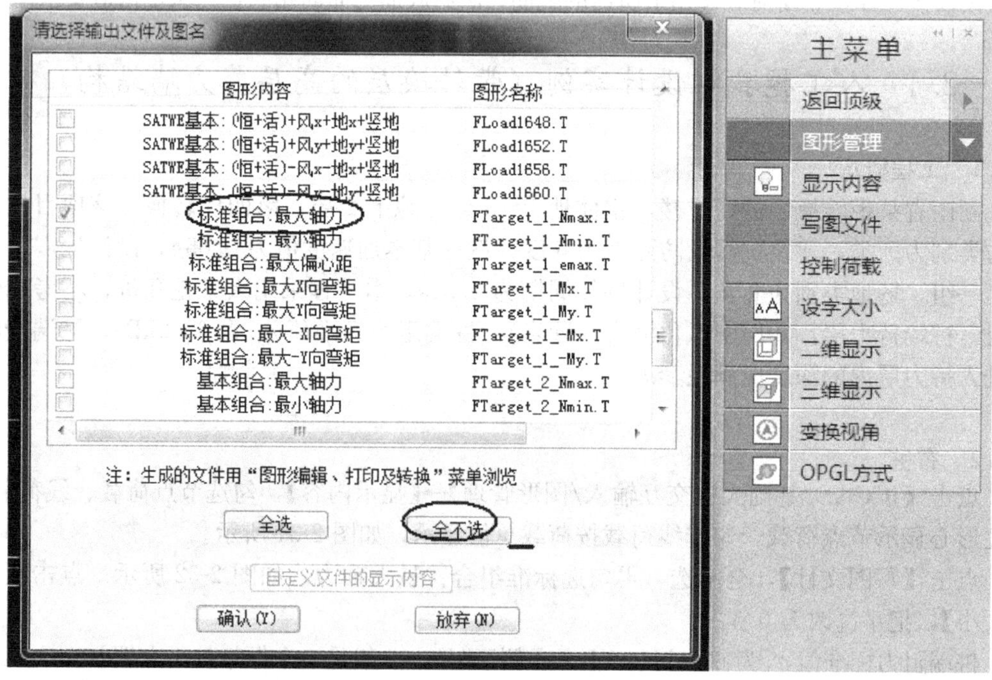

图 2-32　写图文件

桩表（部分） **表 2-2**

桩号	单桩竖向承载力特征值（kN）	混凝土强度等级	设计承合底标高（m）	设计注顶标高（m）	设计桩底标高（m）	桩尺寸			桩端扩大头尺寸					护壁厚度		配筋				
						d	L	h_4	D	b	h_1	h_2	h_3	a_1	a_2	1 通长纵管	L_1	2 焊接加劲箍	3 螺旋箍	L_2
ZH-1	6100	C30		见桩平面图	−26.00	900	见平面图	100	1800	450	200	900	270	100	50	12Φ20	100	ϕ14@2000	ϕ10@200	4500
ZH-1a	6100	C30	−11.850	见桩平面图	−26.00	900	见平面图	100	1800	450	200	900	270	100	50	12Φ20	100	ϕ14@2000	ϕ10@200	4500
ZH-2	6800	C30		见桩平面图	−26.00	1000	见平面图	100	1900	450	200	900	290	100	50	14Φ20	100	ϕ14@2000	ϕ10@200	5000
ZH-3	16900	C30		见桩平面图	−26.00	1500	见平面图	100	3000	750	200	1500	450	100	50	20Φ20	100	ϕ14@2000	ϕ10@200	7500
ZH-4	19200	C30		见桩平面图	−26.00	1600	见平面图	100	3200	800	200	1600	480	100	50	21Φ20	100	ϕ14@2000	ϕ10@200	8000
ZH-4a	19200	C30	−12.750	见桩平面图	−26.00	1600	见平面图	100	3200	800	200	1600	480	100	50	21Φ20	100	ϕ14@2000	ϕ10@200	8000
ZH-4b	18100	C30		见桩平面图	−26.00	1600	见平面图	100	3100	750	200	1500	470	100	50	21Φ20	100	ϕ14@2000	ϕ10@200	8000
ZH-5	12700	C30	−11.950	见桩平面图	−26.00	1300	见平面图	100	2600	650	200	1300	390	100	50	18Φ20	100	ϕ14@2000	ϕ10@200	6500
ZH-6	9900	C30	−11.950	见桩平面图	−26.00	1200	见平面图	100	2300	550	200	1100	350	100	50	16Φ20	100	ϕ14@2000	ϕ10@200	6000
ZH-7	11700	C30	−11.950	见桩平面图	−26.00	1300	见平面图	100	2500	600	200	1200	380	100	50	18Φ20	100	ϕ14@2000	ϕ10@200	6500
ZH-8	9100	C30		见桩平面图	−26.00	1200	见平面图	100	2200	500	200	1000	330	100	50	16Φ20	100	ϕ14@2000	ϕ10@200	6000
ZH-8a	9100	C30	−11.950	见桩平面图	−26.00	1200	见平面图	100	2200	500	200	1000	330	100	50	16Φ20	100	ϕ14@2000	ϕ10@200	6000
ZH-9	13700	C30	−12.800	见桩平面图	−26.00	1400	见平面图	100	2700	650	200	1300	410	100	50	19Φ20	100	ϕ14@2000	ϕ10@200	7000
ZH-10	10800	C30	−11.550	见桩平面图	−26.00	1300	见平面图	100	2400	550	200	1100	360	100	50	18Φ20	100	ϕ14@2000	ϕ10@200	6500
ZH-11	14700	C30	−12.550	见桩平面图	−26.00	1400	见平面图	100	2800	700	200	1400	420	100	50	19Φ20	100	ϕ14@2000	ϕ10@200	7000
ZH-12	33200	C30	−12.150	见桩平面图	−26.00	2300	见平面图	100	4200	950	200	1900	650	100	50	28Φ20	100	ϕ14@2000	ϕ10@200	11500

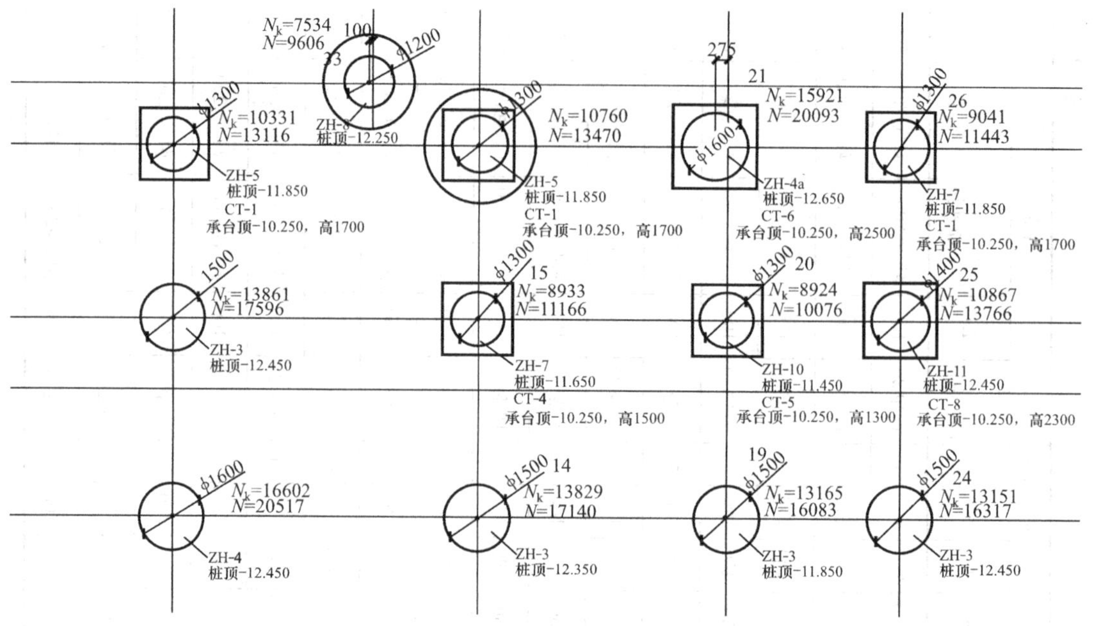

图 2-33　桩基及承台平面布置图

2.4.3　防水底板设计

本工程有 2 层地下室，防水水位比较高，防水板采用大板体系。主梁高度按 1/6～1/5 取，8.4m 的柱网，梁高取 1500mm，宽度取 400～500mm。防水板平法施工图如图 2-34～图 2-38 所示。防水板计算时，可以多建一个标准层，层高 1m，在 PMCAD 中用大方柱子或者大圆柱子模拟承台或者桩，在 SATWE 中考虑梁柱刚域。板自重+小车等活荷载为荷载工况 1，水浮力-板自重作为活荷载，不考虑板自重为荷载工况 2，再与 0.15%的构造配筋率取包络设计。

2.5　旋挖桩设计实例（高层剪力墙结构）

2.5.1　工程概况

湖南省长沙市某住宅小区，地上部分为 6 栋剪力墙住宅结构，地下部分为一层地下停车库，层高为 4.0m，各楼均选取地下室顶板为上部结构嵌固端。其中 31 号为 22 层住宅，主体高度 63.80m，抗震设防烈度为 6 度，抗震类别为丙类，地震防组：第一组，设计基本地震加速度值为 0.05g，场地类别为二类，基本风压为 0.35kN/m^2，基本雪压为 0.45kN/m^2。

31 号采用为端承桩，桩端支承于中风化泥质粉砂岩⑤，桩端持力层端阻力特征值：3500kPa，采用旋挖桩基础，入岩深度不小于 2d。

本工程抗浮水位为 69.50m，未注明的地下室底板板面标高为 71.3m，地下室不考虑抗浮。如果遇到抗浮工程的项目，由于剪力墙之间的间距比较小，可以设置无梁异形防水板，PKPM 目前无法计算该无梁异形防水板的配筋，可以在盈建科中计算，且一般都是构

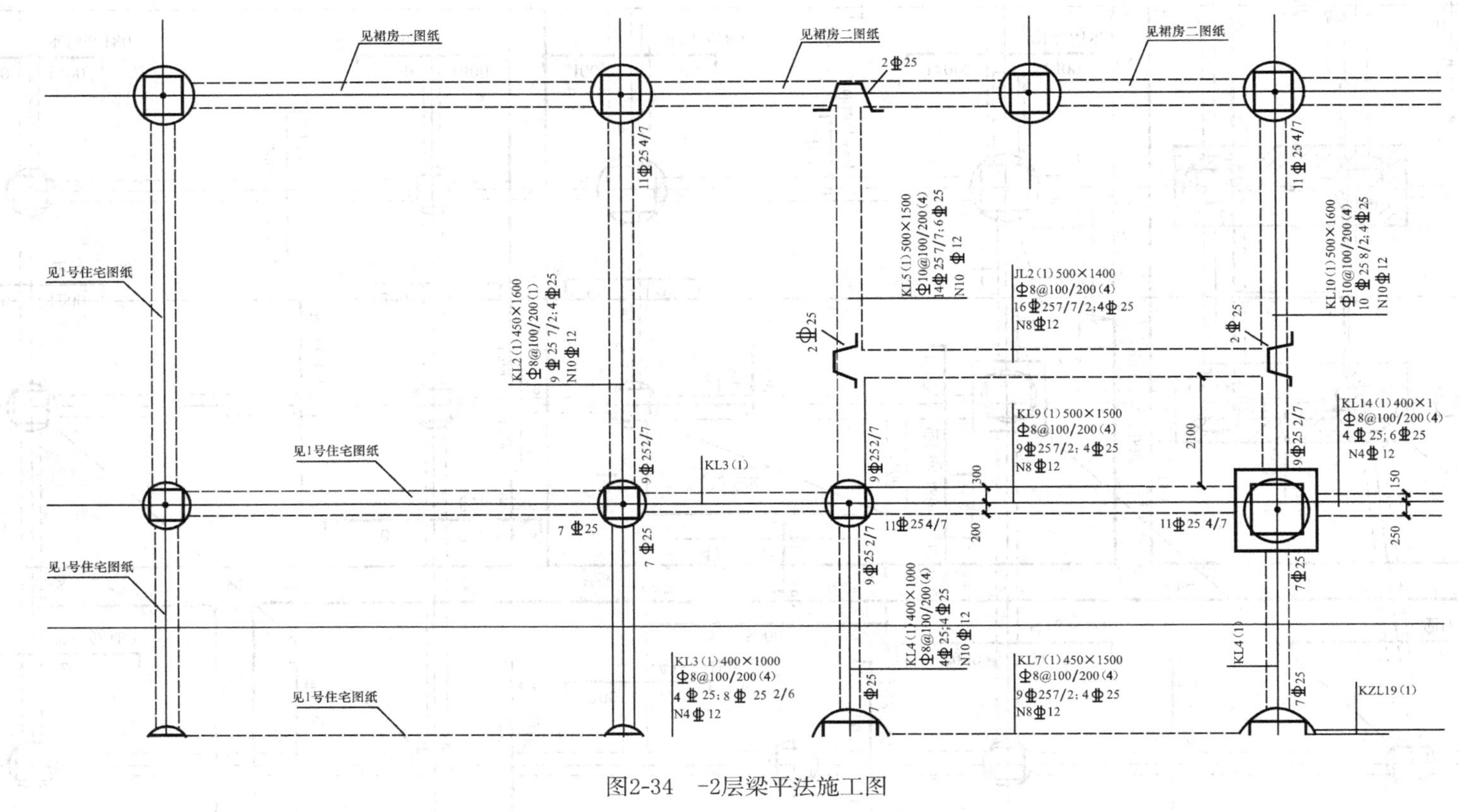

图2-34　-2层梁平法施工图

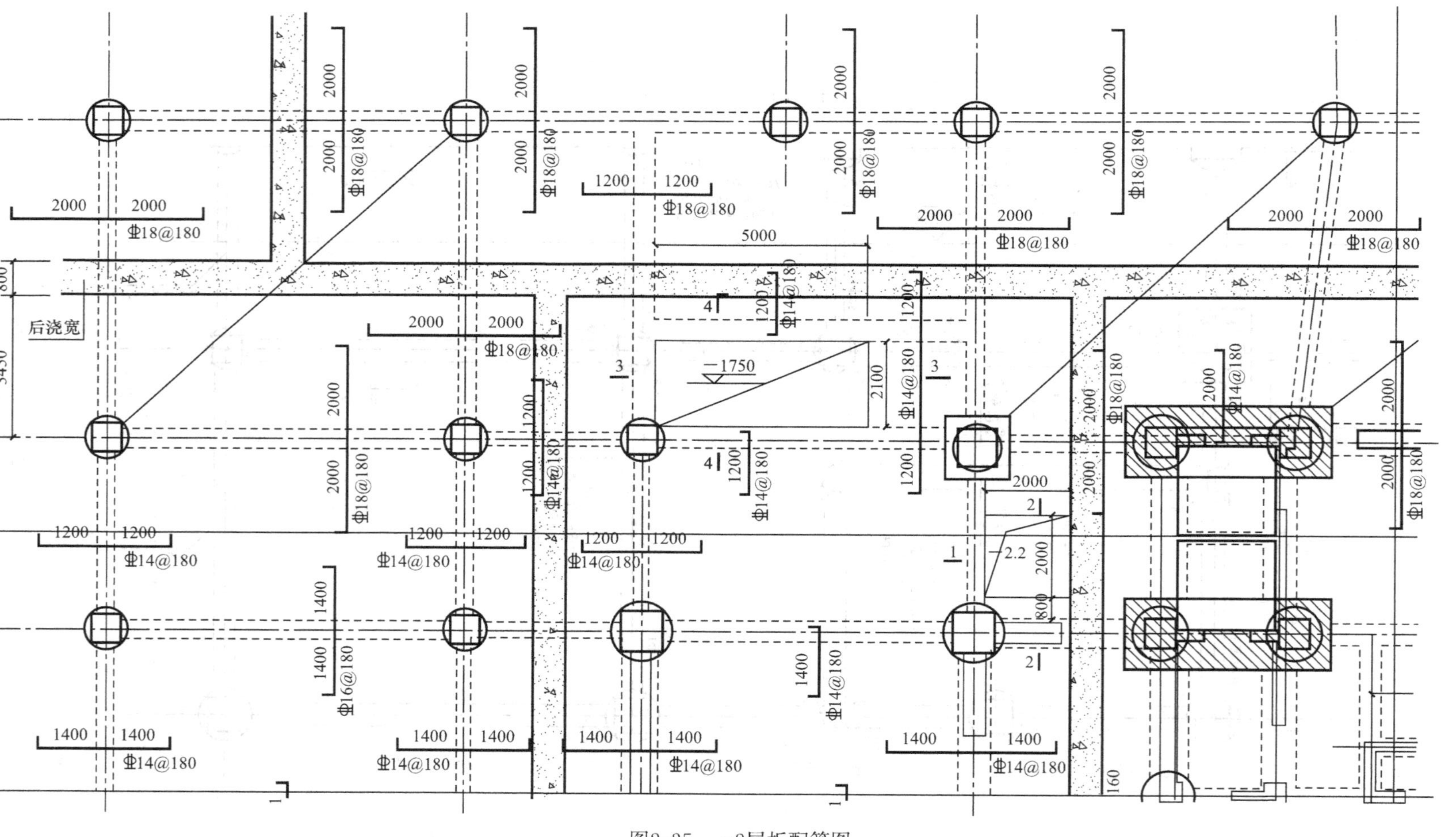

Φ18@180
Φ14@180
Φ16@180
2000
1200
1400
2100
5000
3450
800
160
−2.2
−1750
后浇宽

图2-35　-2层板配筋图

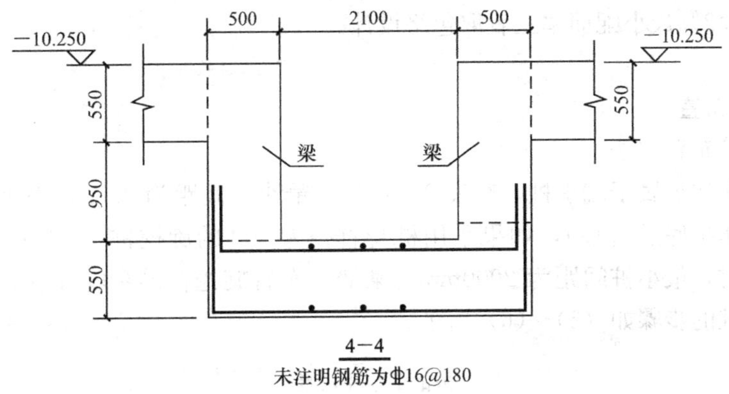

图 2-36 大样（1）

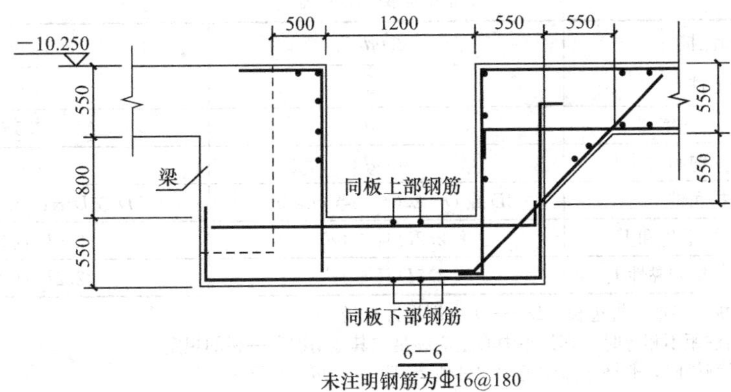

图 2-37 大样（2）

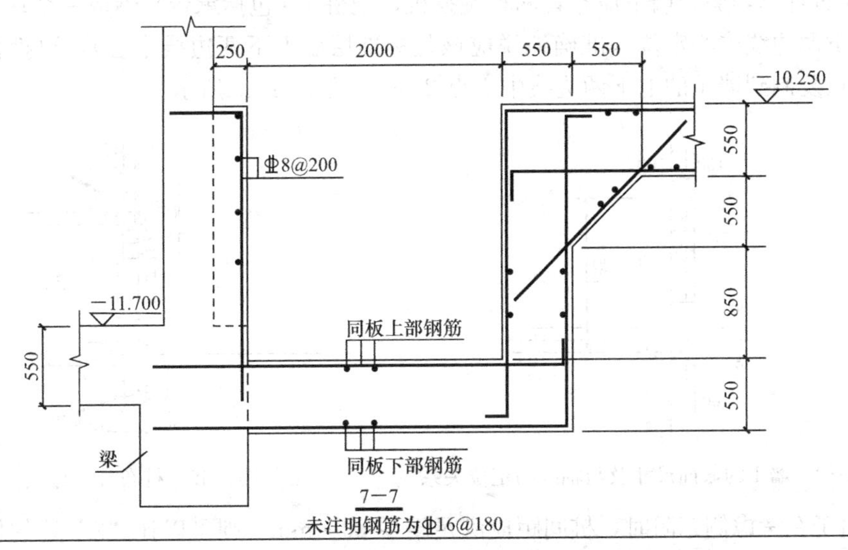

图 2-38 大样（3）

造配筋，防水板取 350mm 左右。也可以参照上部剪力墙梁布置，设置一些基础梁，划分成规则的矩形板块，然后多建一层，自重＋活荷载为工况 1，板浮力-板自重作为活荷载为工况 2，再与 0.2%最小配筋率三者取包络设计。

2.5.2 旋挖桩布置

（1）旋挖桩布置方法

旋挖成孔灌注桩属于端承桩，查表 2-3 可知，最小桩间距为 2.5d（考虑侧摩阻时，d 为桩身直径而非扩底后直径），如果采用桩身直径为 800 的旋挖桩 1（扩底后 1100mm），则考虑侧摩阻时，最小桩间距为 2000mm。某墙 1 布置旋挖桩的步骤如（1）～（4）所示；墙 2 布置旋挖桩的步骤如（5）～（6）所示。

桩的最小中心距 **表 2-3**

土类与成桩工艺		排数不少于 3 排且桩数不少于 9 根的摩擦型桩桩基	其他情况
非挤土灌注桩		3.0d	3.0d
部分挤土桩		3.5d	3.0d
挤土桩	非饱和土	4.0d	3.5d
	饱和黏性土	4.5d	4.0d
钻、挖孔扩底桩		2D 或 D+2.0m（当 D>2m）	1.5D 或 D+1.5m（当 D>2m）
沉管夯扩、钻孔挤扩桩	非饱和土	2.2D 且 4.0d	2.0D 且 3.5d
	饱和黏性土	2.5D 且 4.5d	2.2D 且 4.0d

注：1. d——圆桩直径或主桩边长，D——扩大端设计直径。
2. 当纵横向桩距不相等时，其最小中心距应满足"其他情况"一栏的规定。
3. 当为端承型桩时，非挤土灌注桩的"其他情况"一栏可减小至 2.5d。

1）墙 1 的截面尺寸及与轴线的定位关系如图 2-39 所示。

2）经过计算，剪力墙下应布置两根旋挖桩，把桩 1（包括承台）做成一个块，然后给墙 1 的上下两边线中心定位（准确地说应该是标准层墙上下两边线中心），再把桩 1 的中心点，定点复制到墙 1 的上下两边线中心点 2 与 1，如图 2-40 所示。

图 2-39　墙 1 的截面尺寸及与轴线的定位关系　　图 2-40　桩布置（1）

3）由于在考虑侧摩阻时，桩间距应满足至少 2000mm，则可以让"2"处的桩向上偏移 150mm（一般尽量不要超过 200mm，因为这样两桩之间的承台梁高度不会很大，往往构造即可），如图 2-41 所示。

4）添加两桩之间的承台梁，如图 2-42 所示。

5）墙 2 布置旋挖桩的步骤参考墙 1 布置旋挖桩的步骤 1）～4）。经过计算，墙 2 需

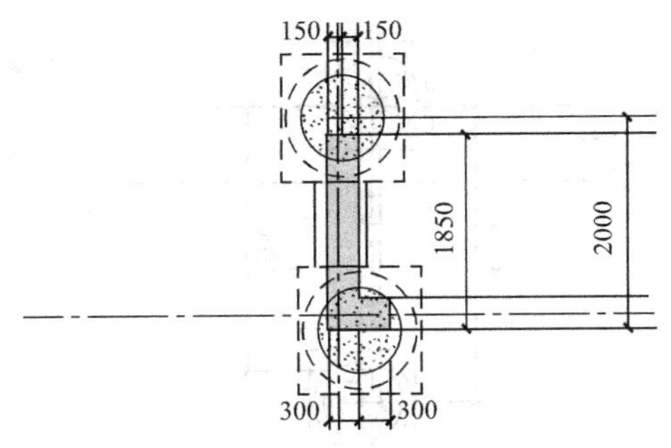

图 2-41　桩布置（2）

注：1. 桩间距不一定要满足 2.5d，设计中出现由于平面受限，桩距不得不小于 2.5d 时，要折减基桩的侧阻力，比如桩一侧有一根桩靠得很近时（扩底后净间距不得小于 500mm），可以不考虑其一侧的侧摩阻力（只考虑一半），如果两侧都有桩靠得很近，则可以完全不考虑侧摩阻力。同时，也应提出有效减小挤土效应措施（如跳钻），因为 2 根桩靠得太近，旁边钻桩时会对周边的土有扰动，如在影响范围内有未凝固的桩混凝土，就容易出现桩身缺。

2. 端承型桩是指桩顶竖向荷载由桩侧阻力和桩端阻力共同承受，但桩端阻力分担比较多的桩，其桩端一般进入中密以上的砂类、碎石类土层，或位于中等风化、微风化及新鲜基岩顶面。这类桩的侧摩阻力虽属次要，但不可忽略。

要布置桩身直径 1200mm（扩底后 1500mm）旋挖桩 2 两根（只布置两根是因为布置两根桩再加承台梁的方式比较节省），则考虑侧摩阻时，桩间距最小值为 3000mm，根据墙 2 上下边线的中心点，把桩 2（及承台）通过其中心点定点复制到中心点 3 与 4，如图 2-43 所示。

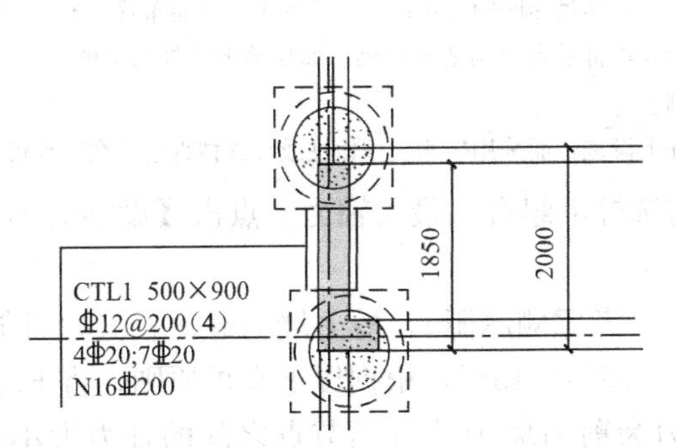

图 2-42　承台梁布置

注：承台梁截面及配筋的取值，除了要满足规范，一般根据经验取值。特别是当墙两端落在桩整个截面内时，承台梁一般都是构造，高度可在满足墙纵筋锚固的前提下，可取的很小，比如 600～700mm。

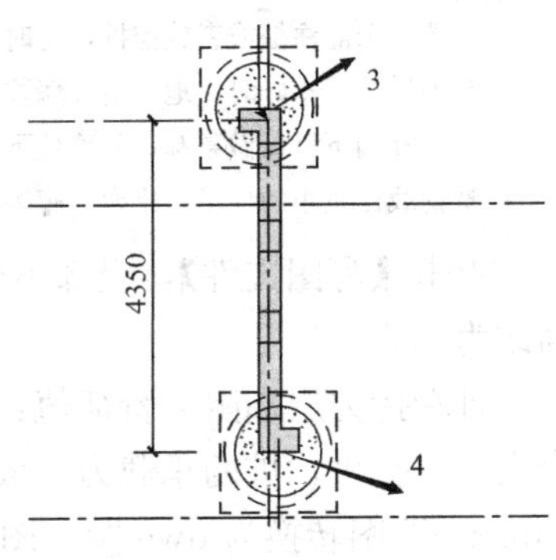

图 2-43　桩布置（3）

6）由于图 2-43 桩间距为 4350mm，大于 3000mm，则可以把桩位置移动，尽量让桩身截面内都充满剪力墙，从而让受力更直接，承台梁截面及配筋更小。对于某些短肢剪力墙或者墙翼缘长度比较长时，墙翼缘截面超出桩身截面，也是可以的，但不要超过太多。桩 2 上下移动时应以 50mm 为模数移动，移动后如图 2-44 所示。

（2）本工程布置旋挖桩的步骤

点击【JCCAD/基础人机交互输入/图形管理】→【显示内容】，勾选节点荷载、线荷载、按柱形心显示节点荷载，勾选线荷载按荷载总值显示。

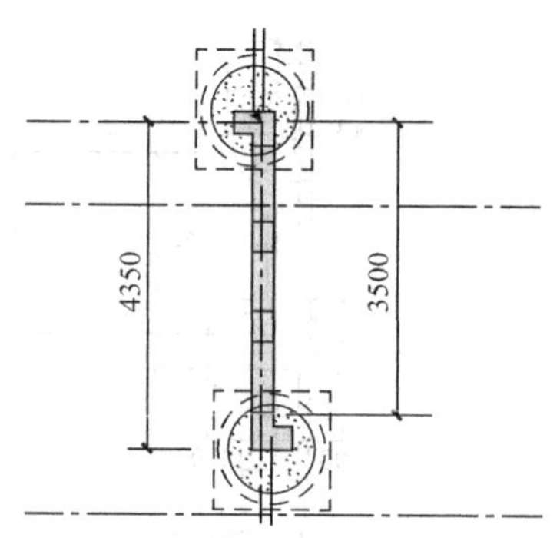

图 2-44　桩布置（4）

注：1. 对于剪力墙下两桩（旋挖桩、灌注桩等）之间的承台梁，一般根据经验取值，比如（400～600）mm×（700～1000）mm，构造配筋并适当放大即可。如果一定要通过计算取值，可以根据经验取一个截面，比如 600mm×900mm（根据墙端部在整个桩截面的比例与层高），再把桩或承台按柱子输入（并考虑柱端部刚域），把承台梁按普通框架梁输入，将其定义为转换梁，但不定义为转换层（考虑墙形成深梁的作用）。

2. 在设计时，有些轴力不大的柱子与剪力墙靠得很近，一般不单独在柱子下设桩，可以在剪力墙下布置一个稍微大点的承台，一起抬剪力墙与柱子。

3. 在布置承台桩时，一般一个剪力墙下布置 2 个承台桩，可以把总荷载标准值/2，得到单桩下的轴力标准值，单桩承载力特征值一般比以上计算值至少要大 10%～15%；有时候墙比较异形，墙比较长且拐折比较多，往往布置多个承台桩，先根据大概的单桩承载力估算一下需要布桩的根数，在满足桩间距的前提下，承台桩一般布置在节点下，在具体计算时，两个节点之间的轴力各分一半给支撑这段剪力墙的两个承台桩，最后算出每个承台桩的总轴力标准值，算出承台桩的具体尺寸值。

4. 在设缝处，常用 2 个大灌注桩台 2 片隔的很近，长度不是太长的剪力墙。电梯井筒体处，一般在四个角部至少布置 4 个灌注桩或者旋挖桩，有时候承载力大，在满足净间距与承载力的前提下，可能布置 6 个，8 个。

5. 当地质情况不好时，地下室外墙往往在柱下布置单桩承台＋构造承台梁。如果地下室外墙下的土的承载力比较好，外墙下可以做条基，外墙柱下做独立基础。

6. 选荷载比较小的柱子，比如门廊等，可以不柱下设桩，而采用挑梁支撑该柱或让该柱直接落在防水板上。

点击【写图文件】，全部不选，再勾选标准组合，最大轴力。点击【设字大小】，把字高改为 0.5。

桩端持力层端阻力特征值：3500kPa（考虑侧摩阻），剪力墙荷载比较大，可能布置 2 个人工挖孔桩，桩的承载力一般至少富余 10%～15%，根据以上布桩原则，将 Ftarget _ 1 Nmax，T 图转换为 dwg 图（图中的轴力为剪力墙中节点到节点之间的轴力大小），对照 Ftarget _ 1 Nmax 图，列出桩表（表 2-4），并绘制大样。

把 Ftarget _ 1 Nmax，T 的 dwg 文件做成一个块，然后复制到底层结构平面布置图中，开始布置旋挖桩，如图 2-45 所示。需要注意的是，人工挖孔桩直径≥800mm，无论是单桩承台，还是二桩承台，桩边缘至承台边缘的距离可取 150mm，也有单位规定为 200mm 或 250mm。

旋挖灌注桩桩表　　**表 2-4**

桩编号	混凝土强度等级	设计桩顶标高	单桩承载力特征值（kN）	桩尺寸			桩配筋			桩数	未标注桩端持力层	备注
				d	D	参考桩长 H_n（m）	①纵筋	②螺旋值	③加劲箍			
ZH1	C30	详见平面图	3300	800	1100	ϕ6～9mm	11 Φ 14	ϕ8@200	Φ 16@2000		中风化泥质粉砂岩⑤	
ZH2	C30	详见平面图	4600	1000	1300		16 Φ 14	ϕ8@200	Φ 16@2000			
ZH3	C30	详见平面图	6100	1200	1500		22 Φ 14	ϕ8@200	Φ 16@2000			

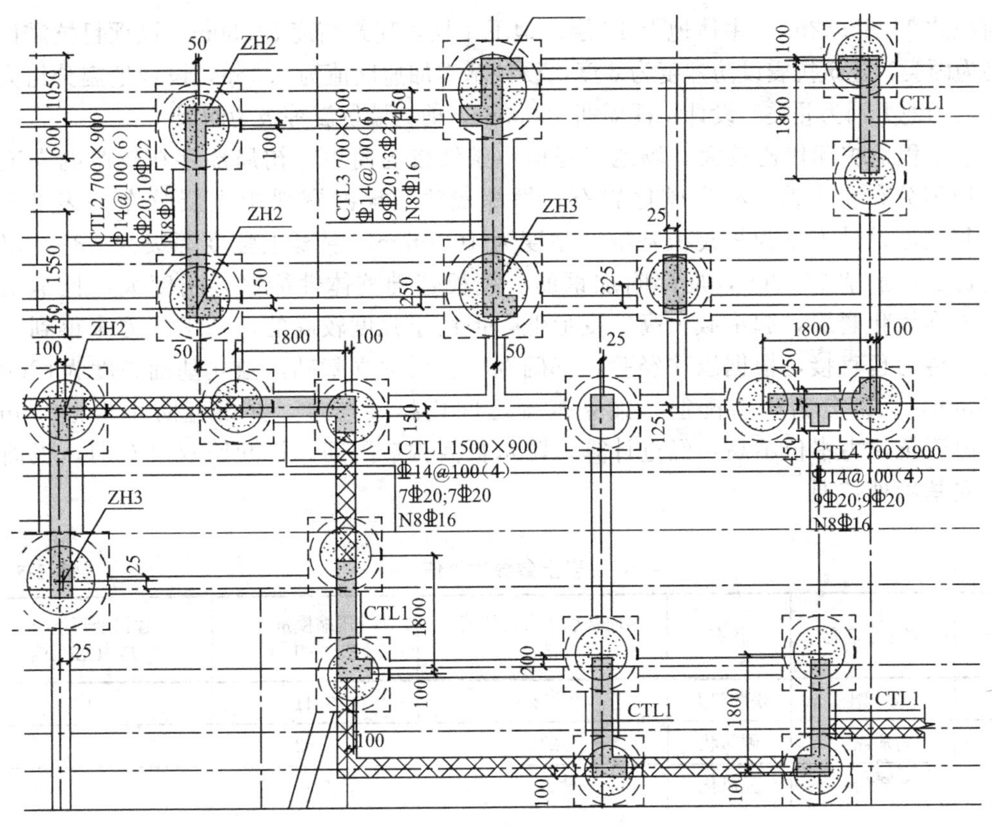

图 2-45　基础平面布置图

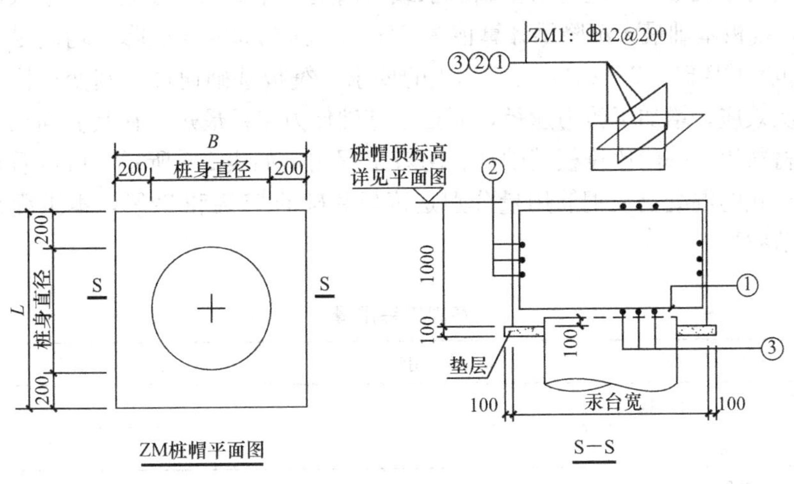

图 2-46　ZM 桩帽平面图

2.6　基础优化设计技术措施

2.6.1　基础选型优化

1. 独立基础与筏板基础选型对比

该工程位于湖南省长沙市，为公共租赁住房，采用剪力墙结构技术体系，17 号总建筑面积约 11432.52m²，主体地上 17 层，地下 1 层，建筑高度 51.30m。该项目抗震设防类别为丙类，建筑抗震设防烈度为 6 度，设计基本加速度值为 0.05g，设计地震分组为第一组，场地类别为Ⅱ类，设计特征周期为 0.35s，剪力墙抗震等级为四级。

本工程地貌起伏比较大，场地工程地质条件较为简单，初局部存在较厚的人工土外，均匀分布粉质黏土和强风化岩石，埋深较浅。地勘资料中土层分布如表 2-5 所示，基础原设计方案为平筏板基础，厚度为 1000mm，混凝土强度等级为 C30，双层双向通长配筋 ϕ22@200，局部附加钢筋。筏板基础整体性能好，刚度大，且本工程基底为强风化岩层，起承载力高，变形低，但由于强度较高的地基承载力未得到充分利用，传力也直接，根据以往经验，基础选型改为独立基础，独立基础高度为1200～1500mm，大部分为构造配筋，独立基础之间用拉梁连接，并设置防水板，250mm 厚，由于抗浮力水位不高，经过计算，防水板为构造配筋，板配筋双层双向，板面筋在独立基础处拉通。

岩土参数建议值 **表 2-5**

层号	岩土层名称	状态	地基承载力特征值 f_{ak}	压缩模量 E_s（MPa）	建议变形模量 E_0（MPa）
①	素填土	松散状态	52	3.41	4
②	粉质黏土	硬塑状	212	4.52	8.1
③	砂岩	强风化	470	7.6	31

两种不同的基础形式，地基与基础的承载力满足设计要求，独立基础最大沉降量计算值为 28mm，筏板基础最大沉降梁计算值为 21mm，其沉降值与沉降差均满足《建筑地基基础设计规范》GB 50007—2011 表 5.3.4 的要求。筏板基础通过地基变形协调，属于基础受力的二次效应，增加了传力途径，而独立基础传力路线最短，在其截面尺寸不是很大的前提下，材料用量一般比筏板基础省。两者工程用量如表 2-6 所示，可以看出，独立基础加防水板形式的混凝土及钢筋用量分别是筏板基础的 75%和 72%，本工程采用方案一比方案二更节省。

基础工程用量 **表 2-6**

项目	混凝土用量（m³）	钢筋用量（kg）
方案一：独立基础+防水板	576.2	30709
方案二：筏板	768	41651
方案 1/方案 2	75%	72%

2. 桩基与复合地基的选型对比

该工程位于广东省某市，抗震设防烈度为 6 度，场地类比为Ⅱ类，采用框架-剪力墙结构体系，共 12 层，无地下室，框架抗震等级为四级，剪力墙抗震等级为三级。

场地地貌单元为山前洪冲积平原，地势较为平坦，但存在不良地质作用为岩溶地质作用，岩土参数建议值如表 2-7 所示。

岩土参数建议值 **表 2-7**

层号	岩土层名称	地基承载力特征值（kPa）	压缩模量（MPa）
①	素填土	80	—
②	黏土	160	5.22
③	圆砾	200	—
④	中砂	160	—
⑤	微风化灰岩	3850	—

地勘报告建议采用钻（冲）空桩基，桩端需穿过溶洞，支承于洞底微风化灰岩上，采用直径800mm与1000mm的钻（冲）孔桩，桩长约22m。但考虑到溶洞处理困难，参考相邻地块采用钻孔桩的工程进度很不理想，决定修改方案，采用复合地基方案，以②黏土层为桩间土层，采用直径400mm的CFG钻孔灌注桩复合地基，桩长约12m，桩端持力层为③圆砾，复合地基承载力特征值为410kPa，沉降量为15.2mm，满足设计要求。褥垫层厚度为200mm，筏板厚度为800mm，混凝土强度等级为C30，双层双向18@200，局部附加钢筋。

优化后，安全性比普通桩基有所提高，工期大大缩短，混凝土用量比之前减少10%，钢筋用量比之前方案减少45%。

3. 不同桩基选型对比

西安市某高层住在，地上24层，地下1层，采用剪力墙结构体系，基础埋深5.5m，根据地勘报告可知，从上到下土层有11种，分别为：杂填土，平均厚度1.1m；强烈湿陷性黄土，平均厚度0.65m，地基承载力特征值为125kPa；中等湿陷性黄土，地基承载力特征值为145kPa；古土壤，平均厚度3.5m，地基承载力特征值为168kPa；饱和黄土，平均厚度6.1m，地基承载力特征值为152kPa，中压缩性黄土，平均厚度3.0m，地基承载力特征值为120kPa；古土壤，平均厚度4.5m，地基承载力特征值为245kPa；黄土，平均厚度6.0m，地基承载力特征值为225kPa；粉质黏土，平均厚度6.0m，地基承载力特征值为245kPa；粉质黏土，平均厚度7.8m，可塑，中压缩性土，岩性均一，地基承载力特征值为260kPa；粗砂，平均厚度1.8m，地基承载力特征值为350kPa。

根据经验，决定采用桩基础，选择预制管桩及灌注桩进行对比，其经济效益如表2-8所示。综合其他因素，本工程选用桩径600mm，桩长40m的灌注桩。根据表格分析可知，在松软深厚地基上建造高层剪力墙，采用桩基时，无论采用预制桩还是灌注桩，桩径截面越小越经济。灌注桩和预制桩相比较，灌注桩较为经济。

经济效益对比 **表 2-8**

项目	桩长				
	预制桩		灌注桩		
桩径（mm）	400	450	800	700	600
入土长（m）	25	30	32	35	40
单方混凝土承载力效率（$kN \cdot m^{-3}$）	627.5	594.2	406.1	469.6	577.5
单价回报承载力（kN·元$^{-1}$）	0.523	0.538	0.451	0.522	0.642
效率比	1.160	1.193	1	1.157	1.423
单根桩施工总价（元·根$^{-1}$）	4800	7350	15826	12116	10174
桩基总数量（根）	476	331	183	189	183
桩基总造价（万元）	228.5	243.2	289.6	229.0	186.2

2.6.2 基础设计时的优化措施

（1）从经济性的角度，一般天然地基≥地基处理≥桩基础≥桩筏基础，但应做经济比较。

（2）能采用独立基础+防水板时，不采用筏板基础；独立基础防水板上竖直向下荷载，可以考虑直接传给地基土，竖直向上荷载，可以按无梁楼盖设计，用 PKPM 中的 SLABCD 或者理正小工具计算。

（3）剪力墙下布置桩基础时，尽量采用墙下布置桩且布置在端部，减小其传力途径，承台梁一般可以构造配筋。

（4）当桩直径≥柱直径时，可以不设置桩帽。

（5）同一种桩型条件下，有多种布桩方案时，应尽量减少桩的数量，可减少施工费用和检测费用。

（6）人工挖孔桩优先采用一孔一桩，充分利用桩承载力，传力直接并减少桩个数。

（7）灌注桩一般选择中风化为持力层，选择强风化为持力层时宜扩底，事前要向甲方征询扩底的可行性，各地施工工艺和习惯差异较大。当桩长较长或者端阻力较小时，应按规范要求考虑桩侧摩阻力。

（8）采用灌注桩时，柱下宜采用单桩，剪力墙下宜采用两桩。

（9）核心筒下采用灌注桩时，桩应沿着墙体轴线布置，即桩应布置在墙下，大致保证局部平衡，可以减小冲切厚度和弯曲应力。

（10）管桩单柱竖向抗压承载力根据规范估算公司计算，一般取值较低，应结合试桩结果和地区经验取值，适当提高单桩承载力。

（11）地下室范围外的独立基础，截面应采用阶形或坡形，平面尺寸不大于 2m 或者根部厚度不大于 500mm 时采用坡形，其他情况采用阶形。因为最小配筋是按等效截面控制，不是按根部厚度控制。独立基础边长≥2500mm 时，板底钢筋长度取 0.9 倍边长。

（12）对于筏板基础，墙冲切范围内若计算结果如果很大，一般可不理会，可构造配筋或适当加强。基础梁纵筋尽量用大直径的，比如 HRB400 的 30mm、32mm、36mm 的钢筋。基础梁剪力很大，优先采用 HRB400 级的。基础梁不宜进行调幅，因为减少调幅，可减少梁的上部纵向钢筋，有利于混凝土的浇筑。筏板基础梁的刚度一般远远大于柱的刚度，塑性铰一般出现在柱端，而不会出现在梁内，所以基础梁无需按延性进行构造配筋，但是一般不适合单独基础之间的拉梁，因为拉梁截面较小，塑性铰可能出现在梁端部。如果底板钢筋双向双排，且在悬挑部分不变，阳角可以不必加放射钢筋。对于有地下室的悬挑板，不必把悬挑板以内的上部钢筋通长配置在悬挑板的外端，单向板的上层分布钢筋可按构造要求设置，比如 10@150～200mm，因为实际不参与受力，只要满足抗裂要求即可。

（13）一般情况下筏板基础不需要进行裂缝验算。原因是筏板基础类似与独立基础，都属于与地基土紧密接触的板，筏板和独基板都受到地基土摩擦力的有效约束，是属于压弯构件而非纯弯构件。因此筏板基础和独基一样，不必进行裂缝验算，且最小配筋率可以按 0.15%取值。因为基础梁一般深埋在地面下，地上温度变化对之影响很小，同时基础梁一般截面答，机械地执行最低配筋率 0.1%的构造，会造成梁侧的腰筋直径很大。一般可构造设置，直径 12～16mm，间距可取 200～300mm。

（14）对于单桩承台，最小配筋可不必按最小配筋率 0.15%进行控制，由于单柱单桩承台一般叫桩帽，其受力状态与承台是完全不同的，一般配 12@150mm 即可。

（15）剪力墙下布桩（一般布置 2 个灌注桩/人工挖孔桩/旋挖桩等＋构造承台），由于剪力墙结构具备极大整体抗弯刚度，故可将上部结构视为承台，此时布置的条形承台（梁）可以认为是“底部加强带”，同时方便钢筋锚固及满足局部受压。承台（梁）宽度可为 200mm＋桩径，高度为 600mm，在构造配筋的基础上适当放大即可。

3 地基处理问答及实例

3.1 “换填垫层法”软件操作实例

答：某工程基础持力层为天然级配的砂石垫层，其下为细砂层④，地基土的换填应在基础施工前完成。换填后的地基承载力特征值 f_{ak}应≥200kPa，该工程的土层分布如表 3-1 所示，采用天然级配的砂石垫层，回填至设计标高。

地质条件 **表 3-1**

土层编号	土层名称	土层厚度（m）	土层特征描述	承载力特征值 f_{ak}（kPa）	备注
①	耕土	0.5			
②	粉土	0.0～1.5	可塑	100	
③	粉质黏土	0.5～1.2	硬塑	120	
④	细砂	2.4～3.5	稍密	200	持力层
⑤	中砂	1.5～4.4	稍密	220	
⑥	粉质黏土	2.0～4.1	硬塑		
⑦	砾砂	1.0～7.0	中密	240	

在电脑桌面上点击“理正岩土计算”小软件，点击“地基处理计算”，点击“算”，会弹出“地基处理计算”对话框，如图 3-1～图 3-5 所示。

图 3-1 理正岩土工程计算分析软件

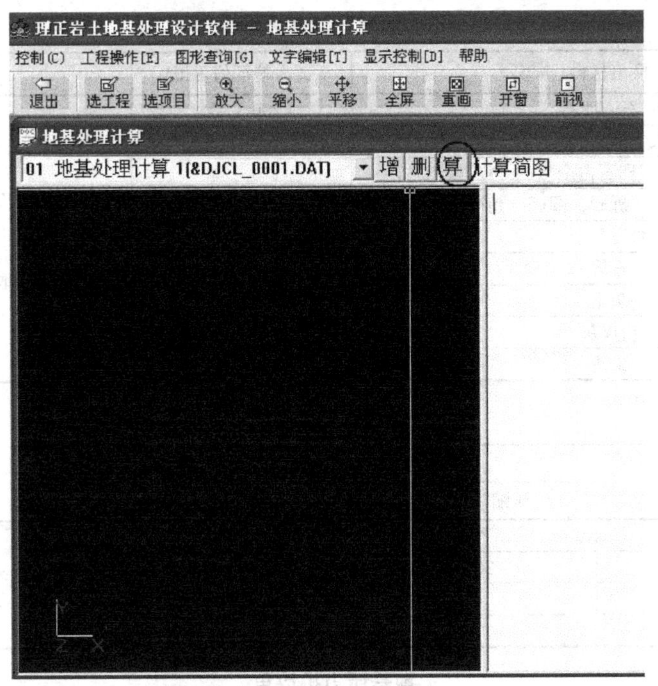

图 3-2 地基处理计算

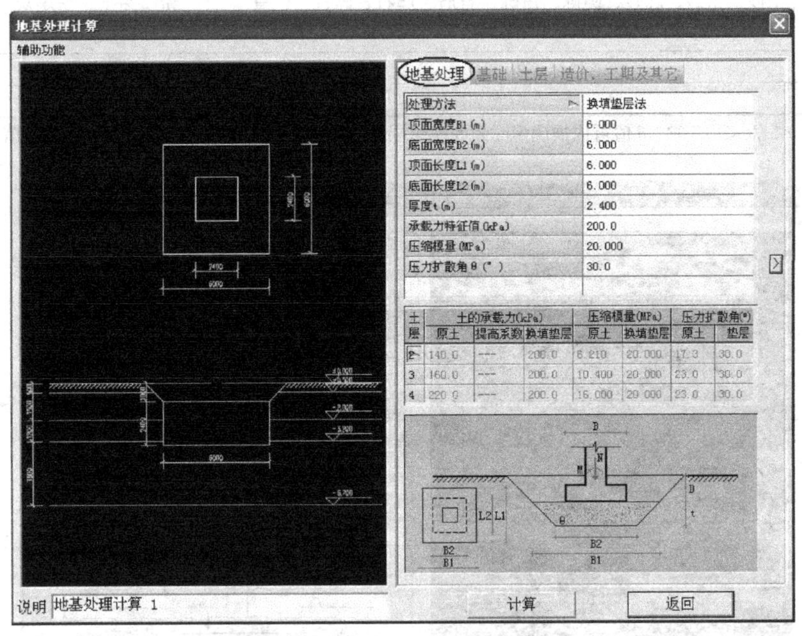

图 3-3 地基处理

注：1.“处理方法”：程序提供多种地基处理方法，选择合适的方法即可，本工程选择“换填垫层法”，需要注意的是，垫层顶面每边超出基础底板应不小于 300mm。

2.“承载力特征值”：可参考表 3-2，“压缩模量”可参考表 3-3；“压力扩散角”可参考表 3-4，如果有地质勘查报告，可以根据地质勘查报告填写。

3. 其他根据实际工程填写。

垫层的承载力 **表 3-2**

换填材料	承载力特征值（kPa）	备注
碎石、卵石	200～300	压实系数小的垫层，承载力特征值取低值，反之取高值；原状矿渣垫层取低值，分级矿渣或混合矿渣垫层取高值
砂夹石（其中碎石、卵石占全重的30%～50%）	200～500	
土夹石（其中碎石、卵石占全重的30%～50%）	150～200	
中砂、粗砂、砾砂、圆砾、角砾	150～200	
粉质黏土	130～180	
石屑	120～150	
灰土	200～250	
粉煤灰	120～150	
矿渣	200～300	

垫层模量 **表 3-3**

垫层材料	模量（MPa）		备注
	压缩模量（E_s）	变形模量（E_0）	
粉煤灰	8～20		压实矿渣的 E_0/E_s 比值按1.5～3取用
砂	20～30		
碎石、卵石	30～50		
矿渣		35～70	

地基压力扩散角 **表 3-4**

z/b	换填材料		
	中砂、粗砂、砾砂、圆砾、角砾、石屑、卵石、碎石、矿渣	粉质黏土、粉煤灰	灰土
≤0.25	0	0	28
0.25	20	6	
≥0.50	30	23	

注：当 $0.25<z/b<0.5$ 时，θ 值可内插确定。Z 为换垫层的厚度，b 为基础的宽度（取边长的较小值）。

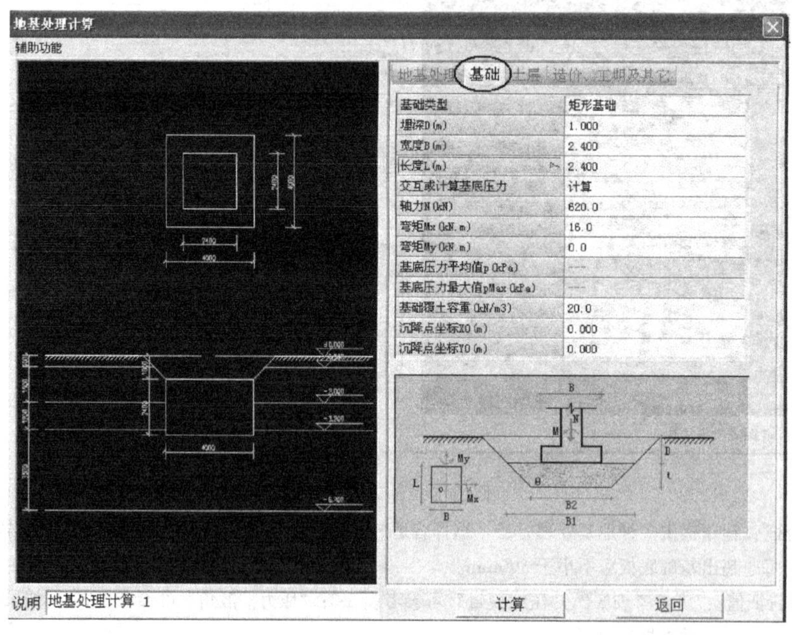

图 3-4　基础

注：参数根据实际工程填写。

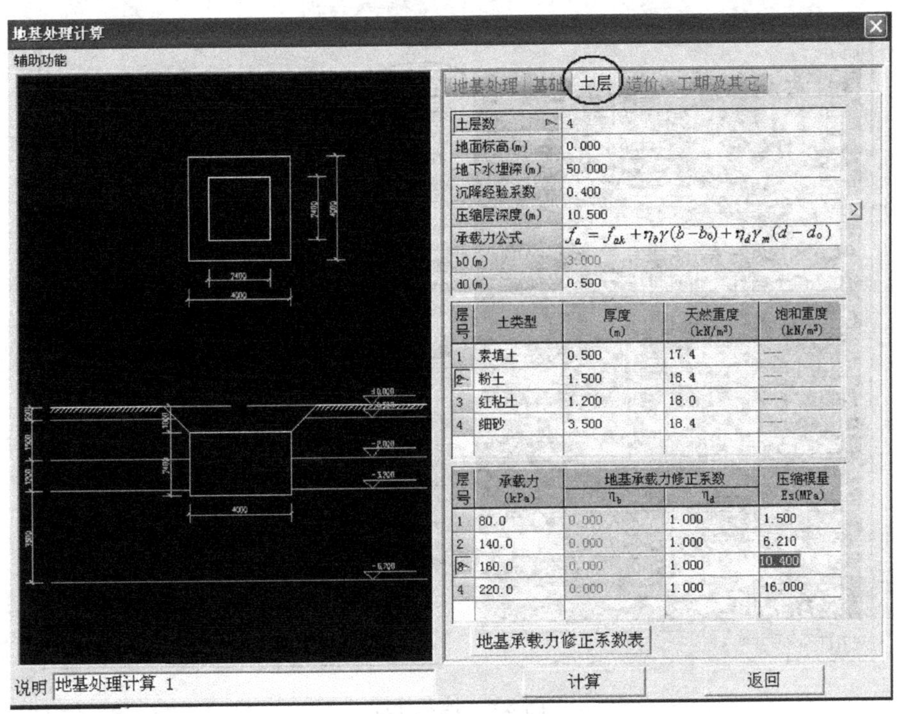

图 3-5　土层

注：1. "沉降经验系数"：参考表 3-5。

2. 其他参数，根据岩土报告与实际工程填写。

3. 点击"计算"，即可完成"填垫层法"的相关计算，比如：垫层承载力特征值 f_z、垫层底地基土承载力特征值 f_z、垫层尺寸等。

沉降经验系数　　**表 3-5**

$\overline{E_s}$ (MPa)	3.3	5.0	7.5	10.0	12.5	15.0	17.5	20.0
ϕ_s	1.80	1.22	0.82	0.62	0.50	0.40	0.35	0.30

3.2 "CFG 桩法"软件操作实例

答：某工程基底单位荷重为 450kPa，基底以下土层承载力特征值 200～220kPa，即使周边裙楼采用筏形基础，承载力经宽度和深度修正后仍然不满足。由于基底以下 10m 左右为承载力较高的细砂层，故塔楼基底可以考虑采用桩基或刚性桩复合地基，将桩尖置于细砂层上，从经济性和方便施工两方面可以发现，刚性桩复合地基比较适合本工程。本工程刚性桩平面采用等边三角形布置，间距 1400mm，直径 400mm，桩长 12m，桩尖进入密实细砂层不小于 0.6m。桩顶与基础间设 200mm 厚的级配砂石或碎石褥垫层。

在电脑桌面上点击"理正岩土计算"小软件，点击"地基处理计算"，点击"算"，会弹出"地基处理计算"对话框，在"处理方法"菜单下选择"CFG 桩法"，如图 3-6～图 3-8 所示。

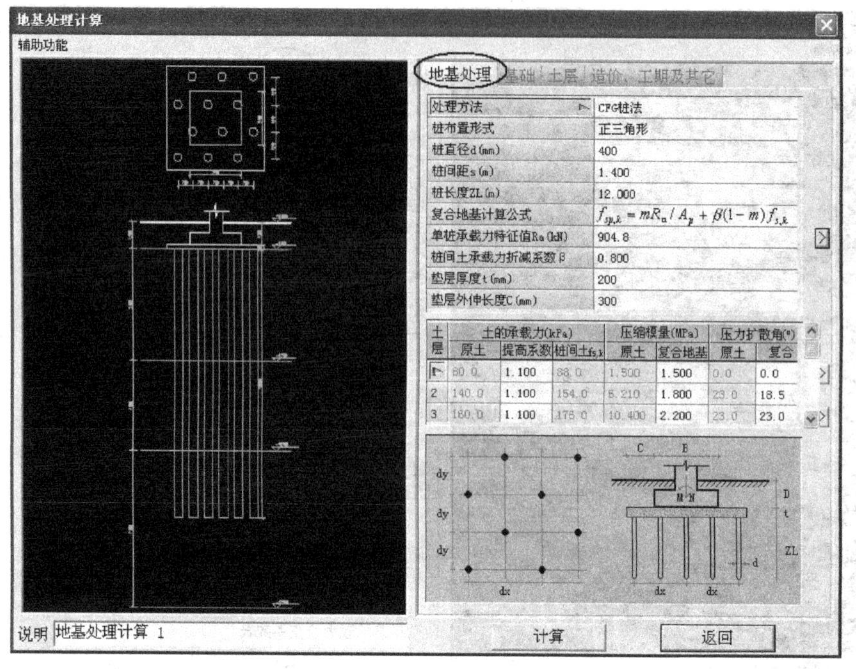

图 3-6 地基处理

注：1. “处理方法”：程序提供多种地基处理方法，选择合适的方法即可，本工程选择“CFG 桩法”。

2. “桩布置形式”、“桩直径”及“桩间距”可以根据经验填写后，通过试算，不断地对其进行调整，CFG 桩径宜取 350～600mm，桩距宜取 3～5 倍的桩径，其设计原则为：大桩长，大桩距，桩端落在好土层。

3. 其他参数根据实际工程填写。

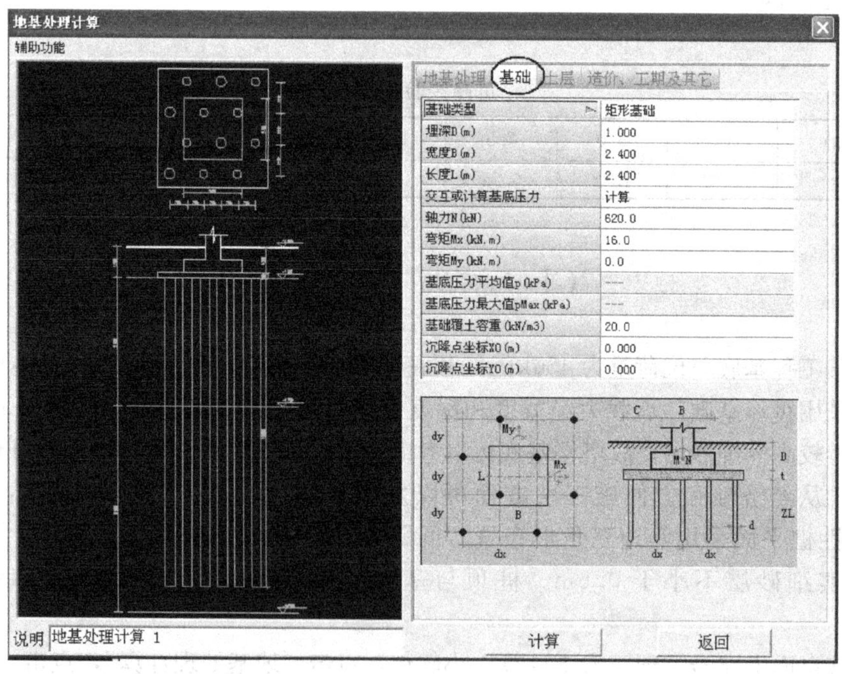

图 3-7 基础

注：参数根据实际工程填写。

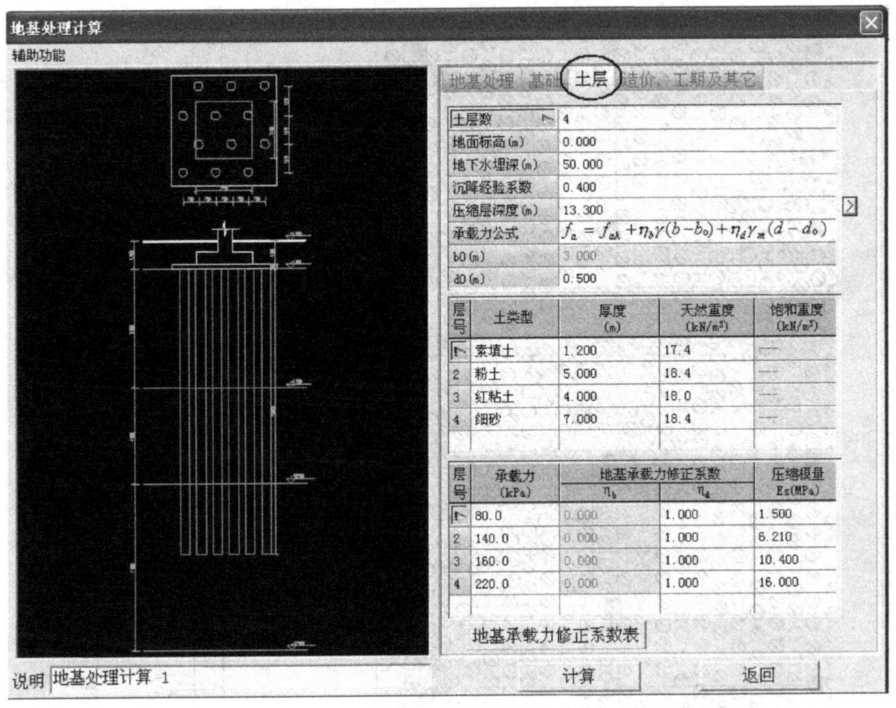

图 3-8　土层

注：1. 该对话框中的参数，应根据岩土报告与实际工程填写。

2. 点击“计算”，即可完成“CFG 桩法”的相关计算，比如：基础底面处承载力计算、地基处理深度范围内土层的承载力验算、下卧土层承载力验算、沉降计算等。

3. “CFG 桩法”处理后的地基承载力特征值可一般比允许地基承载力大 20%左右。

4. 其他地基处理方法，比如“振冲法”、“砂石桩法”、“夯实水泥土桩法”等的软件操作步骤，可以参考“换填垫层法”与“CFG 桩法”的软件操作步骤。

3.3　水泥土搅拌桩地基处理的施工图是什么？

答：用理正岩土计算满足设计要求后，然后绘制其施工图，可以参考图 3-9～图 3-11。

3.4　CFG 桩复合地基地基处理的施工图是什么？

答：用理正岩土计算满足设计要求后，然后绘制其施工图，可以参考图 3-12～图 3-14。

3.5　强夯法地基处理的施工图是什么？

答：用理正岩土计算满足设计要求后，编写其设计说明，然后绘制其施工图，可以参考图 3-15 和图 3-16。

3.6　地基处理的目的是什么？

答：地基处理的目的是改良地基土的工程特性，包括改善地基土的变形特性和渗透

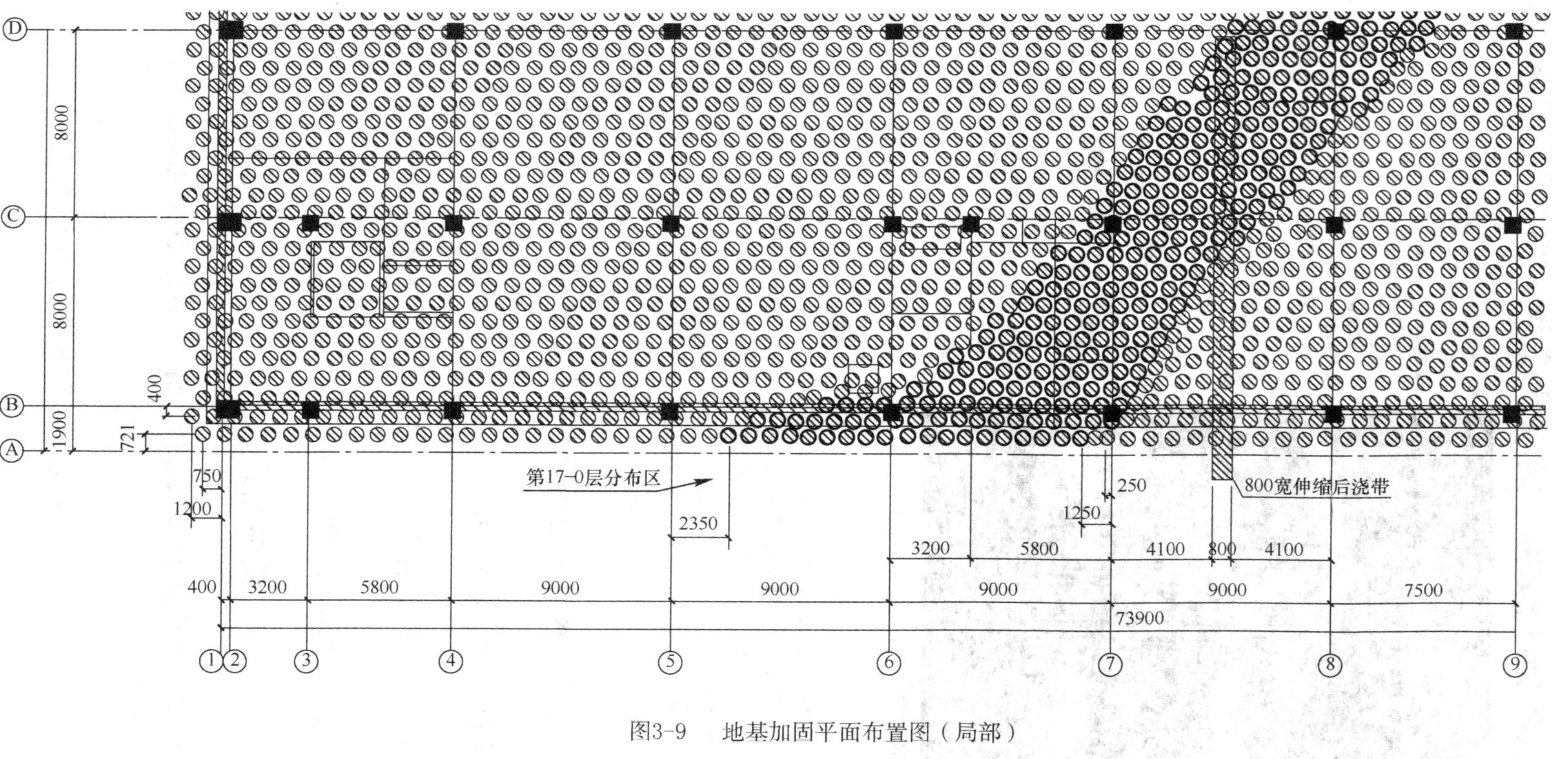

图3-9　地基加固平面布置图（局部）

说明：

1.本工程±0.000相当于1985国家高程基准+5.700m，图中所示标高为绝对标高。
2.图中尺寸以mm计，标高以m计。
3.搅拌桩施工时需结合结构图、地质勘察报告进行，当桩端达第17-0层或第17-1层面且搅拌桩搅不动后，再搅拌3分钟方可停止搅拌。
4.褥垫层厚300，采用级配砂石垫层（1∶1），褥垫层夯填度0.87，不应大于0.9。
5.图中17-0层分布为根据勘察资料标示，施工过程中应对该层分布范围进行核实，并以现场实际情况为准。
6.地基处理后承载力特征值f_{ak}≤130kPa。
7. ⊘ϕ600@900，桩顶设计标高+0.350m；
⊗ϕ600@800，桩顶设计标高+0.350m。
8.由于17-0层分布范围及层顶埋深不确定，有可能会增加总桩数及桩长，应以实际施工情况为准。

图 3-10　地基加固说明

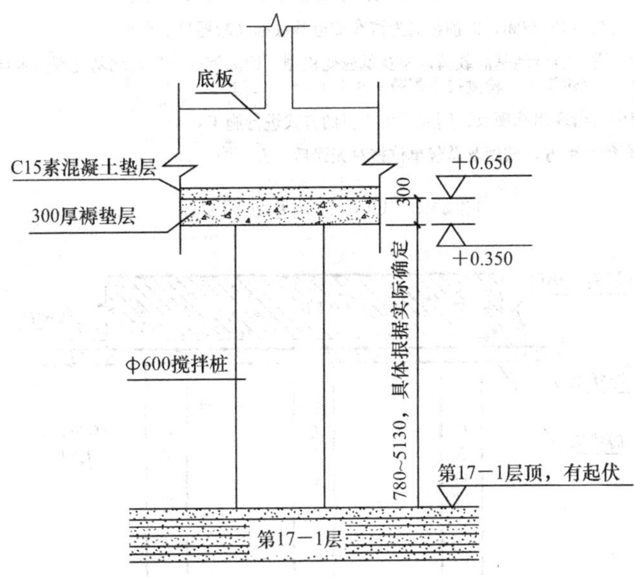

图 3-11　搅拌桩剖面示意图

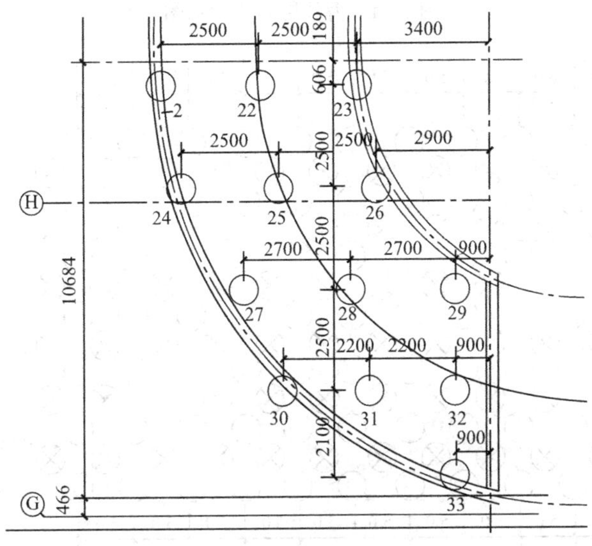

图 3-12　CFG 桩桩位平面布置图

说明：

1. 本工程依据××××市地质工程勘察有限责任公司提供的《××××移动家园B区岩土工程勘察报告》遵照《建筑地基基础设计规范》GB 50007－2011、《建筑桩基技术规范》JGJ 94－2008、《建筑地基处理技术规范》JGJ 79－2012进行设计。
2. 本场地地基处理采用碎石挤密桩桩复合地基，施工选用人工挖孔成桩工艺。
3. 本工程±0.000。绝对标高为1065.500。
4. 地基处理后复合地基承载力特征值为80kPa，最终沉降量不大于20mm。
5. 本工程共布置碎石挤密桩66根，设计最短桩长为10.10m，最长桩长为13.4m。施工时严格控制桩底标高，桩顶标高随坡走，设计桩径800mm，布桩间距为2.50m，桩身混凝土强度等级为C20碎石混凝土。
6. CFG桩验收合格后方可进行褥垫层施工，褥垫层厚度为25cm，褥垫层材料选用粒径为5~16mm的碎石，褥垫层铺设宜采用静力压实法，当基础底面下桩间土的含水量较小时，也可采用动力夯实法，夯填度（夯实后的褥垫层厚度与虚铺厚度的比值）不得大于0.9。
7. 桩底绝对标高为1446.700m，桩顶标高为汽车坡道基底标高减褥垫层厚度。
8. 施工结束后，进行复合地基静载荷试验及低应变检测，检测依据《建筑地基处理技术规范》JGJ 79－2012、《建筑基桩检测技术规范》JGJ 106－2003进行。
9. 在施工过程中若出现串孔现象，则应采用跳打的方式进行施工。
10. 基础底标高须经甲方、监理及总包单位核对无误后，方可施工。

图 3-13　CFG 桩地基处理说明

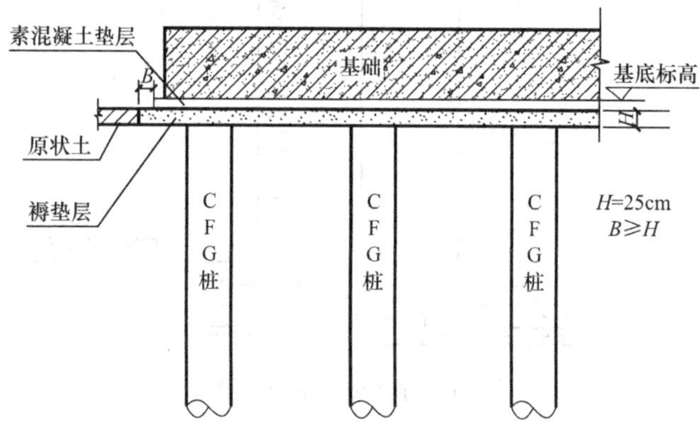

图 3-14　褥垫层做法示意图

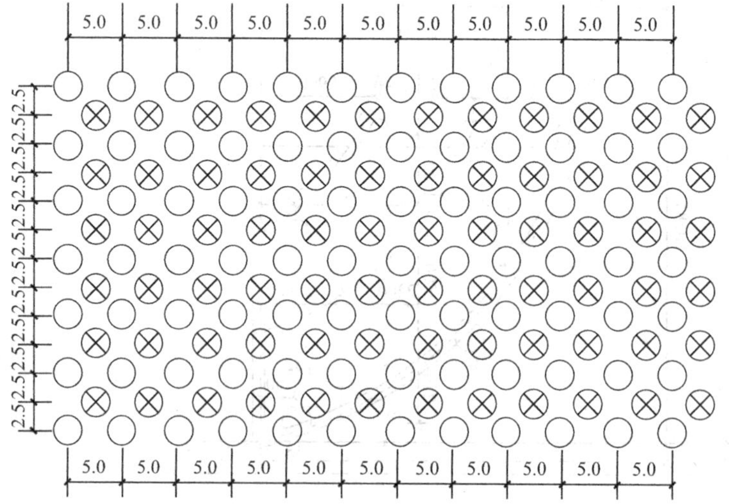

图 3-15　强夯处理施工夯点布置图

要求加固深度（m）	夯击遍数（遍）	夯点布置形式	夯点间距（m）	单点夯击能（kN·m）	夯击次数（次）	最佳夯击能（kN·m）	满夯夯击能（kN·m）	满夯夯击次数（次）
6	1	正方形	5	3000	8	24000	1000	3
注：强夯参数必须在施工时通过试夯调整确定								

图 3-16　强度设计参数

性，提高其抗剪切强度，具体有以下四个方面。

（1）提高地基土的抗剪切强度

地基的剪切破坏表现在：建筑物的地基承载力不够；由于偏心荷载及侧向土压力的作用使结构物失稳；由于填土或建筑物荷载，使邻近地基产生隆起；土方开挖时边坡失稳；基坑开挖时坑底隆起。地基的剪切破坏反映在地基土的抗剪强度不足，因此，为了防止剪切破坏，就需要采取一定措施以增加地基土抗剪切强度。

（2）降低地基土的压缩性

地基土的压缩性表现在：建筑物的沉降和差异沉降大；由于有填土或建筑物荷载，使地基产生固结沉降；作用于建筑物基础的负摩擦力引起建筑物的沉降；大范围地基的沉降和不均匀沉降；基坑开挖引起邻近地面沉降；由于降水地基产生固结沉降。地基的压缩性反映在地基土的压缩模量指标的大小。因此，需要采取措施宜提高地基土的压缩模量，借以减少地基的沉降。

（3）改善地基土的动力特性

地基土的动力特性表现在：地震时饱和松散粉细砂（包括部分粉土）将产生液化；由于交通荷载或打桩等原因，使邻近地基产生振动下沉。因此，需要采取措施防止地基液化，并改善其振动特性以提高地基的抗震性能。

（4）改善特殊土的不良地基特性

主要是消除或减少黄土的湿陷性和膨胀土的膨胀性等。

3.7　基础验槽时，未达到持力层很薄的软土怎么处理？

答：当薄土厚度为 0.5～1.0m 时，基础将荷载先传递给 0.5～1.0m 的软土，再传递给硬土的持力层。其中，0.5～1.0m 的软土，本身类似于“薄片”，对持力层承载力的提高是有利的，可以不做地基处理。当软土厚度较大时，应先局部清除掉软土，挖到持力层；然后，再用级配砂石或豆石混凝土替换掉原小部分软土。

3.8　湿陷性黄土处理方法有哪些？

答：湿陷性黄土处理方法如表 3-6 所示。

湿陷性黄土处理方法 **表 3-6**

<table>
<tr><th colspan="2">处理方法</th><th>适用范围</th><th>一般可处理（或穿透）基底下的湿陷土层厚度（m）</th></tr>
<tr><td colspan="2">垫层法</td><td>地下水位以上，局部或整片处理</td><td>1～3</td></tr>
<tr><td rowspan="2">夯实法</td><td>强夯</td><td rowspan="2">S_c＜60％的湿陷性黄土，局部或整片处理</td><td>3～6</td></tr>
<tr><td>重锤夯实</td><td>1～2</td></tr>
<tr><td colspan="2">挤密法</td><td>地下水位以上，局部或整片处理</td><td>5～15</td></tr>
<tr><td colspan="2">桩基法</td><td>基础荷载大，有可靠的持力层</td><td>≤30</td></tr>
<tr><td colspan="2">预浸水法</td><td>Ⅲ、Ⅳ级自重湿陷性黄土场地，6m以上，尚应采用垫层等方法处理</td><td>可清除地面6m以下全部土层的湿陷性</td></tr>
<tr><td colspan="2">单液硅化或碱液加固法</td><td>一般用于加固地下水位以上的既有建筑物地基</td><td>一般≤10m，单液硅化加固的最大深度可达20m</td></tr>
</table>

3.9 常用地基处理方法的工作原理、作用、适用范围、优点及局限性是什么？

答：常用地基处理方法的工作原理、作用、适用范围、优点及局限性如表3-7所示。

常用地基处理的工作原理、作用、适用范围、优点及局限性 **表 3-7**

<table>
<tr><th>分类</th><th>处理方法</th><th>原理及作用</th><th>适用范围</th><th>优点及局限性</th></tr>
<tr><td rowspan="6">换土垫层法</td><td>机械碾压法</td><td rowspan="3">挖除浅层软弱土或不良土，分层碾压或夯实土，按回填的材料可分为砂（石）垫层、碎石垫层、粉煤灰垫层、干渣垫层、土（灰土、二灰）垫层等
它可提高持力层的承载力，减少沉降量，消除或部分清除土的湿陷性和胀缩性，防止土的冻胀作用及改善土的抗液化性</td><td>常用于基坑面积宽大和开挖土方量较大的回填土方工程
适用于处理浅层非饱和软弱地基、湿陷性黄土地基、膨胀土地基、季节性冻土地基、素填土和杂填土地基</td><td rowspan="3">简易可行，但仅限于浅层处理，一般不大于3m，对湿陷性黄土地基不大于5m
如遇地下水，对于重要工程，需有附加降低地下水位的措施</td></tr>
<tr><td>重锤夯实法</td><td>适用于地下水位以上稍湿的黏性土、砂土、湿陷性黄土、杂填土以及分层填土地基</td></tr>
<tr><td>平板振动法</td><td>适用于处理非饱和无黏性土或黏粒含量少和透水性好的杂填土地基</td></tr>
<tr><td>强夯挤淤法</td><td>采用边强夯、边填碎石、边挤淤的方法，在地基中形成碎石墩体
它可提高地基承载力和减小沉降</td><td>适用于厚度较小的淤泥和淤泥质土地基，应通过现场试验才能确定其适用性</td><td></td></tr>
<tr><td>爆破法</td><td>由于振动而使土体产生液化和变形，从而达到较大密实度，用以提高地基承载力和减小沉降</td><td>适用于饱和净砂，非饱和但经灌水饱和的砂、粉土和湿陷性黄土</td><td></td></tr>
</table>

续表

分类	处理方法	原理及作用	适用范围	优点及局限性
深层密实法	强夯法	利用强大的夯击能，迫使深层土液化和动力固结，使土体密实，用以提高地基承载力，减小沉降，消除土的湿陷性、胀缩性和液化性 强夯置换是指对厚度小于6m的软弱土层，边夯边填碎石，形成深度为3～6m，直径为2m左右的碎石柱体，与周围土体形成复合地基	适用于碎石土、砂土、素填土、杂填土、低饱和度的粉土与黏性土、和湿陷性黄土 强夯置换适用于软黏土	施工速度快，施工质量容易保证、经处理后土性质较为均匀，造价经济，适用于处理大面积场地 施工时对周围有很大振动和噪音，不宜在闹市区施工 需要有一定强夯设备（重锤、起重机）
深层密实法	挤密法（碎石、砂石桩挤密法）（土、灰土、二灰桩挤密法）（石灰桩挤密法）	利用挤密或振动使深层土密实，并在振动或挤密过程中，回填砂、砾石、碎石、土、灰土、二灰或石灰等，形成砂桩、碎石桩、土桩、灰土桩、二灰桩或石灰桩，与桩间土一起组成复合地基，从而提高地基承载力，减少沉降量，消除或部分消除土的湿陷性或液化性	砂（砂石）桩挤密法、振动水冲法，干振碎石桩法，一般适用于杂填土和松散砂土，对软土地基经试验证明加固有效时方可使用 上桩、灰土桩、二灰桩挤密法一般适用于地下水位以上深度为5～10m的湿陷性黄土和人工填土 石灰桩适用于软弱黏性土和杂填土	经振冲处理后，地基土性较为均匀
排水固结法	推载预压法 真空预压法 降水预压法 电渗排水法	通过布置垂直排水井，改善地基的排水条件，及采取加压、抽气、抽水和电渗等措施，以加速地基土的固结和强度增长，提高地基土的稳定性，并使沉降提前完成	适用于处理厚度较大的饱和软土和冲填土地基，但对于厚的泥炭层要慎重对待	需要有预压的时间和荷载条件，及土石方搬送机械 对真空预压，预压压力达80kPa不够时，可同时加土石方堆载，真空泵需长时间抽气，耗电较大 降水预压法无须堆载，效果取决于降低水位的深度，需长时间抽水，耗电较大
加筋法	加筋土、土锚、土钉、锚定板	在人工填土的路堤或挡墙内铺设土工合成材料、钢带、钢条、尼龙绳或玻璃纤维等作为拉筋，或在软弱土层上设置树根桩或碎石桩等，使这种人工复合土体，可承受抗拉、抗压、抗剪和抗弯作用，用以提高地基承载力，减少沉降和增加地基稳定性	加筋土适用于人工填土的路堤和挡墙结构。土锚、土钉、锚定板适用于土坡稳定	
加筋法	土工合成材料		适用于砂土、黏性土和软土	
加筋法	树根桩		适用于各类土，可用于稳定土坡支挡结构，或用于对既有建筑物的托换工程	
加筋法	砂桩、砂石桩、碎石桩		适用于黏性土、疏松砂性土、人工填土。对于软土，经试验证明施工有效时方可采用	
热学法	热加固法	热加固法是通过渗入压缩的热空气和燃烧物，并依靠热传导，而将细颗粒土加热到适当温度（在100℃以上），则土的强度就会增加，压缩性随之降低	适用于非饱和黏性土、粉土和湿陷性黄土	
热学法	冻缩法	采用液体氮或二氧化碳膨胀的方法，或采用普通的机械制冷设备与一个封闭式液压系统相连接，而使冷却液在内流动，从而使软而湿的土进行冻结，以提高土的强度和降低土的压缩性	适用于各类土，特别在软土地质条件，开挖深度大于7～8m，以及低于地下水位的情况下是一种普遍而有用的施工措施	

续表

分类	处理方法	原理及作用	适用范围	优点及局限性
胶结法	注浆法（或灌浆法）	通过注入水泥浆液或化学浆液的措施，使土粒胶结，用以提高地基承载力，减少沉降，增加稳定性，防止渗漏	适用于处理岩基、砂土、粉土、淤泥质黏土、粉质黏土、黏土和一般人工填土层，也可加固暗浜和使用在托换工程中	
	高压喷射注浆法	将带有特殊喷嘴的注浆管，通过钻孔置入到处理土层预定深度，然后将浆液（常用水泥浆）以高压冲切土体。在喷射浆液的同时，以一定速度旋转、提升，即形成水泥土圆柱体；若喷嘴提升而不旋转，则形成块状固结体 加固后可用以提高地基承载力，减少沉降，防止砂土液化、管涌和基坑隆起，建成防渗帷幕	适用于处理淤泥、淤泥质黏土、黏性土、粉土、黄土、砂土、人工填土等地基。当土中含有较多的大粒径块石、坚硬黏性土、大量植物根茎或有过多的有机质时，应根据现场试验结果确定其适用程度 对既有建筑物可进行托换工程	施工时水泥浆冒出地面流失量较大，对流失的水泥浆应设法予以利用
	水泥土搅拌法	水泥土搅拌法施工时分湿法（亦称深层搅拌法）和干法（亦称粉体喷射搅拌法）两种 湿法是利用深层搅拌机，将水泥浆与地基土在原位拌和，干法是利用喷粉机，将水泥粉或石灰粉与地基土在原位拌和，搅拌后形成柱状水泥土体，可提高地基承载力，减少沉降，增加稳定性和防止渗漏、建成防渗帷幕	适用于处理淤泥、淤泥质土、粉土和含水量较高，且地基承载力标准值不大于120kPa的黏性土等地基 当用于处理泥炭土或地下水具有侵蚀性时，宜通过试验确定其适用程度	经济效果显著，目前已成为我国软土地基上建造6～7层建筑物最为经济合理的处理方法之一 不能用于含石块的杂填土

3.10 各种地基处理方法的土质适用情况、加固效果和最大有效处理深度是什么？

答：各种地基处理方法的土质适用情况、加固效果和最大有效处理深度如表3-8所示。

各种地基处理方法的土质适用情况、加固效果和最大有效处理深度　　表3-8

按处理深浅分类	序号	处理方法	土质适用情况						加固效果				常用有效处理深度(m)
			淤泥质土	人工填土	黏性土		无黏性土	湿陷性黄土	降低压缩性	提高抗剪性	形成不透水性	改善动力特性	
					饱和土	非饱和土							
浅层加固	1	换土垫层法	*	*	*	*		*	*	*		*	3～5
	2	机械碾压法		*		*	*	*	*	*			3
	3	平板振动法		*		*	*	*	*	*			1.5
	4	重锤夯实法		*		*	*	*	*	*			1.5
	5	土工合成材料法	*		*	*			*	*			

续表

按处理深浅分类	序号	处理方法	土质适用情况						加固效果				常用有效处理深度(m)
			淤泥质土	人工填土	黏性土		无黏性土	湿陷性黄土	降低压缩性	提高抗剪性	形成不透水性	改善动力特性	
					饱和土	非饱和土							
深层加固	6	强夯法		*		*	*	*	*	*		*	10
	7	砂（砂石）桩挤密法	慎重	*	*	*	*		*	*		*	20
	8	振动水冲法	慎重	*	*	*	*		*	*		*	18
	9	干振碎石桩法		*		*	*		*	*		*	6
	10	土（灰土、二灰）桩挤密法		*		*		*	*	*		*	20
	11	石灰桩挤密法	*		*	*			*	*			20
	12	砂井（袋装砂井、塑料排水带）截载预压法	*		*				*	*			15
	13	真空预压法	*		*				*	*			15
	14	降水预压法	*		*				*	*			30
	15	电渗排水法	*		*				*	*			20
	16	注浆法	*	*	*	*	*	*	*	*	*	*	20
	17	高压喷射注浆法	*	*	*	*	*		*	*	*		20
	18	深层搅拌法	*		*	*			*	*	*		18
	19	粉体喷射搅拌法	*		*	*			*	*	*		12

3.11 复合地基有哪些特点？

答：复合地基是由基体（天然地基土体）和增强体（桩体）两部分组成。复合地基一般可认为由两种刚度（或模量）不同的材料（桩体和桩间土）所组成，因而复合地基是非均质和各向异性的。

复合地基在荷载作用下，基体和增强体共同承担荷载。复合地基的理论基础是假定在相对刚性基础下，桩和桩间土共同分担上部荷载并协调变形（包括剪切变形）。

3.12 复合地基分类有哪些？

答：(1) 按成桩材料分类

散体土类桩（砂石桩、碎石桩等）、水泥土类桩（水泥土搅拌桩、旋喷桩等）、混凝土类桩（CFG 桩、树根桩、锚杆静压桩等）。

(2) 按成桩后桩体的强度分类

柔性桩（散体土类桩）、板刚性桩（水泥土类桩）、刚性桩（混凝土类桩）。其中，半刚性桩中水泥掺入量的大小将直接影响桩体的刚度。当掺入量较小时，桩体的特性类似柔性桩；而当掺入量较多时，又类似刚性桩。

(3) 按成桩的方法分类

纵向增强体复合地基（包括柔性桩、半刚性桩和刚性桩复合地基)、横向增强体复合地基（包括土工合成材料、金属材料等复合地基)。

3.13 复合地基的作用机理是什么？

答：(1) 桩体作用

由于复合地基中桩体的刚度较周围土体大，在刚性基础下等量变形时，地基中应力按材料的模量进行分配。所以，桩体上产生应力集中现象，大部分荷载将由桩体承担，桩间土上应力相应减小，这样就使复合地基承载力较原地基有所提高，沉降量有所减少，随着桩体刚度增加，其桩体作用发挥得更为明显。

(2) 垫层作用

桩和桩间土复合形成的复合地基，在加固深度范围内形成复合层，它可起到类似垫层的换土、均匀地基应力和增大应力扩散角等作用，在桩体没有贯穿整个土层的地基中，垫层的作用尤其明显。

(3) 挤密作用

对砂桩、砂石桩、土桩、灰土桩、二灰桩和石灰桩等，在施工过程中由于振动、沉管挤密或振冲挤密、排土等原因，可使桩间土起到一定的密实作用。

采用生石灰桩，由于其材料具有吸水、发热和膨胀等作用，对桩间土同样可起到挤密作用。

对深层搅拌桩，也存在排土问题。

(4) 加速固结作用

除砂（砂石）桩、碎石桩等桩本身具有良好的透水性外，水泥土类桩和混凝土类桩在某种程度上可加速地基固结。因为地基固结，不但与地基土的排水性能有关，而且还与地基土的变形特性有关。虽然水泥土类桩会降低土的渗透系数，但它同样会减少地基土的压缩系数，而且通常后者的减少幅度要较前者大，因此使加固后水泥土的固结系数大于加固前原地基土的固结系数，所以可起到加速固结的作用。对于石灰系深层搅拌桩的工程，也能加速固结作用，因此，增大桩与桩间土的模量对加速地基固结是有利的。

(5) 加筋作用

复合地基除了可提高地基的承载力外，还可用来提高土体的抗剪强度，可提高土坡的抗滑能力。国外将砂桩和碎石桩用于高速公路的路基或路堤加固，都归属于“土的加筋”，这种人工复合土体可增加地基的稳定性。

3.14 换土垫层的适用范围是什么？

答：杂填土、湿陷性黄土、膨胀土等进行地基处理的浅层表土层，在一定条件下可通过对原土层的置换来改善其软弱性、不均匀性、湿陷性及膨胀性。换土垫层与原土相比，具有承载力高、刚度大、变形小、应力分布均匀及减少下卧软土层顶面压力等特点。垫层的适用范围如表 3-9 所示。

垫层的适用范围 **表 3-9**

垫层种类		适用范围
砂（碎石、砂砾）垫层		多用于中、小型建筑工程的浜、塘、沟等的局部处理。适用于一般饱和与非饱和软弱土和水下黄土处理（不宜用于湿陷性黄土地基），可有条件地用于膨胀土地基。不宜用于动力基础下、大面积堆载下软弱地基，也不宜用于地下水流快且量大地工的地基处理
土垫层	素土垫层	适用于中小型工程及大面积团填，湿陷性黄土地基的处理
	灰土或二灰土垫层	适用于中小型工程，尤其是湿陷性黄土地基处理，也可用于膨胀土地基处理
粉煤灰垫层		适用于厂房、机场、港区陆域和堆场等大、中、小工程的大面积填筑
干渣垫层		适用于中小型建筑工程，尤其适用于地坪、堆场等大面积的地基处理和场地平整；铁路、道路的路基处理

3.15 垫层的承载力如何确定？

答：垫层的承载力宜通过静载荷试验确定，对于小型、轻型或对沉降要求不高的工程，可按表 3-10 选用。

垫层的承载力 **表 3-10**

施工方法	换填材料类别	压实系数 λ_c	承载力标准值 f_k（kPa）
碾压或振密	碎夹石、卵石	0.94～0.97	200～300
	砂夹石（其中碎石、卵石占全重 30%～50%）		200～250
	土夹石（其中碎石、卵石占全重 30%～50%）		150～200
	中砂、粗砂、砾砂		150～200
	黏性土和粉土（$8<I_p<14$）		130～180
	灰土	0.93～0.95	200～250

3.16 处理湿陷性黄土时垫层厚度该如何取值？

答：主要目的是消除或减少湿陷量。其中，素土垫层一般用于 4 层以下的民用建筑中，而灰土垫层可用于 6～7 层的民用建筑中。

垫层厚度取决于工程对湿陷量消除的要求。如果须全部消除，则对非自重湿陷性黄土，应满足垫层底部总压力小于等于下卧土层黄土的湿陷起始压力；对于自重湿陷性黄土，必须全部挖除，因仅适用于厚度不大的自重湿陷性黄土。

如果要求消除部分湿陷量，则应根据建筑物的重要性、基础形式和面积、基底压力大小及黄土湿陷类型、等级等因素综合考虑。一般情况下，对非自重湿陷性黄土，垫层厚度等于基础宽度时，可消除湿陷量 80%以上；等于 1.5 倍基础宽度时，可基本消除湿陷量；灰土垫层厚度宜大于 1.5 倍基础宽度。

对于自重湿陷性黄土，应控制剩余湿陷量不大于 20cm，并满足最小处理厚度的要求。最小处理厚度见表 3-11。

垫层宽度的大小取决于工程的要求，垫层宽度包括整个建筑物平面时，可消除整个建筑物范围内的部分黄土层的湿陷性，可防止水从室内渗入地基，保护土垫层下未经处理的湿陷性黄土层不致受水浸湿，此时垫层宽度应超出外墙基础边缘的距离至少等于垫层的厚度，且不得小于 1.5m。

对于直接位于基础下的垫层，为防止基底下土层向外围挤出，垫层每边超出基础宽度应不小于垫层厚度的 40%，并不小于 0.5m。

消除部分湿陷量的最小处理深度（m）　　表 3-11

建筑物类别	湿陷类型					
	非自重湿陷			自重湿陷		
	湿陷等级					
	Ⅰ	Ⅱ	Ⅲ	Ⅰ	Ⅱ	Ⅲ
甲类建筑物	1.0	1.5	2.0	1.5	2.0	3.0
$乙_1$ 类建筑物	1.0	1.0	1.5	1.0	2.0	2.5
$乙_2$ 类建筑物	—	1.0	1.5	1.0	1.5	2.0

3.17　处理膨胀土时，垫层应注意哪些问题？

答：主要目的是消除或减少地基土的膨胀性能。主要用于薄的膨胀土层及主要胀缩变形层不厚的情况下。对于土垫层厚度应使地基剩余胀缩变形量控制在容许值范围内。如采用补偿砂垫层，则应满足以下条件：

（1）垫层厚度应为 1～1.2 倍基础宽度，垫层宽度应为 1.8～2.2 倍基础宽度；

（2）垫层密度应≥1.6t/m³；

（3）基底压力宜选用 100～250kPa；

（4）基槽两边回填土的附加压力不能太大，不能大于 0.25 倍基底压力；

（5）当土膨胀压力大于 250kPa 时，垫层宜选用中、细砂；膨胀压力较小时，可用粗砂。

3.18　什么是强夯法？

强夯法在国际上被称为固结法或动力压实法。这种方法是反复将很重的锤提到一定高度使其自由落下，给地基以冲击和振动能力，从而提高地基的强度并降低其压缩性，改善地基性能。目前，使用的夯锤重一般为 10～40t，提升高度大约在 10～40m。

对于工业废渣来说，采用强夯法处理的效果一般比较理想。工程实践证明，将质地坚硬、性能稳定和无侵蚀性的工业废渣作为地基或填料，采用强夯法，能取得较好的效果。

对于饱和度较高的黏性土，一般强夯法处理效果不是很好，尤其是淤泥和淤泥质土地基，处理效果更差。国内外通常采用在夯坑内回填块石、碎石、砂或其他粗颗粒材料，通过夯击排开软土，从而在地基中形成块（碎）石墩，这种方法称为强夯置换法，由于块（碎）石墩具有较高的强度，因此和周围的软土构成复合地基，其承载力和变形模量具有较大的提高，而且块（碎）石墩中的空隙可作为排出软土的空隙水提供了良好的通道，从而缩短了软土的排水固结时间。工程实践证明，强夯置换法具有较好的加固效果。

3.19 强夯法夯实时夯击遍数如何确定?

答：夯击遍数应根据地基土的性质确定。一般来说，由粗颗粒土组成的渗透性强的地基，夯击遍数可少些。反之，由粗颗粒土组成的渗透性弱的地基，夯击遍数要求多些。

根据有关资料，对于碎石、砂砾、砂质土和垃圾土，夯击遍数为 2～3 遍；黏性土为 3～8遍，泥炭为 3～5 遍。最后，再对全部场地进行低能量夯击（满夯），使表层 1～2m 范围内的土层得以夯实。

根据工程实践，对于大多数工程，采用夯击遍数两遍，最后再以低能量满夯一遍，一般均能取得较好的夯击效果。对于渗透性弱的细颗粒土地基，必要时夯击遍数可适当增加。

3.20 强夯法夯实时地基处理范围如何确定?

答：由于基础的应力扩散作用，强夯处理的范围应大于建筑物基础范围，具体放大范围可根据建筑结构类型和重要性等因素考虑确定。根据国内经验，对于一般建筑物，每边超出基础外缘的宽度宜为设计处理深度的 1/2～2/3，并不宜小于 3m。

3.21 强夯法夯实地基处理实例

答：(1) 实例 1

某工程将开山爆破的石块，不加选择直接运到海边抛填地基，抛石层厚度约为 7～8m，最深处达 10m。由于抛填石块较大，级配差，堆填层又厚，所以整个场地非常疏松，且不均匀。而新建的装置对地基沉降与不均匀沉降的要求严格，根据设计要求，地基的容许承载力应达到 250kPa，沉降量小于 5cm。如果考虑预制管桩，会因遇到大石块无法打入。如果采用灌浆放大，施工费用会很高，最后改为强夯法处理，并通过现场强夯试验确定其加固效果。

(2) 实例 2

某工程位于黄河阶地上，其 50m 地层均为黄土，按湿陷特征自上而下主要分为三层：

1) 湿陷性黄土（黄土状粉土）：浅黄色、棕黄色，湿陷性明显，厚度为 7.5～18.8m，地基承载力为 100kPa；

2) 非湿陷性黄土（黄土状粉土）：浅黄色、褐黄色，该层厚 24.5～33.1m，层间夹 0.05～0.65m 厚的砂及卵石透镜体，其中黄土状粉末承载力为 200kPa，砂、烁石层承载力为 250kPa；

3) 饱和黄土：分布较深。场地地下水埋深在 50m 左右，对地基处理工程影响不大。

根据建筑物要求和场地地质条件，决定采用 8000kN·m 高能量强夯地基处理方案。试验结果表明 8000kN·m 高能量强夯可消除 10～13.4m 厚黄土的湿陷性，地基承载力可达到 250kPa 以上。

(3) 实例 3

某工程，大面积堆载 325kPa，地表以下为黏土层，呈软塑—可塑状，层厚 1.0～

1.5m，下为淤泥质粉土黏土层，呈流塑状，层厚7～19m，地基土的承载力为55～80kPa，其下为砂层。经分析，沉降和抗滑移皆远满足不了堆载要求，最后采用强夯置换法处理，即把废渣夯入土中，夯锤重16t，落距17.5m，并插塑料排水板形成双面排水条件，快速疏导空隙水压力。

(4) 实例4

某工程厂区为人工填土，上部为4.5～5.7m厚的人工填筑土层，以建筑垃圾为主，其间含有较多的炉渣、破碎混凝土预制板、石块和砖块等，此外，生活垃圾中含有布条、铁丝等。此层土结构松散，地基承载力仅为37.5kPa，并具有较大的浸水附加沉陷量，下部土层为淤泥质粉土和粉细砂透镜体薄层，厚度为0.8～2.0m，土体结构较致密。卵石层埋深为5.7～7.4m，地下水埋深为4.8～5.3m。

根据工程地质勘查资料，其密实度和均匀性较差，必须经过处理，才能作为建筑物地基。如果采用换土辗压，需将场区内厚4.5～5.7m的杂填土全部换成素土，并分层辗压。不仅工期长，费用大，而且，大量挖出的杂填土无处堆放，影响城市卫生。

如果采用人工挖孔混凝土桩，支承在卵石层上，因卵石层标高低于地下水位1.0～2.5m，且有饱和粉细砂存在，施工成孔有困难，孔底清理也不净。如果采用预制桩，由于有块石，打桩会有困难，桩位会难以保证。另外，即便采用桩基，但室内外地坪、管沟、道路施工时，仍需将杂填土进行换填处理，并且杂填土中腐烂物中产生的游离酸，会对桩身混凝土产生腐蚀作用。最后，采用强夯法处理地基。

(5) 实例5

某工程场地60%为回填土地基（1-1a层），厚度一般为4～7m，局部8～9m，以砾质黏土为主，粗颗粒含量为29.6%～63.0%，回填质量差，土质不均匀，结构松散，密实性差，承载力低于100kPa，存在不同程度的湿陷性，且其下部1-1层为原地表层，也宜作为天然地基。

如果采用挤密碎石桩复合地基，复合地基承载力仅从100kPa提高到133～167kPa，但造价贵，施工周期长。如果采用桩基础方案，钻孔灌注桩承载力比挖方区同类桩承载力低40%，这充分反映了4～8m回填土对桩承载力的影响，加上回填土湿陷性黄土造成的负摩阻力影响，每根桩将近有1半桩长不能发挥作用。最后，采用强夯法地基处理方案，强夯法具有经济易行、效果显著、设备简单、施工便捷、质量容易控制、适用范围广、节省材料、施工周期短等特点。

3.22 什么是水泥土搅拌法?

答：水泥土搅拌法是用于加固饱和软黏土地基的一种较常用的地基加固方法。它是利用水泥作为固化剂，通过特质的深层搅拌机械，边钻进边往软土中喷射浆液或雾状液体，在地基深处就地将软土固化为具有足够强度、变形模量和稳定性的水泥土，从而达到地基加固的目的。这些加固土柱体与柱体间的土构成了一种复合地基；或者，把深层搅拌二层的水泥土柱体，逐根紧密排列成连续壁状墙体，而作为一种支挡结构和防水帷幕。

水泥土搅拌法是“深层”搅拌法的一种类型，目前，固化剂采用的有水泥浆液和干水泥粉；因此，它有湿法和干法之分，前者又有多头搅拌和单头搅拌之别。在国内，搅拌的最大深度达 30m，搅拌加固的柱体直径为 500～850mm。

水泥土搅拌法适应于软土地基的加固，如沿海一带的海滨平原、河口三角洲、湖盆地沉积的河海相软土；对于在这类滨积厚度大、含水量高、孔隙比大于 1.0、抗剪强度低、压缩性高和渗透性差的软土地区建造建筑物时，通常都需要进行地基处理。水泥土搅拌法具有施工工期短、效率高的特点。在施工过程中，无振动、无噪声、无地面隆起、无排污、不挤土、不污染环境以及施工机具简单、加固费用低廉等。

3.23 什么是预压法?

答：我国沿海地区和内陆谷地分布着大量的软基，其特点为含水量大、压缩性高、透水性差和强度低。为确保工程的安全和正常使用，必须进行地基处理。预压法是一种有效的软基处理方法，该法的实质为，在建筑物或构筑物建造前，先在拟建场地上施加或分级施加与其相当的荷载，使土体中空隙水排除，空隙体积变小，土体密实，以增长土体的抗剪强度，提高软基的承载力和稳定性；同时，可减小土体的压缩性，消除沉降量，以便在使用期不致产生有害的沉降和沉降差。预压法分为堆载预压和真空预压两类。

3.24 预压法地基处理实例

答：(1) 实例 1

该工程厂区坐落在某城市南岸的海边，厂区主要是油罐，采用钢筋混凝土环形基础，环形基础高度取决于油罐沉降大小和使用要求。本工程设计环基高 $h=2.3$m，其中填沙。

油罐地基土属第四纪滨海相沉积的软黏土，土质十分软弱，油罐地底压力为 191.5kN/m^2，场地地基土层从上而下分为以下几层：第一层为黄褐色粉质黏土，为超固结土，厚度 1m 左右；第二层为淤泥质黏土，厚度约为 3.2m；第三层为淤泥质粉质黏土，其中夹有薄层粉砂，平均厚度为 4.0m；第四层为淤泥质黏土，其中含有粉砂夹层，下部粉砂夹层逐渐增多而过渡到粉砂层，平均厚度为 9.3m；第五层为粉、细、中砂混合层，其中以细砂为主，并混有黏土，平均厚度为 8.0m。第五层以下为黏土、粉质黏土及淤泥质黏土层，距地面 50m 左右为厚砂层，基岩在 80m 以下。各土层的物理力学指标如表 3-12 所示。从土工实验资料分析，主要持力层土含水量高（超过液限），压缩性高，抗剪强度低。第三、第四层由于含有薄粉夹层，其水平向渗透系数大于竖向渗透系数，这对加速土层的排水固结是有利的。

各层土的主要物理力学指标 **表 3-12**

层序	土层名称	含水量 (%)	重度 (kN/m^3)	孔隙比	液限 (%)	塑限 (%)	塑性指数	液性指数	压缩系数 (MPa^{-1})	固结系数 10^{-3} (cm^2/s)		三轴固结快剪		十字板强度 (kN/m^2)
										竖向 c_v	径向 c_h	c' (kN/m^2)	φ'	
1	粉质黏土	31.3	19.1	0.87	34.7	19.3	15.5	0.78	0.36	1.57	1.82			
2	淤泥质黏土	46.7	17.7	1.28	40.4	21.3	19.1	1.33	1.14	1.12	1.91	0	26.1°	17.5

续表

层序	土层名称	含水量(%)	重度(kN/m³)	孔隙比	液限(%)	塑限(%)	塑性指数	液性指数	压缩系数(MPa^{-1})	固结系数10^{-3}(cm^2/s)		三轴固结快剪		十字板强度(kN/m^2)
										竖向c_v	径向c_h	c'(kN/m^2)	φ'	
3	淤泥质粉质黏土	39.1	18.1	1.07	33.1	19.0	14.1	1.42	0.66	3.40	4.81	11.4	28.9°	24.8
4	淤泥质黏土	50.2	17.1	1.40	41.4	21.3	20.1	1.43	1.02	0.81	3.15	0	25.7°	41.0
5	细粉中砂	30.1	18.4	0.90	23.5	16.3	7.2	1.91	0.23					
6a	粉质黏土	32.3	18.4	0.90	29.0	17.9	11.1	1.29	0.38	3.82	6.28			
6b	淤泥质黏土	41.2	17.6	1.20	41.0	21.3	19.7	1.01	0.61					
7	黏土	44.4	17.3	1.28	46.7	25.3	21.4	0.89	0.45					
8	粉质黏土	32.4	18.3	0.97	33.8	20.7	13.1	0.89	0.28					

砂井直径 40cm、间距 2.5m，等边三角形布置，井径比为 6.6。考虑到地面下 17m 处有粉、细、中砂层，为便于排水，砂井长度定位 18m，砂井的范围一般比构筑物基础稍大，本工程基础外设两排砂井，以便于基础处地基土强度的提高和减少侧向变形。砂井布置如图 3-17 所示。

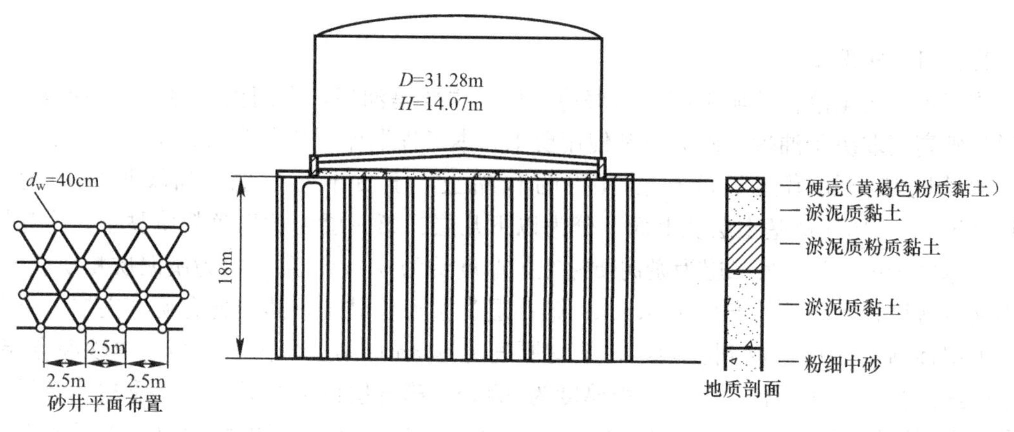

图 3-17　砂井地基设计剖面

(2) 实例 2

某工程地基大部分为鱼塘，由 50 个大小鱼塘组成。塘底平均标高 0.500～0.800m，塘埂高程约为 2.0～3.0m。地基处理的任务是将此片超软土低洼塘填至 4.0～5.0m 设计标高，并使地基土满足开发建设的要求。地基处理时，设计活载以超 20 级考虑，均载以 15kPa 考虑。固结沉降，140d 的固结度达 85%，180d 的固结度达 90%，剩余沉降量小于 15cm，加固处理后两年内剩余沉降量在 100m 范围内差值小于 10cm。填土密实度要求，深 0～80cm，密实度大于 90%；深 80～150cm，密实度大于 82%。承载力要求：卸载后载荷试验地基承载力大于 140kPa，比未加固前的原软土顶面承载力提高一倍。

场地地貌属于海湾堆积平原地层，其分层自上而下分为：人工填土、第四系海积层、第四系冲、洪积层、第四系残积层与中生代燕山期云母花岗岩构成的基岩。上部地基为河海相沉积的饱和软黏土，厚度 8～18m，为含水量高、压缩性大和抗剪强度低等不良工程地质性质的超软土地基。下部为一般第四系冲洪积层，以中、粗砂和沙砾为主，厚度一般在 1～5m。透水性好，地下水具有承压性，其下为第四系残积层和基岩风化层，层顶标高为－18.000m 左右。

该工程地基大部分采用塑料排水带堆载预压为主的处理方法，对个别特殊要求的小范围软基，辅以强夯、换填、深层搅拌与化学灌浆等方法综合处理。

3.25 什么是注浆法？

答：所谓注浆（灌浆）就是用压送设备将具有充填和胶结性能的浆液材料注入地层中土颗粒的间隙、土层的界面或岩层的裂隙内，使其扩散、胶凝或固化，以增加地层强度、降低地层渗透性，防止地层变形和进行托换技术的地基处理技术。

3.26 注浆有哪些分类？

答：按照流动浆液体与土体的相互作用方式，一般可将注浆方法分为渗透注浆、压密注浆和劈裂注浆三大类。在实际注浆中，注浆体往往是以多种运动方式作用于土体的，现场开挖试验证明，几乎找不到仅仅以某种单一运动方式加固土体的浆液凝固体。因此，所谓渗透注浆，压密注浆或劈裂注浆都只不过是指在注浆过程中，浆液或以渗透形式为主，或以压密形式为主，或以劈裂注浆形式为主的注浆形式。

3.27 什么是高压喷射注浆？

答：高压喷射注浆简称高喷法或旋喷法。20 世纪 60 年代末出现在日本。高压喷射注浆法在有百余年历史的注浆法的基础上发展引入高压水射流技术，所产生的一种新型注浆法。它具有加固体强度高、加固质量均匀、加固体形状可控的特点，已称为被国内外普通接受的，多用、高效的地基处理方法。

高压旋喷注浆法适用于处理淤泥、淤泥质黏土、粉土、黄土、砂土、人工填土和碎石土等地基，当土中含有较多的大颗粒块石、坚硬黏性土、大量植物根茎或有过多的有机质时，应根据现场试验结果确定其适用程度。

高压喷射注浆法可用于既有建筑和新建建筑的地基处理，也可用于截水、防渗、抗液化和土锚定等、高压喷射法的加固体可用于挡土结构、基坑底部加固、护坡结构、抗渗帷幕、桩基础、地下水库结构、竖井斜井等地下维护和基础。

高压喷射注浆，先利用钻机把带有喷嘴的注浆管，钻入土层的预定位置，然后将浆液或水以高压流的形式从喷嘴里射出，冲击破坏土体，高压流切割搅拌的土层，呈颗粒状分散，一部分被浆液和水带出固结体。固结体的形状取决于喷射流的方向。当喷射流以 360°回转，且喷射流由下而上提升时，固结体的截面形状为圆形，称为旋喷。而当喷射流的方向固定不变时，就会形成扇形或楔形的固结体，称为摆喷。定喷和摆喷两种方法通常用于建筑帷幕状抗渗结体，而旋喷形成的圆柱状固结体，多用于垂直承载桩或加固复合地基。

3.28 什么是深层搅拌桩？

答：深层搅拌桩是用于加固饱和黏性土地基的一种新方法。它是利用水泥材料作为固化剂，通过特质的搅拌机械，在地基深处就地将软土和固化剂（浆液）强制搅拌，由固化剂和软土间所产生的一系列物理—化学反应，使软土硬结成具有整体性、水稳定和一定强度的水泥加固土，从而提高地基强度和增大变形模量。

3.29 深层搅拌法有哪些优点？

答：(1) 深层搅拌法由于将固化剂和原地基软土就地搅拌混合，因而最大限度地利用了原土；

(2) 搅拌时较少使地基侧向挤出，所以对周围原有建筑物的影响较小；

(3) 按照不同的地基土的性质及工程设计要求，合理选择固化剂及其配方，设计比较灵活；

(4) 施工时无振动、无噪声、无污染，可在市区内和密集建筑群中进行施工；

(5) 土体加固后重度基本不变，对软弱下卧层不致产生附加沉降；

(6) 与钢筋混凝土桩基比较，节省了大量的钢材，并降低了造价；

(7) 根据上部结构的需要，可灵活地采用柱状、壁状等加固形式。

3.30 深层搅拌法的适用情况？

答：深层搅拌法可用于增加软土地基的承载能力，减少沉降量，提高边坡的稳定性，多数适用于以下情况：

(1) 作为建筑物或构筑物的地基、厂房内具有地面荷载的地坪、高填方路堤下基层等；

(2) 进行大面积地基加固，以防止码头岸壁的滑动，以及防止深基坑开挖时的坍塌、坑底隆起和减少软土中地下构筑物的沉降；

(3) 对深基坑开挖中的桩侧背后的软土加固，作为地下防渗墙，以防止地下渗透水流。

3.31 深层搅拌桩地基处理实例？

答：(1) 实例1

某工程项目为涤纶厂，直径为22.6m的储罐。大型储罐一般荷载较大，高的达到250kPa，二是荷载作用面积较大，直径大的可达50～60m以上；三是对地基变形有严格限制。

该场地工程地质条件具有软土标准特征，即含水量高、孔隙比大、压缩模量低、渗透系数小的特点，为浅海相沉积，上部硬壳层很薄，层下淤泥质土厚达25m，各土层的物理力学性质指标见表 3-13。

各土层主要物理、力学性质指标　　表 3-13

岩性名称	天然含水量 w（%）	孔隙比 e_0	塑性指数 I_P	液性指数 I_L	压缩系数 a_{1-2} $(MPa)^{-1}$	内摩擦角 φ（°）	黏聚力 c（kPa）	地基土承载力设计值（kPa）
粉质黏土	36.0	0.997	15.0	1.06	0.63	10.9	9.9	60
淤泥质粉质黏土	40.3	1.120	16.1	1.25	0.74	8.2	10.22	50
淤泥质黏土	40.4	1.152	17.5	1.12	0.74	7.0	10.4	65
淤泥质粉质黏土	38.1	1.091	13.3	1.36	0.51	14.6	8.1	80
淤泥质黏土	44.3	1.230	19.4	1.17	0.68	7.1	10.2	80
粉质黏土	32.0	0.806			0.28	19.0	7.5	140

该水泥土搅拌桩径 $D=700$mm、桩长 17m，桩位环形布置，布桩范围 $R=11300$mm，分三个区按不同置换率布置，外围置换率为 0.435，中心环区置换率为 0.255，中心置换率为 0.482，桩为平面如图 3-18 所示。主材料采用 425 号抗硫酸水泥（或粉煤灰水泥），渗入量为加固土体重的 19%，即每立方米体积土体加水泥量不少于 350kg，复合地基承载力标准值≥200kPa，最终沉降 $s\leqslant120$mm，且应均匀沉降。

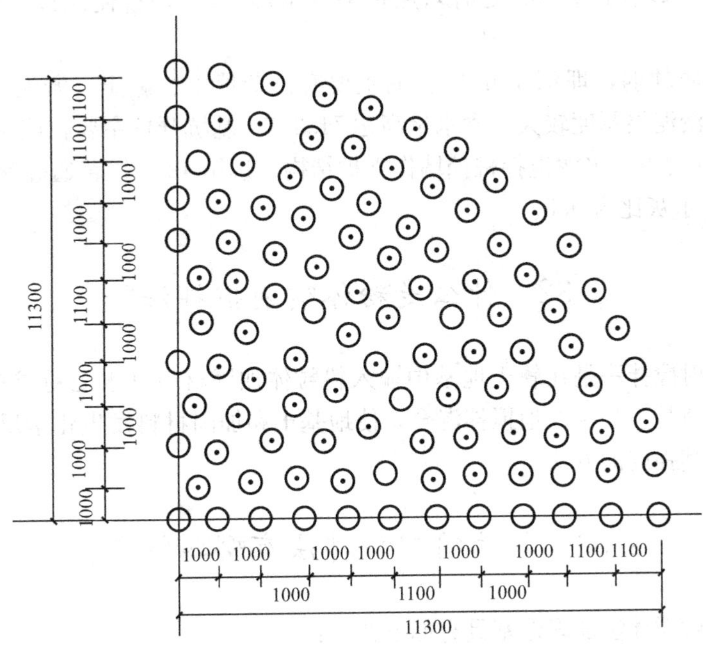

图 3-18　搅拌桩平面布置

（2）实例 2

某工程为 7 层点式和 6 层条式住宅，现在对其加固，该小区场地主要地层为高压缩性流塑态的淤泥质粉质黏土，厚度超过 30m，其表面有 1.5～3.0 的人工填土，厚层淤泥粉质黏土的有机质含量为 2.37%，可溶盐含量为 0.135%，各土层物理力学性能指标如表 3-14 所示，地下水约位于地面下 50cm 处。

各土层物理力学性质指标　　表 3-14

层次	层厚 (m)	土名	含水量 w (%)	重度 λ (kN/m^3)	孔隙比 e	塑性指数 I_P	液性指数 I_L	黏聚力 c (kPa)	内摩擦角 φ (°)	压缩模量 E_a (kPa)	承载力设计值 (kPa)
①-2	0～1.5	淤泥及淤泥质填土	54	16.9	1.50	18	1.66	4	12.6	1560	
①-3	1.5～3.0	素填土	40	18.2	1.10	20	0.85	12	13.5	3640	75
②	未穿	淤泥质粉质黏土	47	17.4	1.31	14	1.78	4	17.5	2090	60

7 层点式住宅地基压力达 150kPa，但上部建筑相对刚度较大，因此建筑物沉降将比较均匀，采用柱状加固形式。6 层条式住宅虽然其基底压力小于 140kPa，但上部建筑长高比较大，刚度相对较小，容易产生不均匀沉降，故采用壁状加固形式，如同一个不封底的箱形基础。此外，对一半基础坐落在新填的鱼塘上，另一半坐落在岸坡上的条式住宅楼，则通过不同的桩长设计来调整不均匀沉降。

设计桩长 9m，桩横截面积 0.71m^2，在正常情况下，每栋住宅地基加固工期 7～10d，取得了较好的经济效益和社会效益。

（3）实例 3

某工程主楼 30 层，带有三层裙房，主楼部分基坑开挖深度为 5.8m，裙房部分基坑开挖深度为 3.1m，基坑南侧 14m 处有六层住宅（条形基础），自使用以来已经下沉数十厘米。

该场地位土质软弱，埋深 10m 以上的主要有：杂填土、黏土、淤泥，其中杂填土、黏土厚度较薄，淤泥层厚度较大，含水量高达 74.3%，基坑开挖主要在该层进行。设计采用直径为 500mm 的单轴水泥搅拌桩挡墙作支护结构，选用 42.5 级普通硅酸盐水泥，水泥渗入比为 20%，水灰比为 0.5。

3.32　什么是粉体喷射搅拌法？

答：粉体喷射搅拌法是在软土地基中输入粉粒体加固材料（水泥粉或石灰粉），通过搅拌机械和原位地基土强制性地搅拌混合，使地基土和加固材料发生化学反应，在稳定地基土的同时提高其强度的方法。

3.33　粉体喷射搅拌法有哪些特点？

答：粉体喷射搅拌法加固地基具有如下特点：

（1）使用的固化材料（干燥状态）可更多地吸收软土地基中的水分，对加固含水量高的软土、极软土地基，效果更好。

（2）固化材料全面地被喷射到靠搅拌叶片旋转过程中产生的空隙中，同时又靠土的水分把它黏附到空隙内部，随着搅拌叶片的搅拌，使固化剂均匀地分布在土中，不会产生不均匀的散乱现象，有利于提高地基土的加固强度。

（3）与高压喷射注浆和水泥深层搅拌法相比，输入地基土中的固化材料要少得多，无浆液排出，无地而隆起现象。

(4) 粉体喷射搅拌法施工可以加固成群桩，也可以交替搭接加固成壁状或块状，使用的固化材料是干燥状态的直径为 0.5mm 以下的粉状体，如水泥、生石灰、消石灰，也可以渗入矿石碎渣、干燥粉和粉煤灰等，材料来源广泛并可使用两种以上的混合材料。因此，对地基土加固适应性强，不同的土质要求都可以找出与之相适应的固化材料。

粉体喷射搅拌法（干法）由深层搅拌法（湿法）改进而来。在原地基承载力高时，湿法施工比干法施工搅拌可能性大，且搅拌效果更理想。若采用干法施工，搅拌后形成的水泥土均匀性相对较差。

3.34 粉体喷射搅拌法地基处理实例

答：(1) 实例 1

西安某 7 层砖混结构住宅，钢筋混凝土条形基础，埋深 2.3m，基底最大压力 180kPa，地层土从上至下如表 3-15 所示。

地基土分层工程性质指标 **表 3-15**

地层名称	层底深度 (m)	层厚 (m)	w (%)	ρ_d (t/m^3)	I_P	I_L	a (MPa^{-1})	E_a (MPa)	f_k (kPa)	q_s (kPa)	q_p (kPa)
杂填土 Q_4^{m}	1.2～6.7	1.2～6.7	23.00	1.30	11.50	0.70	0.80	3.10	80	12	
素填土 Q_4^{m}	3.2～6.7	1.9～3.0	26.98	1.33	11.52	0.82	0.84	2.98	80	8	
淤泥 Q_4^{al}	局部存在 8.8～11.7	2.0～3.0							80	10	
饱和黄土 Q_3^{2eal}	10.7～11.7	2.7～7.6	33.15	1.36	11.51	1.19	0.61	4.28	85	123	450
古土壤 Q_3^{2el}	14.1～14.6	2.4～3.4	25.30	1.55	11.25	0.62	0.20	8.71	150	24	1850

基底下的软弱土层主要是高含水量的人工填土及饱和黄土，局部尚夹有淤泥层，它们的共同特点是压缩性高和承载力低，无法用作天然地基。软弱土层的厚度从基础底面算起约为 8.0m，同时人工填土层的厚度变化较大，上部夹有砖块。在选择住宅地基基础方案时，因为环境不允许振动、污染面难以施工，费用较高，不宜采用桩基础、振冲法及旋喷桩法进行地基处理，最后采用无振动、低噪声且费用较低的粉喷水泥土搅拌桩法处理地基。

设计粉喷桩的长度时，要根据软弱土层的厚度，通过验算下卧层的承载力及变形量来确定。桩底宜位于工程性质较好的土层。根据已有的试验资料和工程经验，粉喷桩桩体的承载力标准值设计要求为 1000kPa，桩间土的承载力标准值取 80kPa，处理后复合地基的承载力标准值为 180kPa。按此计算的桩面积置换率应达到 0.109，根据装备条件，采用桩径 500mm，桩间距 1.4m ($2.8d$)，排距 $t=1.2$m，三角形布桩，桩长根据地层情况确定为 7.5m，桩面以上设 0.60m 厚的 3∶7 灰土垫层。

(2) 实例 2

某工程为多栋 5～6 层砖混结构住宅，拟建场地在自然地面以下 30m 左右深度范围内的土层，以相沉积的黏性土为主，局部夹薄层状粉性土。场地内的回填土以建筑垃圾及杂物充填物为主，土质较杂，厚度不均，各土层的物理力学性质指标如表 3-16 所示。

土层物理力学性质指标　　表 3-16

层序	土层名称	土层厚度 (m)	重度 λ (kN/m³)	孔隙比 e	含水量 w (%)	塑性指数 I_P (%)	压缩系数 $a_{0.1\sim0.2}$ (MPa⁻¹)	压缩模量 E_a (MPa)	黏聚力 c (kPa)	内摩擦角 φ (°)	地基土承载力标准值 (kPa)
①1	填土	0.30～2.40									
①2	浜土	0.60～3.50									
②	黏土	0.30～2.70	18.8	0.87	3.10	19.2	0.37	5.39	19	12.3	100
③	淤泥质黏土夹淤泥质粉质黏土	1.50～4.30	17.0	1.40	51.0	20.7	1.20	2.38	9	10.0	70
④1	淤泥质黏土	1.70～4.50	16.7	1.49	54.0	20.5	1.34	1.93	9	7.2	65
④2	淤泥质粉质黏土	2.90～5.10	17.3	1.24	44.7	15.4	0.89	2.90	8	12.8	75
⑤1	淤泥质粉质黏土夹砂质粉土	3.60～10.20	17.7	1.10	39.2	14.2	0.59	3.78	8	16.0	85
⑤2	粉质黏土	0.90～6.80	18.2	0.99	35.3	14.2	0.43	5.01	11	15.4	90
⑥	粉质黏土	1.40～2.80	19.6	0.72	25.6	15.4	0.22	7.85	35	11.4	190
⑦	砂质粉土夹粉砂	未穿	18.6	0.87	31.6		0.24	7.73	3	23.0	

复合地基承载力要求为 120kPa，粉喷桩的有效桩长取 11.0m，桩径为 500mm，设计置换率为 16.3%，水泥渗入量为 45kg/m，桩顶以下 3m 进行复搅。

3.35　什么是加筋土？

答：加筋土是由多层水平加筋构件与填土交替铺设而成的一种复合体，如图 3-19 所示。加筋土中的加筋构件主要承受土体产生的侧向压力。填土材料则借助于加筋构件的约束而保持稳定。

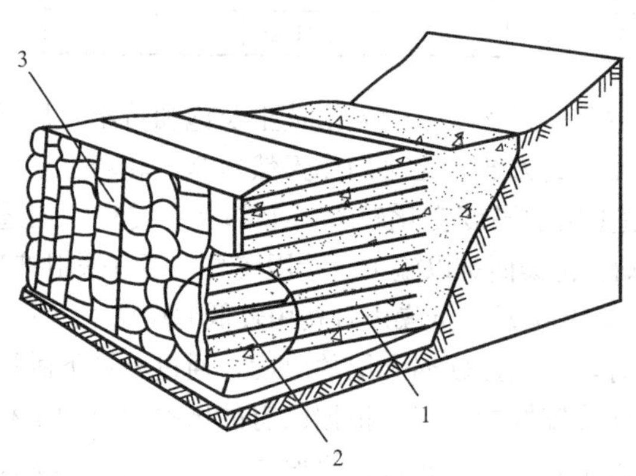

图 3-19　加筋挡土示意

1—填土；2—加筋构件；3—墙面板

3.36　加筋挡土墙有哪些特点？

答：加筋土技术一般用在公路工程中，也用在水利坝堤、铁路、桥梁、码头及堆场等。

（1）加筋挡土墙可做成很高的垂直填土，从而可减少占地面积，对城市道路以及节约珍贵土地，有较大的意义；

（2）面板、筋带可在工厂中定型制造和加工，保证了质量且降低了原材料消耗；

（3）只需配备压实机械，施工易于掌握，可节省劳动力和缩短工期；

（4）充分利用土与拉筋的共同作用，使挡土墙结构轻型化，其所使用混凝土体积相当于重力式挡土墙的3％～5％，故其造价可节约40％～60％，墙越高，经济效益越好；

（5）加筋土挡墙由各构件相互拼装而成，具有柔性结构性能，可承受较大的地基变形，可应用于软土的地基上；

（6）加筋土挡墙这一复合结构的整体性较好，且它具有的柔性能较好地吸收地震能量，因而具有良好的抗震性能；

（7）面板的形式可根据需要拼装完成，造型美观，适合于城市道路支挡工程。

3.37 什么是振冲及干振碎石桩法？

答：碎石桩和砂桩等在国外统称粗颗粒土桩，它是指用振动、冲击或水冲等施工方式，在软弱地基中成孔后，再将碎石或砂等粗骨料挤压入土孔中，无论采用湿法成孔（振冲法）、干法成孔（干振法）或振动沉管成孔，填料后形成大直径的由碎石或砂等构成的密实的桩体。

振冲法是指振动冲水法，振冲法开始用来加固黏性土地基，由于填料是碎石且直径较大，故国外称为碎石柱，国内习惯称为碎石桩。

3.38 振冲法加固软弱地基的优缺点？

答：（1）优点

① 振动力直接作用在地基深层软弱土的部位，对软弱土施加的振动侧向挤压力大，因而使土密实的效果与其他地基处理方法相比为最好；

② 对不均匀的天然地基土，在平面和深度范围内，由于地基的振密程度可随地基软硬程度对不同的填料量进行调整；

③ 施工机具简单、操作方便、施工速度较快加固质量容易控制；

④ 不需钢材和水泥，仅用碎石、卵石、粗砂和中砂等当地硬质材料，因而造价较低，与钢筋混凝土桩基相比较，一般可节省投资1/3；

⑤ 在天然软弱地基中，经振冲填以碎石或卵石等粗骨料，成桩后改变了地基排水条件，可加速地震时超孔隙水压力消散，有利于地基抗震和防止液化。

振冲法分为振冲置换法和振冲密实法两类。振冲置换法适用于处理不排水、抗剪强度不小于20kPa的黏性土、粉土、饱和黄土和人工填土等地基。振冲密实法适用于处理砂土和粉土等地基。

（2）缺点

振冲法在黏性土中施工时，由于排污泥量大，因而在人工稠密的市中心和没有排污泥场地时使用受到了一定的限制。为了克服排污泥的缺点，可使用干振法，施工时可不用水。目前国内的干振法适用于地下水以上的非饱和松散的黏性土；以炉灰、炉渣、建筑垃圾为主的杂填土；松散的素填土；二级以上的湿陷性土及其他高压缩性土。

3.39 碎石桩桩径有何要求?

答：碎石桩的直径根据工程要求、地基土质情况和成桩设备等因素确定，采用 30kW 振冲器成桩时，桩径一般为 0.7～1.0m，对饱和黏性土地基宜选用较大的直径；干振碎石桩径一般为 0.4～0.7m。

3.40 振冲及干振碎石桩法实例?

答：(1) 实例 1

某工程位于长江下游北岸，属于冲积平面。其中主厂房基础的埋深 4.0m，坐落在粉砂层上，其天然地基的承载力设计值为 80kPa。土层自上而下可分为：第一层为填土，平均厚度 1.8m；第二层为粉质黏土，平均厚度 1.2m；第三层为粉砂土，平均厚度 4.2m，第四层细砂，平均厚度 21.5m，以下为较密实的粉质黏土，钻孔未穿透。地下水位一般在天然地面下 1.3～2.0m。设计要求加固后地基承载力设计值为 250kPa，容许沉降量控制在 80～140mm，采用振冲法加固，振冲孔间距 1.4m 三角形布置。

(2) 实例 2

某工程基础荷载影响范围内的土为黏质粉土，粉质黏土、黏土及粉、细砂层，土层分布不均，变化较大，土质较软，承载力为 100～120kPa。对 15m 深度范围内的粉、细砂层及黏质粉土进行判断，不同程度地存在地震液化的可能性。

场区内的土大致分为两类，上部 8m 左右为黏性土层，黏质粉土、粉质黏土和黏土呈交互层状分布，厚薄不一，分布无明显规律。下部为粉细砂层，32m 钻孔仍未钻穿此层。各土层的承载力标准值分别为：黏质粉土层，100～120kPa；黏土、粉质黏土层，120～150kPa；粉砂、细砂层，100～150kPa。勘察范围内的饱和黏质粉土和粉砂、细砂层的液化深度一般在 8～13m 以内，个别地段达到 15m，其液化程度多为中等，局部达到严重程度。

强夯法由于加固深度不能满足，且对于粉质黏土这种处于流塑状态的土尚无把握，所以在未进行现场试夯之前不能随便使用。桩基是比较稳妥的方法，但是处理费用高，施工工期长，也不宜采用。

采用振动水冲法加固场地，能满足抗地震液化和提高地基承载力的要求，且加固深度内无卵石、砾石层等阻碍施工的土层存在，石料采集点离现场较近，有利于振冲法的施工。振冲法造价低，工期省，能满足工程要求，由于地质条件为上部黏性土、下部砂性土，且各层土厚薄不均、软硬不同，振冲法施工将通过填料的挤密过程和碎石桩柱体的排水性能，提高黏性土地基的承载力，减小建筑物的不均匀沉降，消除加固深度范围内黏质粉土和粉细砂土的液化。根据加固原理分析，采用碎石桩加固地基方案是比较合适的。

通过试桩区碎石桩和天然地基的载荷试验表明，当碎石桩置换率达 22%时，本场地复合地基的承载力标准值为 180kPa 以上，对于大面积加固的厂房区，由于振冲能量相互叠加的影响，厂房地区经加固后的地基承载力必然比试验区还高。通过计算可知，当置换率为 22%时，三角形布桩，桩间距为 1.6m；正方形布桩时，桩间距为 1.5m。

(3) 实例 3

某框-剪结构，主楼 16 层，地下 2 层，箱形基础。基础埋深为地面下 6m，基底土为淤泥、粉质黏土、黏质粉土和粗砂。

场地地基土分为 6 层，其主要物理力学指标如表 3-17 所示。地下水在地表下 0.4～0.8m。

场地土主要力学指标 表 3-17

土层名称	厚度 H (m)	层底埋深 (m)	承载力标准值 f_k (kPa)
①杂填土		0.6～1.2	
②粉细砂	5.0	4.5～6.1	150
③$_1$ 淤泥及淤泥质粉质黏土	3.0	8.0～10.0	60
③$_2$ 粉质黏土			160
③$_3$ 黏质粉土			180
④粗砂	4.0	13.2～15.2	160
⑤粗砂	8.0	23.2～25.1	350
⑥风化花岗岩			500

地基承载力设计值为 350kPa，根据表 3-17 可知，④层以下地基承载力已达到 350kPa，④层土为粗砂，而根据设计，基础埋深在地表下 6m，正好落在③层土上，而③层土的地基承载力均小于 350kPa，对于③$_2$ 层粉质黏土，其承载力标准值为 160kPa，地基土采用振冲碎石桩加固，在密实桩体条件下，取桩土应力比 $n=4$，置换率取 0.4，计算得复合地基承载力为 352kPa。

设计桩距，主桩按 2.1m 正方形布桩，桩长为 15.5m、15.0m 和 14.5m 三种，桩底穿过④层粗砂下粉质黏土层达到⑤层粗砂。附桩在主桩正方形中心处，桩长 10m，穿透③层进入③层粗砂。基础外缘布两桩护桩，第一排桩长 14m，第二排桩长 11m。主桩换个附桩因开挖深度达 6.5m，故地面下 5m 以内的桩体不加密，护桩加密到地面作为基坑开挖的护坡桩。根据设计要求，为满足置换率 $m=0.4$，③层土中碎石桩直径≥1.10m。

(4) 实例 4

某工程坐落于 30 多米厚的新近沉积淤泥质粉质黏土层上，该土层天然地基承载力标准值只有 45kPa，无法满足工程设计要求，考虑到当地产石的条件，故对部分辅助厂房采用碎石桩加固地基的方案。

本场地各层土物理力学指标见表 3-18，地下水位接近于地面，0.8～5.0m 深度范围内地基土的不排水抗剪强度平均值只有 15kPa，第二和第三层地基土均为嵌固结土，为了提高地基土承载力并减少土体变形，采用了桩长 14m 的碎石桩，平均桩径 0.85m，呈梅花形布桩，桩置换率 $m=0.36$。

土的物理力学指标 表 3-18

序号	土名	厚度 H (m)	含水量 w (%)	重度 γ (kN/m^3)	孔隙比 e	液性指数 I_L	压缩模量 E_s (MPa)	黏聚力 c (kPa)	内摩擦角 φ (°)	无侧限抗压强度 q_u (kPa)	地基承载力标准值 f_k (kPa)
1	粉质黏土	1.0～1.5	35.5	18.6	0.985	1.11	3.27			46.2	
2	淤泥质粉质黏土	22.0～24.0	44.0	17.6	1.228	1.39	2.31	7.0	11°44′	30.0	45.0
3	淤泥质粉质黏土	9.2～19.2	38.3	18.2	1.075	1.12	3.73	26.0	9°26′	48.0	70.0

3.41 什么是振动沉管砂石桩?

答：振动管砂石桩是振动沉管砂桩和振动沉管碎石桩的简称。振动沉管砂石桩就是在振动机的振动作用下，把套管打入规定的设计深度，套管入土后，挤密了套管周围土体，然后投入砂石，再排砂石于土中，振动密实成桩，多次循环后就称为砂石桩。桩与桩间土形成复合地基，从而提高地基的承载力和防止砂土振动液化，也可用于增大软弱黏性土的整体稳定性。它适用于处理松散砂土、粉土、素填土、杂填土、黏性土、湿陷性黄土等地基，对在饱和黏性土地基上主要不以变形控制的工程，也可采用砂石桩置换处理。其具有施工简单，加固效果好，节省三材，成本低廉，无污染等特点。

3.42 振动沉管砂石桩的桩径、桩间距如何确定?

答：桩径应根据工程地质条件和成桩设备等因素确定，一般为300～800mm，对饱和黏性土地基宜选用较大的桩径。

桩距应能满足地基强度及变形控制要求，以及抗液化和消除黄土湿陷性等设计要求，同时使单位面积造价最低。一般应通过现场试验确定桩距，但不宜大于砂石桩直径的4倍。

3.43 振动沉管砂石桩加固范围和布桩形式如何确定?

答：加固范围应根据上部建筑结构特征、基础形式及尺寸大小、荷载条件及工程地质条件而定，地基的加固宽度一般不小于基础宽度的1.2倍，而且基础外缘每边放宽不应少于1～3排桩。对于有抗液化要求的地基基础，外缘每边放宽不宜小于处理深度的1/2，并不小于5m；当可液化层上覆盖有厚度大于3m的非液化层时，基础外缘每个边放宽不宜小于液化层厚度的1/2，并不应小于3m。一般在基础外缘放宽2～4排桩。

布桩形式应根据基础形式确定，对于大面积满堂处理，桩位宜采用等边三角形布置；对于独立或条形基础，桩为宜采用正方形、矩形或等腰三角形布置；对于圆形或环形基础，宜用放射形布置。

3.44 振动沉管砂石桩实例

答：(1) 实例1

某工程上部结构设计要求处理后地基承载力标准值大于180kPa，并消除7度地震时地基产生液化的可能性。

工程地下水位埋深1.35～5.68m，土层主要为粉土、粉质黏土，部分地区有粉砂和黏土夹层，南区工程地质剖面图如图3-20所示，其物理力学指标如表3-19所示。

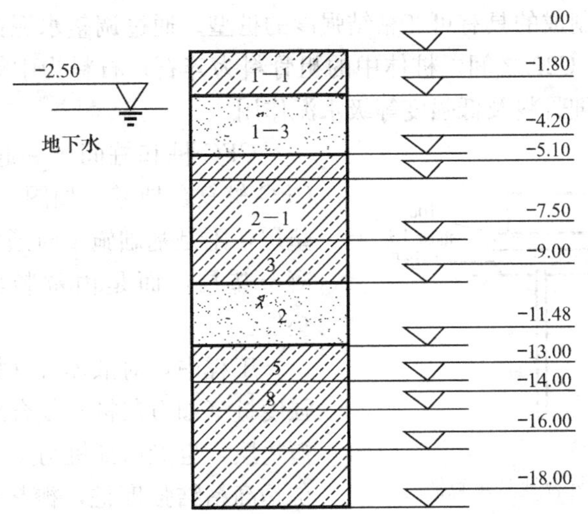

图 3-20　南区工程地质剖面图

南区地基土物理力学指标　　**表 3-19**

指标 \ 土层名称	1-1 砂质粉土	1-2 粉砂	2 粉质黏土	3 粉质黏土	4-2 粉砂	5 粉质黏土	8 粉质黏土
天然含水量（%）	22.9		27.8	35.4		34.4	
天然重度（kN/m³）	18		185	1829		1826	
饱和度（%）	74		95	94		93	
孔隙比	0.84		0.761	1.027		1.004	
液限	28		28	40		40	
塑限	21		19	22		23	
塑性指数	7		9	18		17	
液性指数	0.35		0.85	0.79		0.67	
黏粒含量（%）	5		4				19
压缩模量（MPa）	12.4		12.2	6.4		5	
压缩系数（MPa^{-1}）	0.16		0.19	0.50		0.48	
承载力标准值（kPa）	80		80	60	100	60	100

桩径为 400mm，桩长 8m，桩距 1.0～1.6mm。

（2）实例 2

某工程土层从上自下依次为：

①层素填土。主要为粉土，层厚 0.8～1.0m；②层粉土，层厚 1.10～1.2m；③层细砂，埋深在 2.1～7.1m；④层中砂。层厚 1.0～2.0m；⑤层卵石。

设计要求地基处理后，消除场地第二层（饱和细砂层）地震时产生液化的可能性；地基处理后土层的标准贯入锤击数实测值大于 15，且地基承载力标准值达到 200kPa。为满足设计要求，采用振动沉管碎石桩。桩长拟定为 8m，成桩直径达到 400mm，采用矩形布桩，桩间距确定为 1.2～1.4m。

3.45　什么是水泥粉煤灰碎石桩？

答：水泥粉煤灰碎石桩，简称 CFG 桩，由碎石、石屑、粉煤灰，掺适量水泥加水搅合，用各种成桩机制制成的具有可变粘结强度的桩型。通过调整水泥掺量及配合比，可使桩体强度等级在C5～C20之间。桩体中的粗骨料为碎石；石料为中等粒径骨料，可使级配良好；粉煤灰具有细骨料及低强度等级水泥作用。

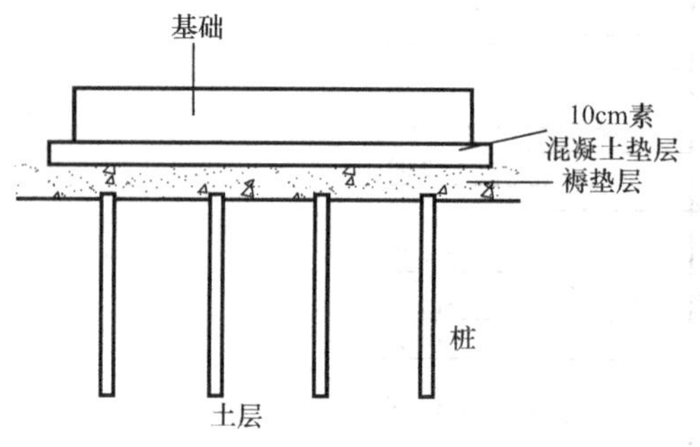

图3-21　CFG桩复合地基示意图

CFG桩和桩间土一起，通过褥垫层形成CFG桩复合地基，如图3-21所示。此处的褥垫层，不是基础施工时通常做的10cm厚素混凝土垫层，而是由颗粒状材料组成的散体垫层。

工程中，对散体桩（如碎石桩）和低粘结强度桩（如石灰桩）复合地基，有时可不设置褥垫层，也能保证桩与土共同承担荷载。CFG桩是高粘结强度桩，褥垫层是CFG桩和桩间土形成复合地基的必要条件，亦褥垫层是CFG桩复合地基不可缺少的一部分。

CFG桩属高粘结强度桩，它与素混凝土桩的区别仅在于桩体材料的构成不同，而在其受力和变形特性方面没有区别。因此这里是将CFG桩作为高粘结强度桩的代表进行研究。复合地基性状和设计计算，对其他高粘结强度桩复合地基都适用。

3.46　CFG复合地基有哪些工程特性？

答：(1) 承载力提高幅度大，可调性强

CFG桩桩长可从几米到二十多米，并可全桩发挥桩的侧阻力。当地基承载力较好时，荷载又不大，可将桩长设计得短一些，荷载大时桩长可以长一些，特别是天然地基承载力较低，用柔性桩难以满足设计要求时，则CFG桩复合地基比较容易实现。

(2) 适用范围广

对基础形式而言，CFG桩既可以适用于独立基础和条形基础，又可以适用于筏形基础和箱形基础。

CFG桩可用于填土、饱和及非饱和黏性土。既可以用于挤密效果好的土，又可用于挤密效果差的土。当CFG桩用于挤密效果好的土时，承载力的提高与挤密分量和置换分量有关，当CFG桩用于不可挤密土时，承载力的提高只与置换作用有关。

当天然地基承载力标准值≤50kPa时，CFG桩的适用性取决土的性质；当土是具有良好挤密效果的砂土、粉土时，振动可使土大幅度挤密或振密。

塑性指数高的饱和软黏土，成桩时土的挤密分量接近于0。承载力的提高位移取决于桩的置换作用。由于桩间土的承载力太小，土的荷载分担比太低，此时不宜直接做复合地基。

3.47　CFG桩设计时应注意哪些问题？

答：CFG桩复合地基首先要求基础具有足够的刚度与合适厚度的褥垫层，否则竖向荷载就不会很好地向CFG桩传递，于是此时的复合地基受力就和未处理的软土一样，桩间土会分担部分竖向荷载，CFG桩受力很小。

合适厚度的褥垫层是关键的传力部分，其具有均匀扩散地基反力的功能。褥垫层的厚度一般可取 0.5 倍桩径，常规做法是取 150～300mm 厚较为经济。CFG 桩径宜取 350～600mm，桩距宜取 3～5 倍的桩径，其设计原则为：大桩长，大桩距，桩端落在好土层。

3.48 采用桩基或诸如 CFG 桩等措施进行地基处理后是否改变场地类别？

答：场地类别划分时所考虑的主要是地震地质条件对地震波的效应，关系到设计用的地震影响系数特征周期的取值。采用桩基或用搅拌桩处理地基，只对建筑物下卧土层起作用，对整个场地的地震地质特征影响不大，因此不能改变场地类别。

3.49 CFG 桩地基处理实例

答：(1) 实例 1

某工程为造纸厂，二层（局部三层、四层）框排架结构。设计要求承载力≥160kPa，沉降不超过 80mm，差异沉降不超过 3%。开始拟用碎石桩复合地基或预制方桩方案，但经过计算，碎石桩复合地基满足不了强度和变形的要求，而预制桩造价又太高。最后，采用 CFG 桩加固方案。厂房基础为独立基础和条形基础。独立桩基下布桩按 $3d$ 间距布置，条基根据其宽度布置成单排或两排 CFG 桩。褥垫层为石屑，厚度 15cm。

(2) 实例 2

该工程为几栋 19 层的框架-剪力墙住宅，箱形基础，建筑物场地平坦，上部为填土，下部为粉土及粉质黏土和夹少量薄层黏土。地质情况及各土层物理指标如表 3-20 所示。

土层物理力学性质指标 **表 3-20**

<table>
<tr><th colspan="2">层次</th><th>地质描述</th><th>层厚 (m)</th><th>e</th><th>w (%)</th><th>N (击)</th><th>E_a (MPa)</th><th>c (MPa)</th><th>φ (°)</th><th>f_k (kPa)</th><th>q_z (kPa)</th></tr>
<tr><td colspan="2">Ⅰ层</td><td>填土，素填土，杂填土，下部部分有淤泥</td><td>西：0.5～1.5
东：2.0～3.5</td><td></td><td></td><td></td><td></td><td></td><td></td><td></td><td></td></tr>
<tr><td colspan="2">Ⅱ层</td><td>粉质黏土，棕褐色，可塑，部分硬塑，局部为黏土夹层</td><td>2.5～3.0</td><td>0.71</td><td>30.5</td><td>2-6</td><td>6.21</td><td>0.013</td><td>11.7</td><td>85</td><td>17</td></tr>
<tr><td colspan="2">Ⅲ层</td><td>粉土，棕黄色，饱和，松散，部分稍密</td><td>1.6～2.5</td><td>0.64</td><td>28.7</td><td>3-13</td><td>15.60</td><td>0.044</td><td>20.38</td><td>110</td><td>26</td></tr>
<tr><td rowspan="3">Ⅳ层</td><td>Ⅳ1</td><td>黏土，棕褐色，饱和，可塑～硬塑</td><td>0.55～1.0</td><td></td><td></td><td>5-6</td><td rowspan="3">5.542</td><td rowspan="3">0.025</td><td rowspan="3">10.96</td><td rowspan="3">120</td><td rowspan="3">24</td></tr>
<tr><td>Ⅳ2</td><td>粉质黏土，灰褐色，可塑</td><td>1.12～2.58</td><td>0.6～0.9</td><td></td><td>5-11</td></tr>
<tr><td>Ⅳ3</td><td>黏土，棕褐色，可塑</td><td>0.61～2.01</td><td>0.82～0.97</td><td></td><td>7-13</td></tr>
<tr><td colspan="2">Ⅴ层</td><td>粉土，灰黄色，稍密～中密</td><td>2.00～3.10</td><td>0.68</td><td></td><td>7-26</td><td>12.690</td><td>0.029</td><td>21.2</td><td>140</td><td>30</td></tr>
<tr><td colspan="2">Ⅵ层</td><td>粉质黏土，灰褐色，可塑～硬塑，局部夹粉土及黏土</td><td>3.10～4.99</td><td>0.86</td><td>23.65～38.2</td><td>6-22</td><td>6.173</td><td>0.028</td><td>11.08</td><td>160</td><td>28</td></tr>
<tr><td colspan="2">Ⅶ层</td><td>粉土，灰黄色，饱和，中密，可塑，局部含磁石</td><td>1.50～3.25</td><td></td><td>26.09</td><td></td><td>11.904</td><td>0.022</td><td>21.13</td><td>160</td><td>35</td></tr>
<tr><td colspan="2">Ⅷ层</td><td>粉质黏土，灰褐色，可塑，饱和</td><td>1.05～2.01</td><td>0.79</td><td>31.03</td><td></td><td>5.763</td><td>0.037</td><td>10.025</td><td>140</td><td>34</td></tr>
<tr><td colspan="2">Ⅸ层</td><td>粉土，灰褐色，可塑，中密，局部为黏土夹层，部分含磁石</td><td>未穿透</td><td>0.63</td><td>24.06</td><td></td><td>8.89</td><td>0.018</td><td>24.06</td><td>170</td><td>35</td></tr>
</table>

基底天然地基承载力标准值为110kPa，设计要求承载力标准值达到320kPa，于是采用CFG桩进行地基处理，CFG桩布桩形式为等边三角形，桩径为380mm，桩距1.4～1.45m，有效桩长12m左右，褥垫层采用级配砂石，厚度为250mm。最终施工工期为54d。

3.50 什么是土桩及灰土桩?

答：土桩及灰土桩是利用沉管、冲击或爆扩等方法在地基中挤土成孔，然后向孔内夯填素土或灰土成桩。成孔时，桩孔部位的土被侧向挤出，从而使桩周土得以加密，所以也可称之为挤密桩法。土桩及灰土桩挤密地基，是由土桩或灰土桩与桩间挤密土共同组成复合地基。土桩及灰土桩法的特点是：就地取材，以土治土、原位处理、深层加密和费用较低。

土桩及灰土桩挤密法适用于处理地下水位以上的湿陷性黄土、素填土和杂填土等地基。处理深度宜为5～15m。当以消除地基的湿陷性为主要目的时，宜选用土桩挤密法；当以提高地基的承载力及水稳定性为主要目的时，宜选用灰土桩挤密法。若地基土的含水量大于23%及饱和度超过0.65时，由于无法挤密成孔，不宜选用该方法。

3.51 土桩及灰土桩地基处理实例

答：(1) 实例1

某工程分为二期，建筑场地在－4～8m处有4m厚的湿陷性黄土，属于Ⅰ级非自重湿陷性黄土场地，地基土的承载力标准值为140kPa，不能满足工程的需要。一期工程拟采用碎石挤密桩处理方案，但成孔困难而无法施工，后改为强夯法处理地基。

二期工程扩建厂房距老厂房4.5m，距2号发电机组不到10m。要求在地基处理时，不能影响老厂房的安全和2号机组的正常运行，显然，不宜采用强夯法。如果采用混凝土灌注桩方案，其费用比灰土挤密桩法高2～3倍，最后采用爆扩成孔灰土桩挤密法处理地基。

灰土桩设计顶面自基础垫层底面（－4.1m）起，至桩底端－8.5m，超过湿陷性黄土层底面0.5m，全部是陷性土层得到挤密加固，桩身用3∶7灰土夯实，灰土的压实系数≥0.97。设计桩径为400mm，桩间距为1200mm，排距为1000mm，三角形布桩，经过试验表明，按设计桩距成孔后，桩间土的湿陷性已经消除，且灰土桩复合地基承载力标准值达到189kPa。

(2) 实例2

某高层剪力墙结构，地上15层，地下1层，底板埋深－6.2m。地基土层上部为黄土状粉质黏土及粉土，且自然地面下11.0m范围内地基土的结构强度较低，并具有湿陷性；下部卵石层埋深22.5～23.0m，厚度大于6.0m。地基土层分布稳定均匀，起伏较小，地下水稳定水位约－20.0m，各土层的主要物理力学性质如表3-21所示。

基础下的主要持力层为④、⑤两土层。其中，第④层黄土状粉质黏土及粉土呈湿、稍湿、可塑状态。该层土具有湿陷性，湿陷等级为Ⅰ级（轻微）非自重湿陷性黄土，承载力标准值为150kPa，不能满足建筑结构的要求。

箱形基础下地基承载力不超过300kPa，采用灰土挤密法整片处理地基，要求处理后复合地基承载力标准值需达到220kPa。设计桩径为400mm，桩间距取900mm，按等边三角形布桩，排距即三角形的高t=780mm，灰土桩的面积置换率为0.179，预计复合地基承载力标准值为 230kPa。

地基土层主要物理力学性质指标 表 3-21

层序	含水量 w (%)	天然密度 ρ (t/m^3)	干密度 ρ_d (t/m^3)	孔隙比 e	饱和度 s_r (%)	液限 W_L (%)	压缩系数 a_{1-2} (1/MPa)	压缩模量 E_{s1-2} (MPa)	锥尖阻力(最大值) q_c (kPa)	静探头侧壁摩擦力(最大值) f_k (kPa)	湿陷系数 δ_k	层底埋深平均值 (m)
②黄土状粉质黏土及粉土	24.2	1.57	1.28	1.120	76	27.5	0.52	4.5	1200	40	0.024	4.0
③黄土状粉质黏土及粉土	20.7	1.73	1.43	0.884	69	28.0	0.19	9.1	2600	100		5.0
④黄土状粉质黏土及粉土	21.3	1.64	1.36	1.005	67	28.9	0.385	5.6	1800	70	0.046	10.7
⑤黄土状粉质黏土	20.5	1.79	1.48	0.827	79	30.5	0.135	14.4	2600	110	0.0096	16.1
⑥黄土状粉质黏土及粉土	23.9	1.91	1.54	0.774	86	34.8	0.12	13.8	3500	120		18.3
⑦黄土状粉土	22.1	1.90	1.55	0.731	81	26.2	0.14	11.9	4000	140		19.8
⑧黄土状粉质黏土	27.1	1.93	1.51	0.816	95	31.9	0.18	10.5				21.3
⑨黄土状粉土	26.2	1.96	1.57	0.719	92	29.1	0.11	15.1				22.7

3.52 软黏土怎么进行地基处理?

答：软黏土一般是指在静水或缓慢的流水环境中沉积，经生物化学作用形成，含有有机质，天然含水量大于液限，天然孔隙比大于 1.0 的饱和黏性土。当天然孔隙比大于 1.5 时，称为淤泥；天然孔隙比大于 1.0 而小于 1.5 时，称为淤泥质土。

当软黏土地基上建造建筑物而不能满足沉降及稳定的要求，且采用桩基、沉井等深基础在技术经济上不可取时，对软黏土地基进行处理是完全有效的措施。加固的方法有很多，如排水固结法（包括堆载预压法、砂井法、真空预压法、电渗排水法）、砂桩法、石灰桩法、换土垫层法、加筋法（包括挡筋土和土工聚合物）、高压喷射法、深层搅拌法等。强夯法用于软黏土地基上，国内外对此有争议，有成功经验，也有失败教训。振冲置换法在软黏土地基的应用范围也有不同的看法，在上海软黏土地区经过多次试验证明振冲置换法处理后地基承载力和变形模量均大有改善，然而施工时宜妥善、谨慎对待。

3.53 软黏土有大面积堆载时怎么进行地基处理?

答：大面积地面堆载引起地面和邻近浅基础的不均匀沉降是软黏土地区工业仓库和厂房的一个普遍而重要的问题。

现代工业建（构）筑物，由于生产上的需要，在建筑物范围内往往有大面积地面堆载，如冶金工厂的炼钢、轧钢车间及其露天堆场；港口码头上的集装箱堆场；化工厂的原料车间等长期堆放大量原料、设备及各种货物形成的露天堆场，由于地面荷载主要为活荷载，堆载的范围和数量时常变化，而且很不均匀，如单层厂房和重工业部门的仓库一般平均 50～60kPa，局部可能达 200kPa；露天车间的平均堆载一般也为 50～60kPa，有的超过 100kPa；中小型仓库，平均堆载多在 30～40kPa；个别正在新建的大型钢铁厂的露天矿石堆场最大堆载达 330kPa。这些堆载引起建筑物地基大量的附加沉降和不均匀沉降、造成建筑物损坏。

（1）承受大面积地面荷载的工业厂房、仓库、堆场等建（构）筑物，如需要大面积回填土方时，应在建（构）物施工前填土，使地基获得预压，可减少地面的沉降与基础的沉降和倾斜。

（2）对于大面积堆载，当有条件时，应尽量选择预压过的场地，如曾作为露天堆场或曾建造过建筑物的场地。因为受过预压的地基，即使预压荷载不大，它的强度增加虽不多，但以后加上去的大面积地面荷载如不超过预压的荷载，地基变形则很少，压缩性能改善较为显著。

（3）当作用有大面积地面荷载的建（构）筑物地基，如地面荷载较大，且堆载的宽度较宽，其影响深度较深时，一般的浅层加固措施不能满足设计要求，这时可采用砂井法、真空预压、砂桩、碎石桩等深层处理方法或采用中、长桩基处理，常能得到较好的效果。

（4）选择地基处理方案，除应考虑前述的几种情况外，尚应考虑建（构）筑物上部结构的特点并采取相应的措施。因为上部结构和地基是共同工作又相互影响的，所以选择在软黏土地基上作用有大面积荷载的建（构）筑物地基方案时，不应只限于地基加固，上部结构亦应采取相应的加强措施。在有些情况下，适当加强上部结构的整体刚度或采取其他措施，比单独进行地基处理效果更好，有时，可以两者兼施。

（5）当地面大面积堆载不大，对软黏土地基进行浅层处理能获得较好的结果时，应优先考虑选用浅层处理，因为这样不仅施工简便，而且经济。在软黏土地区，一般地表有 1～3m 厚的硬土层，这层土的强度和变形模量都较其下卧软黏土层为高，可首先考虑利用这硬土层作为天然地基承载力。如地表硬土层较薄或者没有时，则可采用诸如辗压、砂井法、真空预压、砂桩、石灰桩和降低地下水等方法进行加固处理，设置一复合硬壳层—复合地基，借助于复合硬壳层，起着扩散压力的作用，降低软土层顶面的附加压力，从而减少建（构）筑物的沉降和不均匀沉降。

当地面荷载较大，上述的天然浅基或浅层处理不能满足建（构）筑物的沉降及稳定要求时，应考虑进行地基的深层处理。当前，深层处理的方法有很多，比如各种排水固结法砂桩、强夯法、高压喷射法、振冲法以及加筋法等。

3.54 填土怎么进行地基处理？

答：对以有机质含量较多的生活垃圾或对基础有侵蚀性的工业垃圾为主的杂填土，以及其他不能满足承载力和变形要求的杂填土均应进行人工处理。如杂填土不厚，可以挖除后，把基础落深或加厚（换土）垫层。如杂填土区宽度不大，可用基础梁跨越。其他常用的地基处理方法有重锤夯实法，表层压实法（包括机械辗压压实和机械振动压实）等浅层处理方法，但其有效处理厚度一般不超过2m。如填土厚度较大，可采用短桩基础；可考虑用强夯法、振冲法或灰土并桩等处理方法，但都应结合建筑物情况和当地的技术经济条件做出比较后确定。

3.55 松散砂土如何进行地基处理？

答：含水饱和且结构松散的细粉砂，以及孔隙比大且塑性低的黏土（如粉性土等），在重复或突发的荷载作用下，其超孔隙水压力会持续或骤然上升，使粒间有效应力大大降低。在土中排水条件不畅通的情况下，就可能导致土粒处于悬浮状态。这时，土体的抗剪强度几乎完全丧失，显示出近乎液体的特性，被称为土的“液化”。

造成液化地基的内在条件，基本上为：土粒为无黏性或低黏性的，且结构松散的土；地下水位高且丰富，土处于含水饱和的状态；土中排水条件差，超静水压力不易消散。基于上述情况，液化地基处理措施的基本出发点，是改变它的内在条件，即增加土体的密实度和改善排水条件，常用的地基处理方法如下：强夯法、振冲法、桩基（预制桩或灌注桩，通过桩基穿透有液化的土层，进入坚硬稳定的持力层）、灌浆法（采用水泥砂浆注入土粒空隙，凝固成为具有一定强度的土体）、高压喷射法、电动化学灌浆法等。

3.56 岩溶如何进行地基处理？

答：岩溶地基的正确处理只能建立在对它的正确评价的基础上。如果建筑场地和地基经过工程地质评价，属于不稳定的岩溶地基，又不能避开，就必须进行认真的处理。应根据岩溶的形态、工程要求和施工条件等，因地制宜地选择处理措施。工程实践中，通常采用的处理方法有：

（1）清爆换填

适用于处理顶板不稳定的浅埋溶洞地基。即清除覆土，爆开顶板，挖去松散填充物，分层回填下粗上细的碎石滤水层，然后建造基础。对于无流水活动的溶洞，也可采用土夹石或黏性土等材料夯填。此外，还可根据溶洞和填充物的具体条件，采用石砌柱、灌注桩或沉井等办法处理。

（2）梁、板跨越

对于洞壁完整、强度较高而顶板破碎或无顶板的岩溶地基，宜采用梁、板跨越的方法进行处理，跨越结构应有可靠的支承面。

（3）洞底支撑

适用于处理跨度较大，顶板完整，但厚度较薄的溶洞地基。为了增加顶板岩体的稳定性，采用石砌柱或钢筋混凝土柱支撑洞顶。采用此法时应注意查明洞底柱基的稳定性。

（4）调整柱距

对个别溶洞或洞体较小的情况，可适当调整建筑物的柱距，使柱基建造在完成的岩石上，以避免处理地基。

上述各种措施应根据工程的具体情况单独采用或综合采用。

3.57 土洞及地表塌陷如何进行地基处理？

答：土洞是岩溶或湿陷性黄土地区上覆土层被地表水冲蚀或地下水潜蚀所形成的洞穴。土洞顶部土体塌陷称为地表塌陷。

土洞和地表塌陷密集的地段属于工程地质条件不良或不稳定地段。当建筑场地处于具备土洞发育条件的岩溶地区时，设计中应注意土洞对建筑地基的影响，对建筑物地基内的土洞应查明其位置、埋深、大小及形成条件。

工程实践中遇见的土洞和地表塌陷，对建筑物地基稳定影响大，必须认真处理，除对重要建筑物宜用挖孔墩灌注桩外，常用的一般处理措施有：

（1）处理地表水和地下水

在建筑场地和地基范围内，认真做好地表水的截流、防渗和堵漏等工作，杜绝地表水渗入土层。采用这些措施后，对地表水形成的土洞和塌陷，可使之停止发育。在土洞及塌陷发育的建筑区及其附近，不得设置人工改变地下水位的措施，否则应采取预防塌陷的措施。

（2）挖填夯实

适用于浅埋土洞及塌陷。对地表水形成的土洞及塌陷，先清除软土，后用块石、片石或毛石混凝土等回填。对地下水形成的土洞及塌陷，除清除软土抛物块石外，还应做反滤层，面层用黏土夯实，近年来已有用强夯实法破坏土洞、加固地基的案例，效果良好。

（3）灌填法

适用于埋藏深、洞径大的土洞。施工时，在洞体范围内的顶板底面上打两个或多个钻孔，用水冲法将砂、砾石灌进洞内。如果洞内有水，灌注困难，可用压力灌注细石混凝土。对于大型土洞，当灌填有困难时可用洞壁衬砌加固。

（4）钢筋混凝土梁板跨越

对直径和危害较小的埋深土洞，当土层的稳定性较好时，可以不处理洞体，只在洞顶上部用梁板跨越措施。对地表水形成的土洞和塌陷，当采取截流、堵漏措施后，也可采用梁板跨越处理。

4　挡土墙、水池问答及实例

挡土墙

对于重力式挡土墙，衡重式挡土墙、悬臂式挡土墙，其设计过程一般都是根据挡土墙高度、挡土墙上的均布活荷载、设防烈度等套图集 04J008。对于扶臂式挡土墙，也是根据挡土墙高度、挡土墙上的均布活荷载、设防烈度等套图集 12ZG902；其他形式的挡土墙如果不能套图集，则要用相关的计算软件，比如理正岩土去计算。

4.1　重力式挡土墙软件设计实例

答：设计重力式挡土墙，用 MU20 级毛石及 M5 级水泥砂浆砌筑，砌体的抗压强度设计值 $f=1.935$MPa，抗剪强度设计值 $f_v=0.144$MPa，墙顶宽 1.45m，墙高 5m，墙背仰斜角=14.04°（1∶0.25），墙胸与墙背平行如图 4-1 所示。墙后填土水平与墙顶齐高，即 $\beta=0$，其上作用有均布荷载 $q=10\text{kN/m}^2$。墙后填料为黏土，其重度 $\gamma_1=18\text{kN/m}^3$，内摩擦角 $\varphi=26.5°$，内聚力 $c=8\text{kN/m}^2$，土与墙背的摩擦角 $\delta=14.04°$。浆砌毛石的重度 $\gamma_2=22\text{kN/m}^3$，基底摩擦系数=0.4，基底承载力特征值 $f_a=150$kPa。其计算简图如图 4-1 所示。

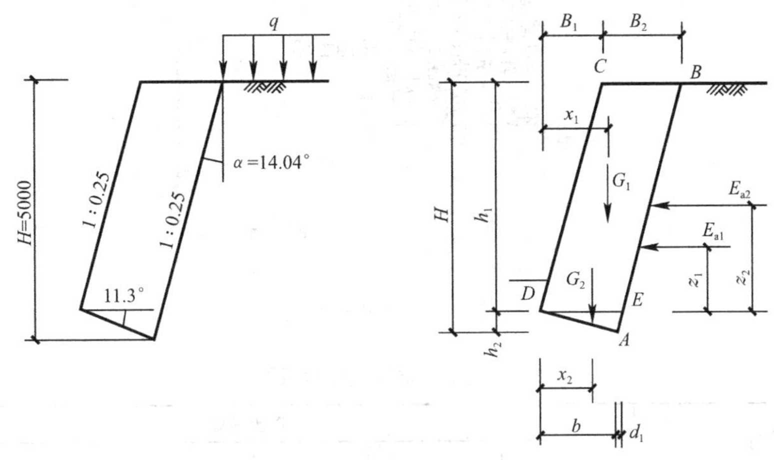

图 4-1　重力式挡土墙计算简图

注：由墙顶宽度 $B_2=1.45$m，可换算出：$b=1.38$m、$B_1=1.18$m，$h_1=4.73$m、$h_2=0.27$m、$d_1=0.07$m

（1）在电脑桌面上点击“理正岩土计算”小软件，点击“挡土墙设计”，选择“重力式挡土墙”，会弹出“计算参数设置”对话框，如图 4-2～图 4-4 所示。

图 4-2　理正岩土工程计算分析软件

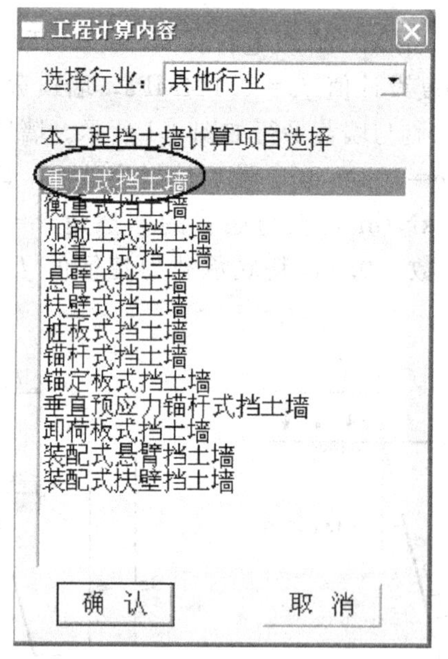

图 4-3　工程计算内容

挡土墙抗倾覆安全系数　　**表 4-1**

荷载组合	挡土墙级别		
	1	2、3	4、5
基本组合	1.60	1.50	1.40
特殊组合	1.50	1.40	1.30

（2）进入“重力式挡土墙计算”对话框后，点击“算”，会弹出根据该工程情况，填写相关参数，如图 4-5～图 4-10 所示。

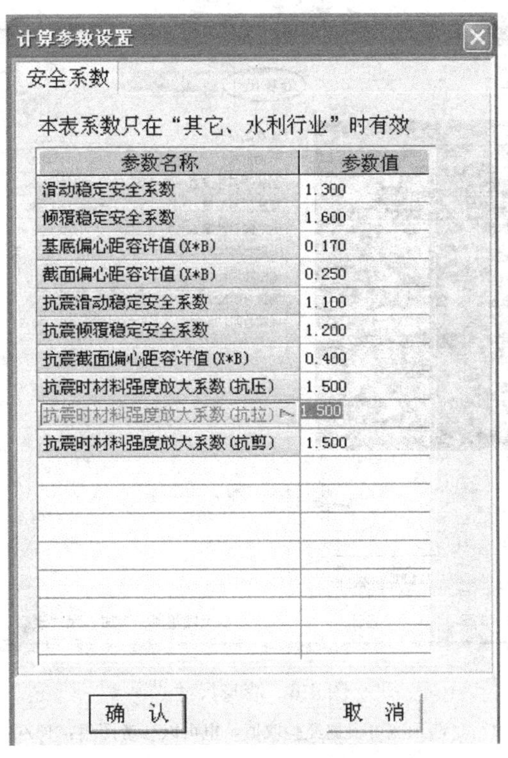
计算参数设置
安全系数
本表系数只在“其它、水利行业”时有效

参数名称	参数值
滑动稳定安全系数	1.300
倾覆稳定安全系数	1.600
基底偏心距容许值(X*B)	0.170
截面偏心距容许值(X*B)	0.250
抗震滑动稳定安全系数	1.100
抗震倾覆稳定安全系数	1.200
抗震截面偏心距容许值(X*B)	0.400
抗震时材料强度放大系数(抗压)	1.500
抗震时材料强度放大系数(抗拉)	1.500
抗震时材料强度放大系数(抗剪)	1.500

确　认　　取　消

图 4-4　计算参数设置对话框

注：1. “滑动稳定性系数”一般可取 1.3；

2. “倾覆稳定安全系数”，可根据《水工挡土墙设计规范》中表 4-1 填取，一般普通工程可填写 1.6；

3. “基础偏心距容许值”：土质地基可取 $B/6$，岩石地基可取 $B/5$，坚硬岩质地基可取 $B/4$，抗震设计时由用户定义。

4. “截面偏心距容许值”，计算荷载取 $0.25B$，验算荷载取 $0.3B$，抗震设计时取 $0.4B$。

5. “抗震设计时材料强度放大系数”，抗压时可取 1.5，抗拉时可取 1.5，抗剪时可取 1.5。

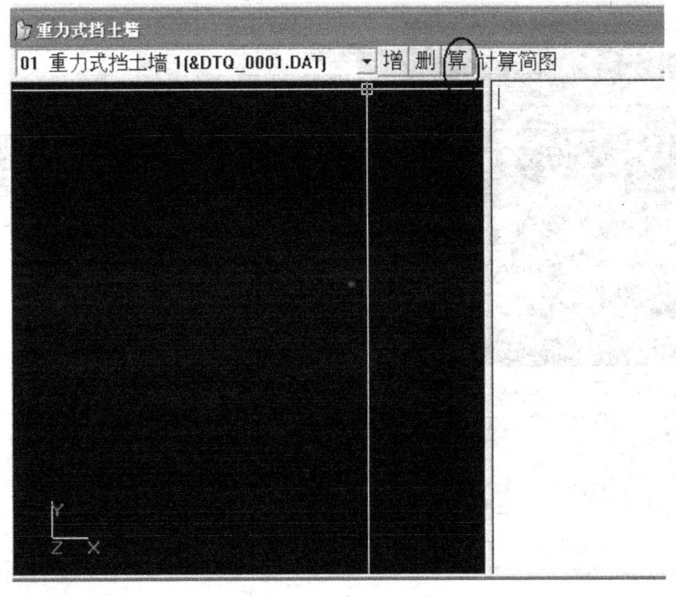

图 4-5　重力式挡土墙菜单

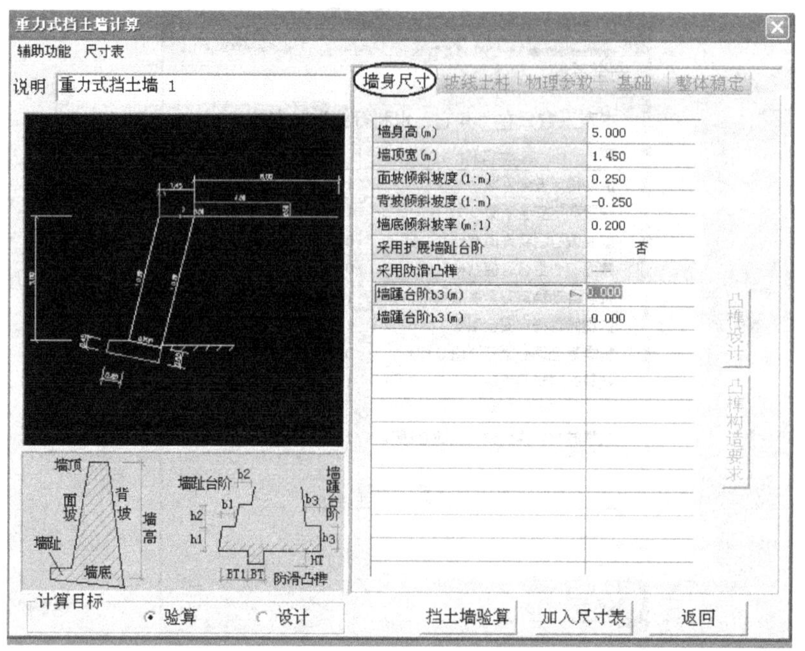

图 4-6 墙身尺寸

注：1.“墙高”应根据实际工程填写，墙顶宽可根据经验取值，也可以参考图集：13ZG901 重力式挡土墙。

2.“面坡倾斜坡角”与“背坡倾斜坡角”，一般根据经验填写，对于重力式挡土墙，一般可填写 0.25，也可以参考图集：13ZG901 重力式挡土墙。

3.“墙底倾斜坡率”一般可填写 0.2，也可以参考图集：13ZG901 重力式挡土墙。

4.“采用扩展墙趾台阶”，应根据需要是否设置，该参数可以增强墙体的稳定性。

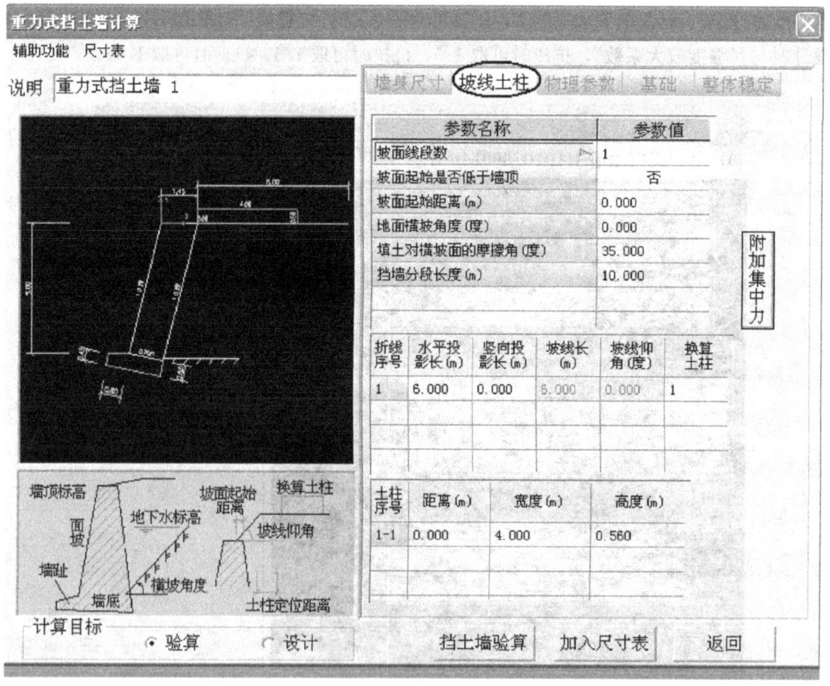

图 4-7 坡线土柱

注：1.“坡面线段数”，一般可填写 1。

2.“坡面起始是否低于墙顶”，应根据实际工程填写。

3.“坡面起始距离”，应根据实际工程填写，一般可填写 0。

4.“地面横坡角度”，当挡土墙后有岩石时，地面横坡角度通常为岩石的角度，一般土压力只考虑岩石以上的那部分土压力，也可根据经验填写；如果挡土墙后面为土，地面横坡角度可根据经验来取值，出于安全考虑，可以填写 0（土压力最大）。

5.“填土对横坡面的摩擦角（度）”，可参考表 4-2。

6.“挡墙分段长度”，用于车辆荷载换算，一般可按默认值 10。

7.“水平投影长度”是指挡土墙土在 x 方向的长度，一般可填写 6；“竖向投影长”，如果填写 0，则说明挡土墙旁的土在水平方向是平整的。

8.“换算土柱”：一般应根据实际工程填写，可填写 1。本工程有均布荷载 $q=10\text{kN/m}^2$，则土柱高度 $h=10/18$（土重度）$=0.56\text{m}$；“距离”应根据实际工程填写，可填写为 0；“宽度”也应根据实际工程填写。

填料内摩擦角或综合内摩擦角 **表 4-2**

填料种类		综合内摩擦角 φ_0	内摩擦角 φ	重度（kN/m^3）
黏性土	墙高 $H\leqslant 6\text{m}$	35～40	—	17～18
	墙高 $H>6\text{m}$	30～35	—	
碎石、不易风化的块石		—	45～50	18～19
大卵石、碎石类土、不易风化的岩石碎块		—	40～45	18～19
小卵石、砾石、粗砂、石屑		—	35～40	18～19
中砂、细砂、砂质土		—	30～35	17～18

注：填料重度可根据实测资料作适当修正，计算水位以下的填料重度采用浮重度。

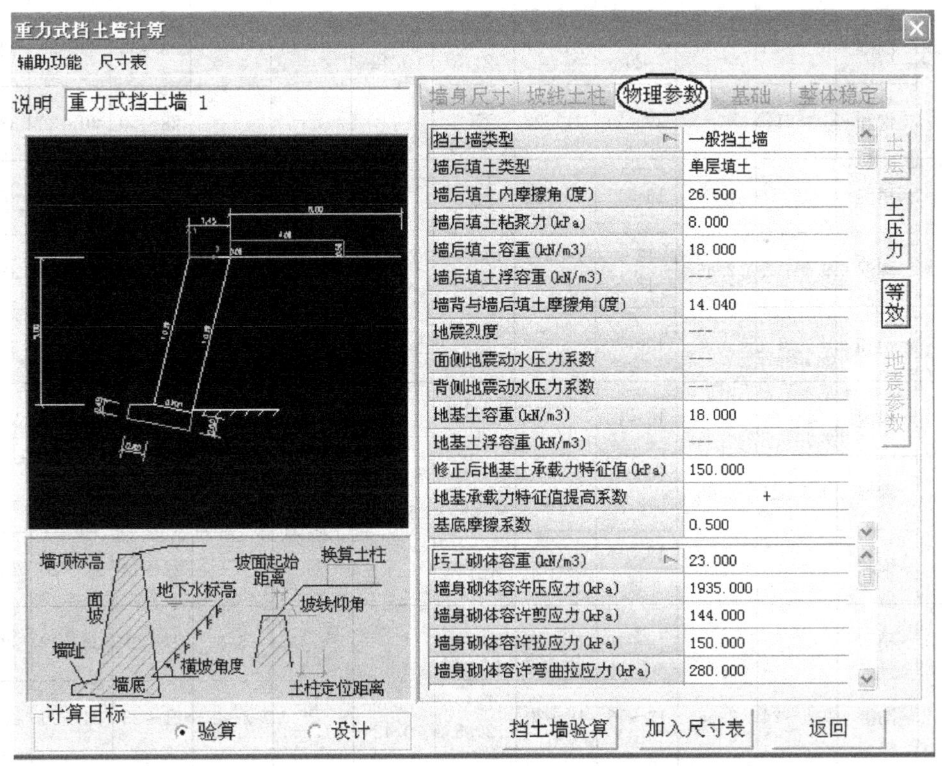

图 4-8 物理参数

注：1. “地基土重度”，可根据表 4-3 填取。

2. “墙后填土内摩擦角（度）”、“墙后填土黏聚力”、“墙后填土重度”、“墙背与墙后填土摩擦角（度）”：一般应根据岩土报告填写，如果没有岩土报告，可以参考表 4-3。

3. “地基土摩擦系数”：用于倾斜基底时土的抗滑移计算，可参考表 4-4。

4. “圬工砌体重度”：如果为浆砌石，可取 23 或者 24；如果为混凝土，可取 25～26。

5. “墙体砌体容许压应力”、“墙体砌体容许剪应力”、“墙体砌体容许拉应力”、“墙体砌体容许弯曲拉应力”：可参考表 4-5。

6. “圬工”之间摩擦系数，用于挡土墙截面验算，反映圬工间的摩擦力大小，取值与圬工种类有关，一般可取 0.4（主要组合）或 0.5（附加组合）。

土的主要物理力学指标参考值　　表 4-3

土的名称	土的潮湿程度	天然含水量（%）	平均相对密度	天然重度（kN/m^3）			侧压力系数 ζ	变形模量 E_s（MPa）	黏聚力 c（kPa）	内摩擦角 φ（°）		
				松散	中密	密实				松散	中密	密实
卵石土（碎石土）	稍湿	＜9										
	潮湿	9～24	2.65～2.80	18～20	20～22	20.5～22.5	0.14～0.20	54～65（碎石土 29～65）	—	30～33	33～37	37～40
	饱和	＞24										
砾石土	稍湿	＜9										
	潮湿	9～24	2.65～2.80	18～20	20～22	20.5～22.5	0.14～0.20	14～42	—	25～30	30～35	35～40
	饱和	＞24										
砾砂粗砂	稍湿	＜9.5		18.5～19.0	19～20	20～21			—	33～36	35～38	37～42
	潮湿	9.5～21	2.66	19.5～20	20～21	21～21.5	0.35～0.42	36～43	—	28～30	30～33	33～35
	饱和	＞21		20～21	21～22	22～22.5			—	28～30	30～33	33～35
中砂	稍湿	＜9.5		16～17	17～18	18～19.5			—	30～33	33～36	36～38
	潮湿	9.5～21	2.66	17～18.5	18.5～19.5	19.5～20.5	0.35～0.42	31～42	—	28～30	30～33	33～35
	饱和	＞21		19～20	20～20.5	20.5～21.5			—	26～28	28～30	30～33
粗砂	稍湿	＜9.5		15～16	16～17.5	17.5～19		25～36	—	27～30	30～34	33～36
	潮湿	9.5～21	2.66	16.5～17.5	17.5～19	19～20	0.35～0.42	19～31	—	24～26	26～28	28～30
	饱和	＞21		18.5～19	19～20	20～21			—	22～24	24～26	26～28
粉砂土	稍湿	＜9.5		15～16	16～18	18～20		17.5～21	5.0	27～28	30～32	32～34
	潮湿	9.5～24	2.66	17～18	18～20	19～20.5	0.35～0.42	14～17.5	2～2	21～23	24～26	26～28
	饱和	＞24		18.5～19	19～20	20～21		9～14	0～1	17～19	19～21	21～23

续表

土的名称	土的潮湿程度	天然含水量（%）	平均相对密度	天然重度（kN/m³）			侧压力系数 ζ	变形模量 E_s（MPa）	黏聚力 c（kPa）	内摩擦角 φ（°）		
				松散	中密	密实				松散	中密	密实
	半干硬	<12.5		15～16	16～18	18～20		12.5～16	10～20	22～26	24～28	26～30
黏砂土	可塑	9.5～19.5	2.70	17～18	18～19	19～20.5	0.5～0.7	5～12.5	2～15	18～21	20～23	22～25
	流塑	>16		≤18.5～19	—	—		—	—	≤14	—	—
	半干硬	<18.5		15～17	17～19	19～20		16～39	25～60	19～22	21～24	23～26
砂黏土	可塑	15.5～33.5	2.71	17～18	18～20	20～21	0.50～0.70	4～16	5～40	13～18	17～20	19～22
	流塑	>32.5		<18	—	—		—	<5	≤10	—	—
	半干硬	<26.5		17～18	18～20	20～21		16～59	60～100以上	16～19	18～21	20～23
黏土	可塑	22.5～86.5	2.74	18～19	19～20.5	20.5～21.5	0.7～0.75	4～16	10～60	8～15	14～17	16～19
	流塑	>52.5		<18	—	—		—	<5	≤6	—	—

地基土摩擦系数 **表 4-4**

地基土名称	摩擦系数	地基土名称	摩擦系数	地基土名称	摩擦系数
松散的干砂性土	0.58～0.70	干的黏性土	0.84～1.00	湿的砾石（小卵石）	0.58
湿润的砂性土	0.62～0.84	湿的黏性土	0.36～0.58	干而密实的淤泥	0.84～1.20
饱和的砂性土	0.36～0.47	干的砾石（小卵石）	0.70～0.84	湿润的淤泥	0.36～0.47

石砌体容许应力 **表 4-5**

应力种类 / 砌体种类 / 水泥砂浆强度等级	压应力			剪应力	
	片石砌体	块石砌体	粗料石砌体	平缝	错缝
M5	0.8	—	—	—	—
M10	1.3	2.0	3.4	0.16	0.24
M20	1.8	2.4	3.7	0.23	0.34

注：1. 表列水泥砂浆强度等级之间的石砌体的容许应力可用内插法确定；
2. 石砌体的容许弯曲拉应力值，可用剪应力值；
3. 容许拉应力，建议用户取 0.6 倍的容许弯曲拉应力值。

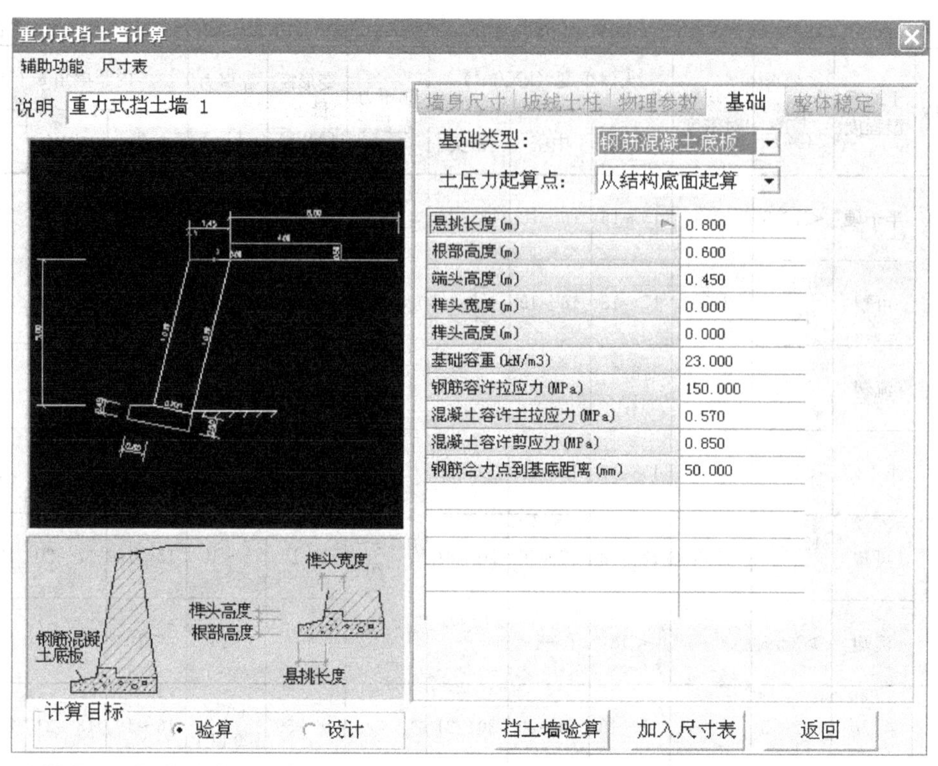

图 4-9　基础

注：1．“基础”，应根据实际工程填写。

2．“混凝土容许主拉应力”、“混凝土容许剪应力”，可参考表 4-6。

3．其他应根据实际工程填写。

混凝土的容许应力（MPa）　　**表 4-6**

应力种类	混凝土强度等级				
	C30	C25	C20	C15	C10
弯曲拉应力	0.55	0.50	0.43	0.36	0.28
纯剪应力	1.1	0.99	0.86	0.71	0.56

(3) 点击“挡土墙验算”，程序会自动完成重力式挡土墙的计算，内容包括：滑动稳定性验算、倾覆稳定性验算、地基应力及偏心距验算、基础强度验算、墙底截面强度验算及整体稳定验算。如果计算不满足，比如，地基承载力不满足时，可用较好的土换填一定深度，以扩散基础压力，使其均匀传递到下卧土层中；比如，抗倾覆稳定不满足时，可以改变墙身胸、背坡的坡度，可以改变墙身的形状，可以扩大基础，增设墙趾台阶；比如，抗滑稳定性不满足，可以采用倾斜基底，可以在挡土墙底部增设抗滑键。

4.2　悬臂式挡土墙软件设计实例

答：某悬臂式钢筋混凝土挡土墙，高 8m，计算尺寸如图 4-11 所示，墙背光滑，填料采用干砂土，重度 $\gamma=18.5\text{kN/m}^3$，内摩擦角 $\varphi=30°$，填土面坡角 $\beta=10°$；混凝土重度为 24kN/m^3。

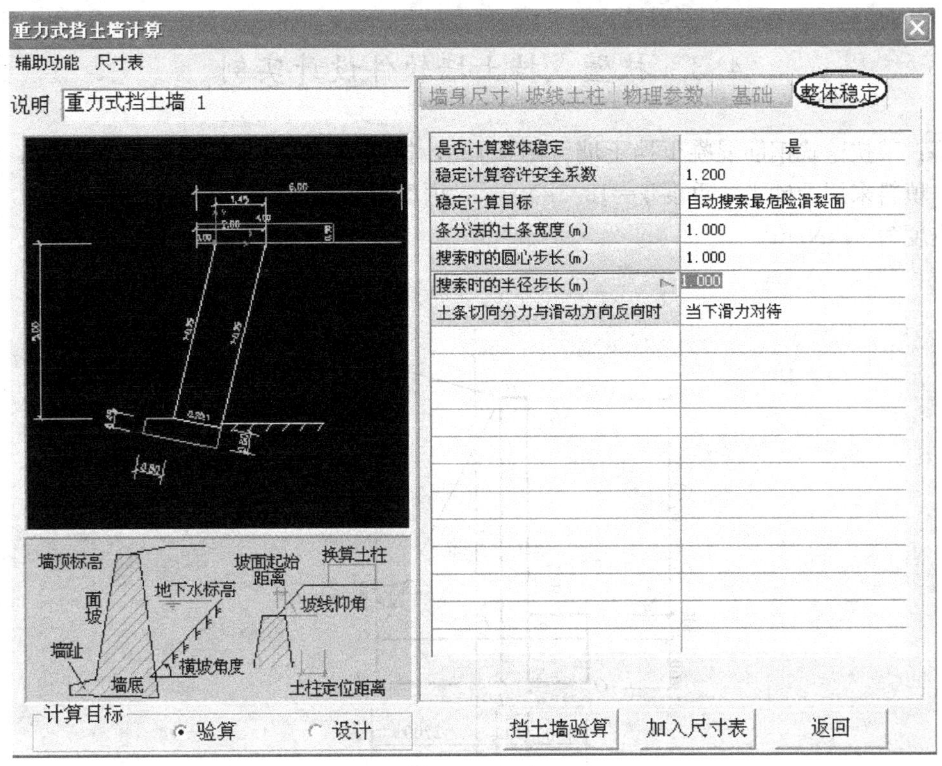

图 4-10 整体稳定

注：1.“稳定计算容许安全系数”，参考《水工挡土墙设计规范》SL 379—2007，基本组合时可取 1.2，特殊组合时可取 1.05。

2. 其他参数应根据实际工程填写。

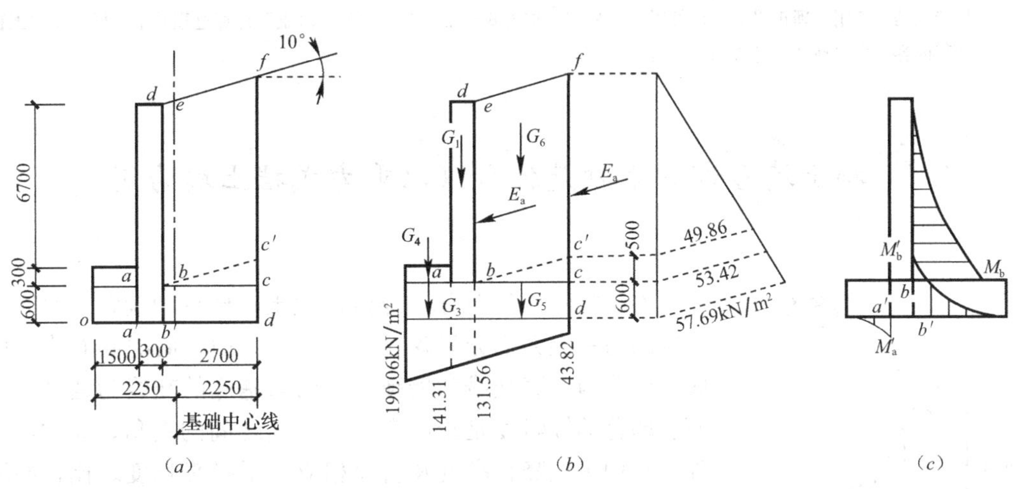

图 4-11 悬臂式挡土墙

(*a*) 为截面尺寸；(*b*) 为荷载及反力；(*c*) 为挡土墙弯矩土

注：1. 悬臂式挡土墙的截面尺寸可参考“04J008”；

2. 悬臂式挡土墙用“理正岩土”计算时，过程与“重力式挡土墙”用“理正岩土”计算过程基本一样，在“工程计算内容”中选择“悬臂式挡土墙”。

4.3　扶壁式挡土墙软件设计实例

答：某扶壁式钢筋混凝土挡土墙（图 4-12），扶壁间距 3m，扶壁板厚 200mm，墙背光滑，填料采用干砂土，重度 γ=18.5kN/m^3，内摩擦角 φ=30°，填土面坡角 β=10°；混凝土重度为 24kN/m^3。

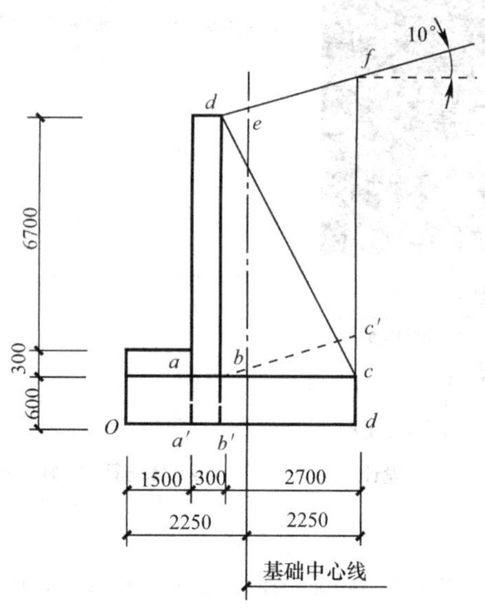

图 4-12　扶壁式挡土墙

注：1. 扶壁式挡土墙截面尺寸可参考“12ZG902”；

2. 扶壁式挡土墙用“理正岩土”计算时，过程与“重力式挡土墙”用“理正岩土”计算过程基本一样，在“工程计算内容”中选择“扶壁式挡土墙”。

4.4　挡土墙各部分名称是什么（以重力式挡土墙为例）？

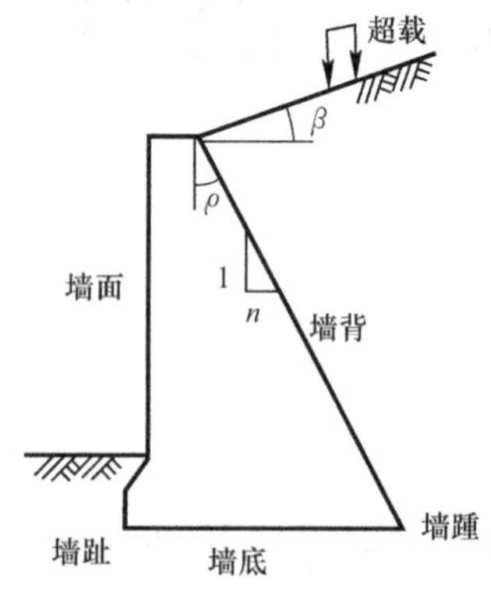

图 4-13　挡土墙名称

答：如图 4-13 所示，靠近回填土一侧称为墙背；而回填土墙的另一侧大部分暴露在外面的为墙面；墙的底面称为墙底；墙背与基底交线为墙踵；墙面与基底的交线为墙趾。墙面、墙背的倾斜度是指两者与竖直面之间的夹角。通常，工程中常用单位竖直高度及斜面相应水平投影长度之比，如墙背斜度为 1∶n。

墙背一侧较高的土体称为回填土。墙背后无论是回填土，还是未经扰动的土体或其他物料均称为回填土。墙背填土表面的荷载称为超载。

4.5 挡土墙的类型有哪些？各有什么特点？

答：按断面的几何形状及受力特点，常见的挡土墙形式可分为：重力式、悬臂式、扶壁式、锚杆式、锚定板式及加筋挡土墙等。如按材料区分可分成：木质、砖砌、石砌、混凝土及钢筋混凝土、钢制挡土墙结构。

（1）重力式挡土墙

重力式挡土墙依靠自重承受土压力，保持平衡。一般用浆砌片石砌筑，缺乏石料地区可用混凝土，其形式简单，取材容易，施工简便；当地基承载力低时，可在墙底设钢筋混凝土板，以减墙身，减少开挖量。适用于低墙、地质情况较好的有石料地区。当墙高在8m以下时，经济效益明显。其示意如图4-14所示。

（2）半重力式挡土墙

半重力式挡土墙是用混凝土灌注，在墙背设少量钢筋。墙趾应展宽，或基底设凸形，以减薄墙身，节省污工。适用于地基承载力低，缺乏石料地区。其示意如图4-16所示。

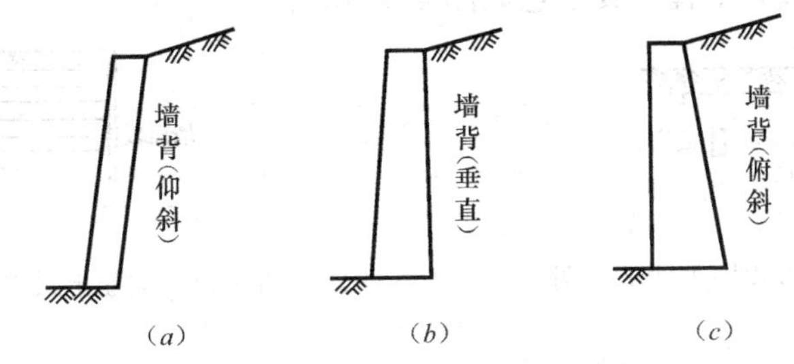

图4-14 重力式挡土墙示意图

注：1. 按土压力理论，仰斜墙背的主动土压力最小，而俯斜墙背的主动土压力最大，垂直墙背位于两者之间。

2. 如果挡土墙修建时需要开挖，因仰斜墙背可与开挖的临时边坡相结合，而俯斜墙背需要回填土，因此，对于支挡挖方工程的边坡，以仰斜墙背为好。反之，如果是填方工程，则宜用俯斜墙背或垂直墙背，以便填土易夯实。在个别情况下，为减小土压力，采用仰斜墙也可行。

3. 当墙前原有地形比较平坦，用仰斜墙比较合理；若原有地形较陡峭，用仰斜墙会使墙身增高很多，此时宜采用垂直墙或俯斜墙（图4-15）。

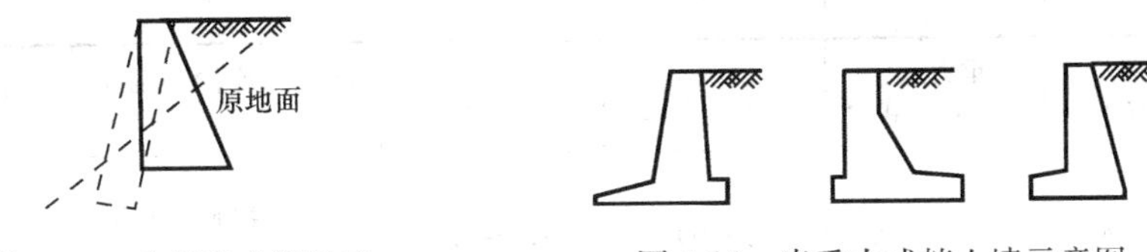

图4-15 垂直墙或俯斜墙　　图4-16 半重力式挡土墙示意图

（3）悬臂式挡土墙

悬臂式挡土墙采用钢筋混凝土，由立臂、墙趾板、墙踵板组成，断面尺寸小；墙过高，下部弯矩大，钢筋用量大。适用于石料缺乏、地基承载力低地区，墙高6m左右。其示意如图4-17所示。

（4）扶壁式挡土墙

扶壁式挡土墙由墙面板、墙趾板、墙踵板及扶壁组成；采用钢筋混凝土，适用于石料缺乏地区，挡土墙高大于6m，较悬臂式经济。其示意如图4-18所示。

(5) 锚杆式挡土墙

锚杆式挡土墙由肋柱、挡土板、锚杆组成，靠锚杆的拉力维持挡土墙的平衡。适用于挡土墙高大于 12m，为减少开挖量的挖土地区、石料缺乏地区。其示意如图 4-19 所示。

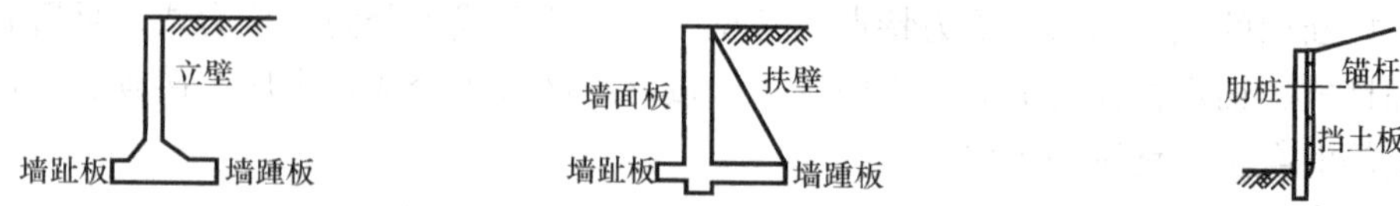

图 4-17　悬臂式挡土墙示意图　　图 4-18　扶壁式挡土墙示意图　　图 4-19　锚杆式挡土墙示意图

(6) 锚定板式挡土墙

锚定板式挡土墙结构特点与锚杆式相似，只是拉杆的端部用锚定板固定于稳定区。填土压实时，钢拉杆易弯、产生次应力。适用于缺乏石料，大型填方工程。其示意如图 4-20 所示。

(7) 加筋土式挡土墙

加筋土式挡土墙由墙面板、拉条及填土组成，结构简单、施工方便。对地基承载力要求较低，适用于大型填方工程。其示意如图 4-21 所示。

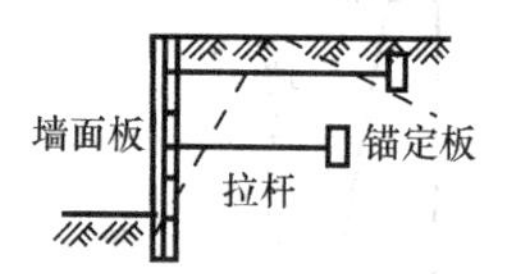

图 4-20　锚定板式挡土墙示意图

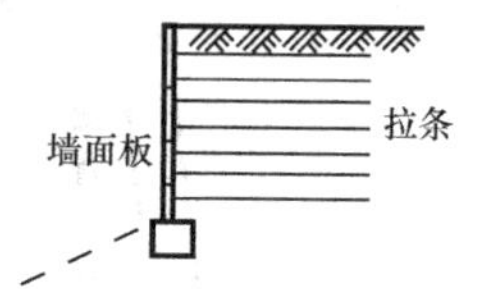

图 4-21　加筋土式挡土墙示意图

4.6　不同高度挡土墙的应用条件有哪些？

答：不同高度挡土墙的应用条件如表 4-7 所示。

不同高度挡土墙的应用条件　　**表 4-7**

分类	适宜材料	适宜结构形式	适宜地基承载力 $[\sigma]$ (kPa)	高宽比	稳定计算内容	
					岩基	土基
低墙	浆砌石或混凝土	重力式、半重力式	>150	2.0～1.7	抗滑、抗倾、地基承载力	抗滑、地基承载力
中墙	浆砌石和混凝土或钢筋混凝土	扶臂式、衡重式、半重力式、空箱式	>200	1.7～1.5	抗滑、抗倾、地基承载力	抗滑、地基承载力、渗透性
高墙	钢筋混凝土或浆砌石	衡重式、半重力式、空箱式	>250	1.5～1.0	抗滑、抗倾、地基承载力	抗滑、地基承载力、渗透性

4.7　挡土墙承载能力极限状态的计算内容包括哪些？

答：(1) 根据挡土墙结构形式及受力特点进行土体稳定性计算。稳定性通过包括：①挡土墙结构的整体稳定性验算，即保证结构不会沿墙底地基中某一滑动面产生整体滑动；②挡土墙结构抗倾覆稳定验算；③挡土墙结构抗滑移验算；④挡土墙抗隆起稳定验算；⑤挡土墙结构抗渗流验算。

（2）挡土墙结构的受压、受弯、受剪、受拉承载力计算。

（3）当有锚杆或支撑时，应对其进行承载力计算和稳定性验算。

一般可以借助小软件完成挡土墙的计算，比如“理正岩土”等。

4.8 挡土墙正常使用极限状态计算内容包括哪些？

答：（1）挡土墙结构周围环境有严格要求时，应对结构的变形进行计算；

（2）对钢筋混凝土构件的抗裂度及裂缝宽度进行计算。

4.9 挡土墙的荷载一般有哪些？

答：（1）永久荷载

永久荷载一般包括：挡土墙自重、由于填土作用于墙背上的主动土压力、由于墙前土体作用于墙面上的被动土压力（一般设计中不考虑，当有条件确保墙前土永远存在方可考虑）、填土的地下水压力或常水位时的静水压力与浮力、由以上荷载引起的基底的竖向反力、基底的摩擦力。

（2）可变荷载

可变荷载包括：铁路、公路传来的列车、汽车荷载，或填土上其他工程的超载引起的土压力、计算水位的静水压力和浮力、水位退落时的动水压力、波浪压力、冻胀力和冰压力、温度荷载。

（3）偶然荷载

偶然荷载包括：地震作用、施工及临时荷载，如起吊机、人群、堆载等。

4.10 挡土墙计算时荷载分项系数如何选取？

答：（1）永久荷载分项系数

对由永久荷载效应控制的组合，应取 1.35；当其效应对结构有利时，一般情况下可取 1.0；对结构的倾覆、滑移或漂浮验算时，应取 0.9。

（2）可变荷载分项系数

一般可取 1.4。

4.11 土压力分为哪几种？有何特征？

答：挡土墙、建筑物地下室外墙、支护结构的挡墙、船闸、桥台等主要承受土侧向压力。土压力的大小及其分布是一个比较复杂的问题，它与挡墙的位移、墙后土的性质以及墙土之间的摩擦特性等因素有关。土压力分为静止土压力、主动土压力和被动土压力三种。

静止土压力，是挡墙在墙后土体作用下，墙保持原来位置不发生任何移动，墙后土体处于静止状态，此时墙背所受的土压力称为静止土压力。按照在竖向自重应力作用下计算侧压力的方法来计算静止土压力。

主动土压力，是挡墙在墙后土体作用下逐渐向前移动（或变形），土压力随之减小，直至墙后土体达到极限平衡状态，形成滑动面，土压力达到最小值，此时土体对墙背施加的土压力称为主动土压力。

被动土压力，是挡墙在外力作用下被推向土体，作用在墙上的土压力随之增大，直至墙后土体达到极限平衡状态，形成滑动面，土压力达到最大值，此时土体对墙背施加的土压力称为被动土压力。

4.12 挡土墙的基础埋深有哪些规定？

答：(1) 在土质地基中，基础埋深不宜小于 0.5m；在软质岩地基中，基础埋置深度不宜小于 0.3m；

(2) 受水泥冲刷时，应在冲刷线以下不小于 1.0m；

(3) 墙基础位于斜坡地面时，其墙趾嵌入地层中最小尺寸应符合表 4-8 的要求。

墙趾嵌入地层中最小尺寸 **表 4-8**

地层类别	h（m）	L（m）	示意图
较完整的硬质岩层	0.25	0.25～0.50	
一般硬质岩层	0.60	0.60～1.50	
软质岩层	1.00	1.00～2.00	
土层	≥1.00	1.50～2.50	

(4) 基础不得置于有机土、泥炭、腐殖土及废弃垃圾上。

4.13 挡土墙有哪些构造？

答：(1) 重力式挡土墙，墙面和墙背的坡度，一般在 1∶0.2～1∶0.3。具体坡度值可根据断截面经济、技术合理的原则确定。

(2) 当采用混凝土块和石砌的挡土墙时，墙顶宽度不宜小于 0.4m；整体灌注的混凝土墙，墙顶宽度不宜小于 0.2m；钢筋混凝土墙顶宽度不应小于 0.2m。在挡土墙拐角处，应采取加强措施。

(3) 挡土墙顶部根据需要设置帽石。材料可采用粗料石或 C15 强度等级的混凝土，厚度不小于 0.4m，宽度不小于 0.6m，突出墙外飞檐宽度不小于 0.1m。如不设置帽石，可选用大块片石置墙顶，用砂浆抹平。

(4) 一般应每隔 10～20m 及与其他建筑物连续处设置伸缩缝。由于墙高不同，墙底纵向坡度大，回填料不同，或地基的压缩性不同，各段挡土墙可能发生不同的变形，所以应设置伸缩缝。伸缩缝可以与沉降缝合并设置，宽度为 0.02～0.03m。缝内沿墙的前、后、顶三边填塞沥青麻筋或沥青木板，塞入深度不小于 0.2m。

(5) 沿墙高和长度方向应设置排水孔，按上下、左右每隔 2～3m 交错设置。排水孔一般用 5cm×10cm，10cm×10cm，15cm×20cm 的矩形孔或直径为 10cm 的圆孔。最下一排泄水孔应高于地面 0.3m。在特殊情况，墙后填土采用全封闭防水时，挡土墙又经常浸水时，一般不设置排水孔。

(6) 为防止水渗、流入到填土中，除上述泄水孔外，还经常采用地表排水，填土处的截水沟，填土表面做不透水层，排水沟防渗等措施排除地表水，以防地表水的渗入。为防止地下水浸入，在填土层下修建盲沟及集水管，以收集和排出地下水。

(7) 为防止水渗入墙身，形成冻害及水对墙身的腐蚀，在严寒地区或有侵蚀水作用时，常在临水面涂以防水层。①石砌挡土墙，先抹一层 M5 水泥砂浆（2cm 厚），再涂以热沥青（2～3cm）；②混凝土挡土墙，涂抹两层热沥青（厚 2～3cm）；③钢筋混凝土挡土墙，常用石棉沥青及沥青浸制麻布各两层防护，或者加厚混凝土保护层。

4.14 挡土墙结构方案如何确定？

答：在需要设置挡土墙时，也可设置作用相同，而造价相近的其他种类构筑物，因此在确定挡土墙方案时，应与其他构筑物进行比较，应考虑以下几个方面：①是否重新选择工程的现场，免去此项工程，但应以满足工程及社会需要为前提；②是否可以采用其他工程措施如高填、深挖，使工程现场不需要挡土墙；③与护坡比较，在挖方时与放坡比较；④与其他能代替挡土墙的构筑物比较。

4.15 重力式挡土墙的构造有何规定？

答：重力式挡土墙的尺寸随墙型和墙高而变。重力式挡土墙墙面胸坡和墙背的背坡一般选用 1：0.2～1：0.3，仰斜墙背坡度越缓，土压力越小。但为避免施工困难及本身的稳定，墙背坡度不宜小于 1：0.25，墙面应尽量与墙背平行。

对于垂直墙，如地面坡度比较陡时，墙面坡度可为 1：0.05～1：0.2；对于中、高挡土墙，地形平坦时，墙面坡度可较缓，但不宜缓于 1：0.4。

采用混凝土块和石砌体的挡土墙，墙顶宽不宜小于 0.4m；整体灌注的混凝土挡土墙，墙顶宽不应小于 0.2m；钢筋混凝土挡土墙，墙顶不应小于 0.2m。通常顶宽约为 $H/12$，而墙底宽约为（0.5～0.7）H，应根据计算最后决定墙底宽。

当墙身高度超过一定限度时，基底压应力往往是控制截面尺寸的重要因素。为了使地基压应力不超过地基承载力，可在墙底加设墙趾台阶。加设墙趾台阶时挡土墙抗倾覆稳定也有利。墙趾的高度与宽度比，应按砌体的刚性角确定，要求墙趾台阶连线与竖直线之间的夹角 θ，对于石砌不大于 35°，对于混凝土不大于 45°。一般墙趾的宽度不大于墙高的 1/20，也不应小于 0.2m，墙趾高应按刚性角确定，但不宜小于 0.4m。墙趾高宽比一般可取 2：1。

墙体材料：挡土墙墙身及基础，采用的混凝土强度等级不宜低于 C15，采用砌石石料的抗压强度不宜小于 MU30，寒冷及地震区，石料的重度不宜小于 $20kN/m^3$，经 25 次冻融循环，应无明显破损。挡土墙高小于 6m 时，砂浆宜采用 M5；超过 6m 时，宜采用 M7.5；在寒冷及地震地区，应选用 M10。

4.16 重力式挡土墙地基承载力不满足时应如何处理？

答：当挡土墙基础设置在较弱土层上（如淤泥、软黏土等），地基承载力不满足设计时，可用较好的土换填一定深度，以扩散基础压力，使其均匀地传递到下卧土层中。

换土法最好用于其下卧层为岩层或砂类卵石及粗粒等透水性良好的土层，而且基底面距良好的土层不深，施工也不会比较困难。此时，只需要将上层的软弱土挖去，换以好土（一般采用碎砾、卵石及砂夹卵石为好）。当无上述材料时，粗中砂亦可，严格分层夯实。

换土的深度和宽度，一般换土深度越大，传递到下卧层的土压力强度也会越小，但也会增大工程量，不经济，同时也会增加施工的难度，通常在1.5～3.0m。

对软弱地基处理的方法很多，可选用机械压（夯）实、堆载预压、砂井真空预压、砂桩、碎石桩、灰土桩、水泥土桩及桩基等方法。

4.17 重力式挡土墙增加抗倾覆稳定的措施有哪些？

答：（1）改变墙身胸、背坡的坡度

当稳定力矩增大，或倾覆力矩减小，均可增大抗倾覆稳定的安全系数。由图4-22（*a*）所示，改变胸坡以增大稳定力矩，如图4-22（*b*）所示，改缓墙背坡，减小 E，可使倾覆力矩减小。

（2）改变墙身的形状

当地面横向坡度较陡或墙前净空受到限制，要求胸坡尽可能陡立，以减小墙高，如图4-23所示。在墙背设立衡重台或卸载平台等，以达到减少墙背土压力和增加稳定力矩的效果。设置斜荷板的方法不但可用于新建的挡土墙，也可作为已成挡土墙的改建补强措施。

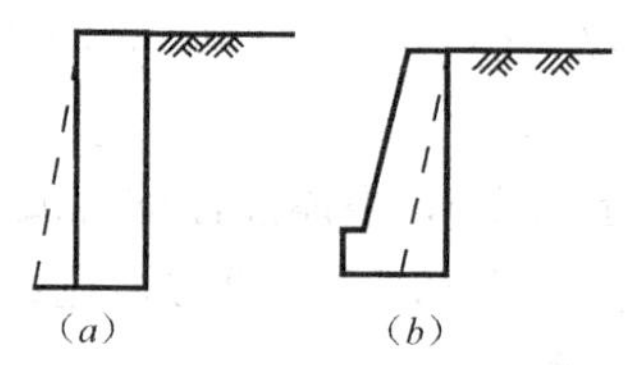

图4-22　墙身胸、背坡改变示意图

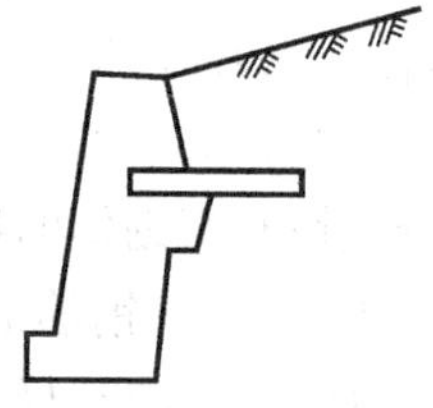

图4-23　胸坡陡立有卸荷板挡墙

（3）扩大基础，增设墙趾台阶。

4.18 重力式挡土墙增加抗滑稳定性的方法？

答：（1）重力式挡土墙，当受滑动稳定控制时，可采用倾斜基底，如图4-24所示。基底的倾斜度，一般地区挡土墙，土质地基不陡于1.0∶10；岩石地基不陡于1.0∶5.0。浸水地区挡土墙，当基底摩擦系数小于0.5时，一般可不设倾斜基底；当摩擦系数不小于0.5时，可设0.1∶1.0的倾斜基底。

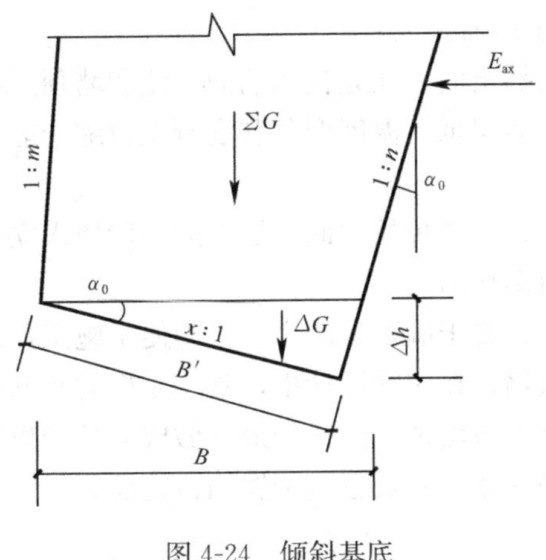

图 4-24 倾斜基底

（2）在挡土墙底部增设抗滑键。

4.19 悬臂式挡土墙构造有哪些？

答：（1）立板

悬臂式挡土墙是由立板和底板两部分构成，为便于施工，立板内侧（即墙背）做成竖直面，外侧（即墙面）可做成 1∶0.02～1∶0.05 的斜坡，具体坡度值将根据立板的强度和刚度要求确定。当挡土墙墙高不大时，立板可做成等厚度。墙顶的最小厚度通常采用 20～25cm。当墙高度较大时，宜在立板下部将截面加厚。

（2）墙底板

墙底板一般水平设置。通常做成变厚度，底面水平，顶面与立板连接处两侧倾斜。墙底板是由墙踵板和墙趾板两部分组成。墙踵板顶面倾斜，底面水平，其长度由全墙抗滑移稳定验算确定，并具有一定的刚度。靠立板处厚度一般取为墙高的 1/12～1/10，且不应小于 20～30cm。

墙趾板的长度应根据全墙的倾覆稳定、基底应力（即地基承载力）和偏心距等条件确定，一般可取为（0.15～0.3）B，其厚度与墙踵相同。通常底板的宽度 B 由墙的整体稳定性来决定，一般可取墙高度 H 的 0.6～0.8 倍。当墙后为地下水位较高，且地基承载力很小的软弱地基时，B 值可能会增大到 1 倍墙高或者更大。

4.20 悬臂式挡土墙立板与底板钢筋有何要求？

答：（1）立板

立板受力钢筋沿内侧竖直放置，一般钢筋直径不小于 12cm，底部钢筋间距一般为 100～150mm。因为立板承受弯矩越向上越小，可根据弯矩图将钢筋切断。当墙身立板较高时，可将钢筋分别在不同高度分两次切断，仅将 1/4～1/3 受力钢筋延伸到顶板。顶端受力钢筋间距不应大于 500mm。

在水平方向也应配置直径不小于 6 的分布钢筋，其间距不大于 400～500mm，截面积不小于立板底部受力钢筋的10%。

对于特别重要的悬臂式挡土墙，在立板的墙面一侧和墙顶，也按构造要求配置少量钢筋或钢丝网，以提高混凝土表层抵抗温度变化和混凝土收缩的能力。

(2) 底板

墙踵板受力钢筋，设置在墙踵板的顶面。受力筋一段插入立板与底板连接处不小于一个锚固长度；另一段按材料图切断。

墙趾板的受力钢筋，应设置于墙趾板的底面。为便于施工，底板的受力钢筋间距最好取与立臂的间距相同或整数倍。在实际设计中，常将立板的底部受力钢筋一半或全部弯曲作为墙趾板的受力钢筋。立板与墙踵板连接处最好做成贴角予以加强，并配以构造筋，其直径与间距可与墙踵板钢筋一致，底板也应配置构造钢筋。

4.21 作用在悬臂式挡土墙上的荷载有哪些？

答：作用在悬臂式挡土墙上的荷载如图4-25所示。

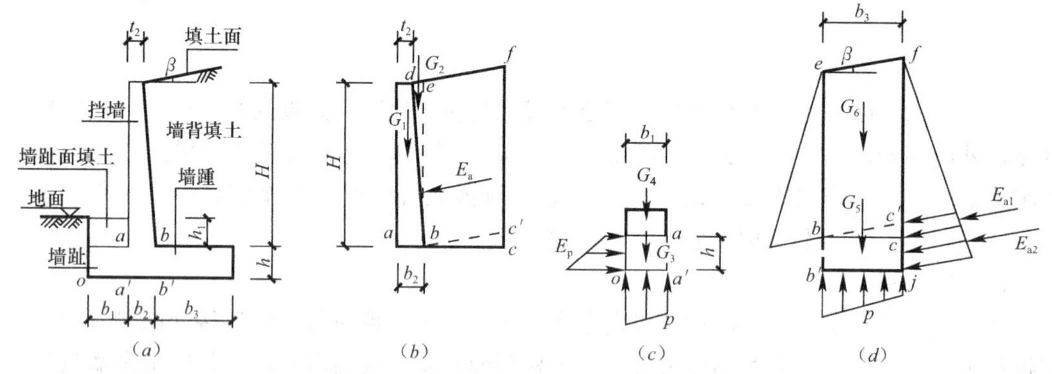

图4-25 作用在悬臂式挡土墙上的荷载

(a) 悬臂式挡土墙；(b) 作用在挡墙上的荷载；(c) 作用在墙趾上的荷载；(d) 作用在墙踵上的荷载

4.22 悬臂式挡土墙的配筋构造有哪些？

答：臂式挡土墙的配筋构造如图4-26所示。

4.23 扶壁式挡土墙构造有哪些？

答：扶壁式挡土墙是钢筋混凝土挡土墙的一种主要形式，也属轻型结构。挡土墙高大于6m，扶壁式要比悬臂式经济。一般，扶壁式挡土墙高为9～10m左右。

扶壁式挡土墙由立板、底板及扶壁三部分组成。通常底板设抗滑键。立板和底板的墙踵板均以扶壁为支座而成为多跨连续板。为便于施工，扶壁间距一般为墙高的1/3～1/2，可近似取为3～4.5m，厚度约为两扶壁间距的1/8～1/6，一般可取为30～40cm。立板与底板所需的厚度，均与扶壁的间距成正比，故选择恰当的间距极为重要。立板顶端厚度一般不小于 20cm，下端厚度最后将由计算决定。底板分为墙趾板与墙踵板，其厚度最终值将由计算确定。但最小厚度不小于 20～30cm。

扶壁两端立板外伸长度，根据外伸的悬臂的固端弯矩与中间跨固端弯矩相等的原则确定，通常选用两扶壁净间距的 0.41 倍。

扶壁式挡土墙的底宽 B 与墙高之比，可取 0.6～0.8，有地下水或地基承载力较低时要加大。

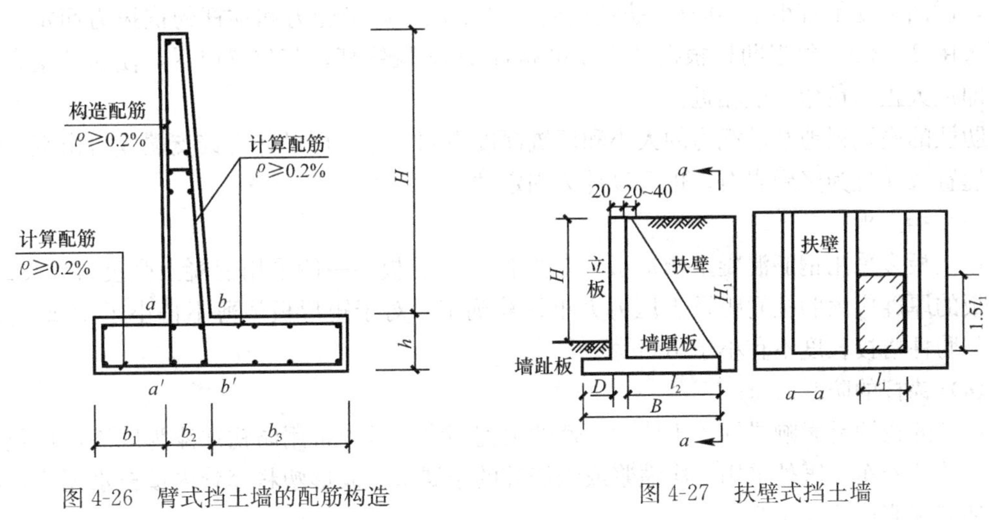

图 4-26 臂式挡土墙的配筋构造

图 4-27 扶壁式挡土墙

4.24 板柱式锚杆挡土墙构造是什么？

答：板柱式锚杆挡土墙（图 4-28），由肋柱、挡土板和锚杆组成。可为预制拼装式，也可就地灌注。根据需要，可以为直立式或倾斜式，直立式便于施工。也可以根据地形地质条件，把挡土墙设计为单级或者多级，上、下级之间一般应设置平台，平台宽度不小于 1.5m，每级墙高一般不大于 6m。锚杆应根据墙高、墙后填土性质等条件确定用单排锚杆或多排锚杆。

（1）锚杆

一般来说，锚杆挡土墙应用的锚杆，多采用钻机钻孔，插入钢筋后，灌浆形成固体，也可以采用直接打入法，根据锚固的形态可将锚杆分为三类：圆柱形孔洞锚杆、扩大圆柱体锚杆及多段扩大圆柱体锚杆。对于岩石地区一般采用圆柱形孔洞锚杆。对黏性土和非黏性土层地区，采用大圆柱体锚杆及多段扩大圆柱体锚杆。对淤泥质土层并要求较高承载力的锚杆，可进行高压灌浆处理，对锚固体进行二次或多次高压灌浆使锚固段形成一连串球状体，使之与周围土体有更高的嵌固强度。

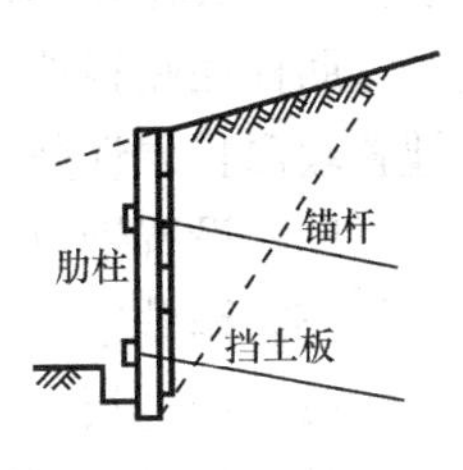

图 4-28 柱板式挡土墙

锚杆的布置一般应遵守以下规定：

① 锚杆上下排间距不宜小于 2.0m；锚杆水平间距不宜小于 1.5m。

② 锚杆锚固体上覆土厚度不应小于 4.0m；锚杆锚固段长度不应小于 4.0m。

③ 倾斜锚杆的倾角一般在13～45°，以15～35°为宜。

④ 锚杆自由段长度不宜小于5.0m，并应超过潜在滑裂面1.5m。

锚杆锚固体宜采用水泥浆或水泥砂浆，其强度等级不宜低于M10。预应力锚杆体宜选用钢绞线，高强度钢丝或高强度带肋钢筋。

（2）肋柱

肋柱截面多为矩形，也可设计为T形。混凝土强度等级不低于C20。为安放挡土板和锚杆，截面宽度不宜小于30cm。肋柱的间距视工地的起吊能力和锚杆的抗拔力而定。一般可选用2～3m。每根肋柱根据其高度可布置2～3层锚杆，其位置应尽量使肋柱受力合理，即最大正、负弯矩值相近。

肋柱的底端视地基承载力的大小和埋置深度不同，一般可设计为铰支端或自由端。如基础埋置较深且为坚硬岩石，也可设计为固定端。

（3）挡土板

挡土板多采用钢筋混凝土槽形板、矩形板和空心板。一般采用混凝土强度等级C20。挡土板的厚度应由肋柱间距及土压力大小计算确定，对于矩形板最薄不得小于15cm。挡土板与肋柱搭接长度不宜小于10cm。

（4）锚杆的防锈

锚杆的锈蚀是影响锚杆挡土墙耐久性的关键因素。国内常用防锈油漆为底漆，再包两层沥青玻璃丝布，国外采用二次灌浆或钢筋外的金属管，波形塑料套管内填充水泥浆，高强度环氧树脂或聚酯树脂。

4.25 肋柱式锚定板挡土墙构造是什么？

答：（1）肋柱

肋柱的间距视工地的起吊能力和锚定板的抗拔力而定。一般为1.5～2.5m。肋柱截面多为矩形，也可设计成T形、工字形。为安放挡土墙及设置钢拉杆孔，截面宽度不小于24cm。高度不宜小于30cm，每级肋柱高采用3～5m左右。每根肋柱按其高度可布置2～3层拉杆，其位置尽量使肋柱受力均匀。

肋柱底端视地基承载力、地基的坚硬情况及埋深，一般可设计为自由端、铰支端，如埋置较深且岩性坚硬，也可视为固定端；如地基承载力低时，可设基础。

肋柱设置钢拉杆穿过的孔道。孔道可做成椭圆形或圆孔，直径大于钢拉杆直径，空隙将填塞防锈砂浆。

（2）挡土板

挡土板可采用钢筋混凝土槽形板、矩形板或空心板。矩形板厚度不小于15cm，挡土板与两肋柱搭接长度不小于10cm，挡土板高一般用50cm。挡土板上应留有泄水孔，在板后应设置反滤层。

（3）钢拉杆

拉杆宜选用螺纹钢筋，其直径一般在22～32cm，通常钢拉杆选用单根钢筋，有必要时，可用两根钢筋组成一钢拉杆。

拉杆的螺纹端选用可焊性和延伸性良好的钢材，便于与钢筋焊接组成拉杆。

（4）锚定板

锚定板通常采用方形钢筋混凝土板，也可采用矩形板，其面积不小于 $0.5m^2$，一般选用 1m×1m。锚定板预制时应预留拉杆孔，其要求同肋柱的预留孔道。

（5）基础

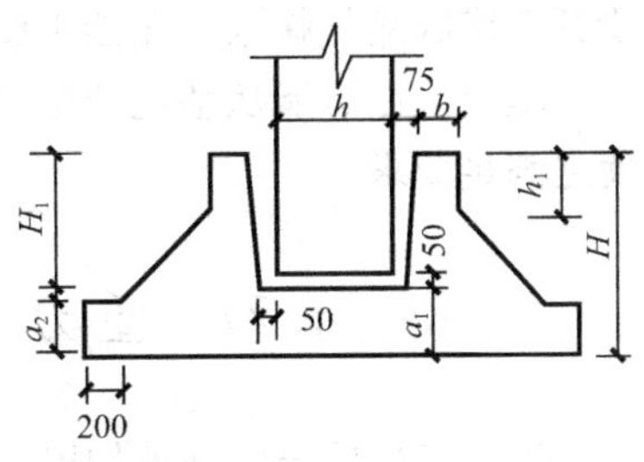

图 4-29　杯座基础

肋柱下面根据地基承载力确定是否需要设置基础。肋柱挡土墙的基础可用条形基础或杯座式基础，厚度不小于 50cm，襟边不小于 10cm，基础埋深大于 0.5m 及冻结线以下 0.25m。为了减少肋柱起吊时的支撑工作量，肋柱下面的基础设计如图 4-29 的杯座基础，并应符合以下要求：当 $h \leqslant 1.0$m 时，$H_1 \geqslant h$ 或 $H_1 \geqslant 0.05$ 倍肋柱长（指吊装时肋柱长）；当 $h > 1.0$m 时，$H_1 \geqslant 0.8h$ 且 $H_1 \geqslant 1.0$m；当 $b/h \geqslant 0.65$ 时，杯口一般不配钢筋。

矩形、工字形肋柱杯座基础尺寸参考表　　**表 4-9**

肋柱截面长边尺寸	a_1	a_2	b	杯口深度$=H_1+50$
300	150	150	200	350
500	150	150	200	550
600	200	200	200	650
700	200	200	200	750
800	200	200	250	850
900	200	200	250	950
1000	200	200	300	1050
1100	200	200	300	1050
1200	250	200	300	1050
1300	250	250	300	1100
1400	250	250	350	1200
1500	300	300	350	1250
1600	300	300	400	1350
1800	350	350	400	1500
2000	350	350	400	1650

4.26　挡土墙的填料有何要求？

答：由土压力理论可知，填土重度越大，主动土压力越大，填料内摩擦角越大，主动土压力越小。所以，应尽可能选择重度小而内摩擦角大的填料。一般以块石、砾石、砂砾比较好。这样的材料透水性强、抗剪强度稳定、易排水，能显著减少主动土压力。

因为黏性土的压实性和透水性都较差，又常具有吸水膨胀性和冻胀性，产生侧向膨胀压力，影响挡土墙的稳定性。当不得不采用黏性土时，应适当混以块石，填土必须分层夯实，保证质量。

不要采用淤泥、耕土、膨胀黏土、块石黏土为填料。在季节性冻土区，不能用冻胀性材料。应选择炉渣、碎石、粗砂等非冻胀材料。对于重要的、高度较大的挡土墙，用黏土做回填料是不合适的。由于黏土性能不确定，在干燥时体积易收缩，而在雨季时膨胀，由于其交错收缩与膨胀，在挡土墙上形成的侧压力无法正确考虑。

填料应尽可能从基坑开挖及附近的挖土取得。正确的做法是对其材料性质加以改善，使之满足要求。

4.27 重力式挡土墙施工时应注意哪些问题？

答：(1) 挡土墙基础如置于基岩上时，应注意清除基岩表面风化部分；基础如置于土层上，则不应将基础放于软土、松土及未经处理的回填土上。

(2) 挡土墙位于斜坡上时，基底纵坡应不陡于5%；当纵坡大于5%时，应将基底做成台阶形式。横向位于斜坡时，较坚硬的岩石上可做成台阶形，但应满足设计要求。

(3) 挡土墙墙后地面坡度陡于1∶5时，应先处理填方地基（铲除草皮，开挖台阶等），然后填土，以免填方沿原地滑动。

(4) 墙后临时开挖边坡的坡角，随不同上层和边坡高度而定。松散坡积层地段挡土墙，宜分散跳槽开挖，挖成一段，砌筑一段，以保证施工安全。

(5) 沿河、滨湖、水库、海边地区的挡土墙，由于基底受水流冲刷和波浪侵袭，常导致墙身的破坏，应注意加固与防护。

(6) 施工前应做好地面排水系统，保持基坑干燥；对基坑内排水及内支撑做好考虑，以保证安全施工。

(7) 基坑挖到设计标高时，地基与原设计不符合，一定要做变更设计或采取其他工程措施，以保证基础的安全。

(8) 浆砌片石挡土墙，使用的砂浆水灰比必须符合要求，砂浆应填塞饱满。岩石基坑砌料应紧靠坑壁，应与岩层结为一体。

(9) 不应使用易于风化的石料或为凿面的大卵石砌筑墙身，片石中间厚不应小于20cm。

(10) 经常受侵蚀水作用的挡土墙，应采用抗侵蚀的水泥砂浆砌筑或抗侵蚀的混凝土灌注，否则应采用其他防护措施。

(11) 砌筑挡土墙时，不得做成水平通缝，墙趾台阶转折处，不能做成竖直通缝。

(12) 墙身砌出地面后，基坑应及时回填夯实，并做成不小于4%的向外流水坡，以免积水下渗，影响墙身稳定。

(13) 随着墙身的砌筑，待强度达到70%以上时，墙后填料应及时回填，并使填料夯实，保证质量，必须使内摩擦角达到设计要求。

(14) 地震地区挡土墙应分段砌筑，每段墙基础应在均质土层上，每段墙长宜选用10～15m。当浆砌片石挡土墙高超过8m时，最好沿墙高第4m设一混凝土垫层。

(15) 浸水地区挡土墙，墙身两侧必须涂抹防渗层，使水流仅能由泄水孔溢出。

(16) 浸水地区挡土墙后的回填土，尽量采用渗水土填筑，以利于迅速排出积水，减少由于水位涨落引起的动水压力。

水　池

4.28　水池一般用哪些软件进行设计？

答：水池可以在PKPM中进行简化计算，也可以用理正或者世纪旗云软件中的水池模块进行设计。以“理正”工具箱为例，简要地讲述水池软件操作过程。

点击：理正结构设计工具箱软件→特殊结构→水池设计，如图4-30所示。

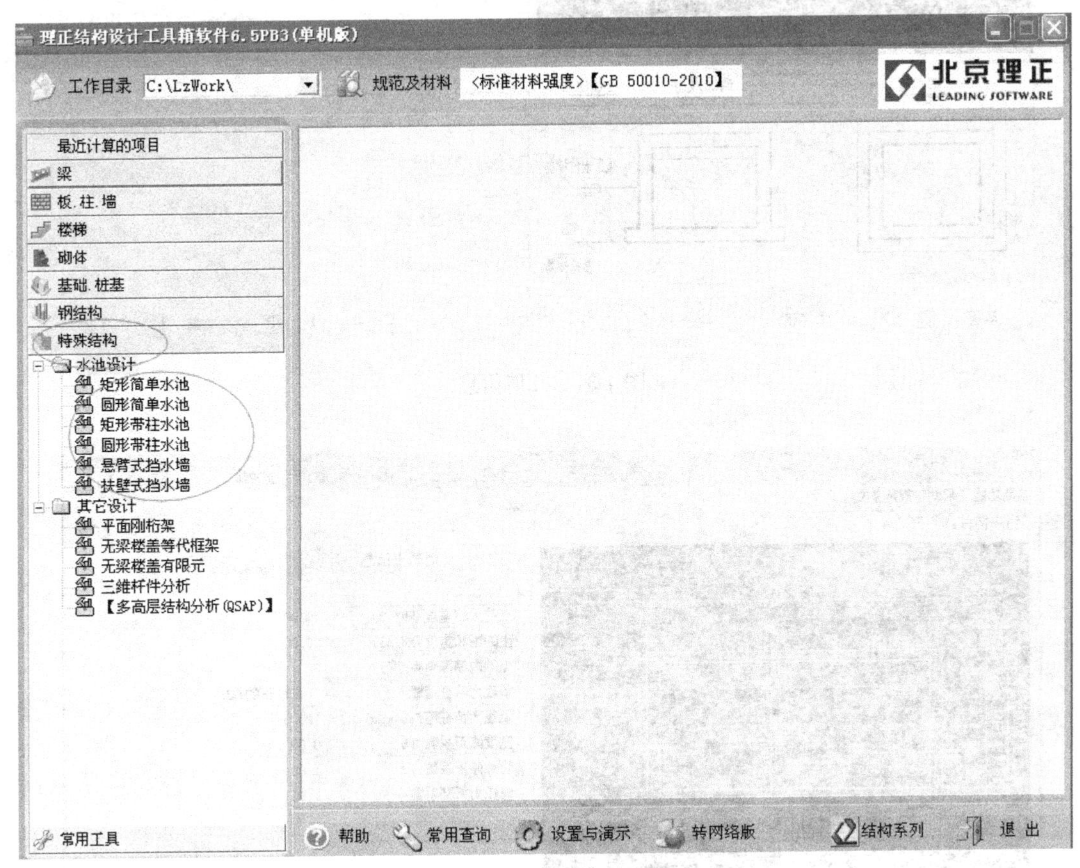

图4-30　“理正结构设计工具箱软件”菜单

（1）矩形简单水池

点击简单水池，进入简单水池菜单，根据实际工程填写相关的参数后，点击“计算”，会得出一些计算指标，比如，地基承载力验算、抗浮验算、配筋计算、裂缝计算，如果以上指标不满足，可以按照本章中的相关方法去解决，比如地基承载力验算不满足，可以进行地基处理；配筋太大，可以加大板厚或者减小受力的跨度等；裂缝验算不满足，如果超出极限值不是很多，可以按裂缝值控制配筋，也可以加大板厚、减小钢筋直径等。点击“结果查看”，可以查看详细的计算结果（图4-31～图4-34）。

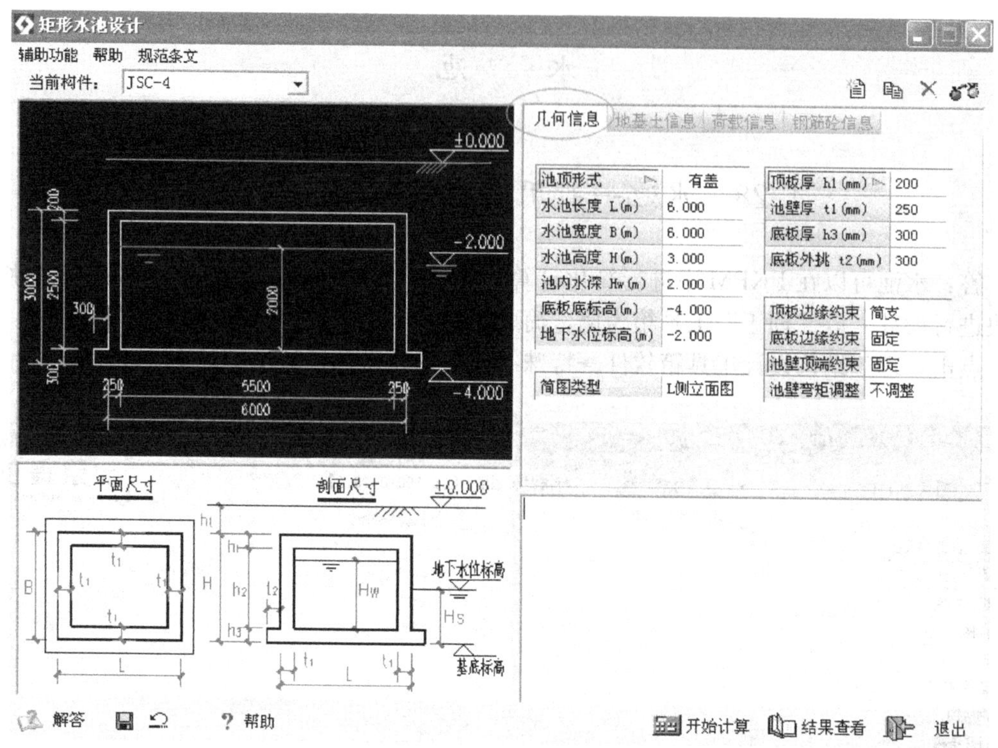

图 4-31　几何信息

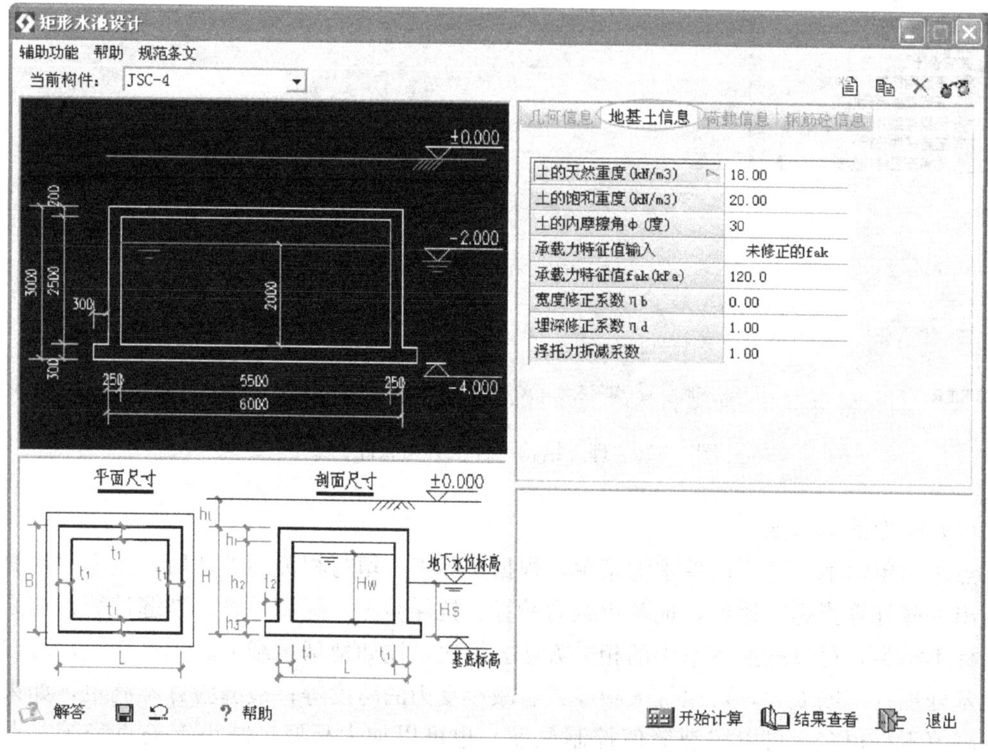

图 4-32　地基土信息

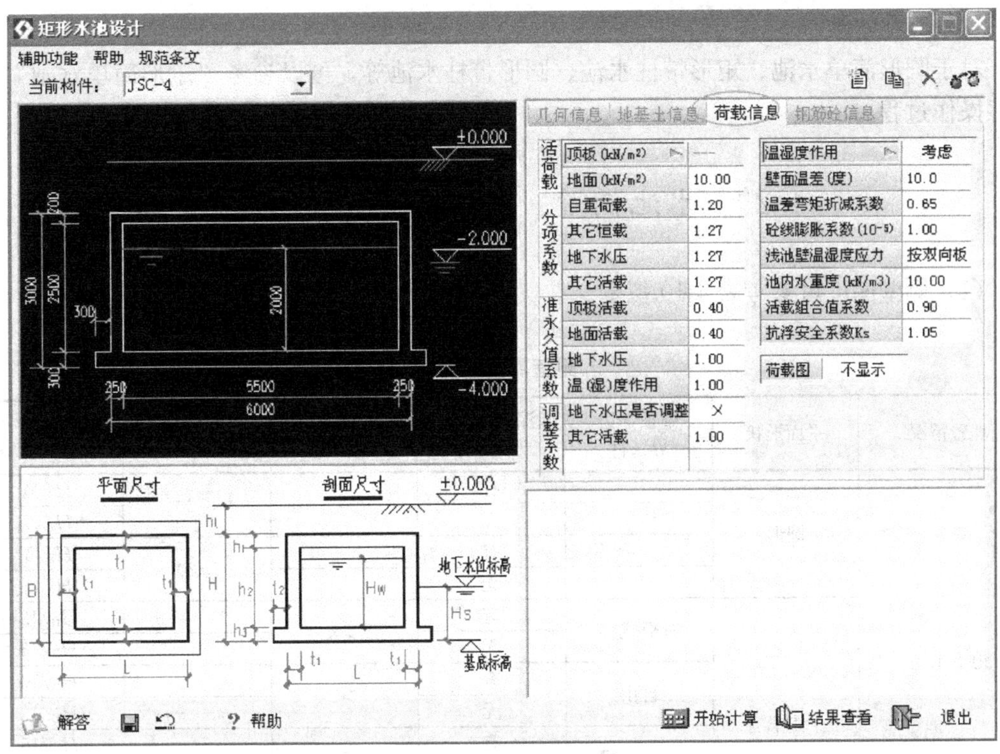

图 4-33 荷载信息

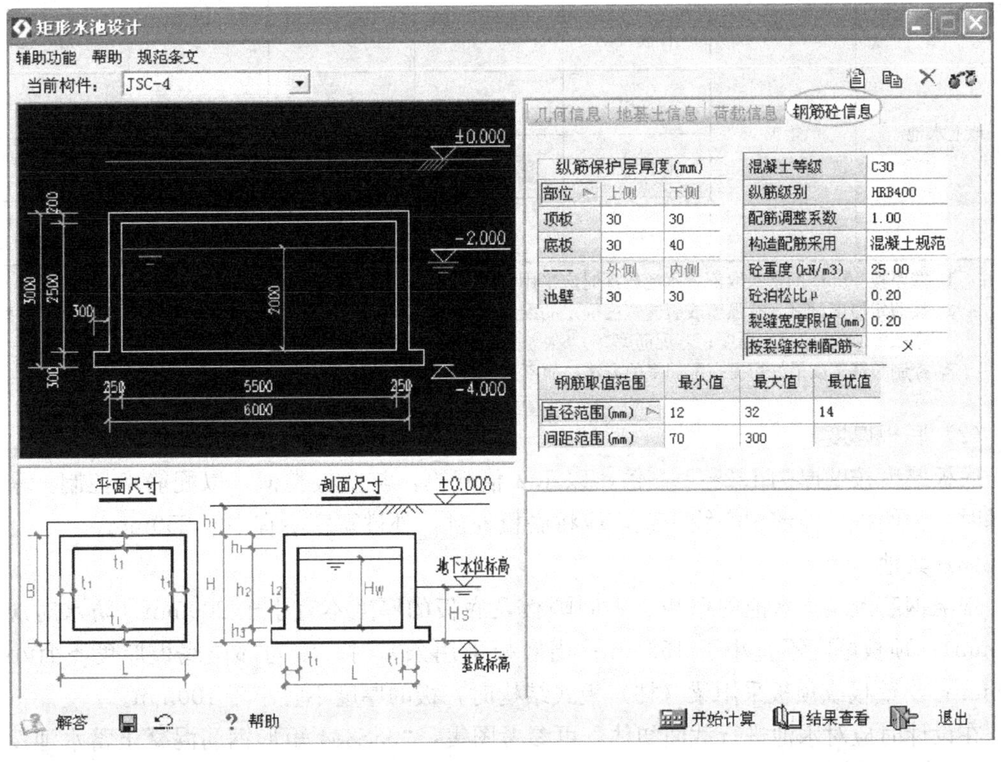

图 4-34 钢筋混凝土信息

（2）其他水池

对于圆形简单水池、矩形带柱水池、圆形带柱水池等，可以参考“矩形简单水池”的软件操作过程。

4.29 水池侧壁、底板厚度如何估算？

（1）侧壁厚度可参考表 4-10 拟定。

侧壁厚度估算 **表 4-10**

<table>
<tr><th>埋置情况</th><th>平面形状</th><th>壁顶部边界条件</th><th>埋深范围内有、无地下水</th><th>水平长度/高度（L_B/H_B）</th><th>深度平方/直径（H^2/D）</th><th>壁厚</th></tr>
<tr><td rowspan="12">地下水池</td><td rowspan="4">圆形</td><td></td><td>有</td><td></td><td rowspan="2">≤20</td><td>$H/20$</td></tr>
<tr><td></td><td>无</td><td></td><td>$H/25$</td></tr>
<tr><td></td><td>有</td><td></td><td rowspan="2">>20</td><td>$H/25$</td></tr>
<tr><td></td><td>无</td><td></td><td>$H/30$</td></tr>
<tr><td rowspan="8">矩形</td><td rowspan="2">有板或梁</td><td>有</td><td rowspan="2">>2</td><td></td><td>$H_B/12$</td></tr>
<tr><td>无</td><td></td><td>$H_B/15$</td></tr>
<tr><td rowspan="2">自由</td><td>有</td><td rowspan="2">>2</td><td></td><td>$H_B/10$</td></tr>
<tr><td>无</td><td></td><td>$H_B/12$</td></tr>
<tr><td rowspan="2">有板或梁</td><td>有</td><td rowspan="2">≤2</td><td></td><td>$H_B/15$</td></tr>
<tr><td>无</td><td></td><td>$H_B/18$</td></tr>
<tr><td rowspan="2">自由</td><td>有</td><td rowspan="2">≤2</td><td></td><td>$H_B/12$</td></tr>
<tr><td>无</td><td></td><td>$H_B/15$</td></tr>
<tr><td rowspan="4">地上水池</td><td rowspan="4">矩形</td><td>有板或梁</td><td></td><td>>2</td><td></td><td>$H_B/12$</td></tr>
<tr><td>自由</td><td></td><td>>2</td><td></td><td>$H_B/10$</td></tr>
<tr><td>有板或梁</td><td></td><td>≤2</td><td></td><td>$H_B/15$</td></tr>
<tr><td>自由</td><td></td><td>≤2</td><td></td><td>$H_B/12$</td></tr>
</table>

注 1. 壁厚按 50mm 的倍数取值，水池较深时应采用变厚度形式，壁厚在任何情况下一般不小于 250mm。
2. 按假定厚度试算，按强度或裂缝宽度确定的配筋率应在 0.3～0.8%之间，最好在 0.4～0.6%之间。若配筋率<0.3%，应减小厚度；若配筋率>0.8%，应加大厚度。
3. 控制裂缝宽度最好用提高配筋率的方法，而不用加大厚度的方法。

（2）底板厚度

底板厚度按壁厚的 1.2～1.5 倍，以 1.2 倍起算，与壁板类似，以配筋率控制。采用桩基时，为使桩与池壁中心线一致，应将底板外挑，外挑宽度不宜小于 250mm。

（3）其他

现浇钢筋混凝土水池的壁板、中间隔板及底板的厚度不宜小于 200mm（防水时应≥250mm）；顶板厚度不宜小于 150mm；当底板采用条基时，中间部位底板厚度不宜小于 150mm；当壁板或顶板采用梁（柱）板式结构时，板的厚度不宜小于 100mm。

在设计时应对水池进行截面初估，可参考图集：“05S804 矩形钢筋混凝土蓄水池”与“0901 矩形钢筋混凝土清水池国标图集”。

4.30 水池计算时有哪些内力？

（1）水压力

按季节最高水位计算水压力，勘察报告中一般提出勘察期间地下水位，可根据勘察的季节及水位变化幅度确定计算水位，准永久值系数为1.0。

（2）土压力

主动土压力系数K_a可按1/3，地下水位以上土的重度取18kN/m³，地下水位以下取土的有效重度，可按10kN/m³，准永久值系数为1.0。

（3）地面堆积荷载（作用于水池侧面）

无特殊情况时，地面堆积荷载取10kN/m²，准永久值系数为0.5。

（4）汽车荷载（作用于水池侧面）

等代均布荷载见表4-11，准永久值系数为0。

汽车荷载 **表4-11**

荷载等级	等代均布荷载
汽车—10级	10kN/m²
汽车—15级	12kN/m²
汽车—20级	15kN/m²

4.31 水池混凝土强度等级如何确定？

答：混凝土强度等级不低于C25，严寒和寒冷地区不低于C30，一般取C30居多。

4.32 水池的抗渗等级如何确定？

答：抗渗等级，根据最大作用水头与混凝土厚度的比值确定，可参考表4-12。

水池抗渗等级 **表4-12**

I_w	$I_w<10$		$I_w \geqslant 10$	
水池防水等级	二、三级	四级	二、三级	四级
混凝土抗渗等级（S_i）	S_6	S_4	S_8	S_6

注 1. 表中I_w为最大作用水头与池壁（或底板）厚度之比值；

2. 表中S_i为混凝土抗渗等级，系指龄期为28d的混凝土试件，施加$i\times0.1$MPa水压后所满足的不渗水指标。

一般情况下采用S_6即可满足要求。

4.33 水池裂缝宽度如何取值？

答：裂缝宽度验算采用准永久组合值弯矩，水、土压力按标准值，地面堆积荷载按标准值的0.5，汽车、列车荷载不考虑。裂缝宽度限值轧钢、炼钢、炼铁等水处理设施：

0.25mm；污水处理设施：0.20mm。在实际工程中，可参考表 4-13。

钢筋混凝土构筑物构件的最大裂缝宽度限度值 **表 4-13**

类别	部位及环境条件	ω_{max}（mm）
水处理构筑物、水池、水塔	清水池、给水水质净化处理构筑物	0.25
	污水处理构筑物	0.20
泵房	蓄水间、格栅间	0.20
	其他地面以下部分	0.25
取水头部	常水位以下部分	0.25
	常水位以上湿度变化部分	0.20

注：沉井结构的施工阶段最大裂缝宽度限值可取 0.25mm。

4.34 水池保护层厚度如何选取？

答：水池保护层厚度选取可参考《石油化工钢筋混凝土水池结构设计规范》SH/T 3132—2013 第 9.1.2 条，如表 4-14 所示。

混凝土保护层厚度 **表 4-14**

构件类别	工作条件	保护层厚度 mm
顶板、壁板	与土、水接触	30
	与污水接触	35
梁、柱	与土、水接触	35
	与污水接触	40
底板	与垫层的下层钢筋	40
	无垫层的下层钢筋	70

注 1. 顶板、壁板的混凝土净保护层最小厚度不应小于 20mm；梁、柱内箍筋的混凝土净保护层最小厚度不应小于 25mm。
2. 不与水、土接触的构件，其钢筋的混凝土保护层最小厚度应满足《混凝土结构设计规范》GB 50010 的规定。
3. 当水池位于沿海环境，受盐雾侵蚀严重时，构件最外层钢筋的混凝土保护层最小厚度不应小于 45mm。
4. 当水池构件表面设有水泥砂浆抹面或其他涂料等质量确有保证的保护措施时，表中所列的混凝土保护层厚度可酌情减小，但不得低于处于正常环境的要求。

4.35 水池计算简图是什么？

答：（1）水池计算简图如表 4-15 所示。

水池计算简图 **表 4-15**

壁板的边界条件	$\frac{L_B}{H_B}$	板的受力情况
H_B L_B 四边支承	$0.5\leqslant\frac{L_B}{H_B}\leqslant2$	按双向计算
	>2	按竖向单向计算，水平向角隅处负弯矩按 1.3.5 规定计算
	<0.5	$H_B>2L_B$ 部分按横向单向计算，板端 $H_B=2L_B$ 部分按双向计算，$H_B=2L_B$ 处可视为自由端

续表

壁板的边界条件	$\frac{L_B}{H_B}$	板的受力情况
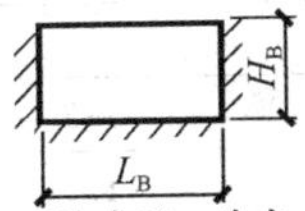 H_B L_B 三边支承一边自由	$0.5\leqslant\frac{L_B}{H_B}\leqslant3$	按双向计算
	>3	按竖向单向计算
	<0.5	$H_B>2L_B$ 部分按横向单向计算，底部 $H_B=2L_B$ 部分按双向计算，$H_B=2L_B$ 处可视为自由端

注：表中 L_B 为池壁壁板的长度，H_B 为壁板的高度。

（2）敞口水池

水池顶端无约束时应为自由端；水池与底板、条形基础或斗槽连接时均可视池壁为固端支承；池壁顶端以走道板、工作平台、连系梁等作为支承结构时，应根据支承结构的横向刚度确定池壁顶端的支承条件为铰支或弹性支承。

（3）有盖水池

当顶板为预制装配板搁置在池壁顶端而无其他连接措施时，顶板应视为简支于池壁，池壁顶端应视为自由端。当预制顶板与池壁顶端有抗剪钢筋连接时，该节点应视为铰支承，当顶板与池壁为整体浇筑并配置连接钢筋时，该节点应视为弹性固定；当仅配置抗剪钢筋时，该节点应视为铰支承；池壁与底板、条形基础或斗槽连接，可视壁池为固端支承；对位于软地基上的水池，应考虑地基变形的影响，宜按弹性固定计算；当池壁为双向受力时，相邻池壁间的连接应视为弹性固定。

4.36 水池计算时有哪些荷载工况？

答：地下式水池在进行承载能力极限状态设计时，一般应根据下列三种不同的荷载组合分别计算内力：①池内满水，池外无土；②池内无水，池外有土；③池内满水，池外有土。第一种荷载组合出现在回填土以前的试水阶段，第二、三种组合是使用阶段的放空和满池时的荷载状态，在任何一种荷载组合中，结构自重总是存在的，在第二、三种组合应考虑活载和池外地下水压力。

4.37 水池抗浮验算时应注意哪些问题？

答：（1）当全埋式、地下式及半地下式水池承受地下水浮力时，应进行水池结构的整体抗浮稳定验算。

（2）计算抗浮力时，不应计入下列荷载：池内存水重、上部设备重、池内物料重及池壁与土之间的摩擦力。

（3）计算抗浮力时，池顶覆土的重度宜取 $16kN/m^3$；池底板外挑部分上部填土的重度宜取 $18kN/m^3$，且不应考虑其扩散角的影响。

（4）各种工况下水池结构抗浮稳定安全性系数按表 4-16 取值。

抗浮稳定安全系数 **表 4-16**

抗浮内容	水池类别	验算部位	安全系数 K_s（K_m）
整体抗浮稳定	所有	整体	1.05
局部抗浮稳定	贮液池	池内局部区格或局部单元	1.15
		边端单元	1.05
	非贮液池	池内局部区格或局部单元	1.27
		边端单元	1.15

4.38 钢筋混凝土水池抗浮方法有哪些?

答：在处理水池上浮中通常对水池自重抗浮、配重抗浮、嵌固抗浮、锚固抗浮、设置排水系统降低地下水位等一系列的抗浮方法。同时对已经建好的水池，若水池在空池的情况下出现上浮，为了短时间起到抗浮的效果通常采取对水池底板钻孔来达到泄浮的目的，然后再做抗浮设计处理，从而不会造成大的经济损失。

（1）钢筋混凝土水池自重抗浮

自重计算不包括设备重、使用荷载及安装荷载。因为自重的加大，使水池的体积增加，浮力也相应增加，所以自重抗浮只在不具备其他抗浮条件或自重加大不多可满足抗浮时采用。自重抗浮较其他方式安全可靠。对封闭式水池加大池顶覆土厚度，但将引起顶板厚度和钢筋用量增加，同时注意在覆土前采取降水或排水措施。自重抗浮即通过提高池体结构自重 G 来达到抗浮的目的。此法一般适用于水池自重与地下水浮力相差不大的情况。自重的增加一般通过加大水池池壁或底板来实现，这样做虽然会增加混凝土用量，但由于结构厚度的增加，可以降低池壁与底板的配筋率，减小钢筋用量，所以适当地增加结构构件的截面，对造价的增加幅度并不很大。同时，构件截面的加大，相应也提高了水池结构的刚度。采用自重抗浮对于原设计水池截面配筋率相对较大的水池最为经济适用。但若原水池截面配筋率不大，增大截面后，有可能使结构构件为满足最小配筋率而增加钢筋用量，池体造价会因此上升，这时宜考虑采用其他的抗浮措施。根据工程实践，自重与地下水浮力相差在10%以内的情况下，采用增加结构自重抗浮具有较好的经济性。

（2）钢筋混凝土水池配重抗浮

1）压重抗浮

压重抗浮是通过在池内、池顶或池底外挑墙趾上压重来抗浮。池内压重即增加 G 抗浮，一般需将池体落深，在池内填筑压重混凝土或浆砌块石等其他材料来达到抗浮的目的。此法增加了池壁高度和基坑深度，但一般不会增加池底所受的不均匀地基反力，故对底板的内力影响较小。池顶压重即增加 G，常用于埋地式或半埋地式水池，如自来水厂的清水池、吸水井和一些污水处理构筑物等。采用此法，可充分利用池顶覆土种植绿化或作为活动场地，但池顶压重会大大增加池顶板和底板的荷载，使顶、底板的结构厚度和配筋都相应增加。外挑墙趾上压重即增加 G，这样做不需增加基坑深度，但一般均需将底板外挑较大范围，以增加基坑面积，并且可能对相邻的建筑物、构筑物或管线等造成一定的影响，另外会增加池底所受的不均匀地基反力，使池底板的内力增大。此法可直接利用外挑墙趾上的回填土或填筑毛石等自重较大的材料抗浮。若直接利用回填土，考虑到回填土的不均匀性及填挖的不确定性，一般应乘 0.8、0.9 的折减系数。此法常用于一般中小型水池的抗浮，但不宜用在平面尺寸较大的水池，对需考虑局部抗浮的水池也不适用。

2）池底配重抗浮

池底配重抗浮即增加 G，是在水池底板以下设配重混凝土，通过底板与配重混凝土的可靠连接来满足抗浮要求。其典型例子就是在沉井结构设计中，如果井体的自重不足以满足抗浮要求，可在底板与封底混凝土间设置拉结短筋，利用封底混凝土的自重抗浮。此法用于一般水池时，其受力情况近似池内压重抗浮，不需增加池壁高度，但要保证底板与配重混凝土的可靠连接，并且其配重材料一般应采用强度等级不小于 C15 的混凝土。基底配重抗浮一般比池内压重抗浮更为经济，但若池内压重可在工程所在地就地取用块石等，则池内压重抗浮的造价可能比基底配重抗浮更低。较常用的配重抗浮是加在水池外底板挑出部分上的填土或砌体。当不影响底部空间时，也可用块石混凝土或其他低强度混凝土等为填料加在水池底板上。有的工程也采用在水池顶部配重（如顶板上堆砂、盛水），但此方式加大结构承载量，且对抗震不利。

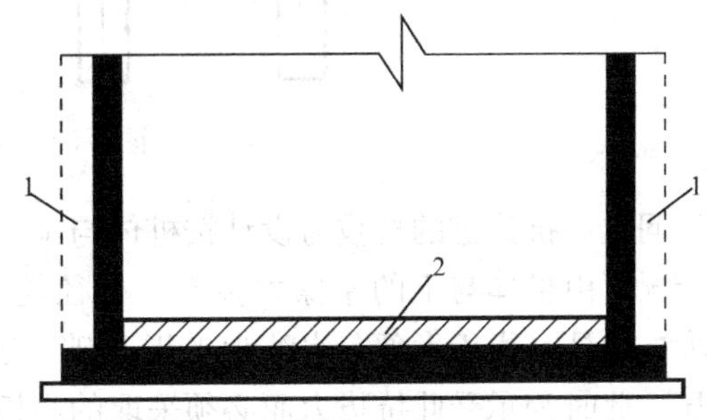

图 4-35　设置趾板示意图

1—填土；2—填料

① 设置趾板：将池底板外伸（图 4-35），利用趾板上的填土或砌体增加池体的抗浮力。

② 增加填料：在池体容积允许情况下，用砌石混凝土或低强度混凝土作填料，加在池底板内（图 4-35）。

③ 设平衡层：当池体容积有限时，在池底板下设 C15 混凝土平衡层（图 4-36），并用锚筋与底板相连。

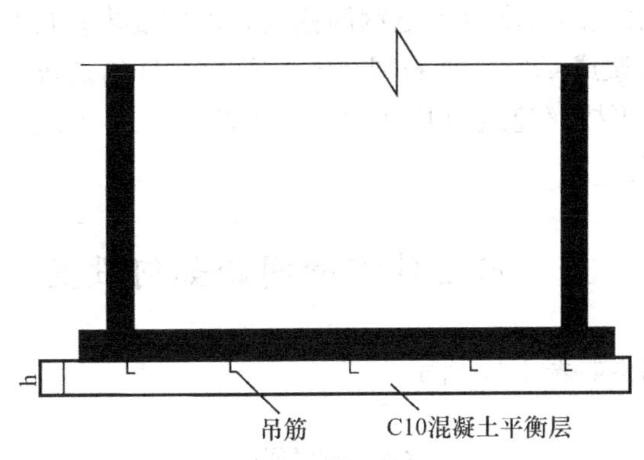

图 4-36　设置平衡层示意图

3）对坐落在岩基上的水池，可用锚杆将池底板锚固在岩石上（图 4-37）。要求基岩坚固、完整，具有施工条件。

打抗拔桩抗浮与打土层锚杆抗浮的方法相似，分别是通过桩或锚杆的抗拔力来抗浮，即利用桩或锚杆对池体的锚固力来抗浮。此类方法对大体积埋地水池的抗浮相当有效，不仅能满足池体的整体抗浮，还能通过桩或锚杆的合理布置，很好地解决大型水池的局部抗

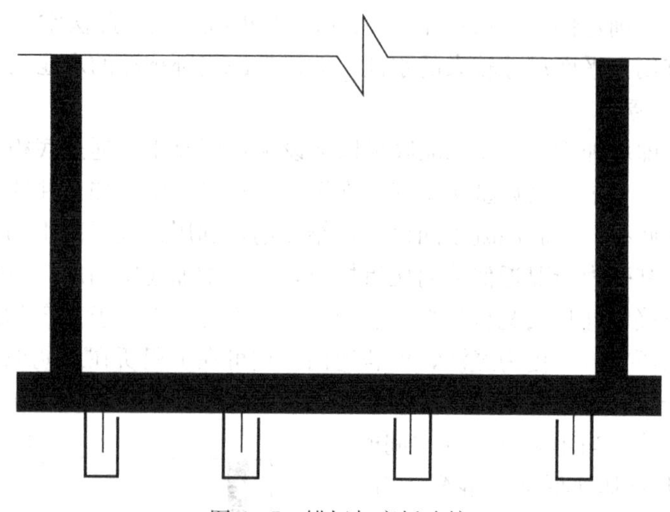

图 4-37　锚杆与底板连接

浮问题。抗拔桩的抗拔力设计按桩体与土的摩擦力和桩身抗拉承载力的较小值取用，一般情况下由桩体与土的摩擦力控制。桩径越小，同体积桩体的表面积越大，则摩擦力也越大。另外，由于大部分水池为平板基础，若单桩抗拔力过大，对底板的集中荷载作用明显，此时为承受此抗拔力而必须采取的底板的局部加强或改变底板的结构形式，会使造价进一步增加。所以，抗拔桩一般宜选用桩径较小、单桩抗拔力相应较小的桩进行密布。抗拔桩的桩长宜尽量控制在单节桩的长度范围内这样可以减少接桩费用以及避免由于接桩不牢固，造成的抗拔力损失。由于桩端承载力对抗拔力无帮助，所以抗拔桩一般无须打入硬土层。

锚孔直径 d_1 一般取为 $d_1=3d$（d 为锚杆直径），孔距≥$6d_1$；锚杆宜采用热轧带肋钢筋直径≥22mm，伸入底板的长度应满足钢筋锚固长度的要求；锚孔应清理干净，并灌入强度≥30MPa 的水泥砂浆或 C30 的细石混凝土。单根锚杆的抗拔承载力宜通过现场试验确定，当缺乏资料时，可按《建筑地基基础设计规范》GB 50007—2011 中关于单根锚杆的抗拔承载力公式计算。

4.39　水池伸缩缝间距如何设置？

答：水池伸缩缝间距如表 4-17 所示。

水池伸缩缝间距　　**表 4-17**

混凝土种类	砂土或黏性土地基			岩石或碎石土地基		
	地面式水池	地下式水池或有保温措施	半地下式水池	地面式水池	地下式水池或有保温措施	半地下式水池
普通防水混凝土	20	30	25	15	20	17
补偿收缩混凝土	30	45	40	25	35	30

注：当普通防水混凝土水池设有后浇带或补偿收缩混凝土水池设有膨胀混凝土加强带时，伸缩缝的间距可根据工程经验确定，不受表列数值限制。

4.40　水池变形缝有哪些构造？

答：(1) 水池变形缝的宽度应按计算确定，一般情况下，伸缩缝的宽度不应小于20mm，沉降缝、抗震缝的宽度不应小于30mm，水池的伸缩缝、沉降缝应做成贯通式的。

(2) 水池变形缝可由止水带、填缝板和密封料三部分构成，止水带可采用埋入式和外贴式两种（图4-38）。

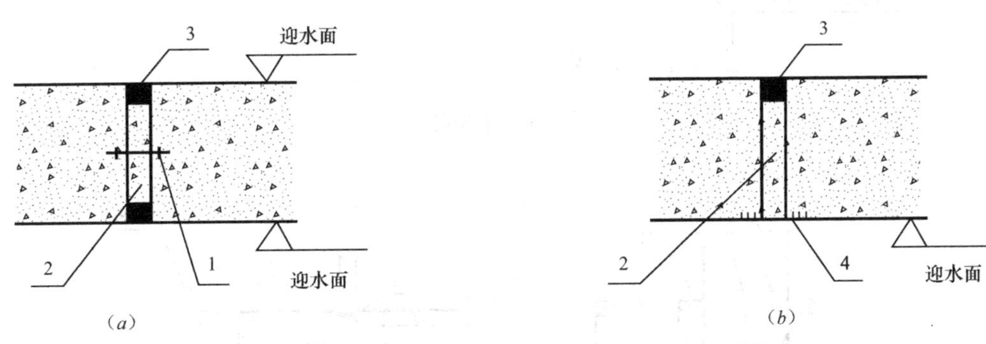

图4-38　变形缝构造

(a) 埋入式；(b) 外贴式

1—埋入式止水带；2—填缝板；3—密封料；4—外贴式止水带

(3) 变形缝中的止水带宜选用橡胶止水带或塑料止水带；填缝板宜选用具有适应变形功能的板材，如闭孔型聚乙烯泡沫塑料板或纤维板等；密封料宜选用具有适应变形功能，与混凝土表面粘结牢固，且具有在环境介质中不老化、不变质的柔性材料，如聚硫密封膏等。材料性能、规格尺寸、选用要求，应符合《给水排水工程混凝土构筑物变形缝设计规程》CECS 117：2000的有关规定。

(4) 变形缝处附加钢筋构造，可参照图4-39形式配置。

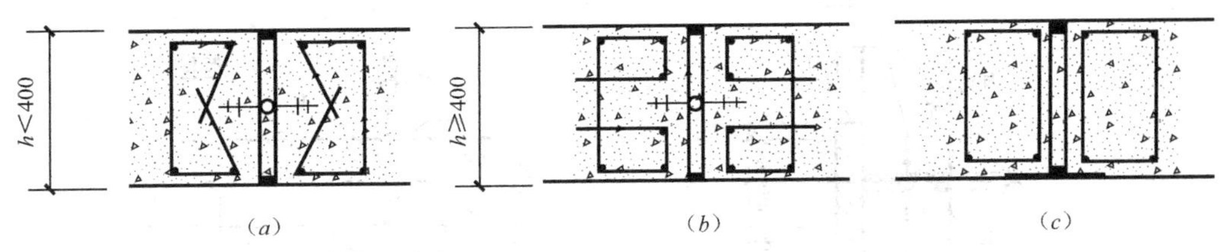

图4-39　变形缝处附加钢筋示意

(a) 埋入式；(b) 埋入式；(c) 外贴式

(5) 构筑物的伸缩缝或沉降缝应做成贯通式，在同一剖面连同基础或底板断开。伸缩缝及沉降缝的缝宽一般取30～40mm。构筑物的伸缩缝和沉降缝构造如图4-40～图4-42所示（Ⅰ、Ⅱ、Ⅲ型缝）。

Ⅰ型缝用于深度小于1.5m水池，Ⅱ型缝用于有地下水位以下或有温度要求，Ⅲ型缝用于地下水位以下一般部位（上置防水油膏）。

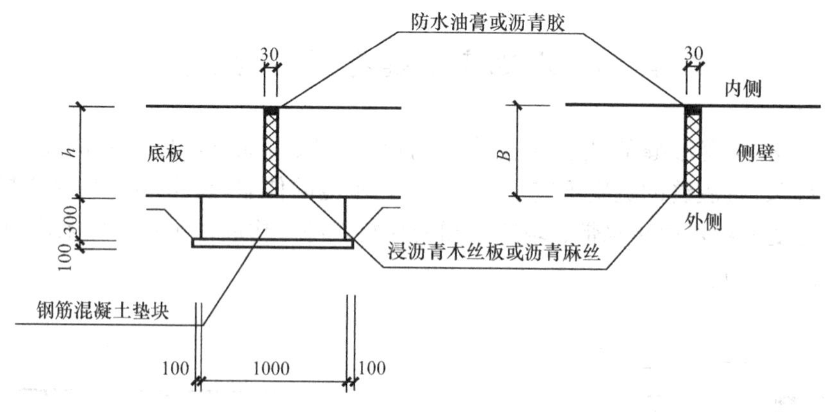

图 4-40　Ⅰ型缝

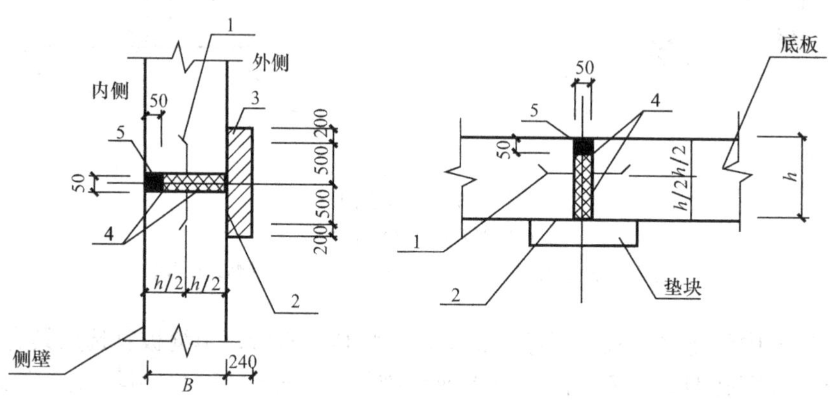

图 4-41　Ⅱ型缝

1—钢板止水带；2—粘贴二层防水材料；3—240 厚浆砌砖保护；
4—聚苯乙烯泡沫塑料或沥青木丝板；5—防水油膏

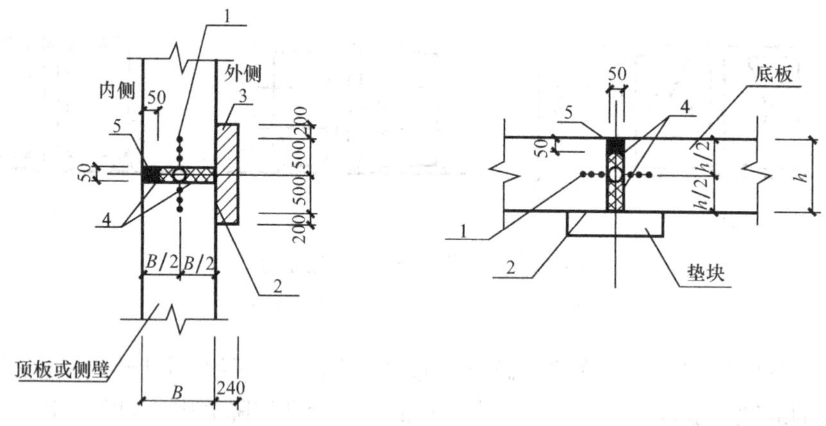

图 4-42　Ⅲ型缝

1—橡胶止水带（宽 300）；2—粘贴二层防水材料；3—240 厚浆砌砖保护；
4—聚苯乙烯泡沫塑料或沥青木丝板；5—防水油膏

4.41 水池水平构造钢筋有何经验？

答：水池水平构造钢筋经验如表 4-18 所示。

水池水平构造钢筋　　表 4-18

壁厚或底板厚（mm）	未超过伸缩缝间距时	超过伸缩缝间距时	备注
	HRB 335		
250～350	ϕ12@200	ϕ12@150	
400～550	ϕ14@200	ϕ12@100	
600～750	ϕ16@200	ϕ14@100	
80～100	ϕ16@150	ϕ16@100	
1050～1250		ϕ18@100	
1300～1500	ϕ18@150	ϕ20@100	

4.42 敞口水池池壁顶面水平配筋有何经验？

答：敞口水池池壁顶面水平配筋经验如表 4-19 所示。

敞口水池池壁顶面水平配筋　　表 4-19

壁厚（mm）	250～500	550～700	750～950	≥1000	U 型套箍高 200ϕ8@200
配筋 HRB335	3ϕ16	4ϕ18	4ϕ20	6ϕ20	

4.43 敞口水池壁板的顶端有哪些构造要求？

答：（1）敞口水池壁的顶端宜设置水平向加强筋，每侧三根，间距不大于 150mm，加强筋的直径不宜小于池壁水平向受力钢筋，且不宜小于 16mm，如图 4-43（*a*）所示。

（2）当敞口矩形水池的边长大于 20m 时，池壁顶端宜加设暗梁，如图 4-43（*b*）所示。

（3）当敞口矩形水池的边长大于 30m，且水池高度大于 3m 时，池壁顶端宜加肋梁，如图 4-43（*c*）所示。

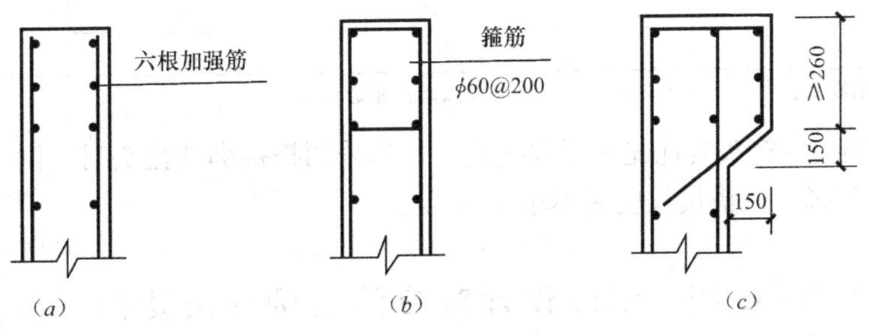

图 4-43　敞口水池池壁顶端构造

4.44 水池腋角有哪些构造规定?

答：水池壁板与底板的连接处宜设置腋角，腋角高度宜为（0.6～1.0）h（h 为壁板厚度）且不小于 150mm，腋角的高宽比宜为 1∶1～1∶2，腋角内应配置斜向钢筋。

4.45 钢筋混凝土水池的配筋有哪些构造?

答：钢筋混凝土水池的配筋应符合下列构造要求：

（1）受力钢筋宜采用 HRB400、HRB335 级钢筋，直径不宜小于 10mm，每米宽度内不宜少于 4 根，也不宜多于 10 根。

（2）抵抗温度应力的钢筋应采用 HRB400、HRB335 级钢筋，直径不宜小于 10mm，间距不应大于 150mm；无保温设施的半地下式水池的地面上下各 500mm 范围内的水平向钢筋宜加密，间距不宜大于 100mm。

（3）受力钢筋的最小配筋率应符合表 4-20 的规定。

受力钢筋的最小配筋率（%） **表 4-20**

分类		混凝土强度等级≤C35
受压构件	全部纵向钢筋	0.6
	一侧纵向钢筋	0.2
受弯、偏心受拉、轴心受拉构件每一侧的受拉钢筋		0.25 和 $45f_t/f_y$ 中的较大者

注 1. 当采用 HRB 400 级钢筋时，受压构件全部纵向钢筋的最小配筋率，应按表中规定减小 0.1。
2. 表中 f_t 和 f_y 分别为混凝土和钢筋的抗拉强度设计值。

（4）当采用构造配筋时，厚度小于或等于 500mm 的构件，其内、外侧构造配筋的配筋率不宜小于 0.15%。

（5）收拉钢筋的最小锚固长度（l_a）应符合表 4-21 的规定，水池转角处的钢筋伸入相邻池壁的锚固长度应从池壁内侧算起。

受拉钢筋的最小锚固长度 l_a **表 4-21**

钢筋种类	混凝土强度等级			任何情况最小 l_a（mm）
	C20	C25	≥C30	
HPB 235	$30d$	$30d$	$25d$	≥250
HRB 335	$40d$	$35d$	$30d$	
HRB 400	$45d$	$40d$	$35d$	

注：d 为受拉钢筋直径，当 d 大于 25mm 时，l_a 应乘以修正系数 1.1。

（6）受力钢筋的接头宜优先采用焊接接头，当采用搭接绑扎接头时，同一连接区段内面积不应超过 50%，且搭接长度应不小于 $1.4l_a$。

4.46 水池设计时应注意哪些问题?

（1）答：结构安全等级一般可取二级，结构重要性系数取 1.0，抗震设防类别可取乙类，混凝土构件抗震等级可取三级，地基基础设计等级可取甲级。

（2）垫层混凝土强度一般可取 C10 或 C15，池体混凝土强度一般可取 C25 或 C30，池体抗渗等级一般可取 S6，垫层厚度应≥100mm。

（3）钢梯、预埋件一般可采用 Q235B 钢，对于有条件的用户，钢梯可改为不锈钢梯。

（4）混凝土中最大氯离子含量应小于 0.2%，最大碱含量应小于 3.0kg/m^3。水池外壁、内壁和顶板顶面，用 1∶2 防水水泥砂浆抹面，厚 20mm，水池顶板底面，支柱和导流墙等表面，可采用 1∶2 水泥砂浆抹面，厚 15mm；如水池采用光滑模板，可以取消水泥砂浆内抹面；当水池储存对混凝土有腐蚀的水时，应按有关规范要求做相应的内防腐处理。

（5）导流墙应选用 240mm 厚承重混凝土砌块，砌块强度等级不低于 MU10，用 M10 水泥砂浆砌筑；当地无此砌块时，也可采用等强度的烧结密实心砖砌体，砌体与池壁、柱直接必须用 2@8@500 拉筋拉结，拉筋伸入砌体长度 1000mm。

（6）池壁施工缝的位置可以设在以下两处：1）池壁底端的斜托上部，并应避开斜托斜筋；2）池壁顶端的斜托下部，并应避开斜托斜筋。

（7）当水池边长超过 20mm 时，水池混凝土可选用下列方法施工：1）采用补偿性收缩混凝土（可在混凝土中掺用膨胀剂）；2）在水池长度中部（若遇柱子，可错开一个区格），设 1.0m 宽的后浇缝（含顶、壁、底板），间隔 6 星期后，再用 C30 补偿收缩混凝土浇筑，后浇的施工应符合《地下工程防水技术规范》GB 50108—2001 的要求，顶、底板采用规范中“后浇带防水构造（三）”，壁板采用规范中“后浇带防水构造（一）”。

（8）计算固然重要，但更重要的是构造，要从好几个方面注意，才不至于出现渗、漏水问题。合理选用混凝土的抗渗强度等级，且池壁和顶板最好用细实混凝土，易于搅拌密实，这一点很重要。池壁与土壤接触一侧可刷两道沥青，可起一道防水作用。池壁内侧可刷一道氯离子乳胶防水水泥砂浆。

（9）伸缩缝的设置。规范规定超过 20m 需设置伸缩缝，主要是考虑温度效应。但由于伸缩缝施工比较困难，而且橡胶止水带的耐久性比较差，往往会导致渗漏。所以设计人员大都不愿意设置伸缩缝。根据经验，伸缩缝的设置及间距，要考虑三个因素：1）地域的问题：北方的地区要求比较高。南方比较低。浙江有个水池长 50m，用的是后浇带替代伸缩缝，使用期间没有问题。但如果是在北方地区，肯定是要被拉裂的。2）埋深的问题：完全地上的水池比地下的明显要求高得多。3）可以考虑用后浇带缓解温度效应，但要明白后浇带不能替代伸缩缝。现在国外大的水池大都使用预应力水池，造价可以大大降低。

（10）增强水池防渗透能力的措施：1）注意把握适当的施工时间。水池混凝土结构裂缝产生跟外部温度有着很大的关系，较大的温差会引起混凝土结构出现大量缝隙，因此一定要避免在炎热天气状况下施工，尽量避开高温的气候下作业。2）控制水泥比例。水泥在水化热反应中极容易造成水池混凝土构件出现裂缝，而水泥比例偏低又会造成构件硬度不够，因此，一定要掌握好调配比例，控制好水泥和水灰的投放比例，使构件有足够的硬度，同时减少裂缝出现。3）严格密度控制。混凝土结构的质量，抵抗坍塌的能力，往往与混凝土结构的密实度有着很大的关系，因此，我们要提高水池混凝土构件的密实度，这就要求我们对混凝土进行多次捣拌。同时，我们还要做好水池混凝土构件的养护工作，防止裂缝出现扩张、发展的情况。4）预埋件清理。对于水池预埋件出现污染、锈蚀的情况，我们要引起足够的重视，因为这些看似微不足道的小缺陷可能会引起构件之间出现缝隙，进而使水池出现缝隙，给水池造成的伤害，对污水处理厂的工作造成影响。

（11）注意水池池壁转角处、池壁与顶板、池壁与底板处的构造措施，应加强配筋。根据池壁竖向裂缝往往由壁顶开始逐渐向下延伸的现象，最好在壁顶集中配置的水平钢筋予以加强，且直径不应小于池壁的受力钢筋；最好在水池池壁转角处另加四根直径不小于池壁竖向受力钢筋直径的竖向钢筋，可以起到构造柱作用，用于加强水池的整体刚度，增加抗震性能。

4.47 水池设计出现裂缝时有哪些方法？

答：（1）对一般水池裂缝的观察，裂缝总是由顶端开始往下，由大到小，而且是池壁外侧面裂。严重时，内外侧裂通，仅仅在池壁内侧开裂的极少，直观上分析其原因，可能是池壁底端与底板浇筑在一起刚性大，有约束力；而顶端相对而言约束力小些，自由度大些。根据调查多个水池，可知一般在顶端设有圈梁的水池，裂缝开裂程度就相对小，相反，不设圈梁的水池，裂缝开裂程度就较严重，因此，在实际设计的过程中，当水池设计平面较小时，可在顶部增加钢筋，做成圈梁式，如图 4-44 所示。

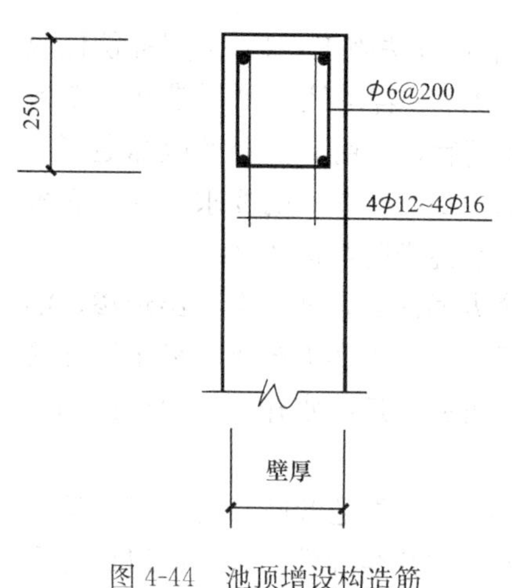

图 4-44 池顶增设构造筋

（2）根据一些经验资料来看，混凝土的水灰比越大，其收缩性能也越大，当水泥用量 250～400kg/m^3 时，水灰比 0.6～0.8 及相对湿度为 20%时，水灰比越大，混凝土的收缩也越大。而另一种情况是，当水量不变时，随着水泥用量的增加，也就是使水灰比减少，混凝土的收缩性也越大，这就说明了，水灰比在一个适当的范围内，混凝土收缩量小，由此确定出水灰比 0.5～0.55 是最佳的。

4.48 水池设计实例？

答：某钢筋混凝土蓄水池长 30m，宽 15m，净高 3.72m，顶标高 1.800m，底标高 −2.350m，水池外覆土标高 −0.300m，水位高度 1.400m，池内水高度 3.625m，水池外侧水位 − 8m，不需验算抗浮，保护层厚度：柱为 35mm，底板顶层、顶板及侧壁为 30mm，底板下层为 40mm，地基承载力 250kPa。

混凝土水池的受力壁板与底板不宜小于 20cm，顶板厚度不宜小于 15cm，并参考《矩形钢筋混凝土蓄水池》05S804 1500m^3 蓄水池，池壁取 250mm，底板取 250mm 厚度，顶板取 180mm 厚度，水池计算高度取 3.72＋0.5×顶板厚度＋0.5×底板厚度＝3.935m，水池纵向每隔 3.75m 设导流墙，导流墙长 11.25m，宽 240mm，顶板与池壁固接，底板与池壁固接，混凝土采用 C30 混凝土，钢筋采用 HRB335 钢筋，箍筋采用 HPB235。

横向池壁 X 向配筋内外侧分别为 ϕ12@200 与 ϕ12@150；横向池壁 Y 向配筋内外侧分

别为 $\phi12@200$ 与 $\phi12@150$；

构造措施如图 4-45～图 4-47 所示。

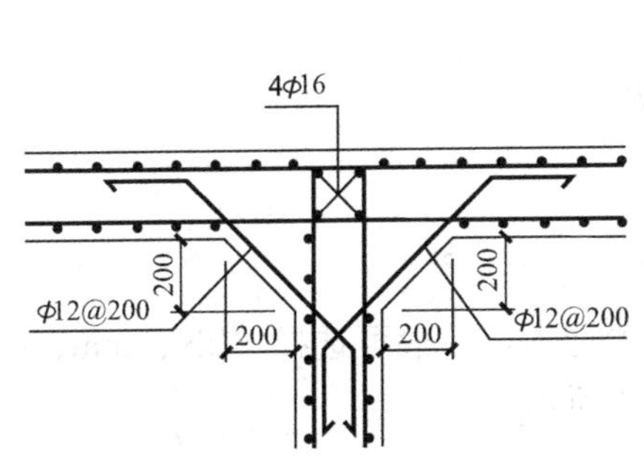

图 4-45 承重墙与池壁连接构造

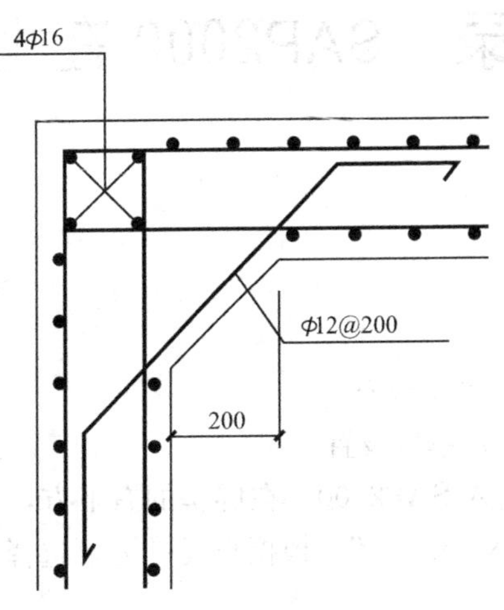

图 4-46 壁拐角连接构造

由于承重墙与池壁连接处弯矩较大，故应予加强，承重墙与池壁连接处设暗柱，配筋为 $4\phi16$，并且设腋角，腋角长宽都为 200mm，并设腋角加强钢筋 $\phi12@200$。池壁拐角处由于为直角，内力较大，故应进行加强。池壁角部设暗柱，配筋为配筋为 $4\phi16$，并且设腋角，腋角长宽都为 200mm，并设腋角加强钢筋 $\phi12@200$。混凝土底板边部进行构造加强，腋角高度为 200mm，长度为 1300mm，腋角配筋为 $\phi12@200$，并在底板与池壁连接处设暗梁，配筋为 $4\phi16$。

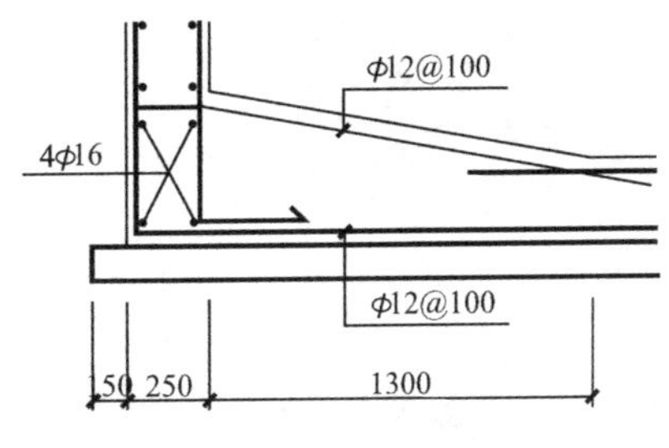

图 4-47 底板边部构造加强

在水池设计中，计算模型与结构图应保持一致，当结构较为复杂时，如一侧堆载比较大，应进行有限元内力分析，然后根据内力大小进行配筋。

附录　SAP2000在土木工程设计中的应用总结

初级应用

1. 基本设置

（1）单位设置

进入SAP2000，在屏幕的右下方，有单位设置选项，一般可选择“kN、mm、C”或者“kN、m、C”，根据自己的需要选择，如附图1所示。

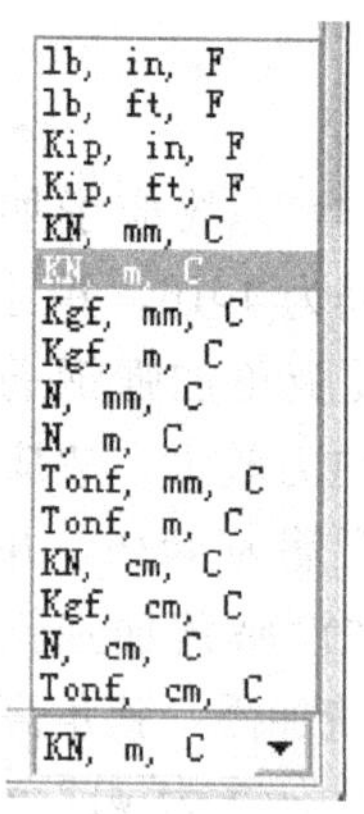

附图1

也可以点击：文件→新模型，可以选择单位，如附图2所示。

（2）屏幕黑白显示

有时候，需要把SAP2000操作界面变成白色或者黑色，可以点击：选项→颜色→显示（附图3），在弹出的界面中点击：背景，点击黑色或者白色后，点击确定即可，如附图4所示。

（3）显示

在屏幕的上方，点击“设置选项”快捷键（附图5），弹出设置选项对话框，如附图6所示。

2. 轴网

（1）点击文件→新模型→轴网，如附图7、附图8所示。

（2）在屏幕的左边，点击快捷键“绘制特殊节点”，然后根据需要切换“XY、XZ、YZ”，在对象属性中输入偏移的坐标，再点击偏移参考节点，即可完成该节点的绘制。节点绘制完成后，即可以点击：绘制框架/索，完成构件的布置，如附图12所示。

（3）从CAD中导入SAP2000

先在CAD中分不同的图层绘制不同的构件，点击：文件→导入（F）→Aut0 CAD. dxf文件（A），选择dxf文件“框架轴网”，如附图13～附图16所示。

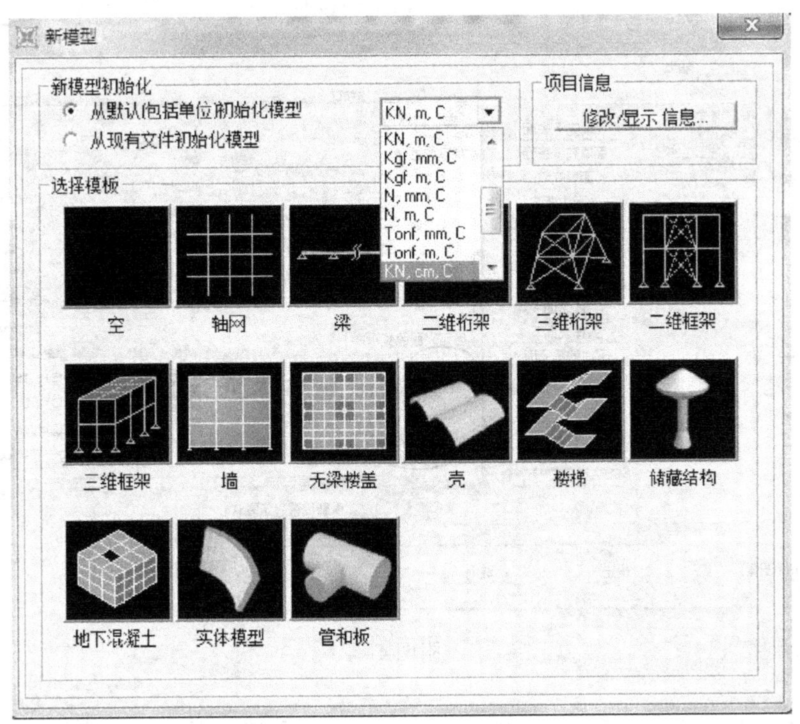
新模型
新模型初始化
从默认(包括单位)初始化模型
从现有文件初始化模型
KN, m, C
KN, m, C
Kgf, mm, C
Kgf, m, C
N, mm, C
N, m, C
Tonf, mm, C
Tonf, m, C
KN, cm, C
项目信息
修改/显示 信息...
选择模板
空
轴网
梁
二维桁架
三维桁架
二维框架
三维框架
墙
无梁楼盖
壳
楼梯
储藏结构
地下混凝土
实体模型
管和板

附图 2　新模型

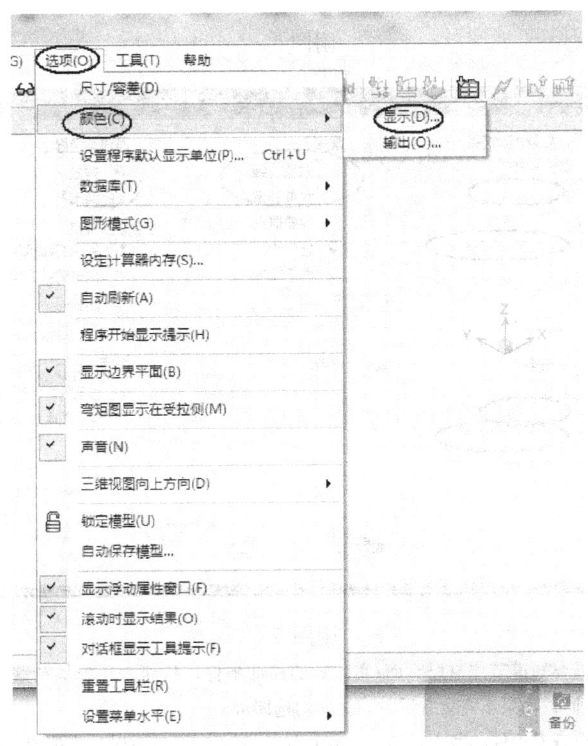
选项(O)
工具(T)
帮助
尺寸/容差(D)
颜色(C)
显示(D)...
输出(O)...
设置程序默认显示单位(P)...　Ctrl+U
数据库(T)
图形模式(G)
设定计算器内存(S)...
自动刷新(A)
程序开始显示提示(H)
显示边界平面(B)
弯矩图显示在受拉侧(M)
声音(N)
三维视图向上方向(D)
锁定模型(U)
自动保存模型...
显示浮动属性窗口(F)
滚动时显示结果(O)
对话框显示工具提示(F)
重置工具栏(R)
设置菜单水平(E)
备份

附图 3

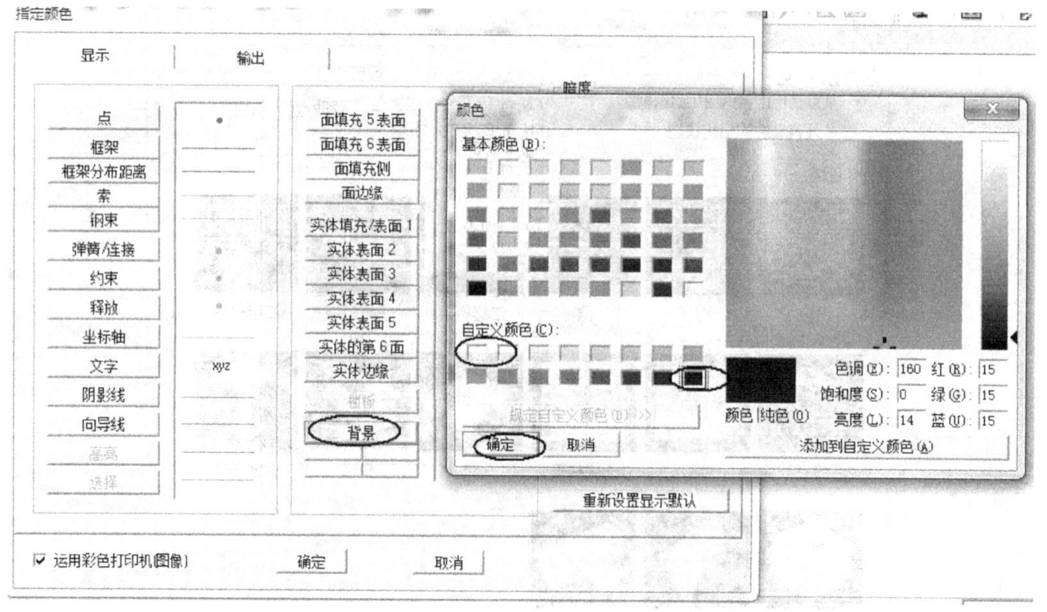

附图 4

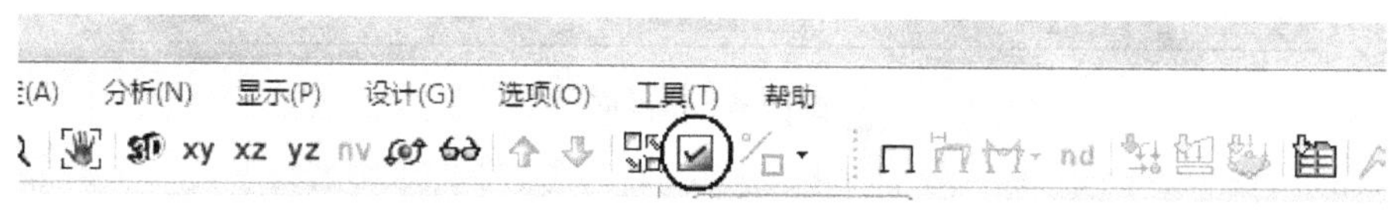

附图 5

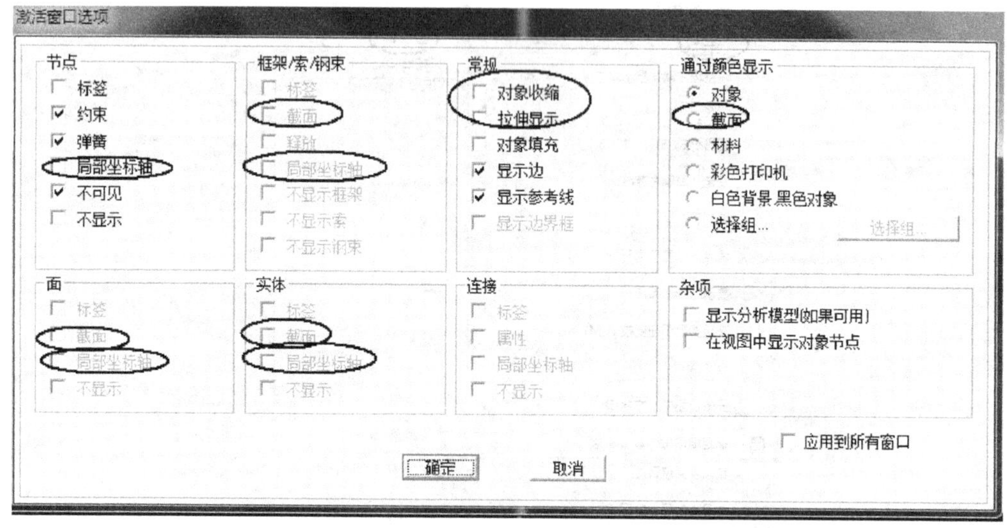

附图 6

注：1. 在建模时，经常需要知道节点/框架/面/实体等的局部坐标，从而方便施加荷载，或修改支座，此时，勾选“局部坐标轴”；如果不需要查看时，去掉勾选即可。

2. 在建模时，经常要查看构件的截面，勾选“截面”，如果不需要查看时，去掉勾选即可。

3. 建模后，往往需要查看建模后的实际大小模型，可以勾选“常规选项”中的“对象收缩”及“拉伸显示”。

4. 勾选“框架/索/钢束”下的“释放”，可以看到设定为铰接后的构件。

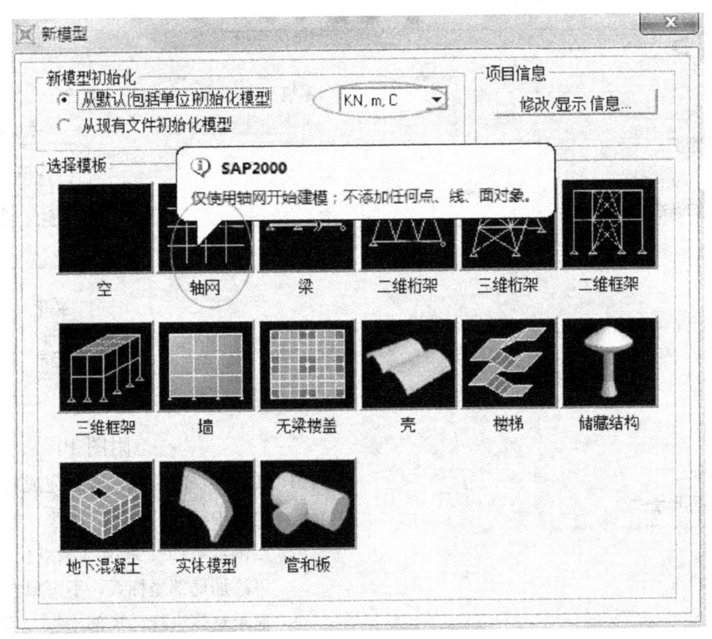

附图 7

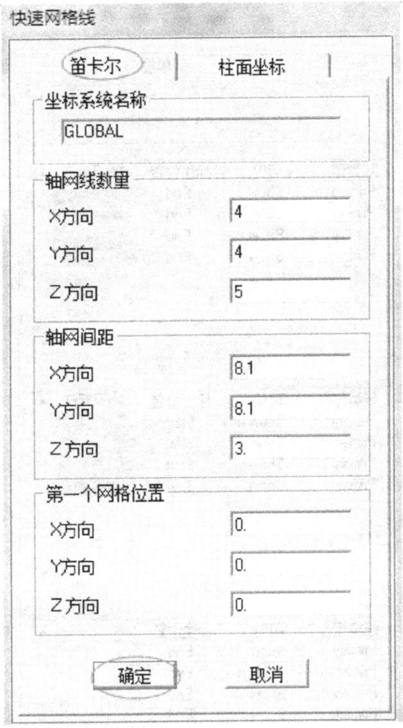

快速网格线

笛卡尔　柱面坐标

坐标系统名称

GLOBAL

轴网线数量

X方向 4

Y方向 4

Z方向 5

轴网间距

X方向 8.1

Y方向 8.1

Z方向 3.

第一个网格位置

X方向 0.

Y方向 0.

Z方向 0.

确定　取消

附图 8

注：1. 笛卡尔坐标可以定义立方体矩形，柱面坐标可以定义立方体弧形。

2. 点击确定后，在屏幕的空白处点击右键，点击“编辑轴网数据（G）”（附图 9），弹出“坐标/轴网系统”（附图 10），点击“修改/显示系统（M）”，弹出对话框（附图 11）。

3. SAP2000 中没有层的概念，建模不是很方便，一般在 CAD 中分不同的图层格建好模型厚，导入 SAP2000。

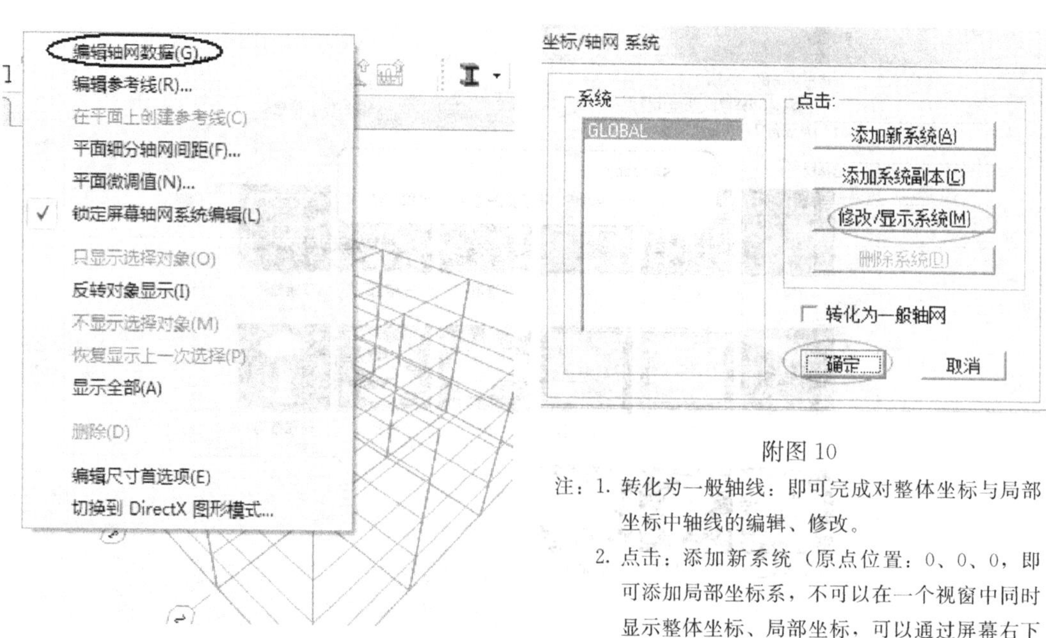

附图 10

注：1. 转化为一般轴线：即可完成对整体坐标与局部坐标中轴线的编辑、修改。

2. 点击：添加新系统（原点位置：0、0、0，即可添加局部坐标系，不可以在一个视窗中同时显示整体坐标、局部坐标，可以通过屏幕右下方的选择区切换）。

附图 9

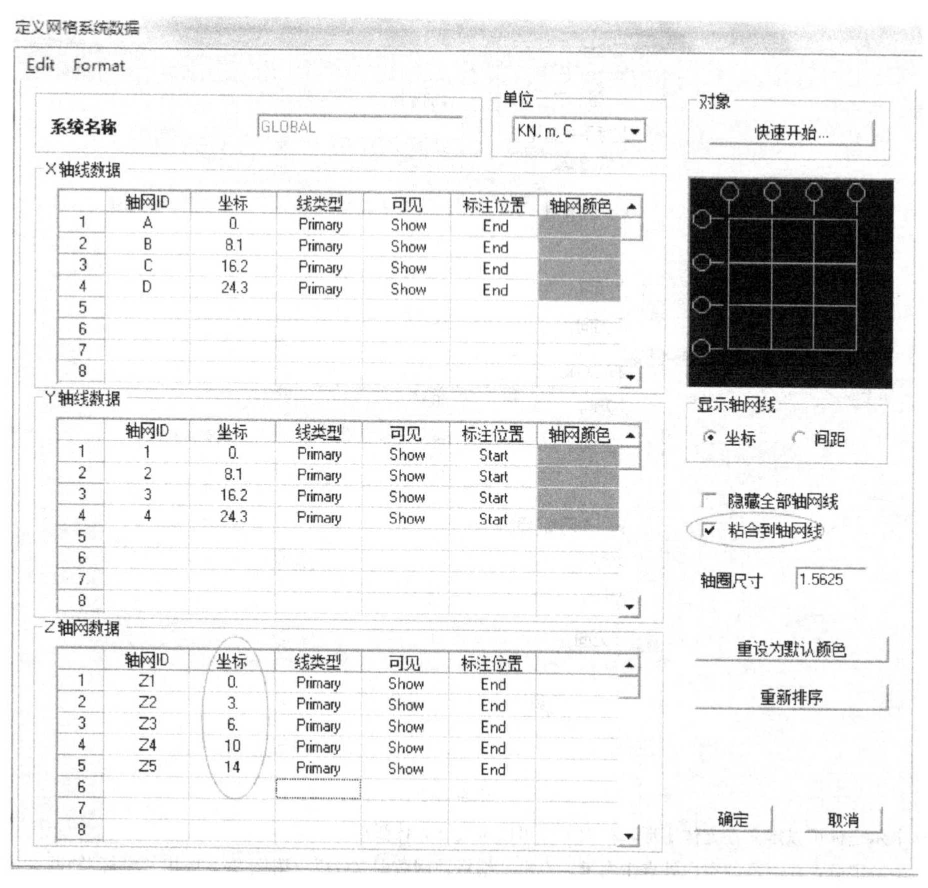

附图 11

注：某楼层层高不一样时，可以勾选“粘合到轴网线”，修改 z 轴坐标，构件会随着轴网一起移动。

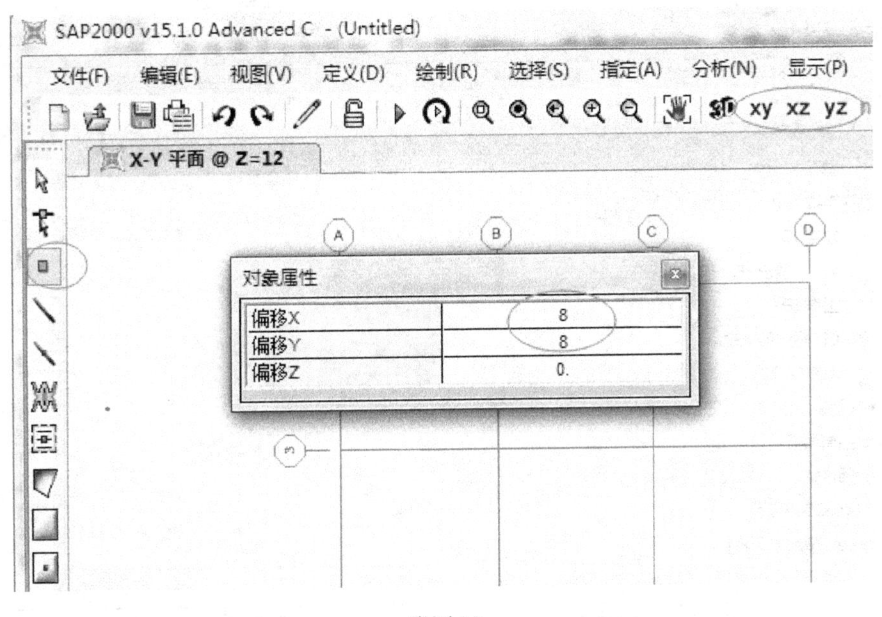

附图 12

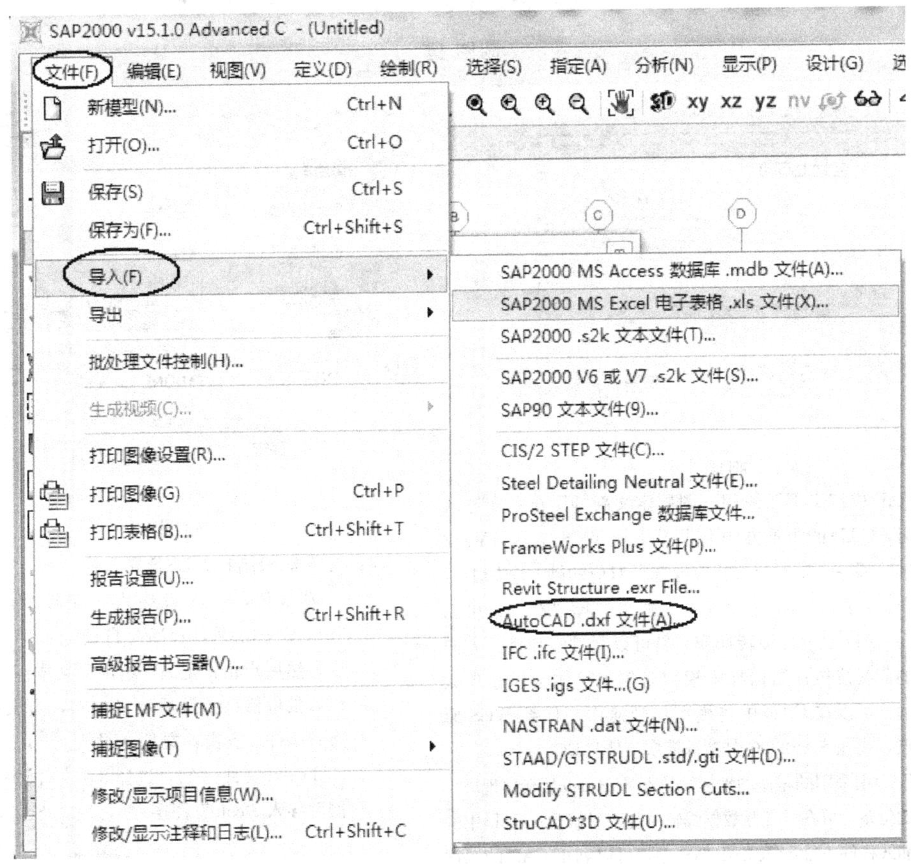

附图 13　文件/导入

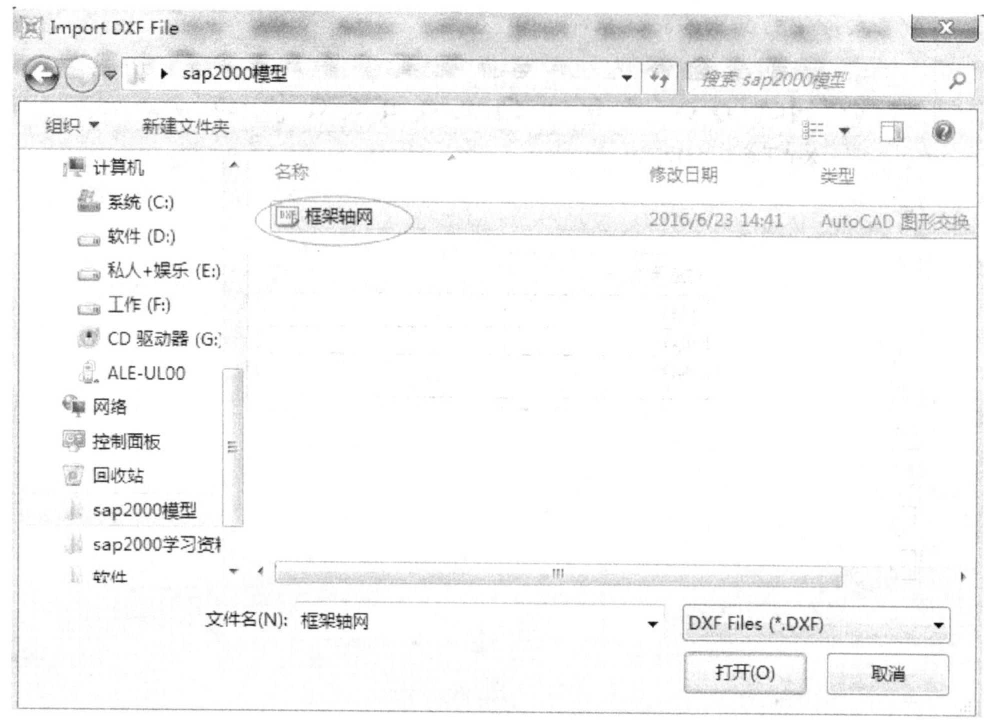

附图 14

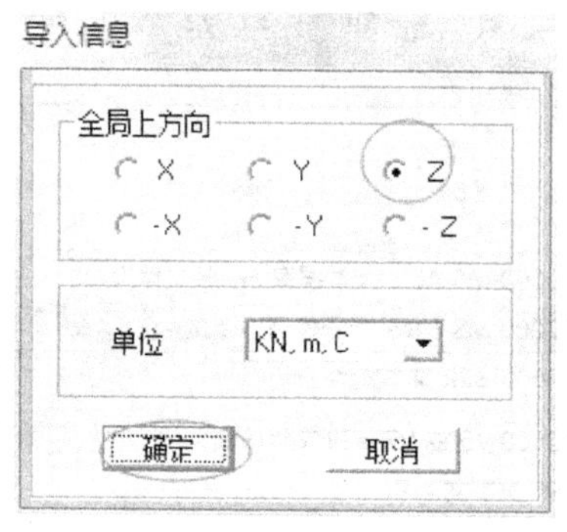

附图 15

注：1. CAD中定义不能使用0图层定义新的图层；在导入时，CAD的铅垂方向和世界坐标WCS中X、Y、Z轴的哪一个轴对应，相应地选择对应的轴（全局上方向），对于三维框架结构，一般可选择“Z”；也可以在CAD中进行旋转操作，也可以通过施加重力方向的荷载校核；结构导入模型时偏离整体坐标原点太远，可以在CAD中将模型移到通用坐标系WCS原点，或在SAP2000中进行模型整体移动。

2. CAD中采用的是浮动坐标，导入SAP2000后会出现极少的位差，可在“交互数据编辑功能”里修改；CAD中的曲线杆件不能导入SAP2000中，可以利用CAD的二次开发技术将圆弧、椭圆等线段修改成直线线段；由CAD导入的线段必须为直线，不能为多段线。

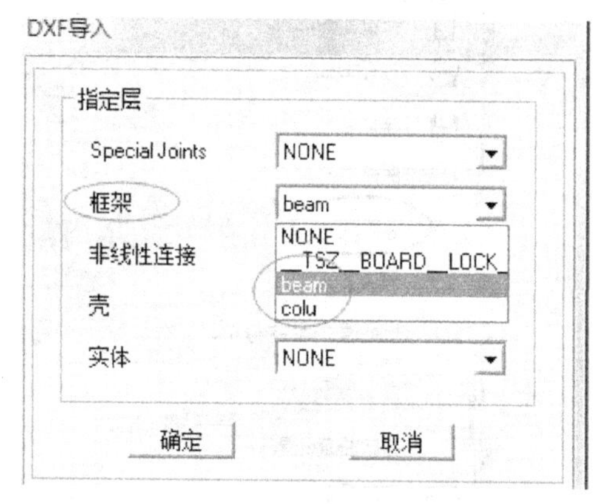

附图 16

注：对于框架结构，DXF导入应选择“框架”，一般来说，一次只导入一个图层，导入“beam”图层后，程序会自动选择导入的图层，然后点击：定义—组，定义成组，方便以后批量修改。最后定义材料，定义截面，布置构件。点击：文件→导入（F）→AutoCAD. dxf文件（A），选择dxf文件“框架轴网”导入“colu”图层。

3. 三维模型

(1) 利用程序自带的三维模型建模（以某框架结构为例）

点击：文件→新模型，在弹出的对话框中选择“三维框架”（附图 17），会出现“三维框架”对话框，如附图 18 所示。

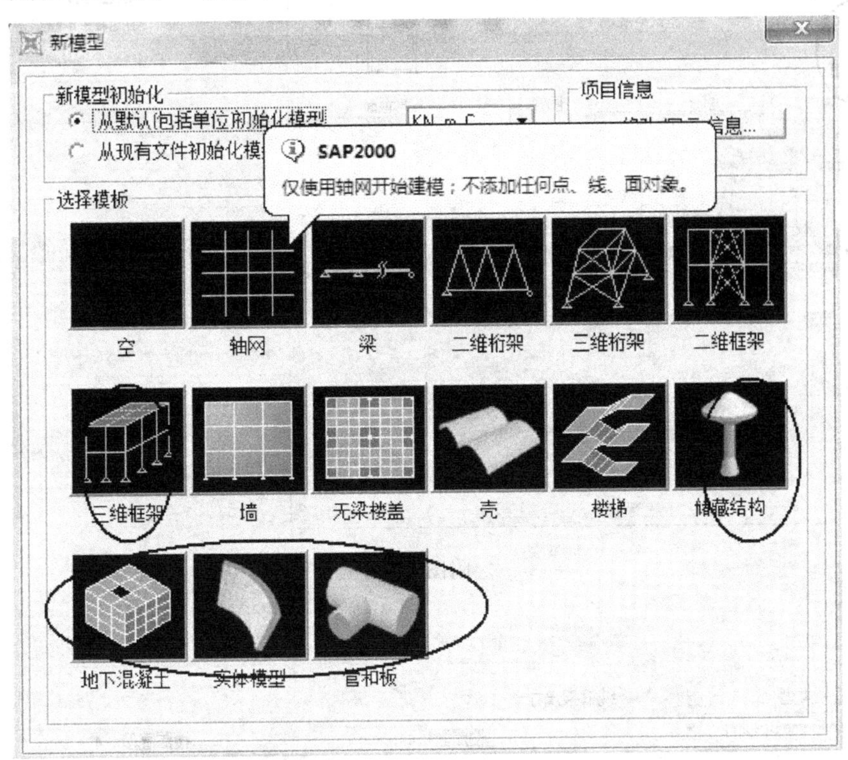

附图 17

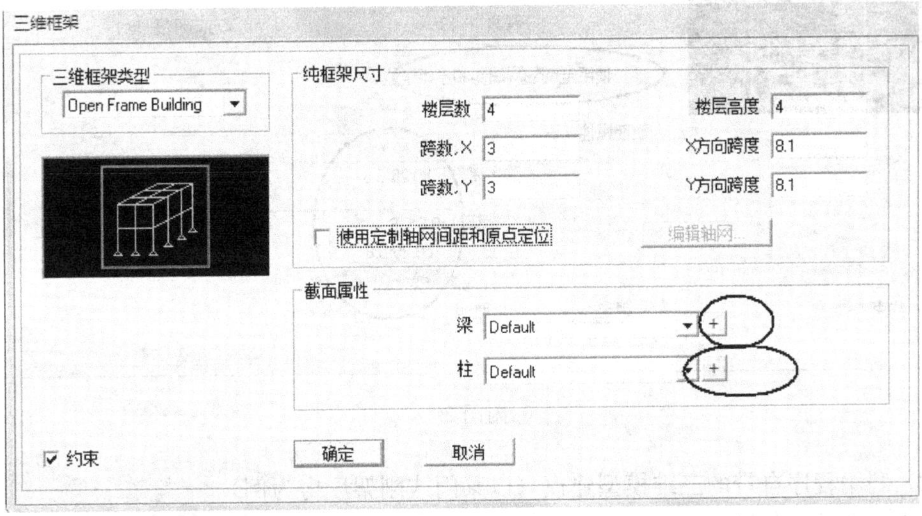

三维框架
三维框架类型
Open Frame Building
纯框架尺寸
楼层数 4
楼层高度 4
跨数,X 3
X方向跨度 8.1
跨数,Y 3
Y方向跨度 8.1
使用定制轴网间距和原点定位
编辑轴网...
截面属性
梁 Default
柱 Default
约束
确定
取消

附图 18

注：1. 根据实际工程填写楼层数、跨数、楼层高度、跨度等。

2. 如果要提前定义框架梁、柱的截面，可以点击右边的＋按钮，会出现截面定义对话框（附图 19），构件截面定义完成后，最后把截面尺寸与梁、柱一一对应即可（附图 20）。

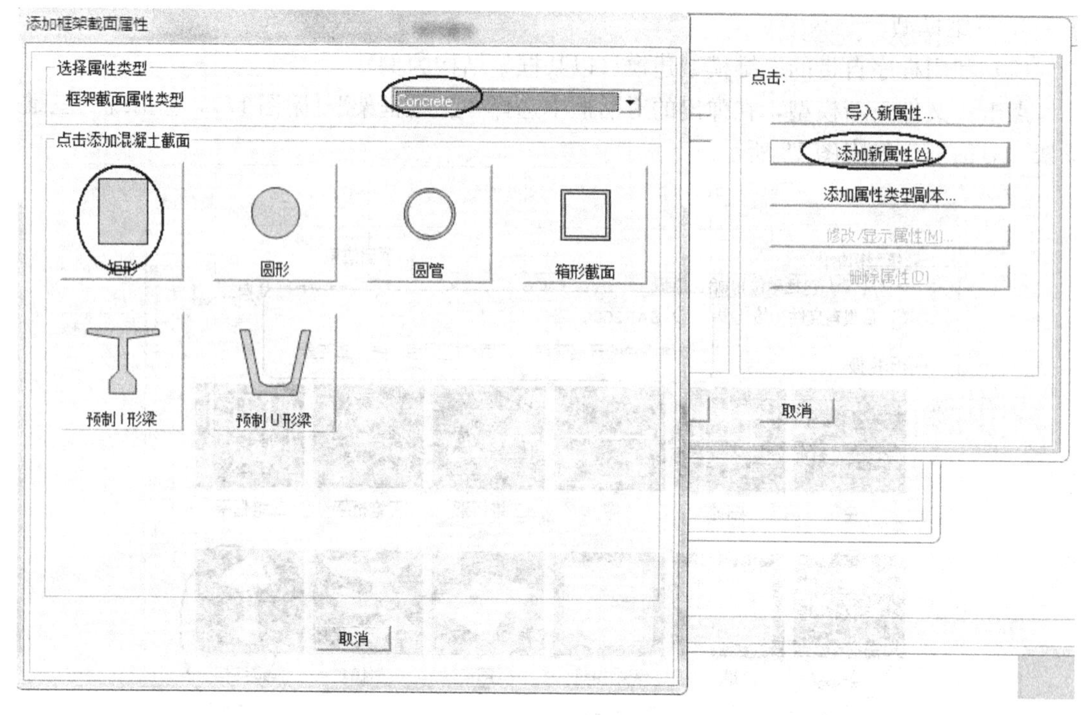

附图 19

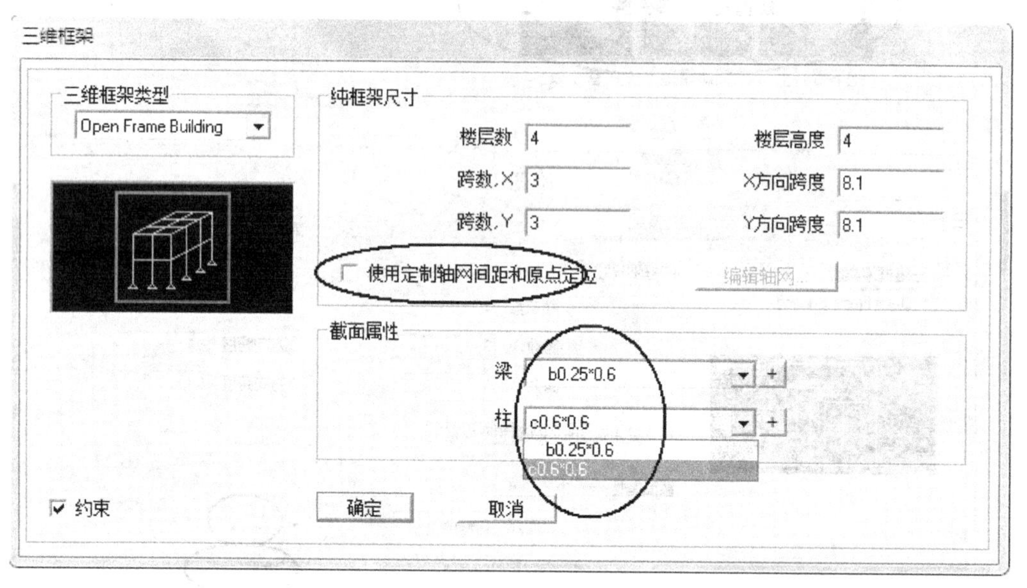

附图 20

(2) 利用程序自带的三维模型建模(以某门式刚架厂房为例)

点击:文件→新模型,在弹出的对话框中选择“三维框架”,会出现“三维框架”对话框,如附图 21 所示。

切换到 X-Y 平面,用箭头选择标高为 9.0m 的那一层,框选 Y 方向的框架梁(附图 22),点击:编辑→编辑线→分割框架,弹出对话框,如附图 23 所示。

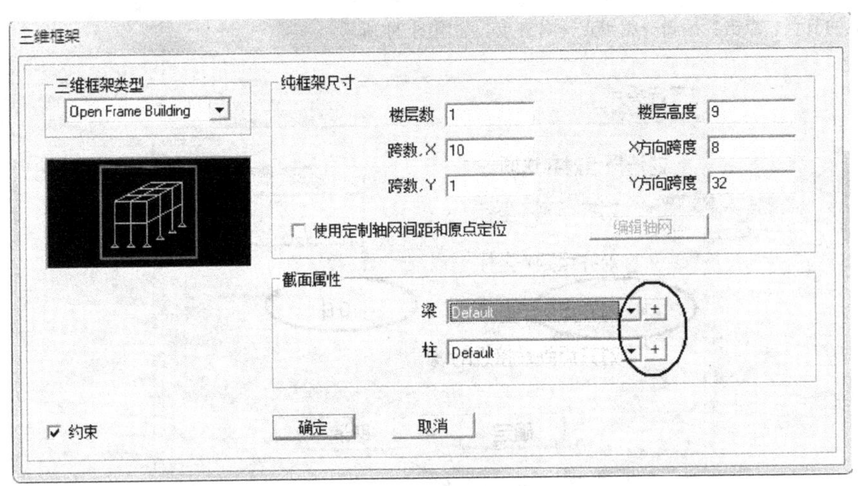

附图 21

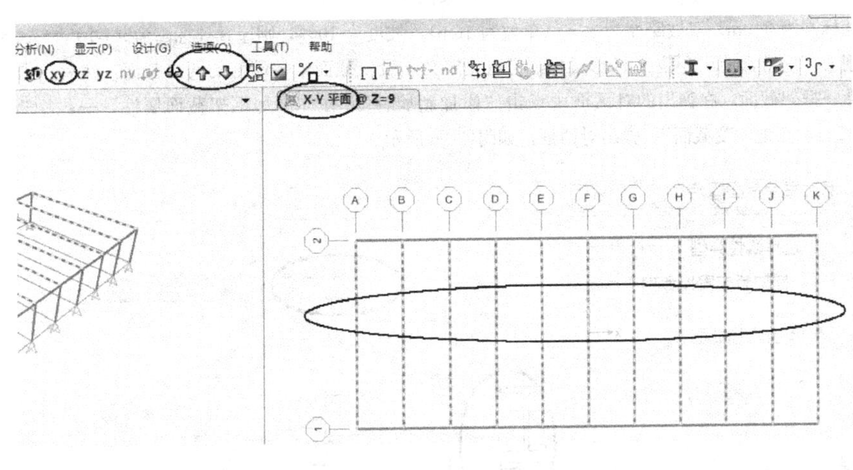

附图 22

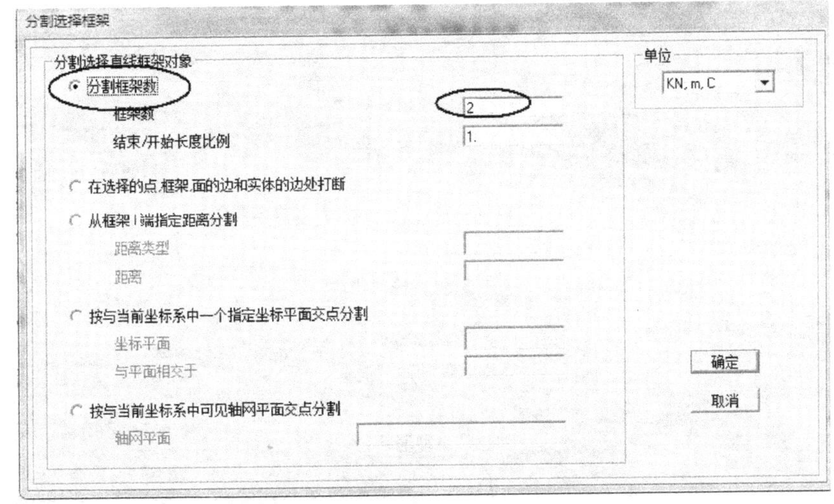

附图 23

注：因为要形成屋脊处的节点，所以分割框架数填写 2。

框选形成的节点，点击：编辑→编辑点→对齐点，如附图 24 所示。

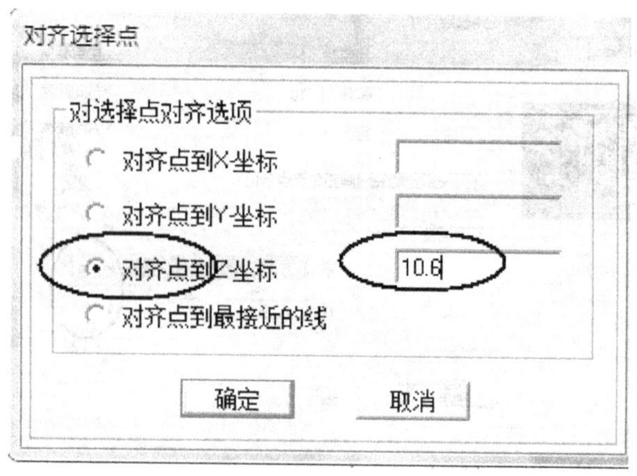

附图 24

注：1. 屋檐处标高为 9.0m，双坡跨度为 32m（单坡为 16m），坡度为 10%，则屋脊处标高为 9+10%×16=10.6m。

2. 门式刚架厂房常常使用变截面 H 形梁柱，可以先定义该段变截面梁柱端部的两个截面，然后点击：定义→截面属性→框架截面，在弹出的对话框中点击"添加新属性"，在"添加框架截面属性"一栏中选择"other"（附图 25），点击"变截面"，弹出对话框，如附图 26 所示。

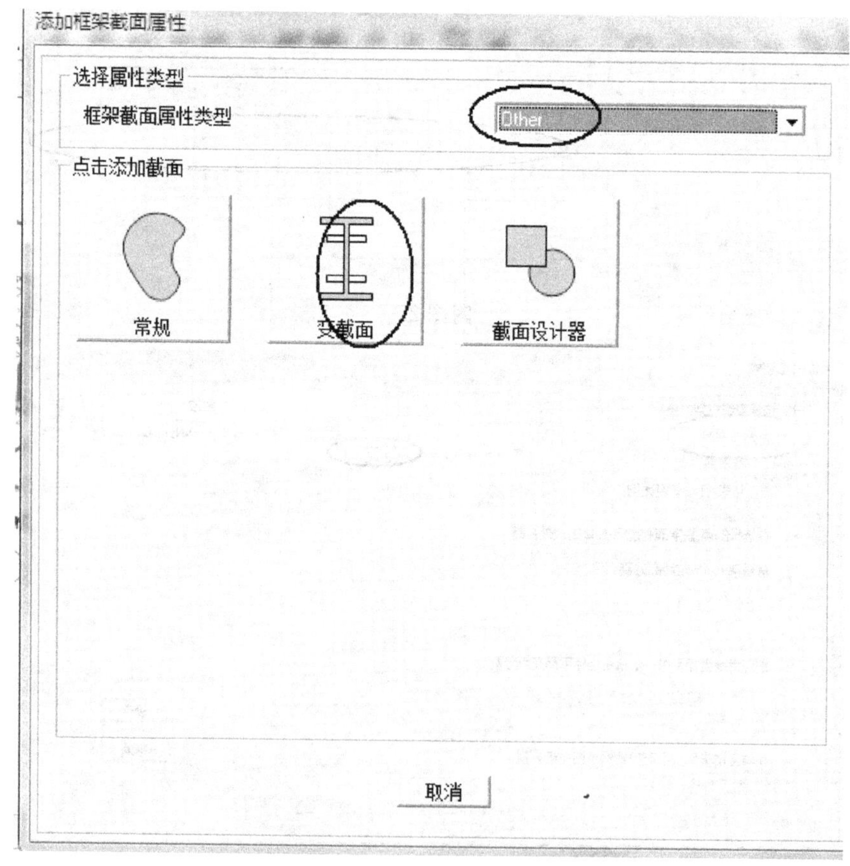

附图 25

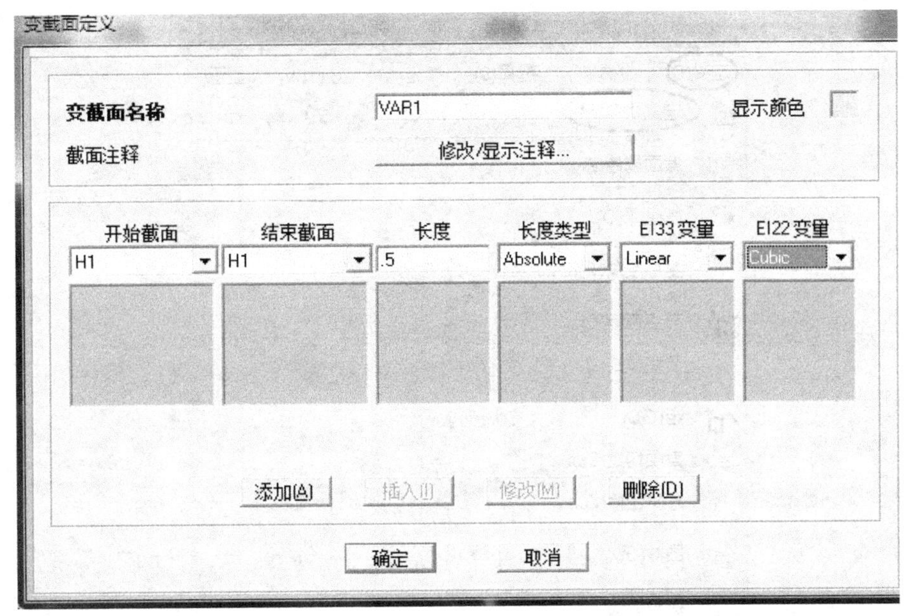

附图 26

注：“长度”根据实际长度填写，“长度类型”选择“Absolute”（绝对），EI33 是 3 轴方向的抗弯刚度，查看局部坐标后为知其刚度变化为 Linear（线性），EI22 是 2 轴方向的抗弯刚度，查看局部坐标后为知其刚度变化为 Cubic（三次方）。

（3）由于 SAP2000 轴线定义没有层的功能，建模很不方便，当采用方法把轴线建模完成后，框选构件，点击：绘制，同时切换不同的平面“XY、XZ、YZ”与“竖向箭头”，完成模型的建模。

（4）盈建科模型导入 SAP2000

可以在盈建科中将模型转 SAP2000。

4. 定义材料

点击：定义→定义材料（M），弹出定义材料的对话框，如附图 27、附图 28 所示。

5. 定义截面

（1）定义梁与柱子

点击：定义→截面属性（P）→框架截面（F），点击“添加新属性”，选择“框架截面属性类型”，如附图 30～附图 34 所示。

（2）定义楼板及剪力墙

点击：定义→截面属性→面截面 A，弹出面截面对话框（附图 35），选择 shell，点击“添加新截面”，弹出“壳截面数据”对话框，如附图 36 所示。

6. 构件布置

（1）可以点击绘制，或者屏幕左边的快捷键（附图 37），在轴网平面中进行结构布置时，需要点击屏幕上方的快捷键“XY、XZ、YZ”与“竖向箭头”。有时候，一个平面或者立面的构件布置完成后，框选要复制的构件，点击编辑→带属性复制。

（2）如果之前定义了组，也可以根据组来定义构件，点击：选择→选择组。然后点击：指定→框架→框架截面。

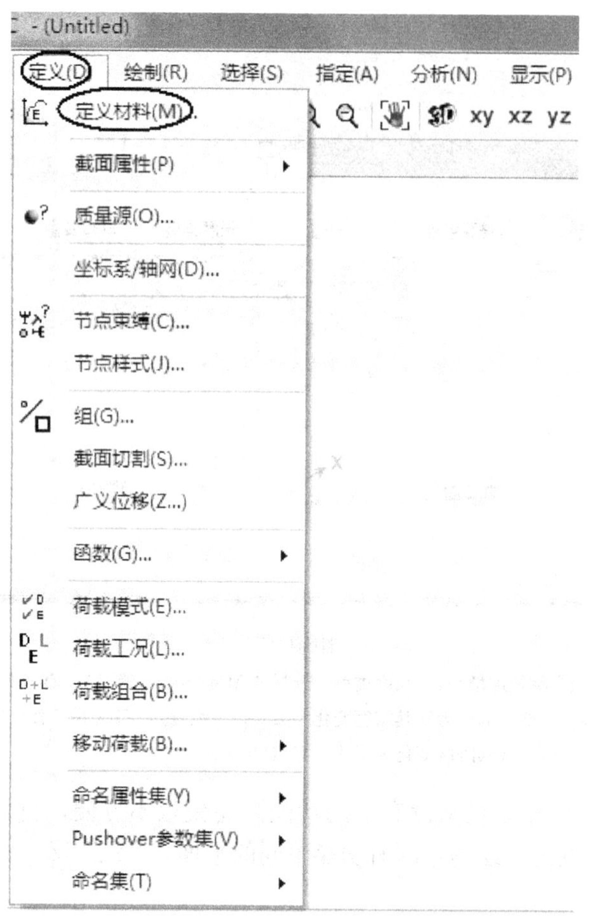

附图 27

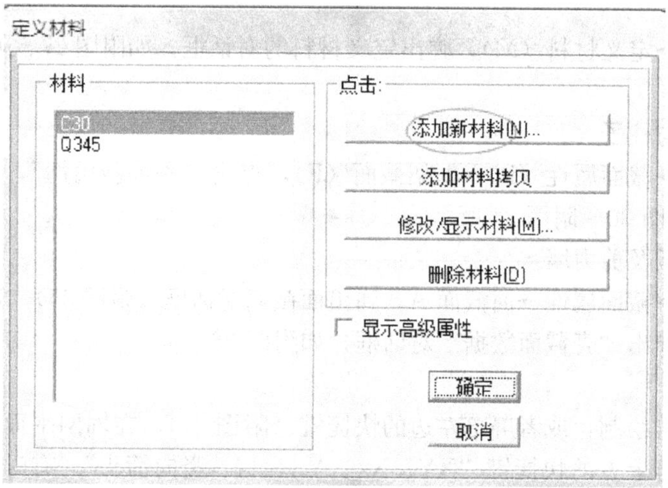

定义材料

材料

C30
Q345

点击:

添加新材料(N)...

添加材料拷贝

修改/显示材料(M)...

删除材料(D)

显示高级属性

确定

取消

附图 28

注：点击“添加新材料”，根据实际工程需要定义材料的类型、等级等，如附图 29 所示。

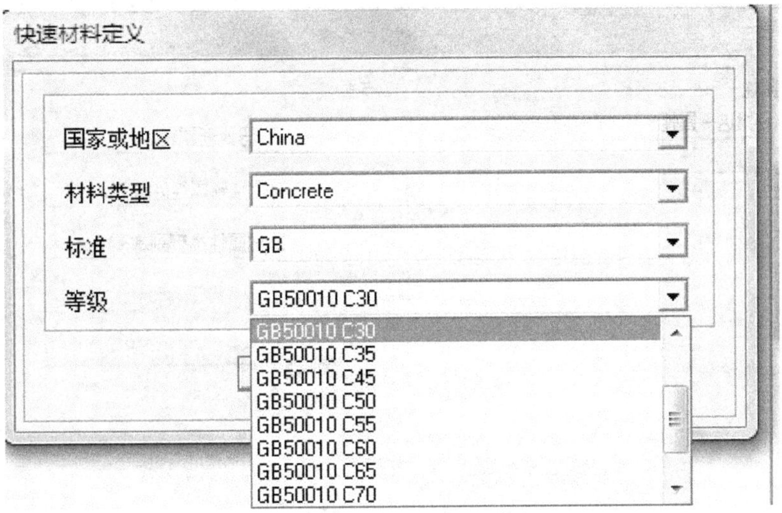

快速材料定义

国家或地区 China

材料类型 Concrete

标准 GB

等级 GB50010 C30

GB50010 C30
GB50010 C35
GB50010 C45
GB50010 C50
GB50010 C55
GB50010 C60
GB50010 C65
GB50010 C70

附图 29

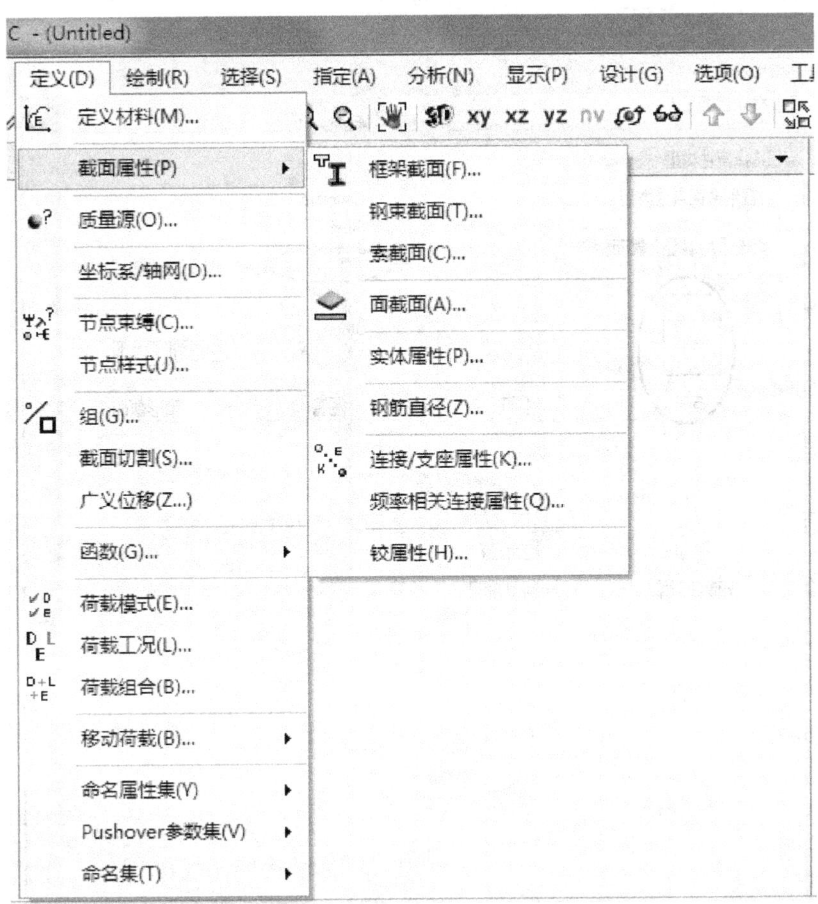

附图 30

注：框架单元，用来模拟梁、柱、斜撑、桁架、网架等。

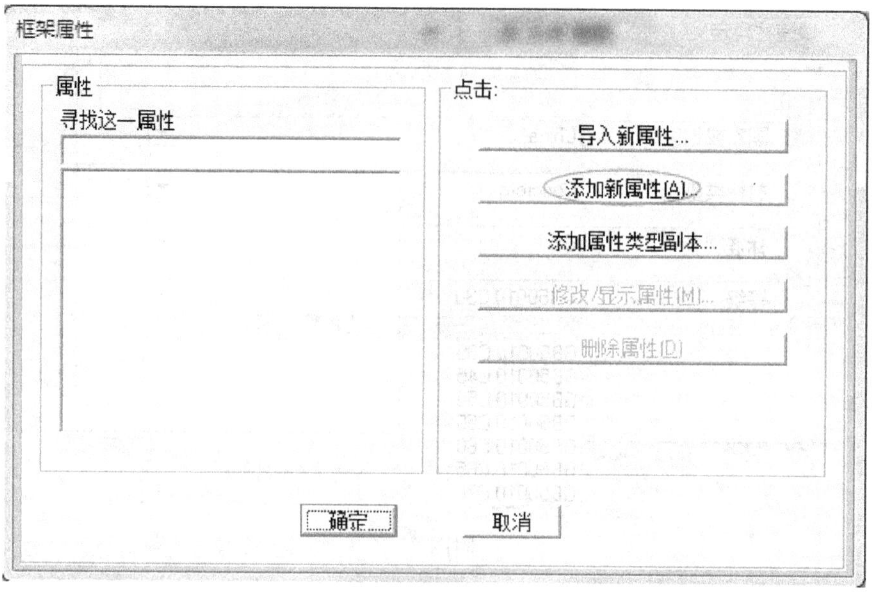

框架属性
属性
寻找这一属性
点击:
导入新属性...
添加新属性(A)...
添加属性类型副本...
修改/显示属性(M)...
删除属性(D)
确定
取消

附图 31

添加框架截面属性
选择属性类型
框架截面属性类型
Concrete
Steel
Built Up Steel
Concrete
Aluminum
Cold Formed
Other
点击添加混凝土截面
矩形
圆形
圆管
箱形截面
预制 I 形梁
预制 U 形梁
取消

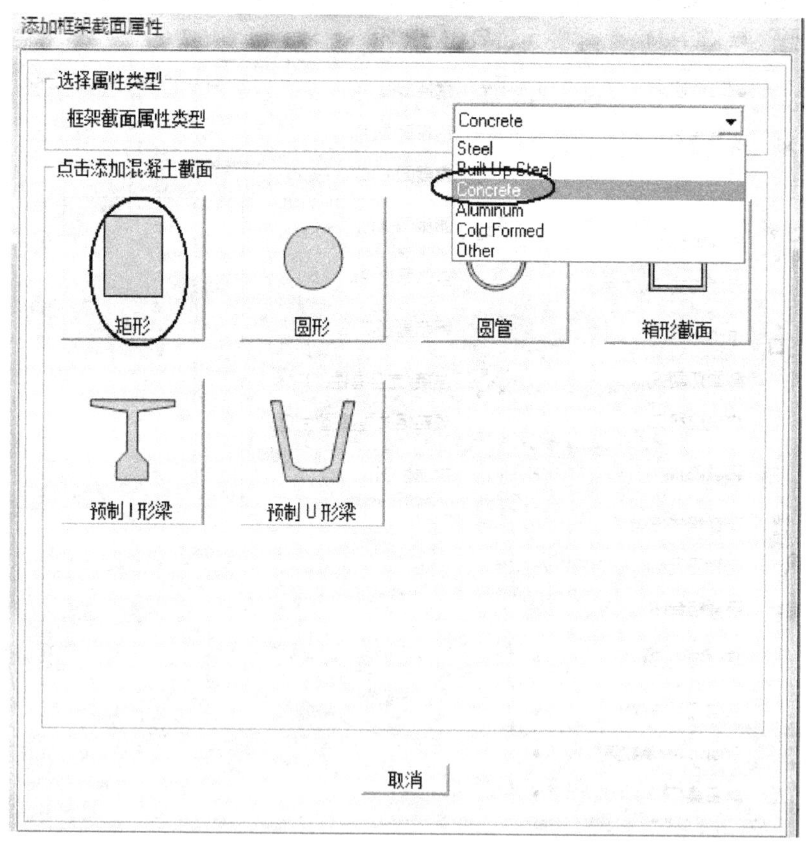

附图 32

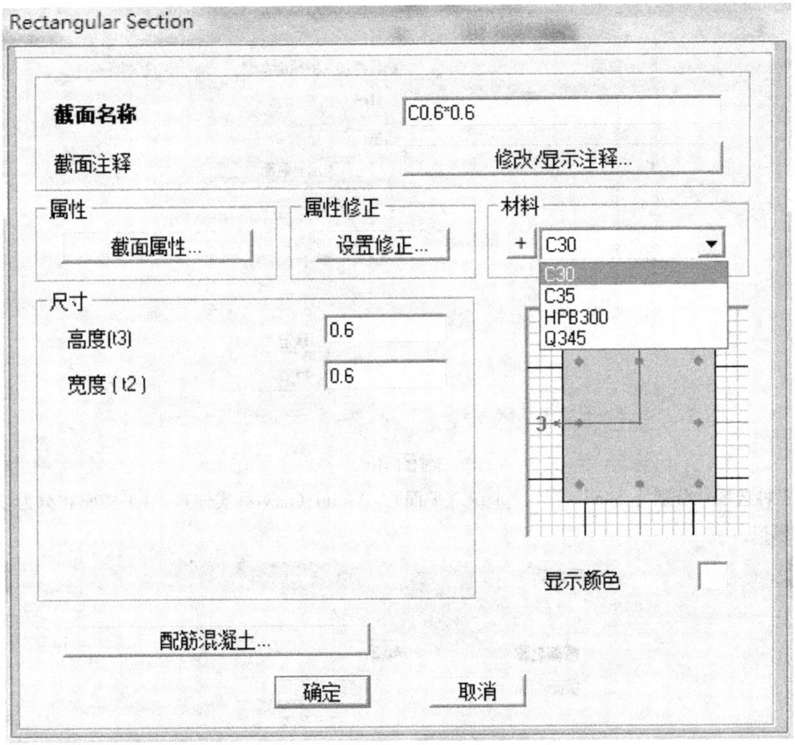

Rectangular Section
截面名称
C0.6*0.6
截面注释
修改/显示注释...
属性
截面属性...
属性修正
设置修正...
材料
C30
C30
C35
HPB300
Q345
尺寸
高度(t3)
0.6
宽度(t2)
0.6
3
显示颜色
配筋混凝土...
确定
取消

附图 33

Rectangular Section
截面名称
b0.25*0.6
截面注释
修改/显示注释...
属性
截面属性...
属性修正
设置修正...
材料
C30
尺寸
高度(t3)
0.6
宽度(t2)
0.25
2
3
显示颜色
配筋混凝土...
确定
取消

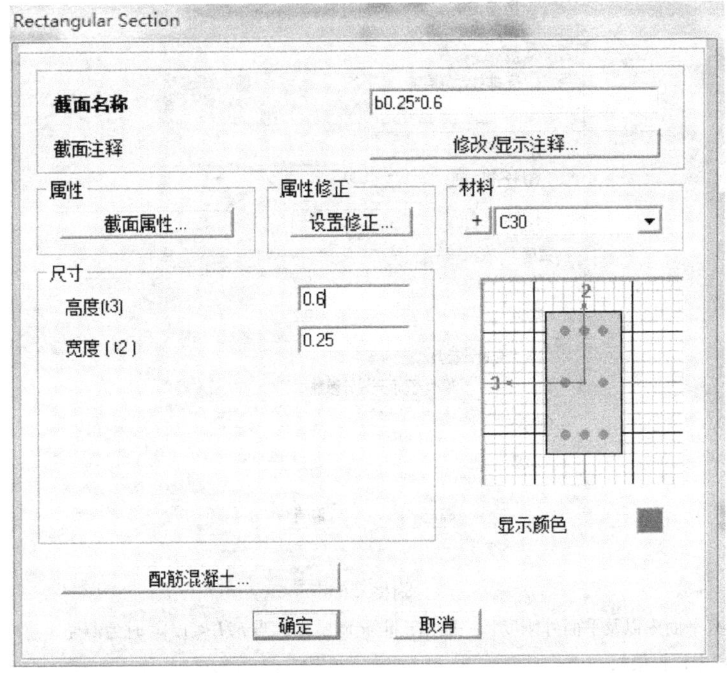

附图 34

注：1. 柱子的英文为 Colum，梁为 Beam，命名时为了区别，最好按以上的方式命名。

2. 截面高度与截面宽度应该与设置的单位一致。

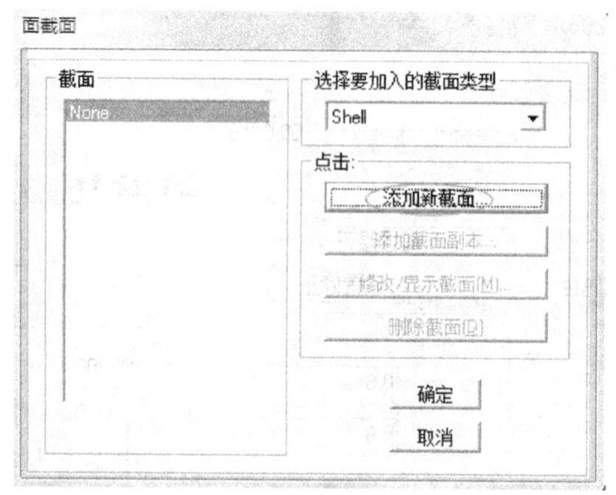

附图 35

注：面截面有三种选项，分别为 Shell（壳）、plane（平面）、Asolid（轴对称实体），对于楼面和剪力墙，一般可用 shell 单元模拟。

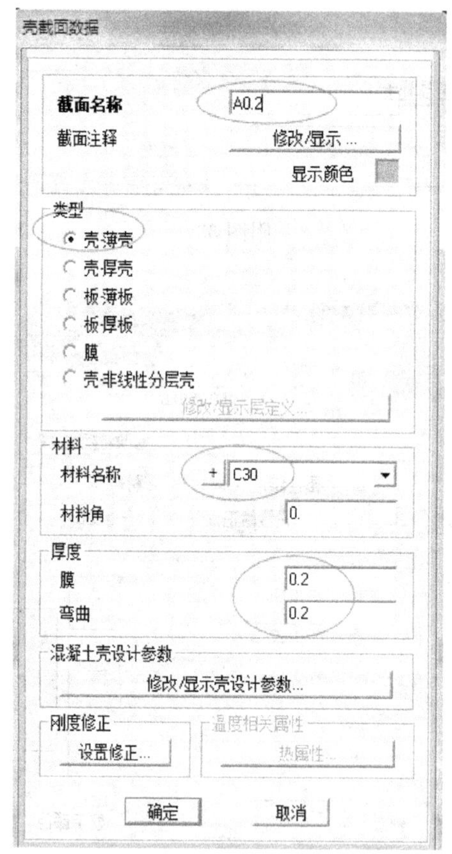

附图 36

注：1. 壳-薄壳：具有平面内以及平面外刚度，一般用于定义墙单元，当 $h/L<1/10$ 时为薄壳，忽略剪切变形；壳-薄壳，也可以用来模拟楼板。

2. 板：仅具有平面外刚度，仅存在平面外变形，一般用来模拟薄梁或地基梁。

3. 膜：仅具有平面内刚度，一般用于定义楼板单元，起传递荷载的作用。

4. 如果是定义剪力墙，一般命名用 W 开头。

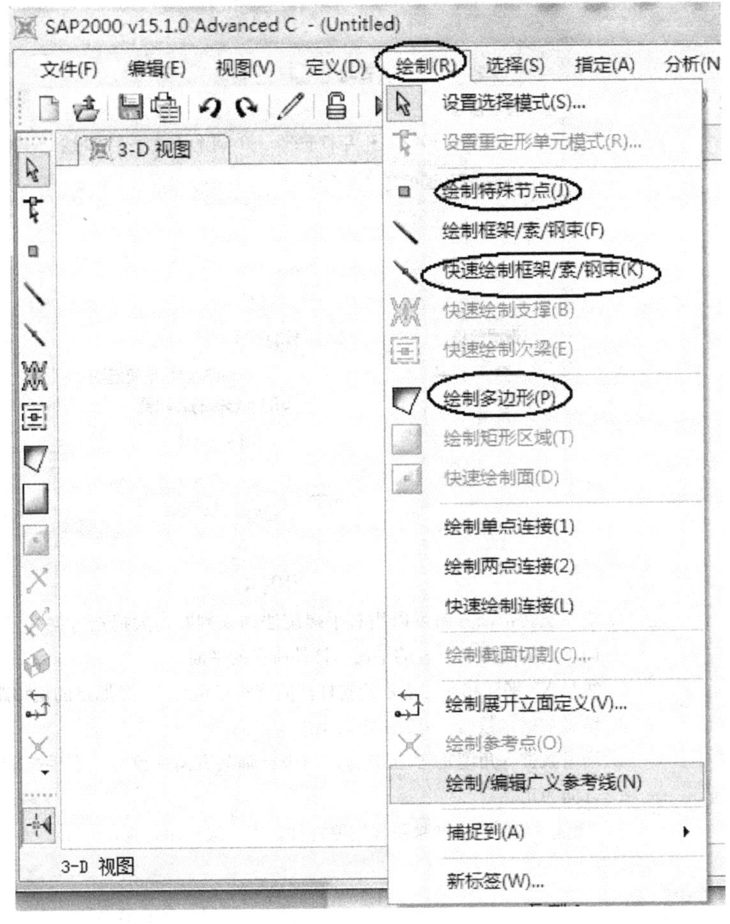

附图 37

注：1. 布置梁、柱时，可以根据实际需要，选择“连续”或“简支”，连续即固结，简支即铰接（附图 38）。

2. 绘制板时，选择 none（空），则不计板重但可以传递荷载。有时候，框架结构没有剪力墙时，可以布置一层“空”的面。

3. “绘制框架/索/钢束”一般是在两个节点间布置梁、柱；而“快速绘制框架/索/钢束”则可以用窗口框选的方式布置梁、柱构件。

4. “绘制矩形面单元”一般是指定矩形的四个角部节点来布置楼板或者剪力墙；而“快速绘制面单元”，可以用窗口的方式或者点击矩形内部某点的方式来布置楼板或者剪力墙。

（3）杆件旋转

在屏幕的左上方点击“设置选择模式”快捷键（附图 39），切换到要旋转杆件的平面（XY、XZ、YZ），点击“上下箭头”，框选或者点击：选择→选择组（前提是要定义了组），然后点击：编辑→带属性复制，弹出“复制”对话框，选择“旋转”，填写相关的参数，如附图 40 所示。

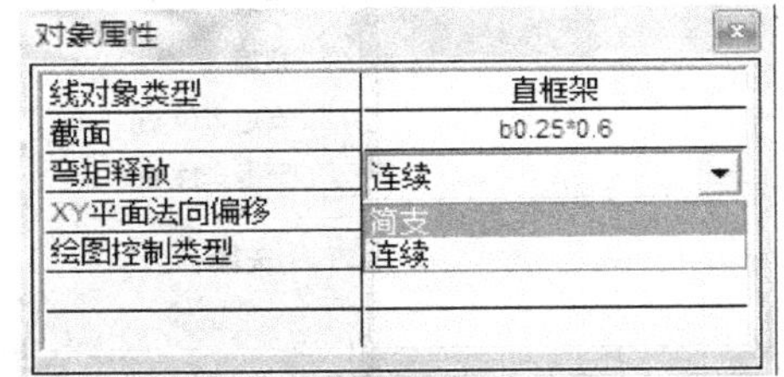

附图 38

（4）删除杆件

在屏幕的左上方点击“设置选择模式”快捷键，框选要删除的杆件，点击“Delete”。

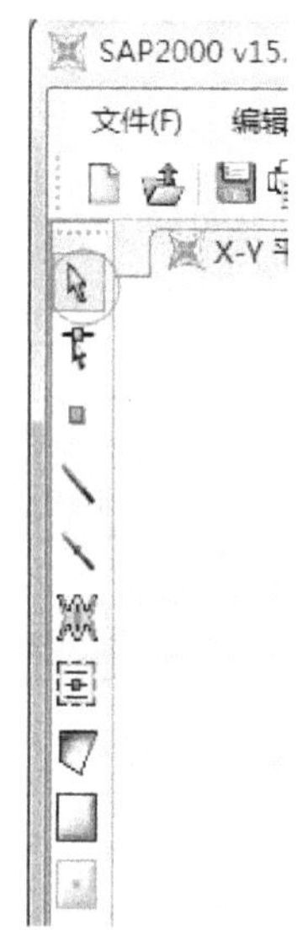

附图 39

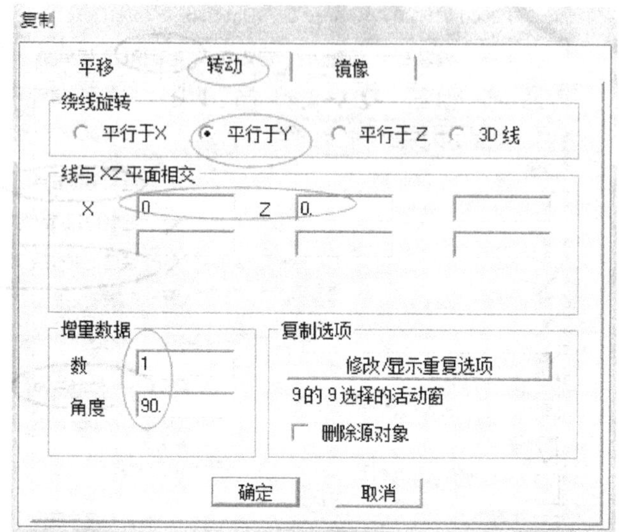

附图 40

注：1. 绕线旋转：该方向可以用右手螺旋法则来判断，大拇指方向为“绕线旋转”方向，大拇指方向垂直的平面为杆件所在的平面。

2. 线与XZ平面相交：表示旋转杆件的旋转点相对于XZ原点的偏移距离；

3. 增量数据（数）：一般按照实际情况填写；

4. 增量数据（角度）：大拇指方向与坐标轴某方向一致时，右手螺旋法则手的旋转方向为正。

5. “删除源对象”：如果要保留原杆件，则一般不用勾选。

（5）铰接

在屏幕的左上方点击“设置选择模式”快捷键，框选要设置为铰接的框架，点击：指定→框架→释放/部分刚接（A），如附图41所示。

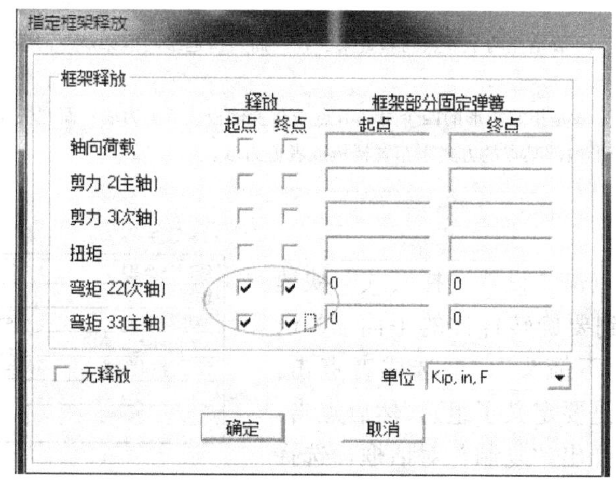

附图 41

注：对于三维框架，一般勾选“弯矩33”及“弯矩22”，对于二维平面构件，一般勾选“弯矩33”，弯矩的方向根据右手螺旋大拇指所指的方向进行判断。

（6）切换操作界面

切换操作界面时，用鼠标右键点击弹出的两个操作界面窗口，即可在不同的操作界面窗口下完成相关的操作，如附图 42 所示。

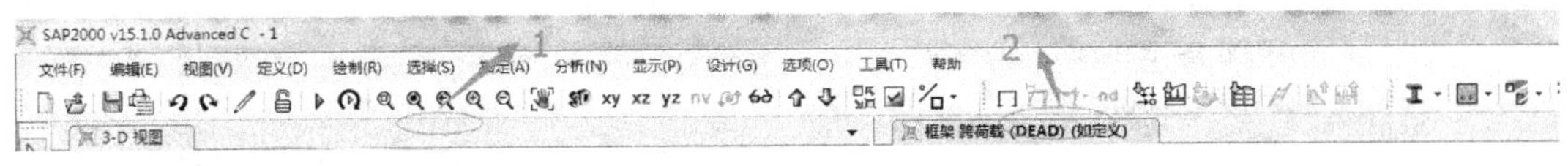

附图 42 操作窗口

7. 单元划分及节点耦合

楼板分割或者划分单元后，梁会自动划分单元，与楼板或者剪力墙单元划分一致，不用人工分割或者划分单元。但是楼板与剪力墙相邻处或不同楼板与楼板相连处，一般应分割或划分单元，似的节点耦合。如果采用分割功能（能形成节点），则重合节点处自动耦合；如果采用划分单元功能（不能形成节点），则重合节点处自动耦合。

（1）框架（梁、柱）分割

框架采用分割功能时，框选要分割的框架，点击：编辑→编辑线→分割框架，如附图 43、附图 44 所示。

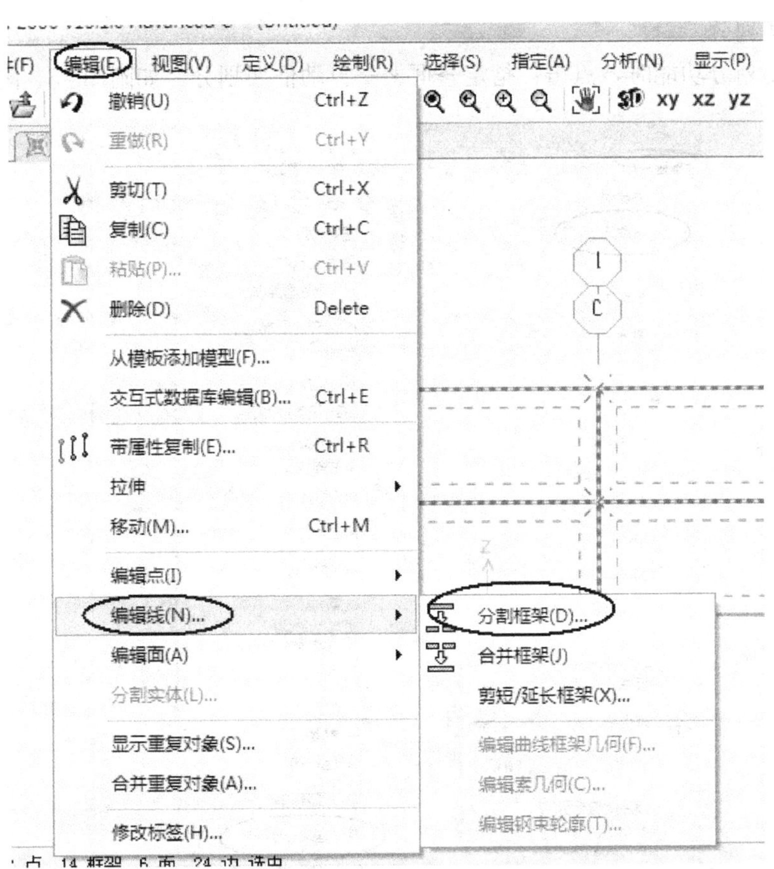

附图 43

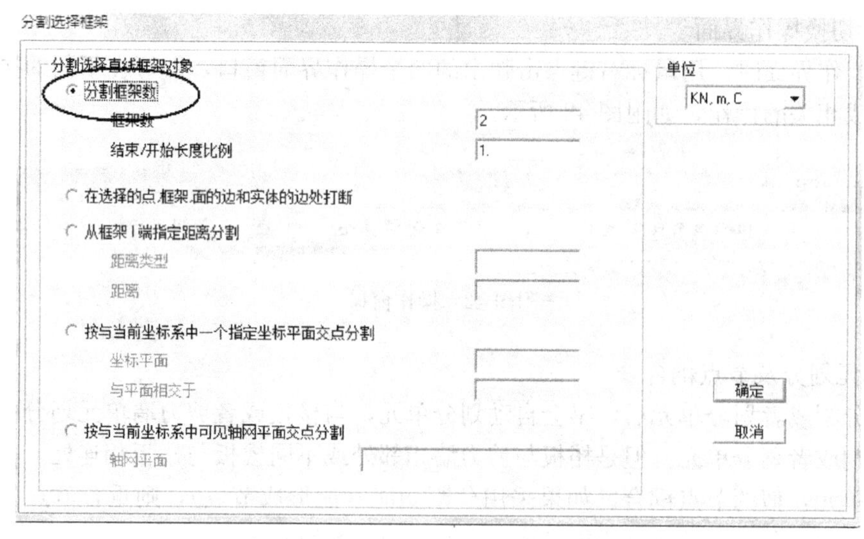

附图 44

注：1. 此功能一般用得不多，因为框架框、柱一般不用单位划分，程序自动会把梁、柱与板、剪力墙在节点处耦合。

2. 当需要在框架上形成节点时，可以采用此功能。

(2) 框架划分

框架采用划分功能时，点击：指定→框架→自动框架划分，如附图 45、附图 46 所示。

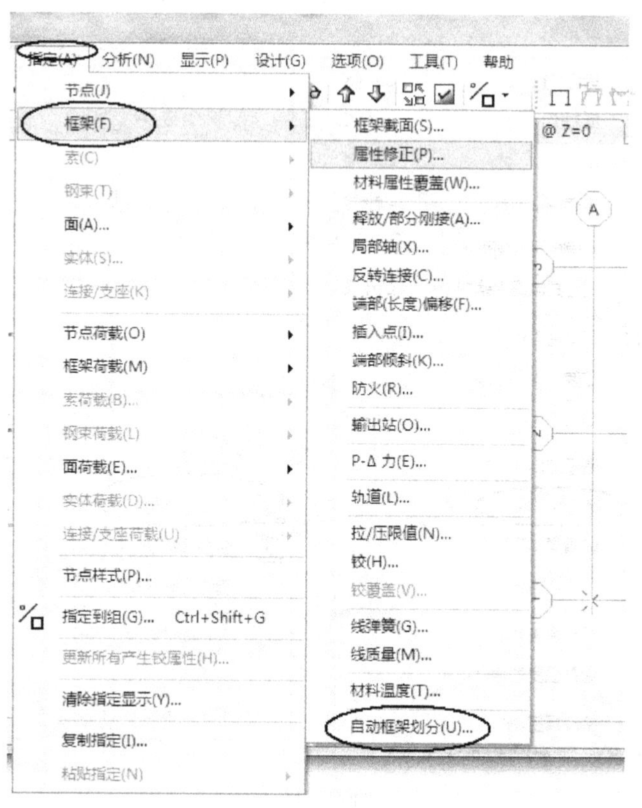

附图 45

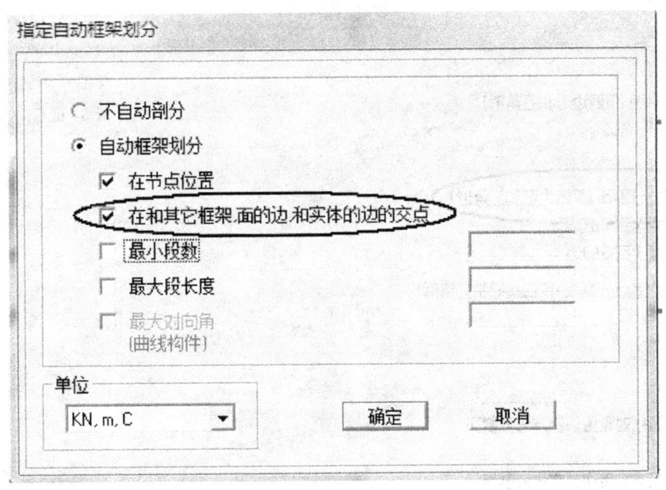

附图 46

注：1. 此功能一般用得不多，因为框架框、柱一般不用单位划分，程序自动会把梁、柱与板、剪力墙在节点处耦合。

2. 如果要划分单元，可以按图中取勾选。

(3) 面分割

框选要分割的的面，点击：编辑→编辑面→分割面，如附图 47、附图 48 所示。

附图 47

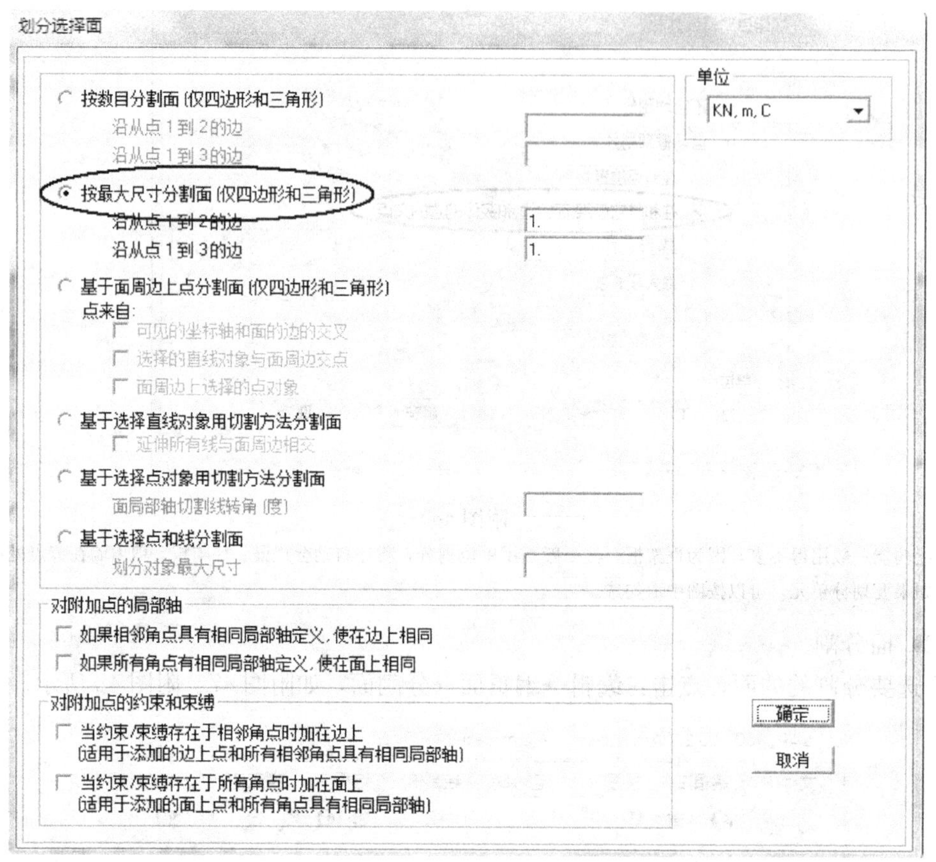

附图 48

注：1. 剪力墙、楼板的分割单元尺寸一般可设定为 1m，可以勾选“按最大尺寸分割面”。

2. 剪力墙上开洞，可以点击“绘制特殊节点”命令，布置开洞处的节点，再勾选“基于面周边点分割面”。

(4) 面划分

框选要划分的的面，点击：指定→面→面自动网格划分，如附图 49、附图 50 所示。

(5) 楼板与楼板或者楼板与剪力墙分割或者剖分不一致，节点不耦合时，应该添加束缚，框选节点不耦合的节点及相邻的楼板与剪力墙，点击：指定→面→生成边束缚，如附图 51、附图 52 所示。

8. 定义节点约束

定义节点约束，需要有节点（自动生成的或者需要自己剖分），在屏幕的上方点击快捷键“XY”平面（附图 53），然后点击“上下箭头”，切换到底部 XY 平面，在屏幕的左上方点击“设置选择模式”快捷键，框选需要定义支座的节点，点击：指定→节点→约束（附图 54），弹出对话框，如附图 55 所示。

如果要旋转支座，可以框选要旋转的支座，点击：指定→节点→局部轴，弹出对话框，如附图 56 所示。

9. 定义荷载模式

(1) 恒载

点击：定义→荷载模式，如附图 57、附图 58 所示。

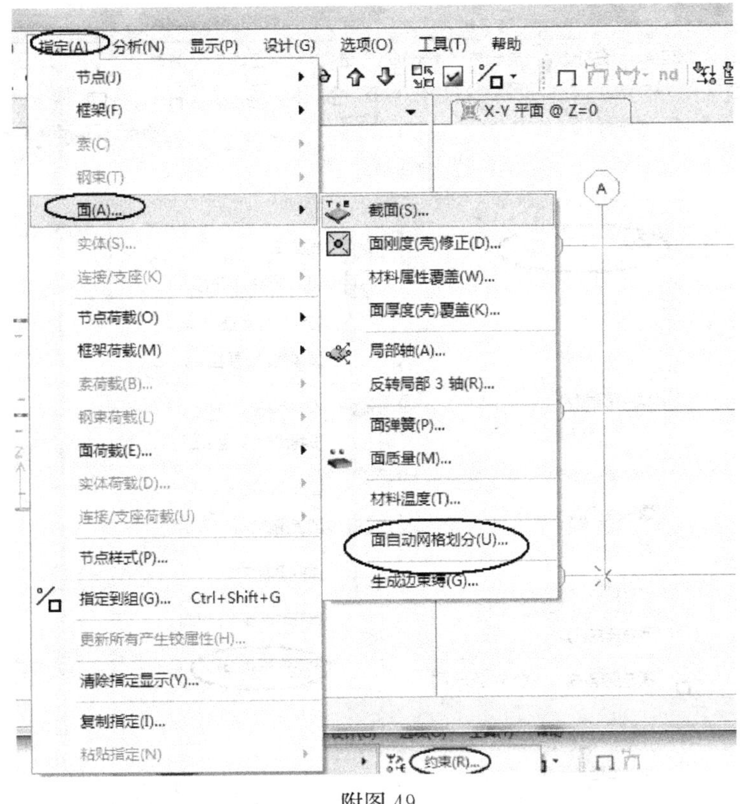

附图 49

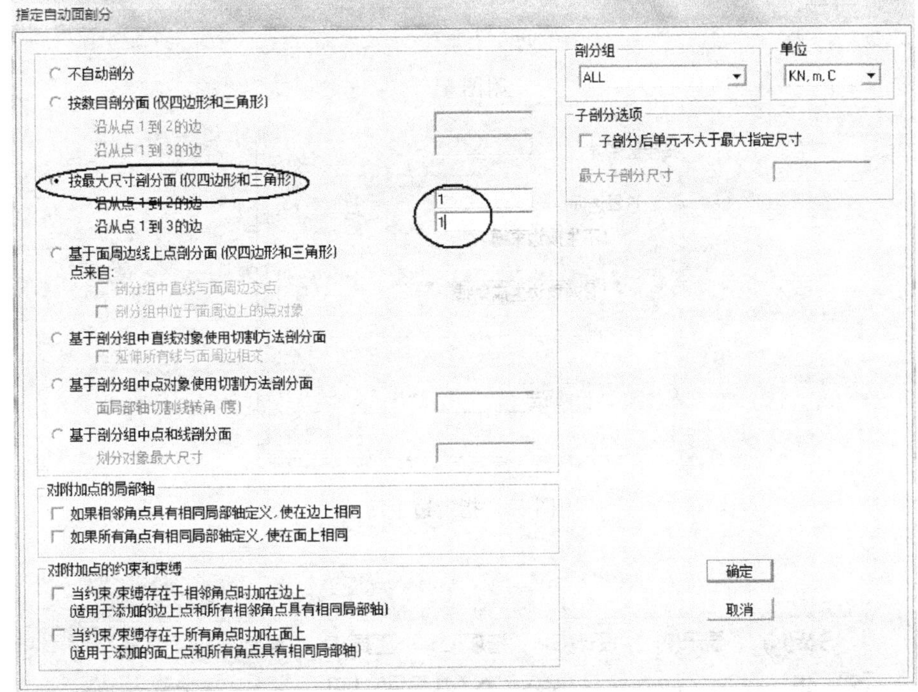

附图 50

注：1. 剪力墙、楼板的划分单元尺寸一般可设定为 1m，可以勾选“按最大尺寸剖分面”。

2. 剪力墙上开洞，可以点击“绘制特殊节点”命令，布置开洞处的节点，再勾选“基于面周边线上点剖分面”。

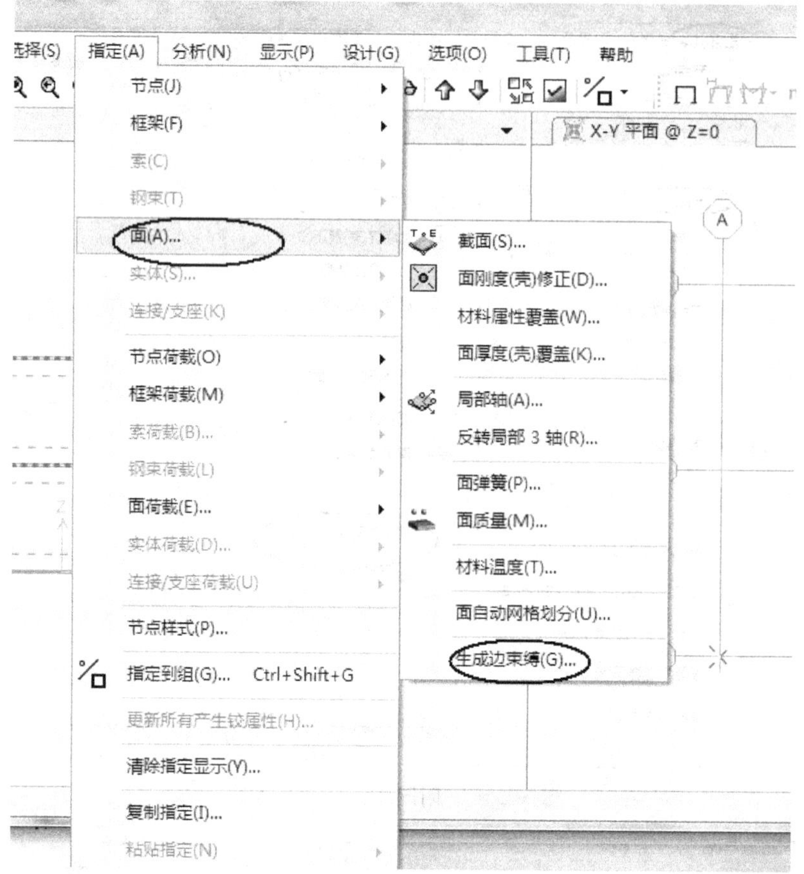

附图 51

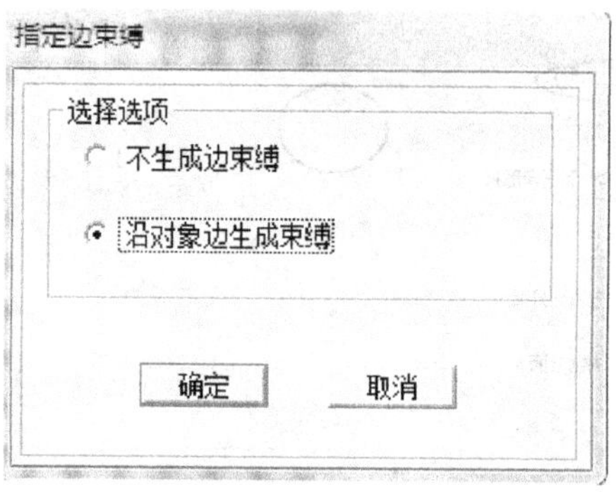

附图 52　指定边束缚

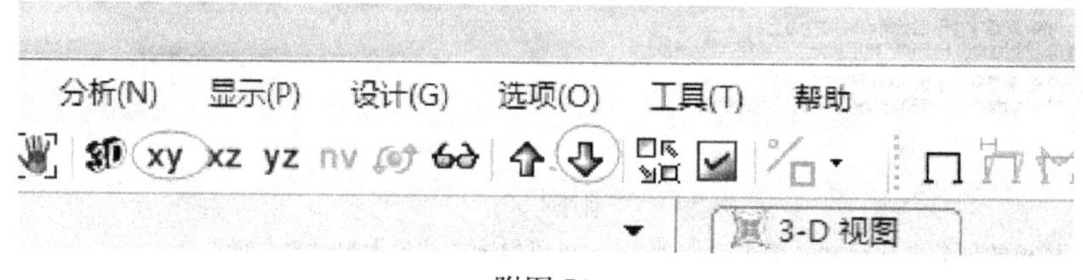

附图 53

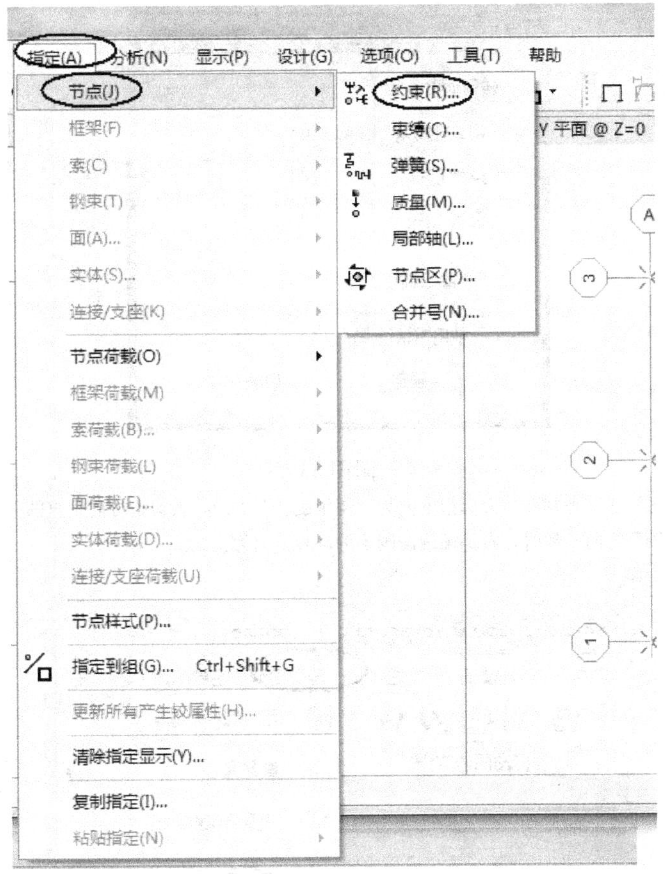

附图 54

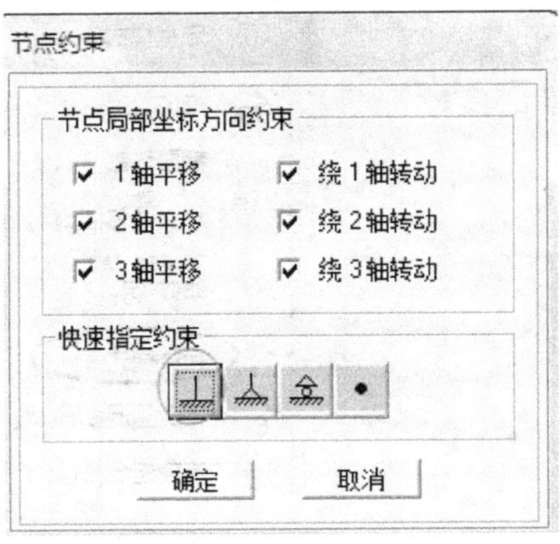

附图 55

注：1. 首先判断该结构是三维结构，还是平面结构。如果是三维结构，则支座方向范围是1、2、3轴，如果是平面结构，则支座方向范围只选1、2、3轴中的2个。平移是轴力方向，绕轴转动是弯矩方向。

2. 如果该结构是三维结构，固定支座，一般要勾选所有的平移与转动。如果是简支，勾选全部平移，不勾选转动。如果是滑动支座，不勾选转动，一般只约束3轴方向。

3. 1轴表示节点或者构件坐标中的红色，2轴表示绿色，3轴表示蓝色。在屏幕的上方，点击“设置选项”快捷键，勾选“局部坐标”，即可显示局部坐标。

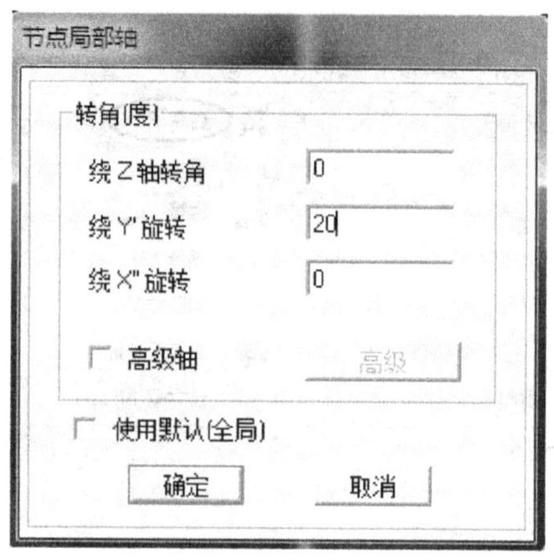

附图 56

注：该方向可以用右手螺旋法则来判断，大拇指方向为“绕轴旋转”方向，大拇指方向垂直的平面为杆件所在的平面。大拇指方向与坐标轴某方向一致时，右手螺旋法则手的旋转方向为正。

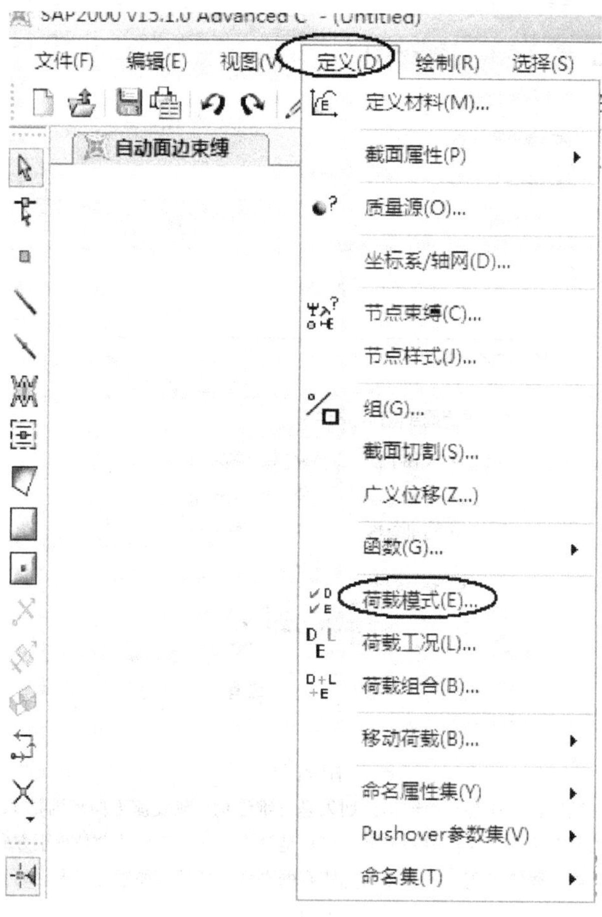

附图 57

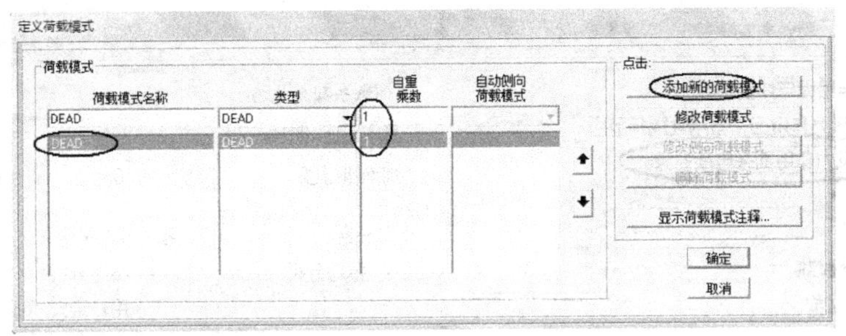

附图 58

注：1. 定义恒载时，类型选择“DEAD”，荷载模式名称为“DEAD”，自动乘数为 1，点击“添加新的荷载模式”，即可完成恒载的荷载模式定义。程序一般会自动生成恒载的荷载模式。

2. 点击“修改荷载模式”，即可修改已经定义的荷载模式。

（2）活载

点击：定义→荷载模式，在弹出对话框中选择“LIVE”，荷载模式名称为“live”，自重乘数为 0，点击“添加新的荷载模式”，即可完成活荷载的荷载模式定义，如附图 59 所示。

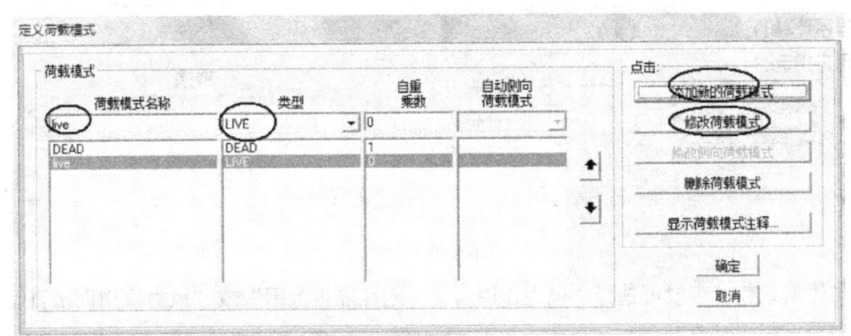

附图 59

注：点击“修改荷载模式”，即可修改已经定义的荷载模式。

（3）风荷载

点击：定义→荷载模式，在弹出对话框中选择“WIND”，荷载模式名称为“wx”，自重乘数为 0，“自动侧向荷载模式”选择为“Chinease 2010”，点击“添加新的荷载模式”，即可完成 x 方向风荷载的荷载模式定义，如附图 60 所示。

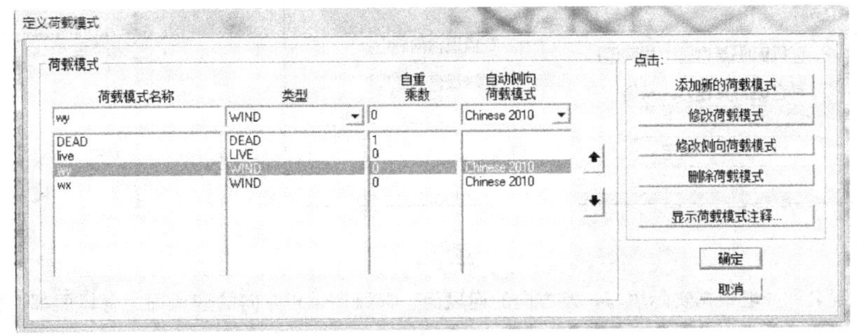

附图 60

注：1. 点击“修改荷载模式”，即可修改已经定义的荷载模式。

2. 点击“修改侧向荷载模式”，即可填写风荷载的相关参数，如附图 61～附图 66 所示。

3. 定义 x 方向的风荷载模式后，还要定义 y 方向的风荷载模式。

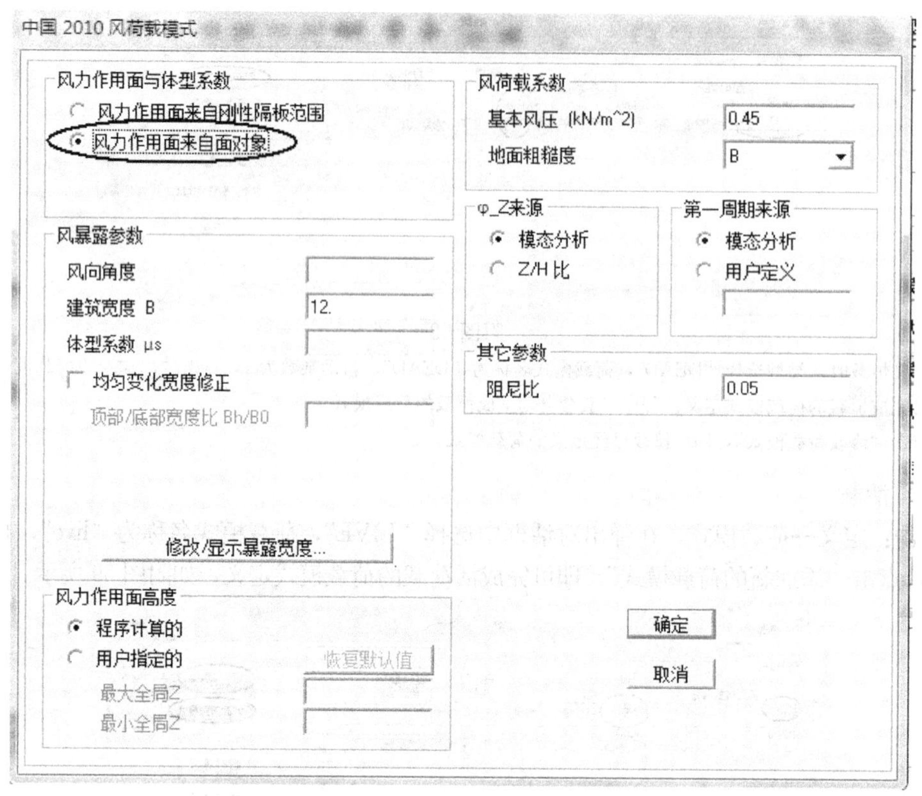

附图 61

注：1. 风力作用面与体型系数：一般可选择“风力作用面来自刚性隔板范围”或“风力作用面来自面对象”。本对话框为“风力作用面来自面对象”。

2. 如果选择“风力作用面来自面对象”，应该自己定义“风荷载体型系数”，框选框架 X 方向或者 Y 方向一侧的全部面（如果没有剪力墙，可以布置虚面：空），点击：指定→面荷载→风压系数（壳），如附图 62 所示。

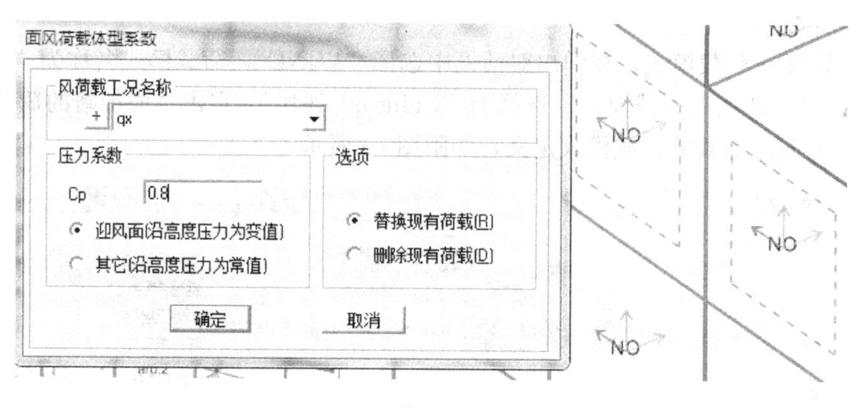

附图 62

注：1. 风荷载工况名称一般根据实际填写，X 方向的迎风面、背风面，Y 方向的迎风面、背风面都要施加风荷载体系系数。

2. 压力系数，对于常规矩形工程，迎风面体型系数的绝对值为 0.8，背风面的体形系数绝对值为 0.5，当风力方向与面局部坐标 3 轴（蓝色）一致时，均为正值，当风力方向与面局部坐标 3 轴（蓝色）相反时，均为负值。局部坐标的显示，可以在快捷键“显示”中勾选面栏中的“局部坐标”，然后点击“旋转”的快捷键（附图 63）。

3. 其他参数按实际工程填写。

附图 63

注：在三维视图时“3D”，才能使用旋转按钮。

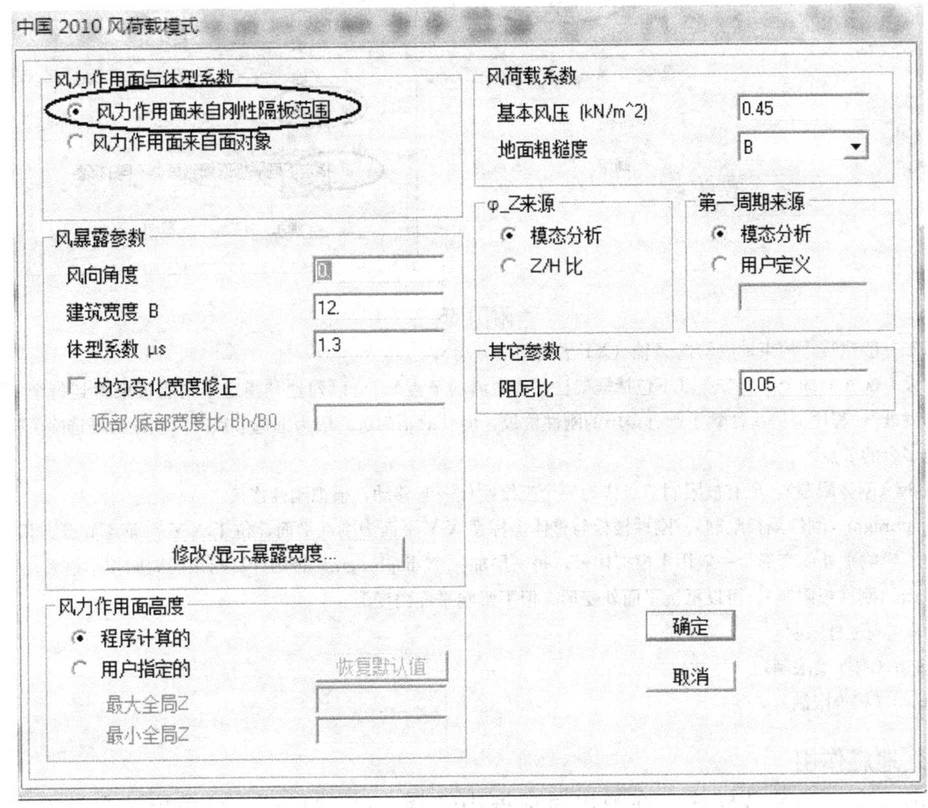

附图 64

注：1. 对于常规工程，体型系数一般可填写 1.3（0.8+0.5=1.3），其他参数的填写可以根据实际工程填写。

2. 选择“风力作用面来自刚性隔板范围”时，应先定义刚性楼板，选择该楼层的所有节点，点击：指定→节点→束缚，如附图 65、附图 66 所示。

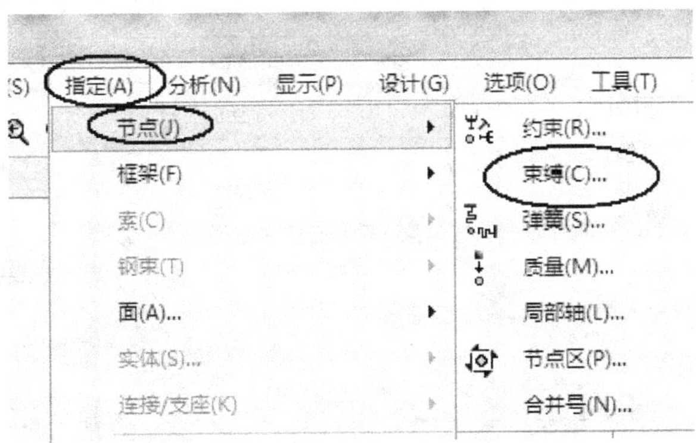

附图 65

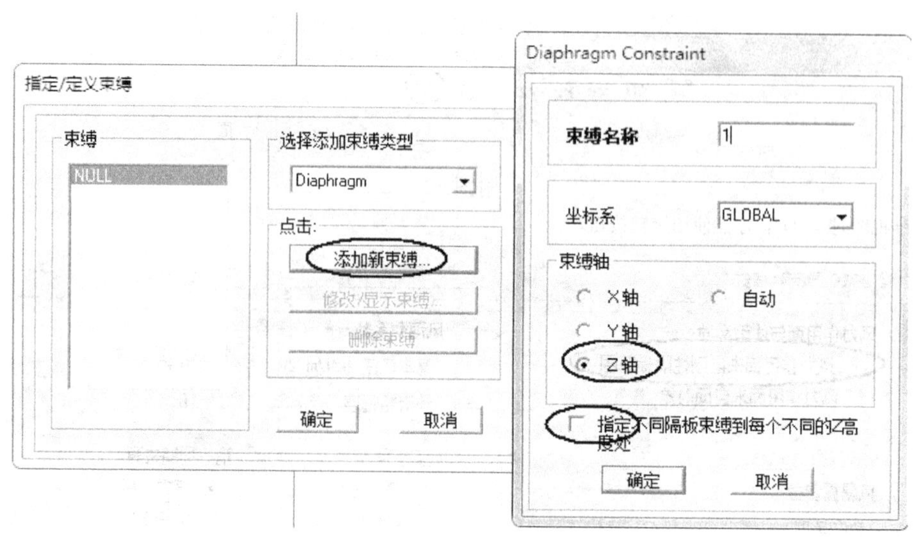

附图 66

注：1. 对于一般建筑，约束轴应勾选 Z 轴（XY 平面的法方向）；

2. 如果一次性框选全部的节点（不包括框架柱、剪力墙的节点），可以勾选“指定不同隔板束缚到每个不同的 Z 高度处”，程序会一次性赋予所有楼层的刚性楼板，但一般不勾选，因为框选节点时，往往会框选除了楼层处其他多余的节点。

3. Body（刚体限制）：所有被限制节点作为一个三维刚体一起移动，模拟刚性连接。

Diaphragm（刚性隔板限制）：刚性楼板与整体坐标系 X-Y 平面为刚性平面，位于 X-Y 平面各节点无相对位移，但不影响平外面变形。一般用来模拟楼板，每一层加一个 diaphragm，否则计算出来的周期相差很大。

Plate（刚性板限制）：可以抵抗平面外变形，但不影响平面内变形。

Rod（刚性杆限制）。

Beam（刚性梁限制）。

Equal（相等限制）。

（4）地震作用

点击：定义→荷载模式，在弹出对话框中选择“QUAKE”，荷载模式名称为“qx”，自重乘数为 0，“自动侧向荷载模式”选择为“Chinease 2010”，点击“添加新的荷载模式”，即可完成 X 方向地震作用的荷载模式定义，如附图 67 所示。

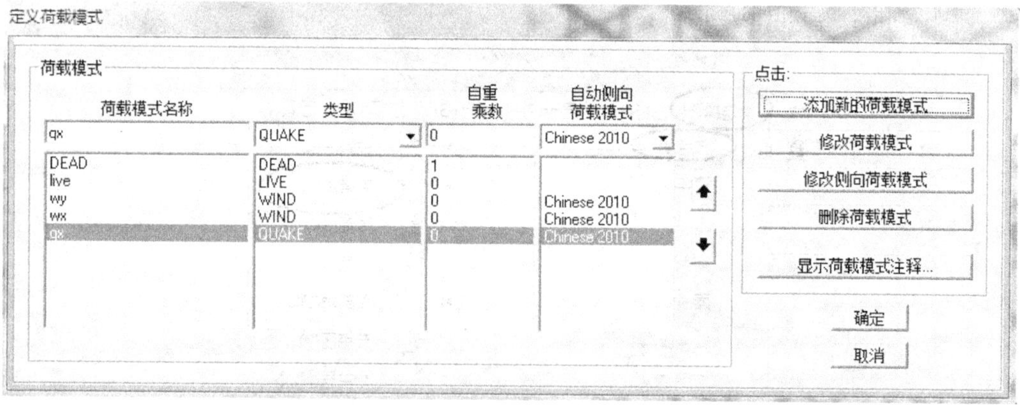

定义荷载模式

荷载模式

荷载模式名称	类型	自重乘数	自动侧向荷载模式
qx	QUAKE	0	Chinese 2010
DEAD	DEAD	1	
live	LIVE	0	
wy	WIND	0	Chinese 2010
wx	WIND	0	Chinese 2010
qx	QUAKE	0	Chinese 2010

点击：添加新的荷载模式 / 修改荷载模式 / 修改侧向荷载模式 / 删除荷载模式 / 显示荷载模式注释... / 确定 / 取消

附图 67

注：1. 点击"修改荷载模式"，即可修改已经定义的荷载模式。
2. 点击"修改侧向荷载模式"，即可填写地震作用的相关参数，如附图 68 所示。
3. 定义 X 方向的地震作用模式后，还要定义 Y 方向的地震作用模式。

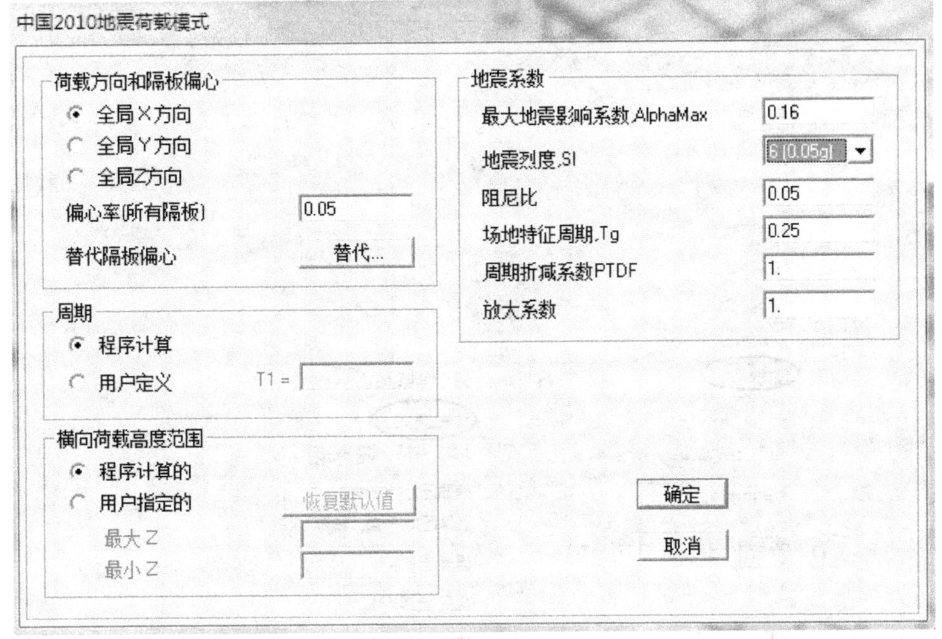

附图 68

注：1. 定义 X 方向的地震作用荷载模式时，应选择"全局 X 方向"，当定义 Y 方向的地震作用荷载模式时，应选择"全局 Y 方向"。其他参数按照实际工程填写。
2. 该定义的地震作用为底部剪力法算出的地震作用。

10. 施加荷载

(1) 面荷载

框选要施加面荷载的面，点击：指定→面荷载→均布（壳），如附图 69、附图 70 所示。

(2) 线荷载

在屏幕的左上方点击"设置选择模式"快捷键，框选要布置线荷载的框架梁，点击：指定→框架荷载（M）→分别（D），如图 71、图 72 所示。

(3) 梯形面荷载（挡土墙等）

点击：定义→节点样式，弹出对话框（附图 75），点击"添加新样式名"。

框选要布置梯形面荷载的面上所有的节点，点击：指定→节点样式，如附图 76 所示。

框选要施加梯形面荷载的面，点击：指定→面荷载→表面压力（全部），如附图 77、附图 78 所示。

11. 定义质量源

点击：定义→质量源，如附图 79 所示。

12. 定义函数

一般定义函数后，再定义"反应谱荷载分析工况"或者"时程分析荷载工况"，程序会自动将定义的函数与定义的荷载工况一一对应。

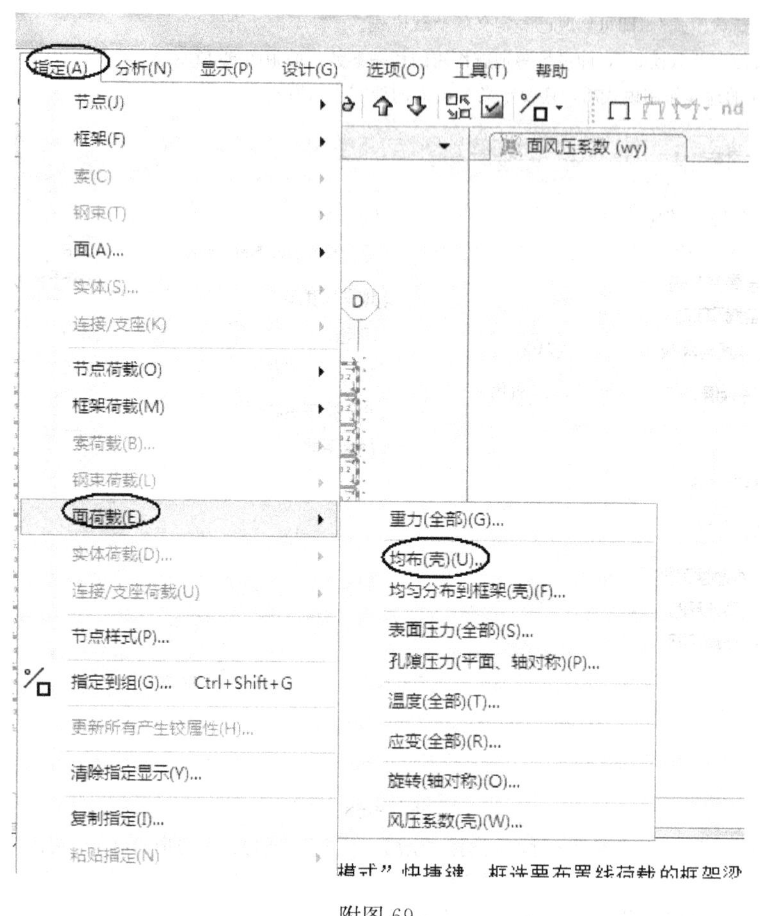

附图 69

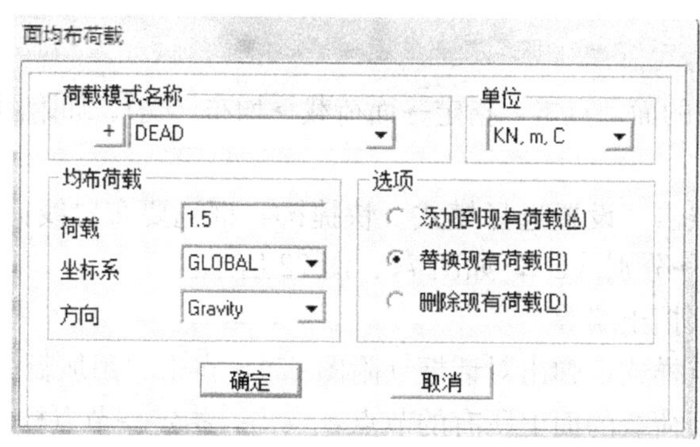

附图 70

注：1. 荷载模式名称：一般根据实际工程填写。其他参数根据实际工程填写。

2. 一般采用“均匀壳”方式加荷载，计算时采用的是有限元理论，壳的刚度会参与了整体受力，并影响面荷载分配，楼板剖分愈精细，愈精确；“均匀导荷到框架”应该是按照塑性铰线概念，将每一块壳上的荷载按塑性铰区范围加载到相应的梁上（注意采用此种方法时，同一“区格”内的楼板不要剖分，否则导荷结果是错误的），壳的刚度不会影响荷载的分配。对于通常结构，建议同一“区格”内的楼板不要剖分，面荷载采用“均匀导荷到框架”的方法施加，楼板的面外刚度贡献可以通过修正梁的刚度实现，楼板的面内刚度贡献可以通过施加隔板约束实现。但这样会导致楼板自重通过膜节点直接传到支座（柱子）上了。

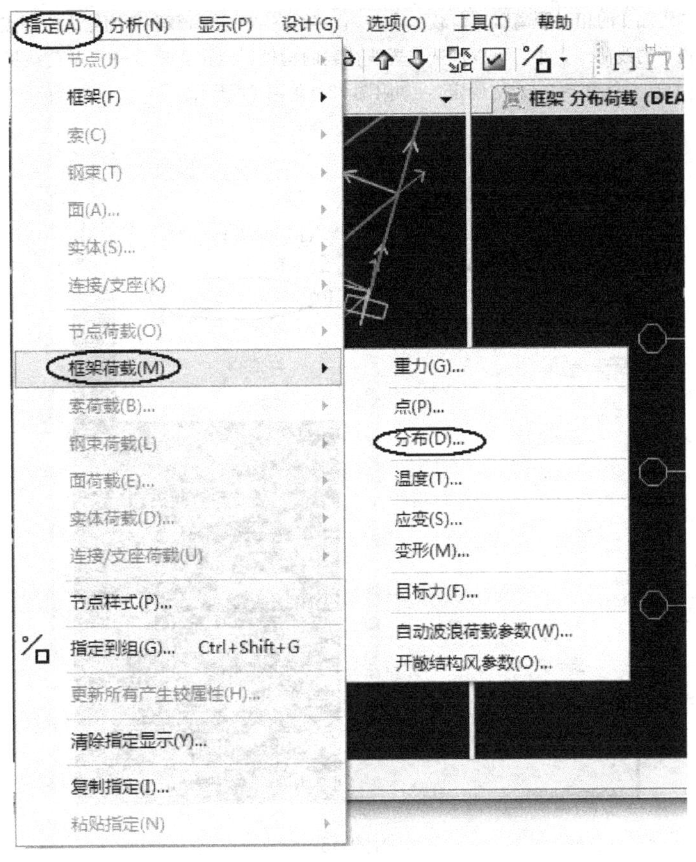

附图 71

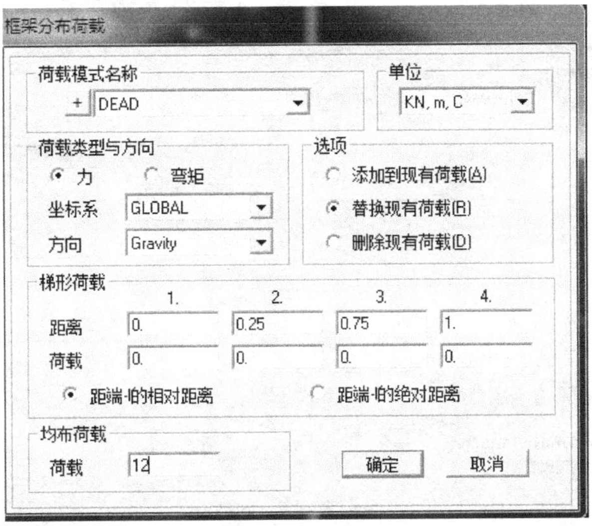

框架分布荷载

荷载模式名称 + DEAD

单位 KN, m, C

荷载类型与方向 ⊙ 力 ○ 弯矩

坐标系 GLOBAL

方向 Gravity

选项 ○ 添加到现有荷载(A) ⊙ 替换现有荷载(R) ○ 删除现有荷载(D)

梯形荷载

	1.	2.	3.	4.
距离	0.	0.25	0.75	1.
荷载	0.	0.	0.	0.

⊙ 距端-I的相对距离 ○ 距端-I的绝对距离

均布荷载 荷载 12

确定 取消

附图 72

注：1. 填充墙线荷载一般“荷载模式名称”选择“DEAD”，坐标系选择“GLOBAL”，方向为“Gravity”；

2. 如果是均布线荷载，一般可选择“距端-I的相对距离”；“荷载”中输入线荷载值，向下为正。如果是梯形线荷载，可以选择“距端-I的相对距离”，“荷载”输入0，然后在“梯形荷载”下面输入不同点处对应的荷载值。

3. 如果要查看布置了的线荷载大小，可以框选布置线荷载的构件，点击：显示→显示荷载指定（L）→框架/索/钢束（F），在弹出的对话框中点击“确定”，如附图73、附图74所示。

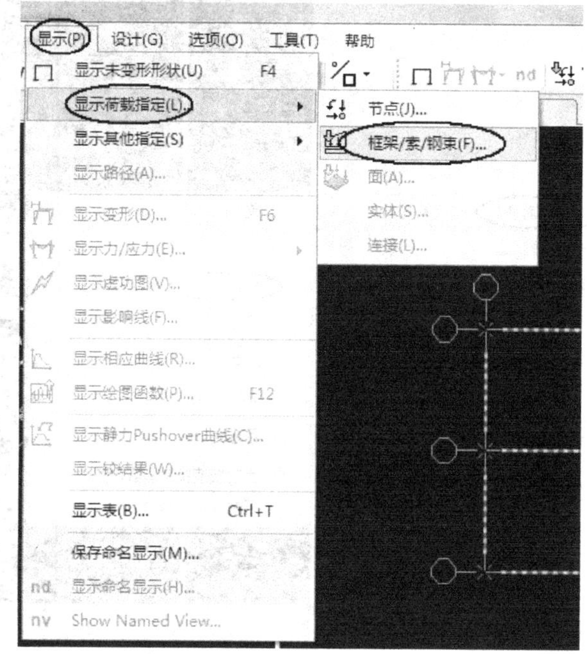

附图73

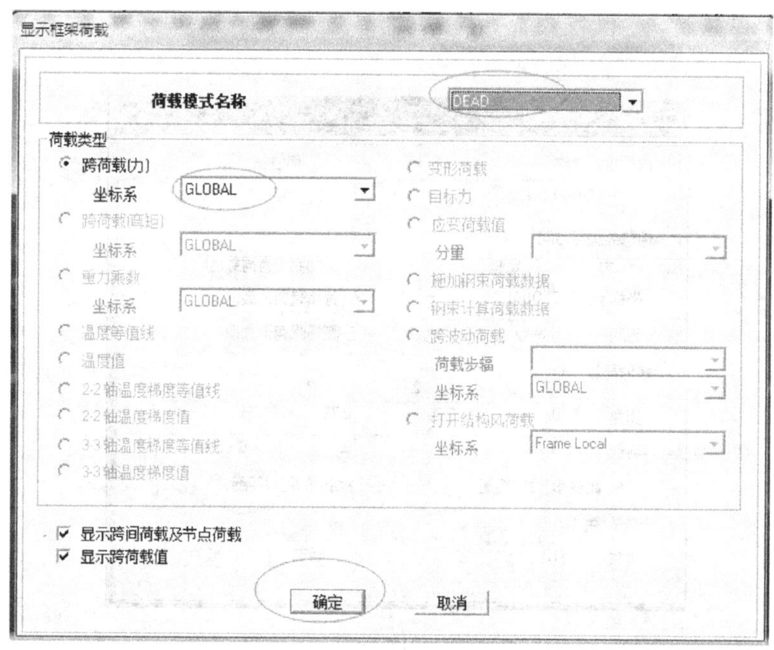

附图74

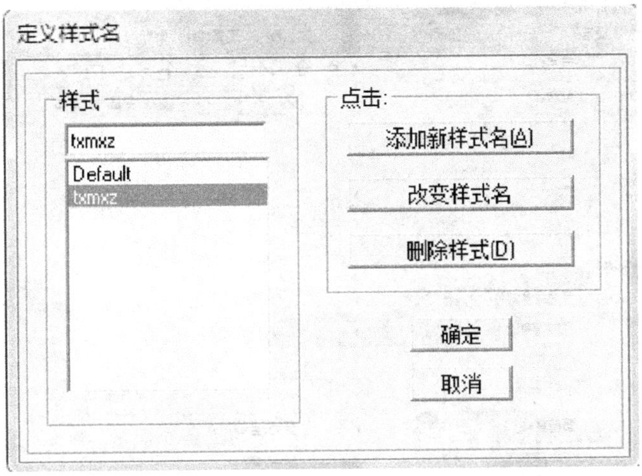

定义样式名

样式
txmxz
Default
txmxz

点击:
添加新样式名(A)
改变样式名
删除样式(D)

确定
取消

附图 75

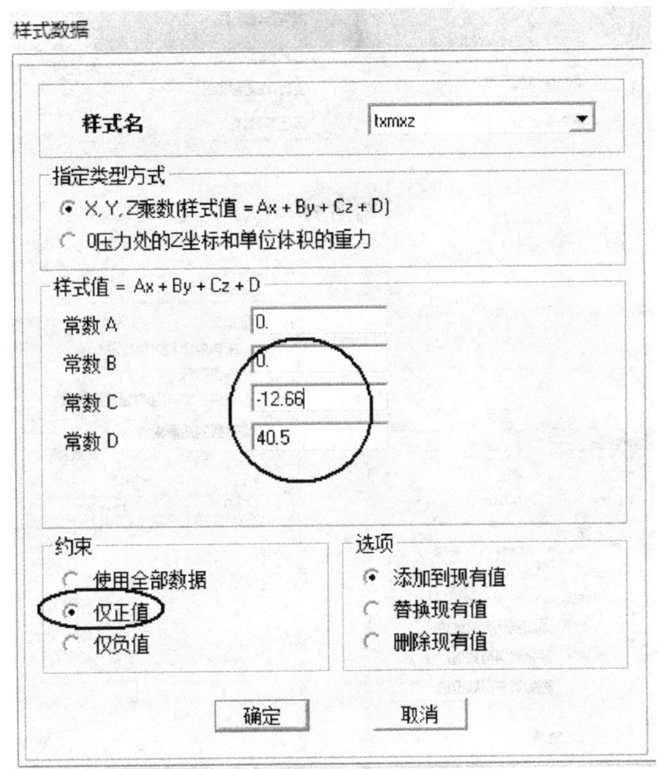

附图 76

注：首先确定梯形面荷载所在的平面，假如是 X-Z 平面，则可以让梯形面荷载的值位于 Z 轴上，于是变成了方程 $CZ+D=0$，假如梯形面荷载的最大值为 40.5，最小值为 5，梯形荷载的高度为 3.2m，及 $Z=0$ 时，$CZ+D=40.5$，$Z=3.2$ 时，$CZ+D=5$，即 $D=-40.5$，$C=-12.66$。

（1）定义反应谱函数

点击：定义→函数→反应谱，如附图 80～附图 82 所示。

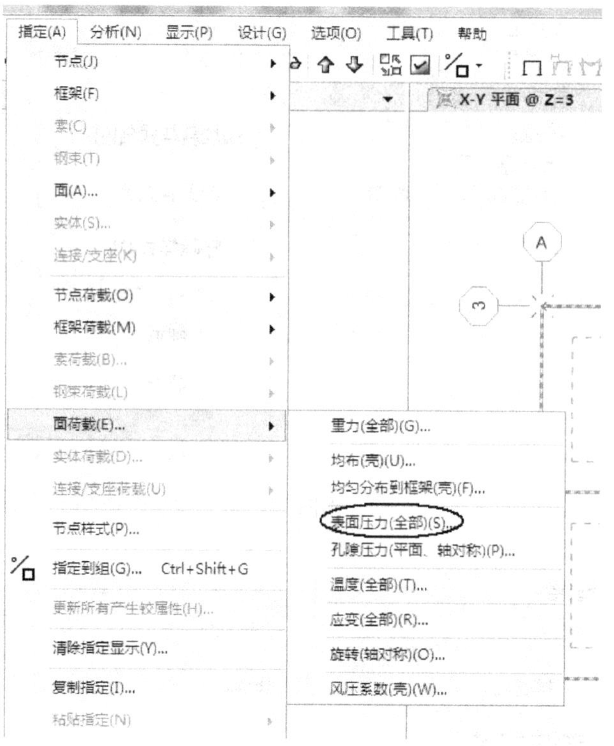

附图 77

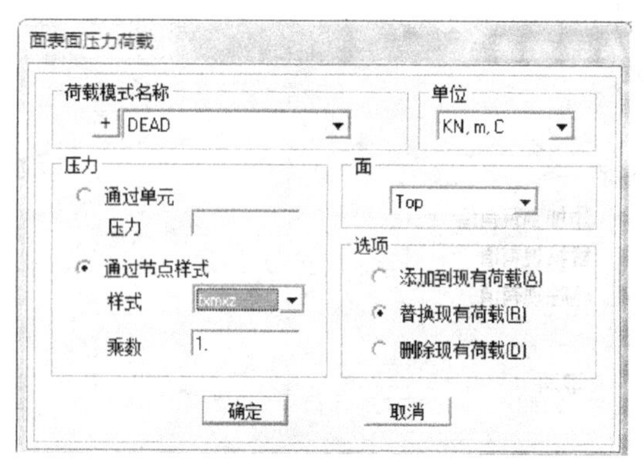

附图 78

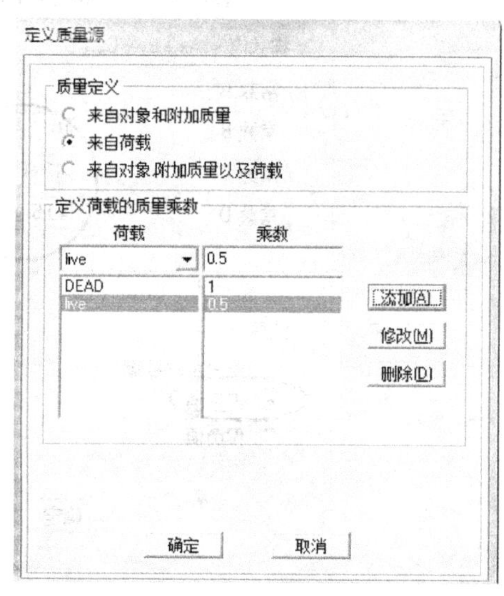

附图 79

注：1. 一般都选择来自荷载，质量源组合时有一个“乘数”即荷载组合系数。规定自重及附加恒载的系数为 1.0；活载的系数为 0.5。结构的质量等于组合后的荷载除以重力加速度 g 而得。

2. 来自对象和附加质量：这一方法质量由结构构件体积乘以构件密度产生。外加荷载不会转换为质量。

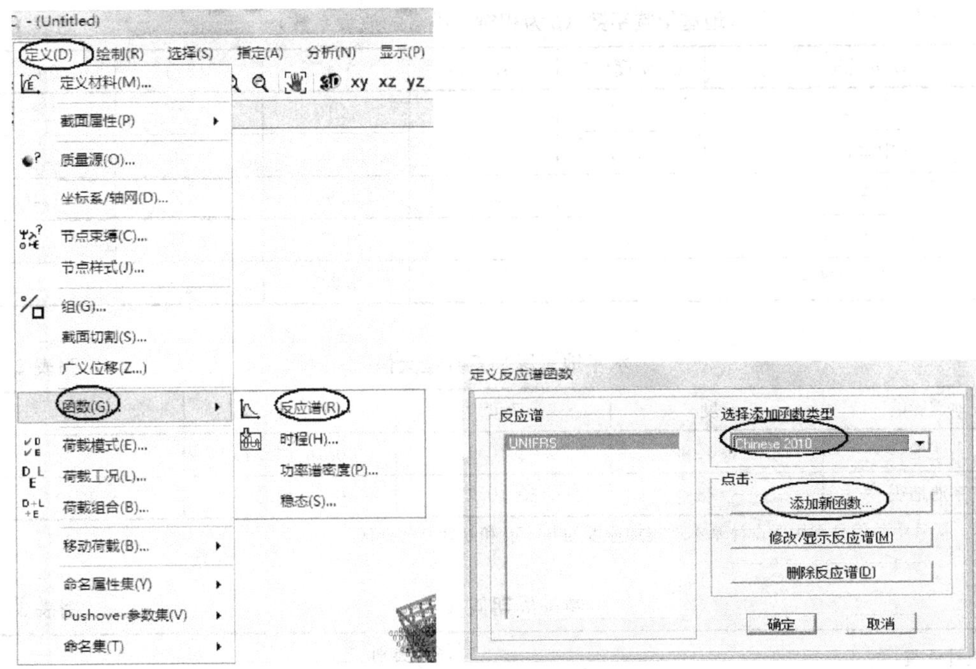

附图 80　　　　　　　　附图 81

Response Spectrum Chinese 2010 函数定义

函数名称　6 0.05　　函数阻尼比　0.05

参数

影响系数最大值 AlphaMax　0.04

地震烈度 SI　6 (0.05g)

场地特征周期 Tg　0.35

周期折减系数 PTDF　1

转换为用户定义的

定义函数

周期	加速度
0.	0.018
0.1	0.04
0.35	0.04
0.525	0.0278
0.7	0.0214
0.875	0.0175
1.05	0.0149
1.225	0.013
1.4	0.0115

添加(A)　修改(M)　删除(D)

函数图表

显示图表

确定　取消

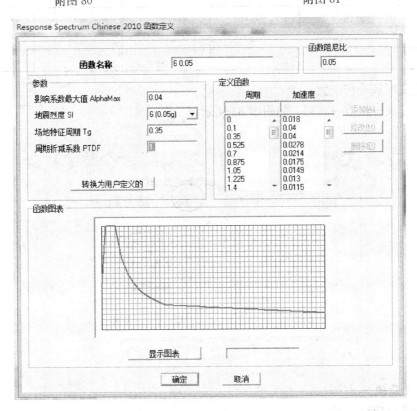

附图 82

注：1. 影响系数最大值，可参考附表 1、附表 2。

2. 场地特征周期，可参考附表 3。

地震影响系数（β为相对于小震的放大系数） **附表 1**

设防烈度	7 度	7.5 度	8 度	8.5 度	9 度
小震 a	0.08	0.12	0.16	0.24	0.32
中震 a	0.23	0.33	0.46	0.66	0.80
大震 a	0.50	0.72	0.90	1.20	1.40
中震放大系数 β	2.875	2.75	2.875	2.75	2.5
大震放大系数 β	6.25	6	5.625	5	4.375

水平地震影响系数最大值 **附表 2**

地震影响	6 度	7 度	8 度	9 度
多遇地震	0.04	0.08（0.12）	0.16（0.24）	0.32
罕遇地震	0.28	0.50（0.72）	0.90（1.20）	1.40

注：括号中数值分别用于设计基本地震加速度为 0.15g 和 0.30g 的地区。

特征周期值（s） **附表 3**

设计地震分组	场地类别				
	I_0	I_1	Ⅱ	Ⅲ	Ⅳ
第一组	0.20	0.25	0.35	0.45	0.65
第二组	0.25	0.30	0.40	0.55	0.75
第三组	0.30	0.35	0.45	0.65	0.90

（2）定义时程分析函数

点击：定义→函数→时程，如附图 83 所示。

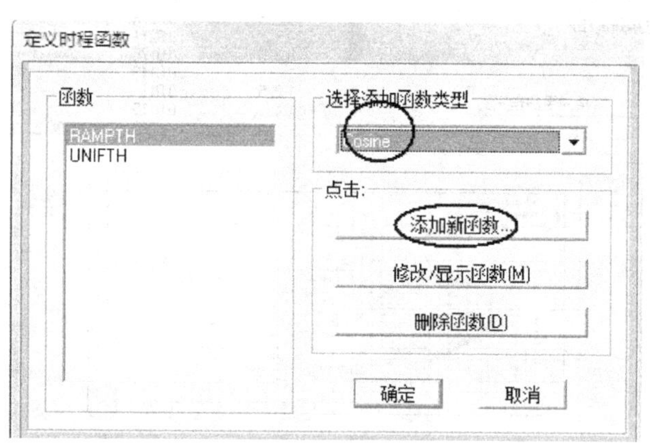

附图 83

13. 定义荷载工况

（1）定义反应谱工况

点击：定义→荷载工况，弹出对话框（附图 84），点击“添加新荷载工况”，如附图 85 所示。

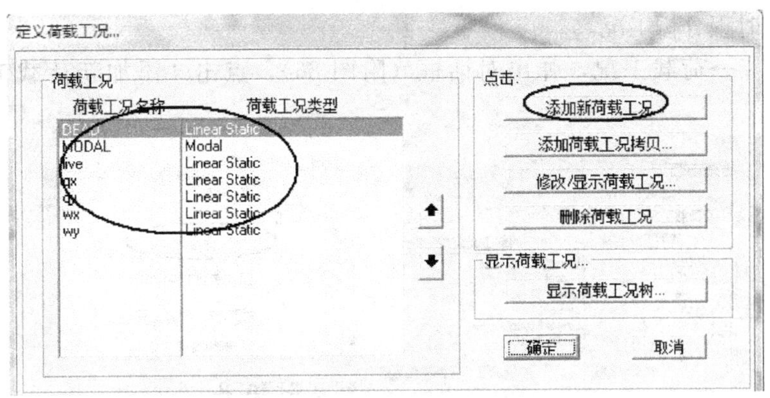

附图 84

注：程序会自动生成线性-静力荷载分析工况（恒、活、风、地震）。

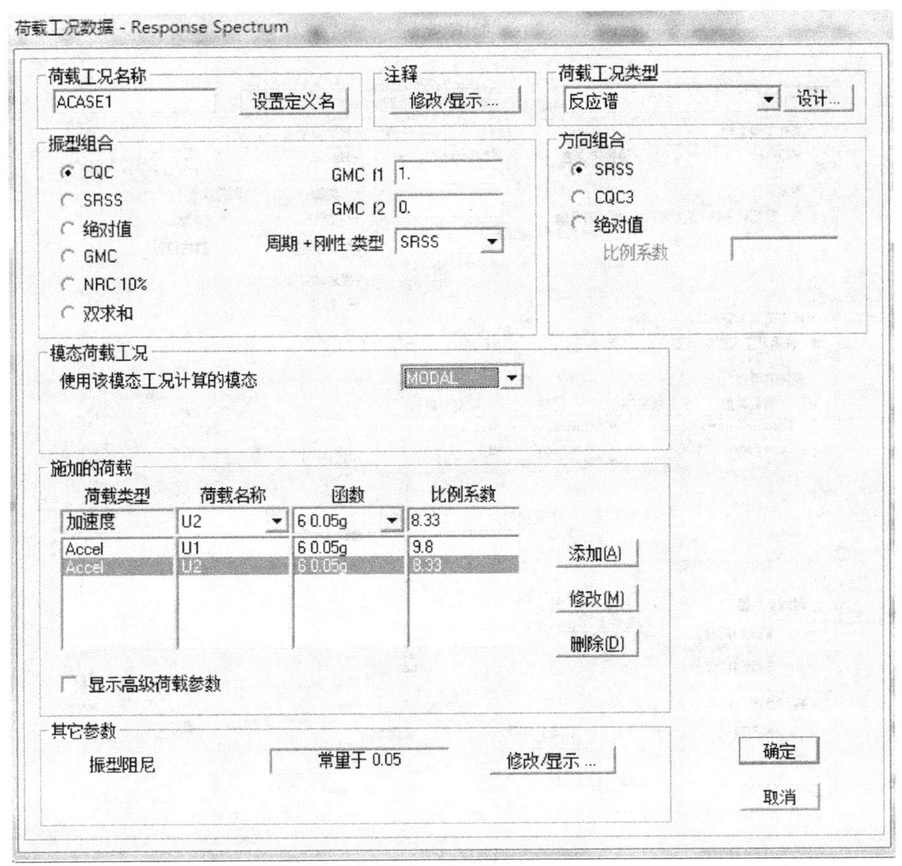

附图 85

注：1. 加速度（Accel）比例系数。比例系数即规范中规定的加速度/人工波的加速度；结构质量转换成重力荷载代表值要乘以加速度 g，因此规范中规定的加速度和人工波的加速度都转换成以 g 为单位的加速度后再相比，再乘以系数。

2. 时程分析与反应谱分析都选择从 Modal 中得到分析工况的振型，都要选择已定义的相关函数；反应谱分析中有些参数的含义：CQC（耦联）、SRSS（非耦联），方向组合：修正后的 SRSS。

3. 每个荷载工况可包含采用同一个地震波的 X、Y、Z 方向的反应谱分析函数。其峰值加速度之比为 1∶0.85∶0.65。

(2) 定义时程分析工况

点击：定义→荷载工况，弹出对话框（附图 86)，点击“添加新荷载工况”，如附图 87 所示。

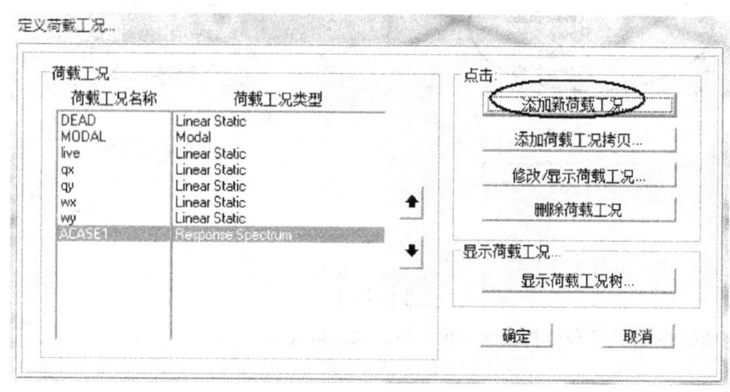

附图 86

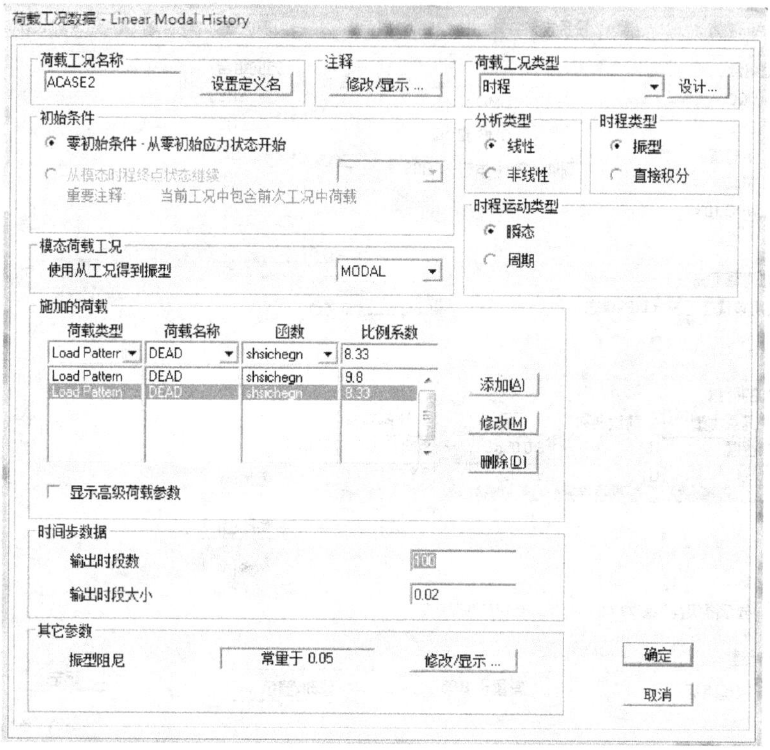

荷载工况数据 - Linear Modal History

荷载工况名称
ACASE2
设置定义名
注释
修改/显示 ...
荷载工况类型
时程
设计...
初始条件
零初始条件 - 从零初始应力状态开始
分析类型
线性
非线性
时程类型
振型
直接积分
时程运动类型
瞬态
周期
模态荷载工况
使用从工况得到振型
MODAL
施加的荷载
荷载类型
荷载名称
函数
比例系数
Load Pattern
DEAD
shsichegn
8.33
Load Pattern
DEAD
shsichegn
9.8
Load Pattern
DEAD
shsichegn
8.33
添加(A)
修改(M)
删除(D)
显示高级荷载参数
时间步数据
输出时段数
100
输出时段大小
0.02
其它参数
振型阻尼
常量于 0.05
修改/显示 ...
确定
取消

附图 87

注：1. 一般一个时程分析数据中应至少包含三个荷载工况，每个荷载工况可包含采用同一个地震波的 X、Y、Z 方向的时程分析函数。其峰值加速度之比为 1∶0.85∶0.65。

2. 弹性时程分析应选择“线性”，弹塑性时程序分析应选择“非线性”；分析时间，《高规》对此做了规定，地震波的持续时间不宜小于建筑结构基本自振周期的 3～4 倍，也不宜小于 12s；“分析方法”一般可选择“振型叠加法”，且采用“振型叠加法”时，一定要定义特征值分析控制，自振周期较大的结构（如索结构）采用直接积分法，否则选择振型叠加法。

3. 输出时间段：输出时间步长，整理结果时输出的时间步长。例如结束时间为 20s，分析时间步长为 0.02s，则计算的结果有 20/0.02=1000 个。

4. 输出时段大小：表示在地震波上取值的步长，推荐不要低于地震波的时间间隔（步长），一般可填写 0.01 或 0.02，一般大于 5 倍结构基本自振周期，时间步长取 0.02s；

5. 模态分析也被称为阵型叠加法动力分析，是线性结构系统地震分析最常用的方法。模态分析可以为我们提供结构基本性能参数，帮我们对结构响应进行定性的判断，并提供相关结构概念设计需求。模态分析为结构相关静力分析提供相关性能，包括静力地震作用分析及静力风荷载作用分析。模态分析还是其他动力分析的基础，包括反应谱分析和时程分析。

6. 应谱分析和时程分析一般不要同时计算。

14. 定义荷载组合

点击：定义→荷载组合，弹出对话框（附图 88），点击“添加新组合”，可以选择不同的荷载及系数，添加新组合，如附图 89 所示。荷载组合类型可以参考附图 90。

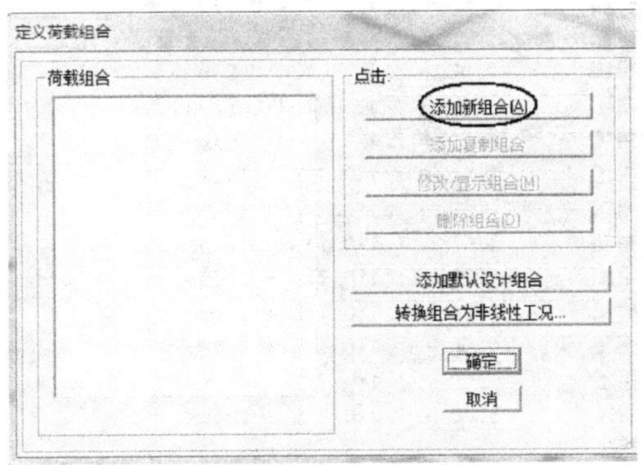

附图 88

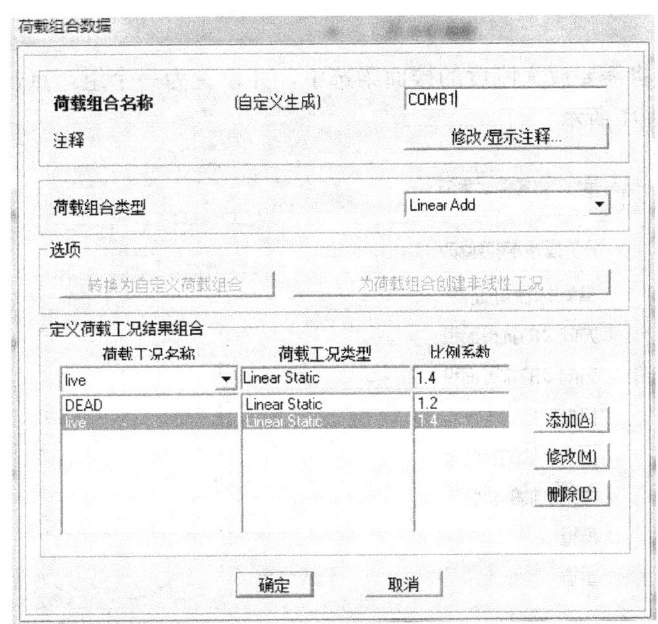

附图 89

注：ADD，相加；Absolute，组合中的分析结果绝对值相加；SRSS，分析结果平方和相加再开平方根；Envelope，组合中的结果得到最大和最小包络值（也可以在运行完后，要查看结果时定义荷载组合）。

	号	名称	激活	类型	说明
▶	1	cLCB1	基本组	相加	1.35D + 1.4(0.7)L
	2	cLCB2	基本组	相加	1.2D + 1.4L
	3	cLCB3	基本组	相加	1.0D + 1.4L
	4	cLCB4	基本组	相加	1.2D + 1.4wx
	5	cLCB5	基本组	相加	1.2D + 1.4wy
	6	cLCB6	基本组	相加	1.2D - 1.4wx
	7	cLCB7	基本组	相加	1.2D - 1.4wy
	8	cLCB8	基本组	相加	1.0D + 1.4wx
	9	cLCB9	基本组	相加	1.0D + 1.4wy
	10	cLCB10	基本组	相加	1.0D - 1.4wx
	11	cLCB11	基本组	相加	1.0D - 1.4wy
	12	cLCB12	基本组	相加	1.2D + 1.4L + 1.4(0.6)wx
	13	cLCB13	基本组	相加	1.2D + 1.4L + 1.4(0.6)wy
	14	cLCB14	基本组	相加	1.2D + 1.4L - 1.4(0.6)wx
	15	cLCB15	基本组	相加	1.2D + 1.4L - 1.4(0.6)wy
	16	cLCB16	基本组	相加	1.0D + 1.4L + 1.4(0.6)wx
	17	cLCB17	基本组	相加	1.0D + 1.4L + 1.4(0.6)wy
	18	cLCB18	基本组	相加	1.0D + 1.4L - 1.4(0.6)wx
	19	cLCB19	基本组	相加	1.0D + 1.4L - 1.4(0.6)wy
	20	cLCB20	基本组	相加	1.2D + 1.4(0.7)L + 1.4wx
	21	cLCB21	基本组	相加	1.2D + 1.4(0.7)L + 1.4wy
	22	cLCB22	基本组	相加	1.2D + 1.4(0.7)L - 1.4wx
	23	cLCB23	基本组	相加	1.2D + 1.4(0.7)L - 1.4wy
	24	cLCB24	基本组	相加	1.0D + 1.4(0.7)L + 1.4wx
	25	cLCB25	基本组	相加	1.0D + 1.4(0.7)L + 1.4wy
	26	cLCB26	基本组	相加	1.0D + 1.4(0.7)L - 1.4wx
	27	cLCB27	基本组	相加	1.0D + 1.4(0.7)L - 1.4wy
	28	cLCB28	基本组	相加	1.2(D+0.5L) + 1.3rz

附图 90

15. 其他

梁刚度放大：将需要放大刚度的楼面梁选中，并设置为一个组，点击：指定→框架→属性修正，如附图 91 所示。

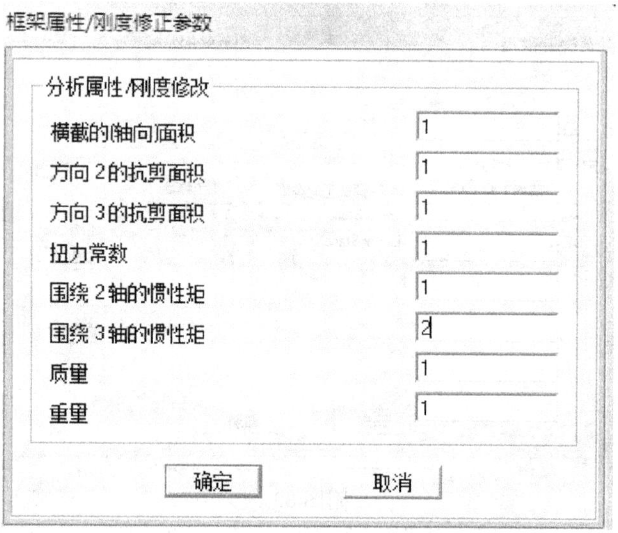

框架属性/刚度修正参数

分析属性/刚度修改

横截的轴向面积	1
方向 2 的抗剪面积	1
方向 3 的抗剪面积	1
扭力常数	1
围绕 2 轴的惯性矩	1
围绕 3 轴的惯性矩	2
质量	1
重量	1

确定　　取消

附图 91

16. 运行

运行之前，应先点击：分析→设置分析选项（S），弹出对话框，如附图92、附图93所示。

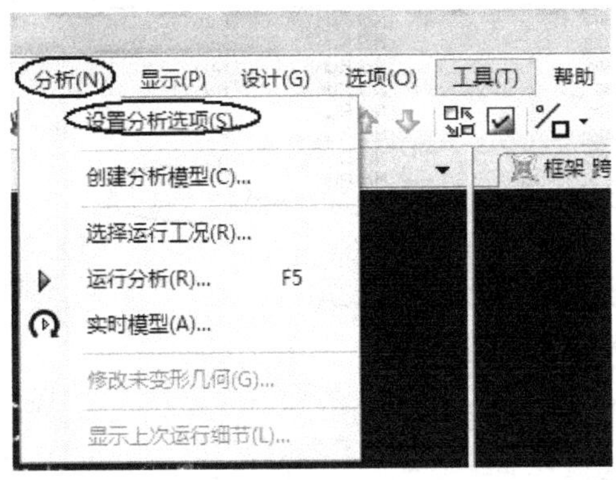

附图 92

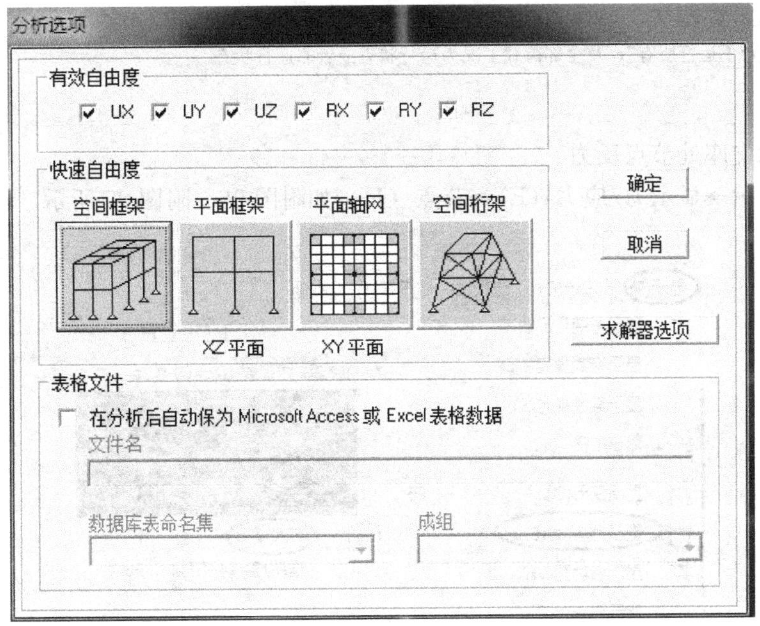

附图 93

注：1. 程序提供四种快速自由度，分别为："空间框架"、"平面框架"、"平面轴网"、"空间桁架"，对于三维结构，一般选择"空间框架"。

2. 设置分析选项（S）完成后，点击：分析→运行分析（R），或者在屏幕上方点击"运行分析"的快捷键（附图94），即可完成运行分析（附图95）。当查看结构后，需要重新修改模型，可以在屏幕上方点击"解锁模型"快捷键（附图94），即可以解锁。

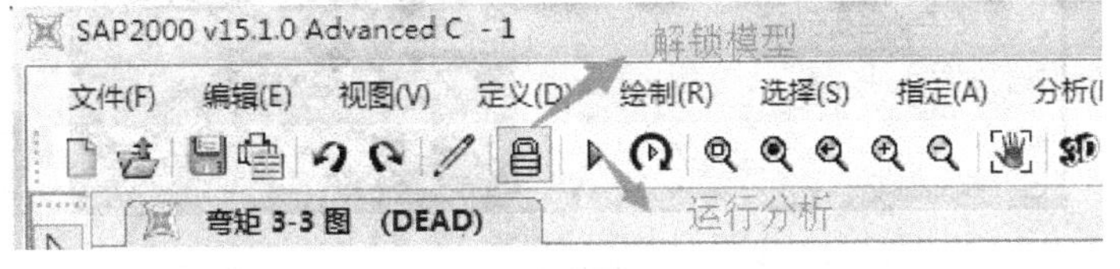

附图 94 快捷键

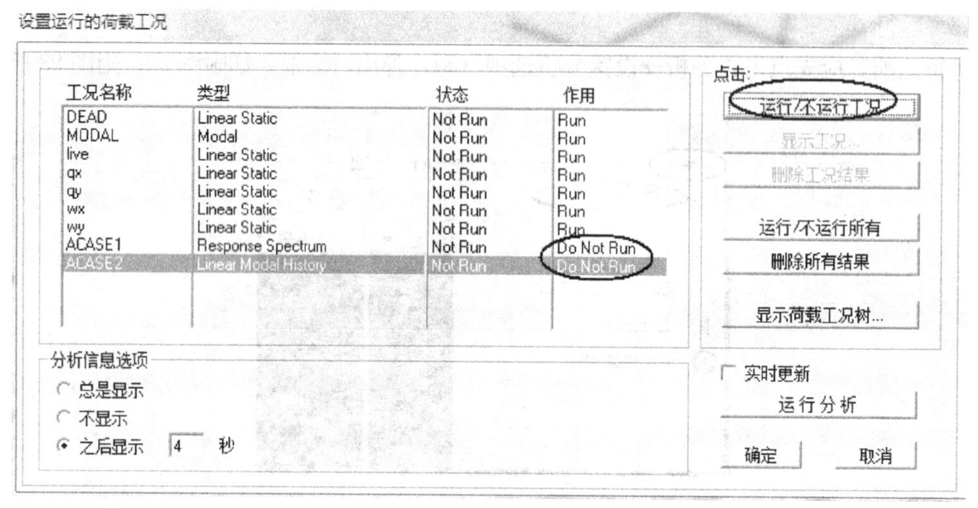

附图 95

注：1. 如果不想运行某个工况，可以先选择该工况，再点击“运行/不运行工况”。

2. 点击“运行/不运行所有”，及全部荷载工况为运行状态或者非运行状态。

17. 显示

(1) 显示支座处节点反力

点击：显示→显示力/应力（E)→节点（J)，如附图 96、附图 97 所示。

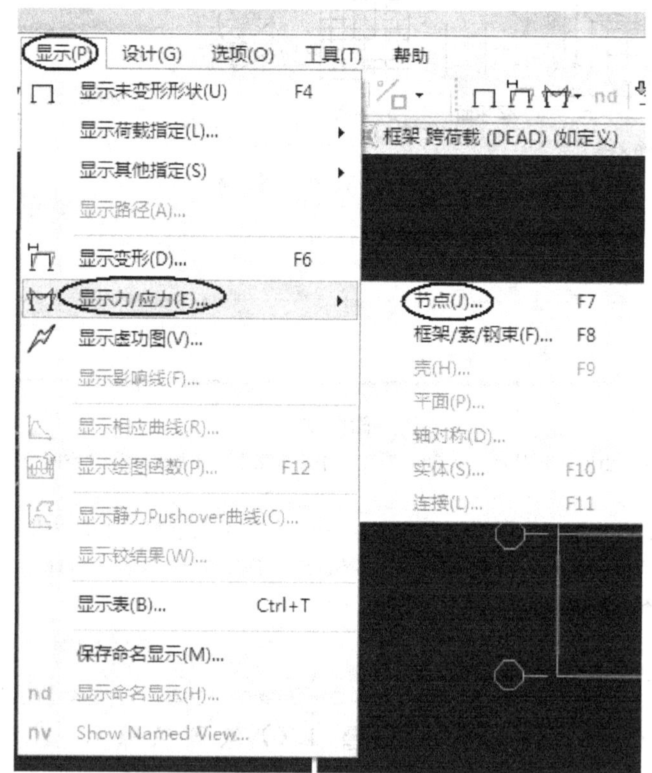

附图 96

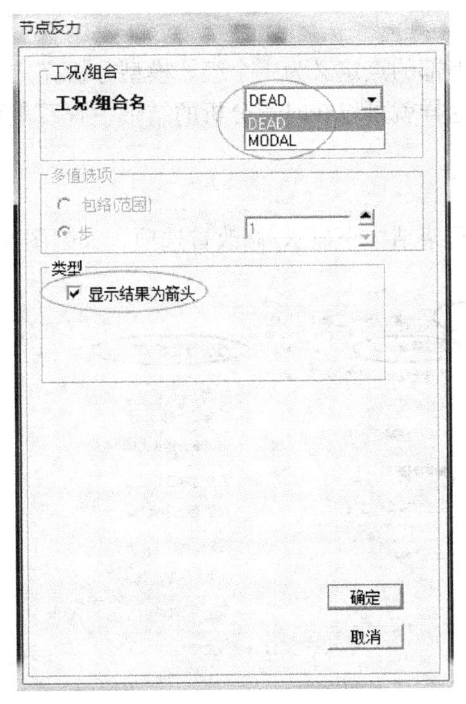

附图 97

(2) 显示框架弯矩、剪力、轴力

点击：显示→显示力/应力（E)→框架/索/钢束（F)，如附图 98 所示。

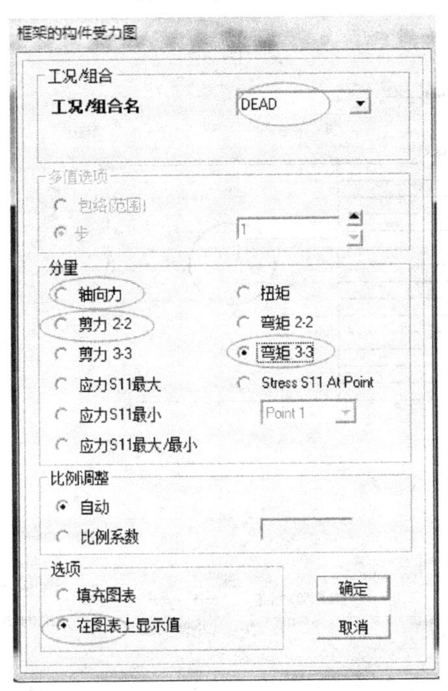

附图 98

注：1. 对于框架结构，弯矩一般可选择 3-3（大拇指指向蓝颜色轴：3 轴），剪力一般可选择 2-2。

2. 一般选择“在图表上显示值”。

（3）层间剪力输出

先将各层的柱子及其上部的点定义为一个组，模型分析完成之后在定义菜单中的“截面切割”定义成各个组，这样就可以在时程分析的结果中查看截面切割的力，即各层的层间剪力。

18. 设计

点击：设计→混凝土框架结构→显示/修改首选项，如附图 99、附图 100 所示。

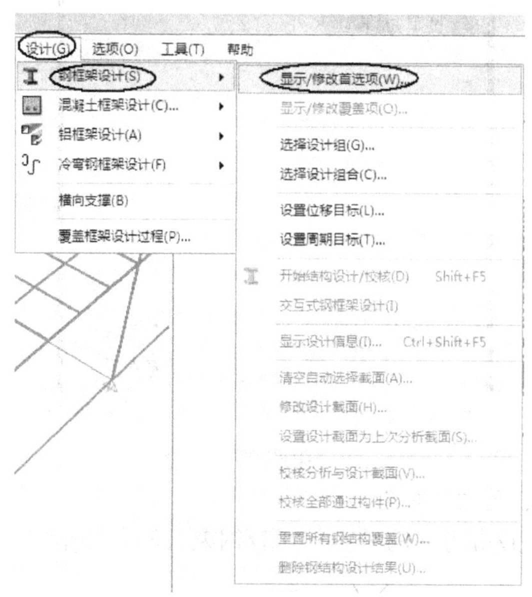

附图 99

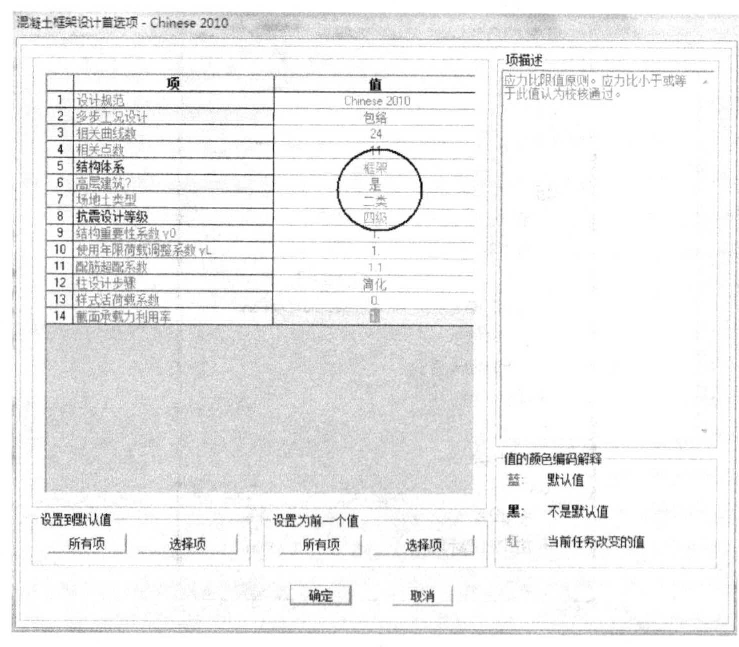

附图 100

注：参照实际工程填写即可。

点击：设计→混凝土框架结构→开始设计组合，弹出设计荷载组合选择集对话框，选择设计荷载组合，点击“添加”，得到新的设计荷载组合组合选择集对话框。

点击：设计→混凝土框架结构→开始结构设计/校核，程序会按照规范生成设计组合，并会对结构进行设计，程序会自动给显示框架的配筋计算结果（框架梁、框架柱等）。

中高级应用

19. 预应力结构分析

（1）布置预应力筋

如果轴线上没有布置构件，先定义材料与截面尺寸，然后点击：绘制→绘制框架/索/钢束（F）或快速绘制框架/索/钢束（K），弹出对话框，如附图 101、附图 102 所示。

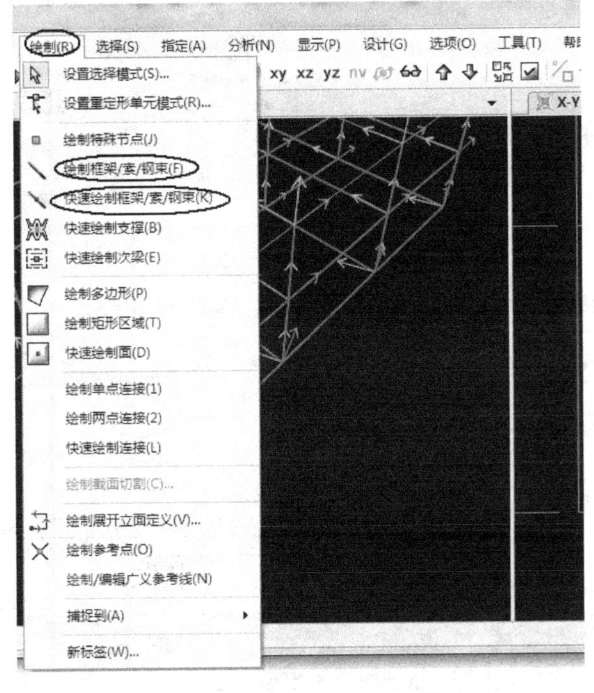

附图 101

注：“绘制框架/索/钢束（F）”是在两个节点之间布置框架/索/钢束，而“快速绘制框架/索/钢束（K）”是用窗口的方式快速绘制框架/索/钢束（K）。

对象属性

线对象类型	钢束
截面	TEN1
XY平面法向偏移	0.
绘图控制类型	空 <space bar>

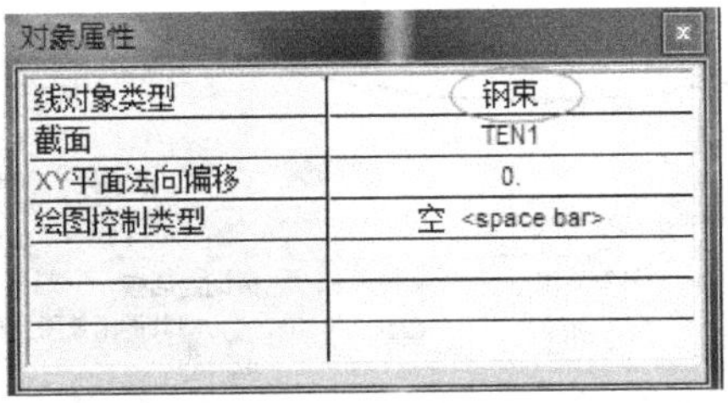

附图 102

注：对于普通的框架混凝土梁、柱，“线对象类型”选择“直框架”；对于预应力混凝土结构，先布置混凝土梁，然后点击“绘制框架/索/钢束（F）”快捷键，“线对象类型”选择“钢束”，点击要布置预应力筋的梁的两个端点，弹出对话框，如附图 103 所示。在附图 103 中点击“双曲计算器”，弹出对话，如附图 104 所示，点击“快速计算”，然后修改“钢束布局数据”，coord2。

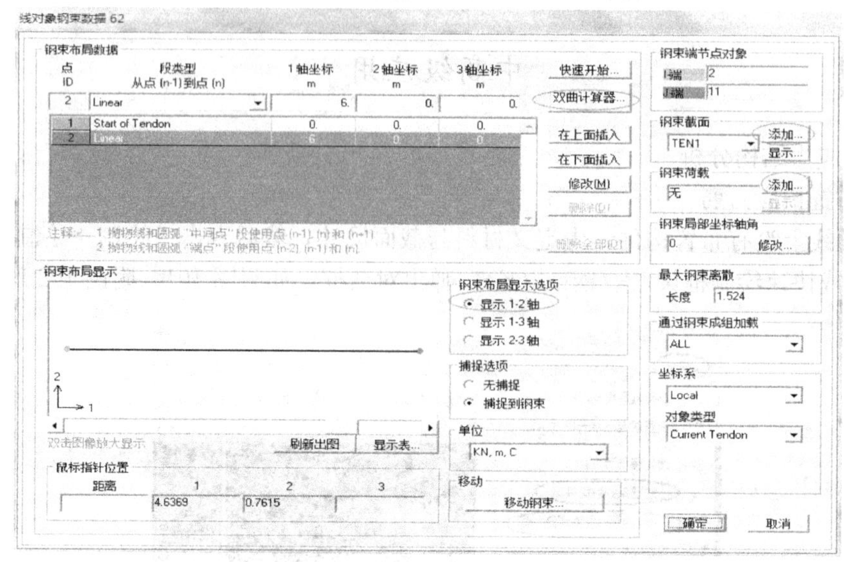

附图 103

注：点击“钢束荷载”右边的“添加”，即可添加钢束两端的荷载，如附图 105 所示。

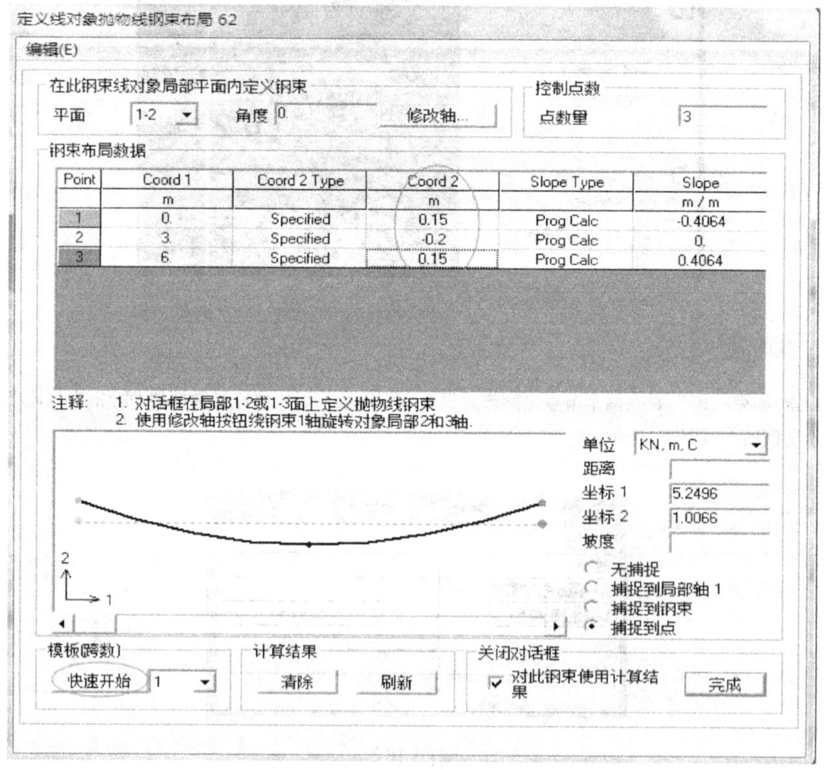

附图 104

注：1. 反弯点位置应尽量与弯矩分布图一致，一般可设在跨度的 15%～25%之间。预应力束的最高点（梁端）与梁顶的距离最小值一般取 150～200mm，如果柱梁刚度比较小时，该值应适当加大，以减小支座处预应力筋的上偏心值。预应力束的最低点与梁底的距离一般与管道直径及所需保护层厚度有关，同时应考虑与普通钢筋之间的位置关系，一般最小值可取 100mm（有粘接）或 80mm（无粘接）。

2. 布置预应力筋时，平面选择 1-2 轴，其水平参考线为混凝土梁的在高度方向的中心线。

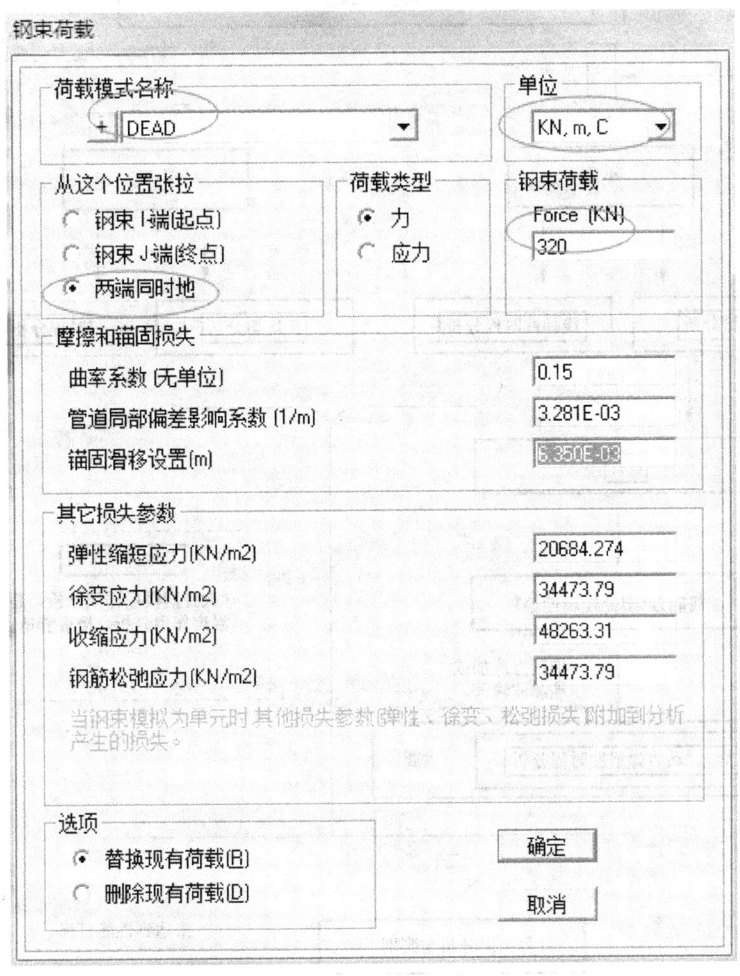

附图 105

20. SAP2000 进行弹塑性分析及 PUSH-OVER 分析问题

（1）运用进行 SAP2000 超限分析基本流程是什么？

答：SAP2000 在超限分析流程中应用的主要环节可见附图 106。

（2）如何进行线弹性时程分析？

答：弹性时程分析基本流程见附图 107。

[要点 1-地震波选取]

弹性时程分析作补充计算时，时程曲线的基本要求见附表 4。此处“补充计算”指对“主要计算“的补充，着重是对底部剪力、楼层剪力和层间位移角的比较，当时程分析法的计算结果大于振型分解反应谱法时，相关部位的构件内力和配筋应进行相应调整（实际工程中可进行包络设计）。

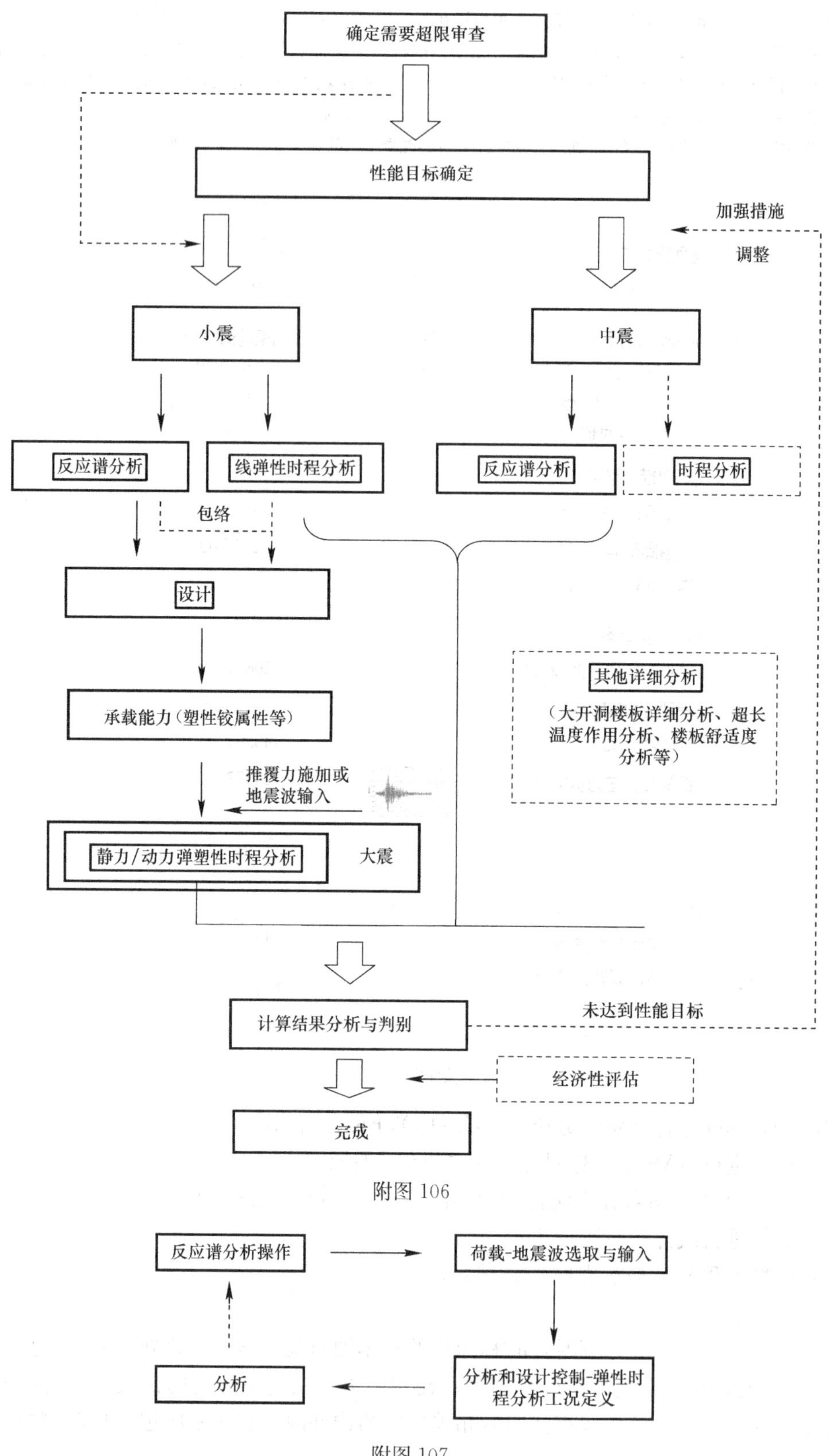

确定需要超限审查
性能目标确定
加强措施
调整
小震
中震
反应谱分析
线弹性时程分析
反应谱分析
时程分析
包络
设计
承载能力（塑性铰属性等）
推覆力施加或
地震波输入
静力/动力弹塑性时程分析
大震
其他详细分析
（大开洞楼板详细分析、超长温度作用分析、楼板舒适度分析等）
计算结果分析与判别
未达到性能目标
经济性评估
完成

附图 106

反应谱分析操作
荷载-地震波选取与输入
分析和设计控制-弹性时程分析工况定义
分析

附图 107

包络设计方法：目前，结构设计软件基本不具备弹性时程分析的后续配筋设计功能，因此，当按时程分析法计算的结构底部剪力（三条计算结果的包络值或七条时程曲线计算结果的平均值）大于振型分解反应谱法的计算结果（但不大于120%）时，可将振型分解反应谱法计算乘以相应的放大系数（时程分析包络值/振型分解反应谱值），使两种方法的结构底部剪力大致相当，然后，取振型分解反应谱法的计算结果分析。

时程曲线的基本要求（弹性时程分析） **附表4**

序号	项目	具体要求
1	曲线数量要求	实际强震记录的数量不应少于总数的2/3
2	每条曲线计算结果	结构主方向底部总剪力（注意：不要求结构主、次两个方向的底部剪力同时满足）不应小于振型分解反应谱法的65%（也不应大于135%）
3	多条曲线计算结果	底部剪力平均值不应小于振型分解反应谱法的80%（也不大于120%）

规范中"统计意义上相符"指：多组时程波的平均地震影响系数曲线与振型分解反应谱所用的地震影响系数曲线相比，在对应于结构主要振型在周期点上相差不大于20%。主要振型：周期最大的振型不一定是主振型，应检查其阵型的参与质量，采用弹性楼板模型计算值，应重新核查，避免由于局部振动造成振型数的不足。

(3) 如何进行静力弹塑性时程分析？

答：静力弹塑性时程分析基本流程如附图108所示。

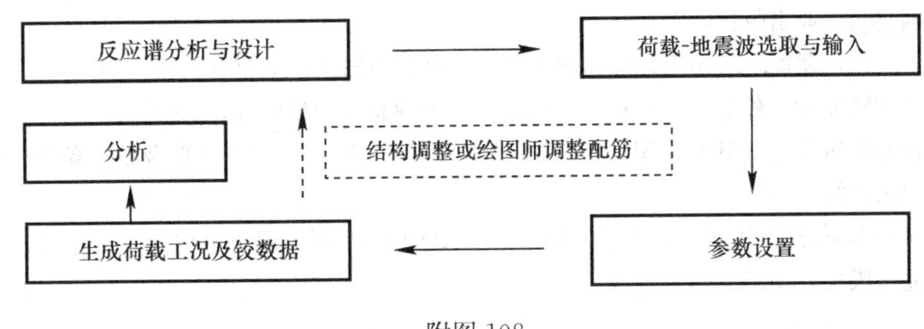

附图108

(4) 进行PUSH-OVER分析的步骤？

进行PUSH-OVER分析时，应先完成模型的配筋计算。点击：选择→选择→属性→框架截面，选择所有的梁截面；点击：指定→框架→铰，选择M3铰；

点击：点击：选择→选择→属性→框架截面，选择所有的柱截面；点击：指定→框架→铰，选择P-M2-M3铰；

点击：定义→荷载工况→添加新荷载工况，定义一个重力（DEAD）静力-非线性工况，采用荷载控制，施加的荷载为**dead**。再定义PUSH工况，静力-非线性工况，采用位移控制，施加的荷载为MODAL。

点击：运行，不运行两个静力-非线性工况，运行其他工况；点击：设计→混凝土框架结构→开始设计组合，再次对模型进行配筋，如果没有超筋，修改PUSH工况，初始条件选择为：从上次非线性工况终点状态继续，点击：运行，即可完成PUSH-OVER分析计算结果。

点击：显示→显示静力PUSHOVER静力分析工况曲线，即可查看定点位移与基底剪力。点击：显示→铰结果，可以查看铰的发展情况。

参考文献

[1] 混凝土结构设计规范 GB 50010—2010. 北京：中国建筑工业出版社，2010.

[2] 建筑抗震设计规范 GB 50011—2010. 北京：中国建筑工业出版社，2010.

[3] 高层建筑混凝土结构技术规程 JGJ 3—2010. 北京：中国建筑工业出版社，2010.

[4] 建筑结构荷载规范 GB 50009—2012. 北京：中国建筑工业出版社，2012.

[5] 建筑桩基技术规范 JGJ 94—2008. 北京：中国建筑工业出版社，2008.

[6] 建筑地基基础设计规范 GB 50007—2011. 北京：中国建筑工业出版社，2011.

[7] 庄伟，匡亚川. 建筑结构设计快速入门与提高. 北京：中国建筑工业出版社，2013.

[8] 庄伟，匡亚川. 建筑结构设计概念与软件操作及实例. 北京：中国建筑工业出版社，2014.

[9] 庄伟，李刚. 建筑结构设计热点问题应对与处理. 北京：中国建筑工业出版社，2015.

[10] 庄伟，向柏. PKPM 鉴定加固快速入门与提高. 北京：中国建筑工业出版社，2015.

[11] 庄伟，匡亚川，廖平平. 装配式混凝土结构设计与工艺深化设计从入门到精通. 北京：中国建筑工业出版社，2016.

[12] 庄伟，鞠小奇，谢俊. 超限高层建筑结构设计从入门到精通（含 midas Gen 及 midas Building）. 北京：中国建筑工业出版社，2016.

[13] 鞠小奇，庄伟，谢俊. 结构工程师袖珍手册. 北京：中国建筑工业出版社，2016.

[14] 杨星. PKPM 结构软件从入门到精通. 北京：中国建筑工业出版社，2008.

[15] 中国建筑科学研究院 PKPM CAD 工程部. SATWE（2010 版）用户手册及技术条件. 北京：中国建筑工业出版社，2013.

[16] 中国建筑科学研究院 PKPM CAD 工程部. JCCAD（2010 版）用户手册及技术条件. 北京：中国建筑工业出版社，2013.